西安交通大学 本科“十二五”规划教材
“985”工程三期重点建设实验系列教材

普通高等教育理学类“十三五”规划教材

大学物理实验（第2版）

主编 王红理 俞晓红 肖国宏

内容提要

本书是高等理工科院校物理实验课程的通用教材，它是在吸取西安交通大学几十年实验教材的经验，特别是独立设课后三十多年的教改实践经验的基础上编写的一本具有新意的实用型教材。本书的体系结构新、选题内容新、取材新，重视应用，重视因材施教，便于自学。全书共分5部分，编写了40个实验，内容涉及测量误差与数据处理、力学和热学、电磁学、光学、近代物理、综合实验、实验设计基础及物理量测量的应用等，书末附有计量单位及物理数据可供查阅参考。

本书可作为高等理工科院校及师范院校非物理专业的物理实验课程的教材，也可作为职业技术学院、继续教育学院等有关专业的教学参考书，并可供物理专业的师生、广大实验工作者及一般工程技术人员参考。

图书在版编目(CIP)数据

大学物理实验/王红理，俞晓红，肖国宏主编.—2版.—西安：西安交通大学出版社，2018.8(2022.12重印)

ISBN 978-7-5693-0777-1

Ⅰ.①大… Ⅱ.①王… ②俞… ③肖… Ⅲ.①物理学-实验-高等学校-教材 Ⅳ.①O4-33

中国版本图书馆CIP数据核字(2018)第169622号

书　　名　大学物理实验(第2版)
主　　编　王红理　俞晓红　肖国宏
责任编辑　王　欣

出版发行　西安交通大学出版社
(西安市兴庆南路1号　邮政编码710048)
网　　址　http://www.xjtupress.com
电　　话　(029)82668357　82667874(市场营销中心)
(029)82668315(总编办)
传　　真　(029)82668280
印　　刷　陕西思维印务有限公司

开　　本　787mm×1092mm　1/16　**印张** 19.5　**字数** 467千字
版次印次　2018年8月第2版　2022年12月第7次印刷
书　　号　ISBN 978-7-5693-0777-1
定　　价　45.00元

读者购书、书店添货，如发现印装质量问题，请与本社市场营销中心联系、调换。
订购热线：(029)82665248　(029)82667874
投稿热线：(029)82664954
读者信箱：jdlgy@yahoo.cn

Preface 序

教育部《关于全面提高高等教育质量的若干意见》(教高〔2012〕4 号)第八条"强化实践育人环节"指出,要制定加强高校实践育人工作的办法。《意见》要求高校分类制订实践教学标准;增加实践教学比重,确保各类专业实践教学必要的学分(学时);组织编写一批优秀实验教材;重点建设一批国家级实验教学示范中心、国家大学生校外实践教育基地……。这一被我们习惯称为"质量 30 条"的文件,"实践育人"被专门列为一条,意义深远。

目前,我国正处在努力建设人才资源强国的关键时期,高等学校更需具备战略性眼光,从造就强国之才的长远观点出发,重新审视实验教学的定位。事实上,经精心设计的实验教学更适合承担起培养多学科综合素质人才的重任,为培养复合型创新人才服务。

早在 1995 年,西安交通大学就率先提出创建基础教学实验中心的构想,通过实验中心的建立和完善,将基本知识、基本技能、实验能力训练熔为一炉,实现教师资源、设备资源和管理人员一体化管理,突破以课程或专业设置实验室的传统管理模式,向根据学科群组建基础实验和跨学科专业基础实验大平台的模式转变。以此为起点,学校以高素质创新人才培养为核心,相继建成 8 个国家级、6 个省级实验教学示范中心和 16 个校级实验教学中心,形成了重点学科有布局的国家、省、校三级实验教学中心体系。2012 年 7 月,学校从"985 工程"三期重点建设经费中专门划拨经费资助立项系列实验教材,并纳入到"西安交通大学本科'十二五'规划教材"系列,反映了学校对实验教学的重视。从教材的立项到建设,教师们热情相当高,经过近一年的努力,这批教材已见端倪。

我很高兴地看到这次立项教材有几个优点:一是覆盖面较宽,能确实解决实验教学中的一些问题,系列实验教材涉及全校 12 个学院和一批重要的课程;二是质量有保证,90%的教材都是在多年使用的讲义的基础上编写而成的,教材的作者大多是具有丰富教学经验的一线教师,新教材贴近教学实际;三是按西安交大《2010 版本科培养方案》编写,紧密结合学校当前教学方案,符合西安交大人才培养规格和学科特色。

最后,我要向这些作者表示感谢,对他们的奉献表示敬意,并期望这些书能受到学生欢迎,同时希望作者不断改版,形成精品,为中国的高等教育做出贡献。

西安交通大学教授
国家级教学名师

2013 年 6 月 1 日

Foreword 前言

本书是按照高等工科院校物理实验课程教学基本要求，结合西安交通大学多年来开设工科物理实验的教学实践，特别是独立设课后三十几年的教学改革和课程建设的实验经验，参照历年使用的教材编写而成的。

物理实验课是对高等工科院校学生进行科学实验基本训练的一门必修基础课，是工科学生进入大学后系统学习基本实验知识、实验方法和实验技能的开端。交通大学从20世纪20年代成立物理系、建立物理实验室以来，历来重视实践性教学环节。建系初期开出的60多个实验，当时在国内已属一流。这种“厚基础，要求严，重实践”的优良传统，一直保持至今。作为首批国家级物理实验教学示范中心，西安交通大学物理教学实验中心近十几年来为提高物理实验课的教学质量，在教学内容和教学方法等方面进行了一系列的探索和改革，在教材建设方面也做了不少尝试，目前在物理实验教学方面已编写出版了系列教材，包括《大学物理实验》《大学物理实验(医学类)》《综合与近代物理实验》。另外《综合设计性物理实验》和《高等物理实验》正在编写当中。本书为《大学物理实验》教材的第2版。

本书有以下特点：

1. 体系结构新。将测量误差、不确定度、数据处理方法等融入各实验中，按实验类别分章节。每章前有基本知识或引言，后有小结。这样不仅将各个独立的实验有机地联系在一起，而且使学生在做过有限的实验后，通过归纳总结，能举一反三、触类旁通，既方便阅读，又比较系统。

2. 选题内容新。对书中各实验项目都进行了精心的筛选，既保留了久经实践检验、对培养动手能力行之有效的传统实验，又增加了现代科技中具有代表性的著名实验和一些近代物理实验。无论是基础实验还是综合与设计型实验，不拘泥于一种格式，着重灵活运用和能力的培养。

3. 取材新。书中的名词、术语、概念、误差公式均采用或参照最新国家标准，各种数据选用最新发表的资料。力求概念叙述准确清楚，公式推演繁简适当，各种数据真实可靠。

4. 重视因材施教。在一些实验后编写了延伸拓展内容，形式多样，启迪学生思维，激发学习兴趣，逐步培养学生的独立分析和解决实际问题的能力。在内容安排上，由详到简，循序渐进，便于自学，适合开放式教学。

全书共分四章，第1章在测量误差与数据处理中，适当地引入了不确定度的概念，以适应发展的需要，并为复习巩固本章内容编入了一些讨论题。第2章和第3章分别为力学、热学、电磁学、光学等基础实验和综合物理实验，选材有较大的更新，对原实验内容也进行了充实并加入了一些近代物理实验。第 4 章实验设计基础，对实验设计流程作了简明的阐述，并以第 3 章的实验方法作为设计实验内容，采用引导方式，注重能力培养。全书共选编 40 个实验。附录收编我国法定计量单位，以便读者查阅参考。

实验教学是一项集体的事业，本书凝聚了我校 80 年来所有从事物理实验课教学的教师和技术人员的智慧和劳动成果。从初建物理实验室的周铭、赵富鑫先生到解放后的潘耀鲁、顾元壮先生；从迁校西安后的陆兆祥、沈志新先生到改革开放后的李寿岭、宋朝聪、王希义、赵军武、黄丽清和李正等同志；还有同时代许多其他同仁，为实验室的建设、实验课的改革、实验教材的编写都付出过辛勤的劳动，他们的无私奉献永远不会被忘记。在新版教材出版之际，谨向他们表示诚挚的谢意！

本书由王红理、俞晓红、肖国宏主编。王红理、俞晓红、肖国宏、王琪琨、高博、尤红军、程向明、唐勤、王雪冬、张俊武、张倩参与了本书编写。全书由王红理、俞晓红、肖国宏统稿。

本书在编写过程中，参阅了兄弟院校的有关教材，借鉴了不少宝贵的教学实践经验，在此对关心、支持本书编写的所有同仁表示衷心的感谢！由于编写时间仓促，业务水平有限，疏漏之处恳请不吝指正！

编　者

2018 年 7 月

Contents 目录

绪论 …… (1)

第 1 章　测量误差与数据处理 …… (5)

1.1　测量与误差 …… (5)

1.2　随机误差的估算 …… (9)

1.3　系统误差的发现和处理 …… (17)

1.4　测量不确定度和测量结果的表示 …… (22)

1.5　有效数字及其运算 …… (26)

1.6　实验数据处理的常用方法 …… (29)

习题 …… (40)

讨论题 …… (43)

第 2 章　基础物理实验 …… (47)

2.1　力学、热学物理量的测量与研究 …… (47)

基本知识 …… (47)

实验 1　物体密度的测量 …… (59)

实验 2　落球法变温液体粘滞系数测量 …… (64)

实验 3　单摆实验 …… (70)

实验 4　用开特摆测量重力加速度 …… (75)

实验 5　金属杨氏模量的测定 …… (78)

实验 6　物体转动惯量的研究 …… (83)

实验 7　固定均匀弦振动的研究 …… (89)

实验 8　用混合法测定金属的比热容 …… (93)

实验 9　不良导体导热系数的测定 …… (97)

实验 10　波尔共振实验 …… (100)

小结 …… (107)

2.2　电磁学物理量的测量与研究 …… (108)

基本知识 …… (108)

实验 11　非线性电阻特性的研究 …… (118)

实验 12　电桥测电阻及 pn 结正向电压温度特性的研究 …… (120)

实验 13　直流电势差计及其应用 …… (127)

实验 14　用电流场模拟静电场 …… (135)

实验 15　电子示波器及其应用 …… (139)

实验 16　用示波器测量相位差及频率 …… (145)

实验 17　用示波器测量谐振频率及电感 …………………………………………… (149)
实验 18　用磁聚焦法测定电子荷质比 ……………………………………………… (153)
实验 19　RLC 电路特性的研究 ……………………………………………………… (158)
小结 ……………………………………………………………………………………… (167)
2.3　光学、声学物理量的测量与研究……………………………………………………… (167)
基本知识………………………………………………………………………………… (167)
实验 20　透镜成像规律的研究 ……………………………………………………… (170)
实验 21　分光计的调整和折射率的测定 …………………………………………… (175)
实验 22　用阿贝折射仪测量折射率 ………………………………………………… (183)
实验 23　等厚干涉及其应用 ………………………………………………………… (191)
实验 24　单缝及多种元件衍射的光强分布 ………………………………………… (196)
实验 25　用光栅测量光波波长 ……………………………………………………… (201)
实验 26　光的偏振和旋光 …………………………………………………………… (205)
实验 27　迈克耳逊干涉光路的构建与测量 ………………………………………… (211)
实验 28　声速的测定 ………………………………………………………………… (214)
小结……………………………………………………………………………………… (217)
第 3 章　综合物理实验…………………………………………………………… (218)
实验 29　光电效应及普朗克常数的测定 …………………………………………… (218)
实验 30　霍尔效应及螺线管磁场的测定 …………………………………………… (222)
实验 31　声光效应 …………………………………………………………………… (228)
实验 32　铁磁性材料居里温度的测定 ……………………………………………… (231)
实验 33　金属电子逸出功与荷质比的测定 ………………………………………… (234)
实验 34　太阳能电池的研究 ………………………………………………………… (241)
实验 35　密立根油滴法测电子电荷 ………………………………………………… (246)
实验 36　一维 PSD 位移传感器原理及其应用 ……………………………………… (251)
实验 37　弗兰克-赫兹实验…………………………………………………………… (255)
实验 38　用双光栅测量微弱振动 …………………………………………………… (259)
实验 39　光学全息照相 ……………………………………………………………… (264)
实验 40　pn 结正向压降与温度关系的研究 ……………………………………… (268)
小结 ……………………………………………………………………………………… (272)
第 4 章　实验设计基础…………………………………………………………… (273)
4.1　实验方案与物理模型的确定 …………………………………………………… (274)
4.2　实验仪器和测量方法的选择 …………………………………………………… (275)
4.3　测量条件的选择和实验程序的拟定 …………………………………………… (278)
4.4　设计举例 ………………………………………………………………………… (280)
附录一　中华人民共和国法定计量单位………………………………………… (284)
附录二　常用物理数据…………………………………………………………… (287)

绪　论

人类在与自然界长期共存的过程中，积累了丰富的实践经验，在总结发展前人成果的基础上，逐步形成完整的理论。理论指导人类进行有目的、有成效的再实践，以达到了解自然、改造自然、利用自然，使其为人类服务的目的。理论指导实践，实践丰富理论，这就是理论与实践的辩证统一关系。

科学实验是在人为的条件下，将事物典型化，抽象出本质的东西，进行研究和再实践。科学实验是科学理论的依据和基础。在整个自然科学的发展过程中，实验和理论的相互作用是内在的根本动力，这种作用引起量的渐进积累和质的突变飞跃的交替演进，推动着科学事业不断前进。

物理学是建立在实验基础上的一门自然科学。物理学中每个概念的提出，每个定律的发现，每个理论的建立，都以坚实、严格的实验为基础，且还要经受实验的进一步检验。例如，法拉第于 1831 年在实验室里发现了电磁感应现象，进而得出电磁感应定律和其它几个实验定律。麦克斯韦系统总结了电磁学的成就，在 1864 年提出著名的电磁场理论。二十几年后，赫兹的电磁波实验又检验和证实了电磁场理论的正确性。麦克斯韦的电磁场理论把电、磁、光三个领域的规律综合到一起，具有划时代的意义。

物理学的整个发展过程，充分表现出理论和实践的辩证关系。在研究物质世界规律性的过程中，理论研究和实验研究是不可分割的两个方面，它们是相辅相成和相互促进的关系。没有理论指导的实验是盲目的；没有以实验事实为依据的理论是难以置信的。坚持理论联系实际，理论与实践相结合，是科学技术人才必须具备的基本素质之一。

一、大学物理实验课的地位和任务

大学物理实验课是一门实践性的课程，它和理论课具有同等重要的地位。实验研究有自己的一套理论、方法和技能。通过本课程的学习使学生了解科学实验的主要过程与基本方法，为今后的学习和工作奠定基础。本课程以基本物理量的测量方法，基本物理现象的观察和研究，常用测量仪器的结构原理和使用方法为主要内容进行教学，对学生的基本实验能力、分析能力、表达能力和综合运用设计能力进行严格的培养。本课程是对工科学生进行科学实验基本训练的一门独立设置的必修基础课，是学生进入大学后接受系统实验方法和实验技能训练的开端。基本实验能力是科学研究的基本功，只有具备熟练扎实的实验基本知识、方法和技能，才有可能在科学研究中做出成绩。在培养既懂理论又会动手，能解决实际问题的高级工程技术人才的过程中，大学物理实验课具有独特的重要作用。

本课程的具体任务是：

①通过对实验现象的观察、分析和对物理量的测量，学习物理实验知识，加深对物理学原理的理解。

②培养与提高学生的科学实验能力。包括：

a. 能够自行阅读实验教材或资料,正确理解原理,做好实验前的准备;

b. 能够借助教材或仪器说明书,正确使用常用仪器;

c. 能够运用物理学理论对实验现象进行初步分析,作出判断;

d. 能够正确记录和处理实验数据,绘制图线,说明实验结果,撰写合格的实验报告;

e. 能够完成简单的设计性实验。

③培养与提高学生的科学实验素质。要求学生具有理论联系实际和实事求是的科学作风,严肃认真的工作态度,主动研究的探索精神,遵守纪律、团结协作和爱护公共财物的优良品德。

二、大学物理实验课的主要环节

1. 课前预习

物理实验课不同于理论课,做实验前一定要认真预习,预习的好坏直接影响实验的成败,因此,预习是做好实验的基础。预习时首先要仔细阅读教材的有关章节及实验,不能只将实验内容通读一遍,关键是要理解其意。明确实验的目的要求,搞清实验所依据的原理和采用的方法,初步了解所用量具、仪器、装置的主要性能及使用方法,明白如何进行操作,要测量哪些数据,要注意哪些事项。对一时搞不清楚的问题,应做出记录,以便在实验过程中加倍注意,通过实验来解决。

阅读教材后要在规定的实验报告本或报告纸上写出简明扼要的预习报告,设计并画好记录数据的表格。上课时,教师将通过不同方式检查预习情况,并作为评定课内成绩的一项内容。对于没有预习的学生,不允许做本次实验。

2. 课内操作

操作是学习科学实验知识,培养实验技能,完成实验任务的主要环节。进入实验室要遵守实验室规则。实验前应首先清点量具、仪器及有关器材是否完备,然后根据实验内容和测量方法进行合理布局,对量具、仪器进行调整或按电路、光路图进行连接。清楚了解所用仪器的性能、使用方法,牢记注意事项。实验前如有必要应请指导教师检查。实验开始,如果条件允许,可粗略定性地观察一下实验的全过程,了解数据分布情况,有无异常现象。如果正常就可以从头按步进行实验测试。实验过程中如出现异常情况,应立即中止实验,以防损坏仪器,并认真思考,分析原因,力求自己动手寻找、排除故障,当然也可与指导教师讨论解决。通过实验学习探索和研究问题的方法。

不能把物理实验只看成是测量几组数据,完成任务了事。实验过程是知识积累的过程,在实验中多用一分精力,多下一分功夫,就会有多一分的收获。实验时要理论联系实际,理论指导实践,要手脑并用,边做实验边思考,仔细观察实验现象,完整记录所有数据,注意有效数字和单位。记录数据使用圆珠笔或钢笔,不要用铅笔,所记录的原始数据不可随意修改。若记录的数据确实有误,将其划掉,在其旁写上正确数据,要做到如实、及时地记录实验数据及观察到的现象,有些实验还要记录室温、湿度、气压等环境条件。

操作完成后,先止动仪器,或切断电源,或切断光源,请教师审阅原始数据,待教师签字通过后,再把仪器等复原,并整理摆放好。

3. 课后撰写实验报告

实验报告是实验完成后的书面总结,是把感性认识深化为理性认识的过程,是培养表达能力的主要环节。首先应该完整地分析一下整个实验过程，实验依据的理论和物理规律是什么；通过计算、作图等数据处理，得到什么实验结果，有的还要进行科学合理的误差或不确定度估算；有哪些提高；存在什么问题。应该注意，写实验报告不要不动脑筋地去抄教材，因为实验教材是供做实验的人阅读的，是用来指导实验的，而实验报告则是报告实验的原理、方法，使用的仪器，测得的数据，供别人评价自己的实验结果。认真书写实验报告，不仅可以提高自己写科研报告和科学论文的水平，而且可以提高组织材料、语句表达、文字修饰等写作能力，这是其它理论课程无法替代的。

物理实验报告一般应包括以下几项内容：

实验名称

实验目的（或要求）

实验仪器用具

实验原理：简要叙述实验的物理思想和依据的物理定律，主要计算公式，电学和光学实验应画出相应的电路图或光路图。

数据表格及数据处理：把教师签字的原始数据如实地誊写在报告的正文中，写出计算结果的主要过程及误差或不确定度估算过程。进行数值计算时，要先写出公式，再代入数据，最后得出结果，并要完整地表达实验结果。若用作图法处理数据，应严格按作图要求，画出符合规定的图线。若上机处理数据，则要有打印结果。

小结：讨论实验中遇到的问题，写出自己的见解、体会和收获，提出对实验的改进意见等。

回答指定的实验思考题。

实验报告要用统一的实验报告本或实验报告纸书写，字体要工整，文句要简明。原始数据要附在报告中一并交教师审阅，没有原始数据的实验报告是无效的。

三、大学物理实验课的学习方法

1. 重视实验课及其各个环节

实验课有其自身的规律和特点，因此，学习方法也应与之相适应，应与理论课有所不同。由于大学物理实验课是工科大学生工程教育中一系列实践教育的开端和基础，一个合格的高级工程技术人才，应该既懂理论，又能动手解决实际问题，所以要充分认识实验课的重要性，一开始就要重视它。

物理实验课的各个环节，如预习、操作、写报告等是密切相关的有机系统，每一环都要认真对待，一丝不苟。对有效数字、误差分析、误差或不确定度的估算，作图法、最小二乘法等数据处理方法的学习，要贯彻始终，逐步深入理解和掌握。对各个实验不仅要知其然，还要知其所以然，这样才能达到举一反三、触类旁通的效果。任何轻视实验，敷衍了事，得过且过的思想和作风都是学习的大敌。这样不仅学不到有关实验知识，甚至还会出现损坏仪器、危及安全的各种事故，万万不可掉以轻心！我们衷心希望同学们能创造出适合自己的科学的学习方法，培养对实验的兴趣，能主动积极地、灵活全面地学好物理实验课，提高学习效率，收到事半功倍的学习效果。

2. 注意掌握基本测量技术和实验方法

基本的测量技术和实验方法是复杂、大型、现代高新实验的基础，且在实际工作中会经常用到。学习时不仅要搞懂各种方法的原理、适用条件、优点和局限性，还要分析比较，加深印象,逐步熟悉和掌握它们,且能灵活运用。

常用的测量技术和实验方法,如水平、铅直、零位的调整,比较测量,放大测量,指零法,补偿法,模拟法,替代法,非电量电测,光学测量等,只有通过每个具体的实验亲自动手,仔细观察,认真思考,才能有所体会。在此基础上,要能够设计一些简单的实验。通过这些训练,使同学们到工作岗位后,面对一个新的实验任务时,能够独立地确定实验方案,选定恰当的仪器,在满足一定误差或不确定度要求的前提下,得出可信的实验结果。

3. 养成良好的实验习惯,培养科学的实验素质

实验之前,对所做的实验要清楚了解其内容,做到心中有数,有的放矢,实验前的准备工作要充分。实验中要善于观察各种现象,测量数据要细心准确。实验结束后要形成一份完整而真实的实验记录,并要养成分析的习惯。

一个成功的实验与正确使用仪器密切相关。对常用的仪器必须熟知它的使用方法和注意事项,对仪器的准确度、读数等都要清楚了解。实验时仪器的布局、调整、连接,甚至操作姿势都要有所考虑,操作时要胆大心细,要敢于动手,善于动手,要逐步培养自己独立分析、寻找、排除实验中出现的各种故障。能否迅速发现和排除仪器装置或实验过程中的故障,是实验能力强弱的重要表现。

实验的好坏与成败,实验的收获和能力的增长,不能单纯地看实验结果与理论值的吻合程度。实验结果与理论值接近当然好,但更重要的是会判断这个结果是否合理。任何一个实验结果与客观实际或理论公式的计算结果都会有些差异,实验方法、实验仪器、实验环境等都会引入误差,只要结果在所要求的误差范围以内,并能找出产生误差的主要因素及改进的途径,实验的收获就很可贵。

只有认真对待每一个实验,在每次实验中有意识地加强锻炼,才能养成良好的实验习惯,提高自己的实验素质。

4. 培养手脑并用、善于思考、勇于创新的能力

实验自始至终要多动脑筋,多想几个为什么,要经常与学到的理论相联系,要能判定实验结果的可靠性与正确性。对于重点、难点要善于思考,不怕困难和失败。各实验的基本内容和重点要集中精力把它掌握透。学习实验既要踏实细致,又要坚韧不拔。实验结束后要回顾、比较、归纳、总结,要有创新意识,在前人经验的基础上,鼓励用新的视角、新的方法进行实验研究。

通过本课程的学习,尽管只能做有限的实验,但要通过归纳总结,达到融会贯通、举一反三、触类旁通的目的。本教材中每章都有一段基本知识或引言,应该在做实验前认真仔细阅读,每节都有一个小结,它能帮助大家总结提高。要自觉地、高标准地进行学习和研读,这样,必能收到意想不到的从量到质转化的效果。

第1章　测量误差与数据处理

物理实验离不开对物理量进行测量，由于人们认识能力和科学技术水平的限制，使得物理量的测量很难完全准确。也就是说，一个物理量的测量值与其客观存在的值总有一些差异，即测量总存在着误差。由于误差的存在，使得测量结果带有一定的不确定性，因此，对一个测量质量的评估，要给出它的不确定度。这是本章要介绍的前一部分内容。对物理量的测量结果总是用一组数字来表示，这涉及物理实验中经常遇到的很重要但又易被忽视的有效数字问题。做完一个实验必定要获得一些测量数据，如何对这些原始数据进行处理，得到实验结果，并给出误差或不确定度，就要使用一些科学的方法。本章后一部分内容，就要介绍有效数字及物理实验中常用的几种数据处理方法，如列表计算法、作图法和线性回归法等。

1.1　测量与误差

1.1.1　测量及其分类

测量是将被测物理量与选作标准单位的同类物理量进行比较的过程，即以确定量值为目的的一组操作。其比值即为被测物理量的测量值，被测量的测量结果用标准量的倍数和标准量的单位来表示。因此，测量的必要条件是被测物理量、标准量及操作者。测量结果应是一组数字和单位，必要时还要给出测量所用的量具或仪器、测量的方法及条件等。例如，测量一个小钢球的直径，选用的标准单位是毫米，测量结果是毫米的 10.508 倍，则直径的测量值为 10.508 mm，使用的量具为螺旋测微计，测量环境温度为 18.5 ℃。

作为比较标准的测量单位其大小是科学地人为规定的，以某几个选定的基本单位为基础，就能推导出一系列导出单位，这一系列基本单位和导出单位的整体叫做单位制。物理实验中一律采用国际单位制。

如果被测物理量与作为测量标准的量可以直接进行比较得到结果，或用预先按标准校对好的测量工具或仪表对被测量进行测量，通过测量能直接得到被测量值的叫做直接测量，相应的被测量称为直接测量量。例如，用钢直尺测量钢丝的长度，用天平和砝码称衡铜柱的质量，用停表计时，用电流表测量线路中的电流等。但是，更多的物理量不能找到单一的可与其直接比较的标准量，例如，物体的密度，某地的重力加速度等。如果被测物理量不能用直接测量的方法得到，而是通过对与被测量有已知函数关系的其它直接测量量的测量，由函数关系式计算得到被测量量值的叫做间接测量，相应的被测量称为间接测量量。例如，某一立方体的密度 ρ 是通过对其质量 m、长 l、宽 b 及高 h 的测量，根据密度的定义式

$$\rho = \frac{m}{l \cdot b \cdot h}$$

计算出的。由于材料的密度与温度有关，因此，测量结果还应注明测量过程的环境温度，这才是完整的间接测量结果。

为了减小测量误差,往往对同一固定被测量进行多次重复测量,如果每次测量的条件都相同(同一观测者,同一套仪器,同一种测量原理和方法,同样的环境等),那就没有任何根据可以判断某次测量一定比另一次测量更准确,所以,每次测量的可靠程度只能认为是相同的。这种重复测量称为等精度测量,测得的一组数据称为测量列。多次重复测量时,只要有一个测量条件发生了变化,如更换了测量所用的量具或仪表,或改变了测量方法等,这种重复测量称为非(不)等精度测量。对这种测量要引入测量“权”的概念,“权”是用来衡量各单次或局部测量结果可靠性的数字,测量的权越大,说明该次测量结果的可靠性越大,它在最后测量结果中所占的比重也应越大。物理实验中尽量采用等精度测量。

1.1.2 真值与测得值

任何一个物理量在确定条件下客观存在的,也就是实际具备的量值称为真值。例如,某一物体在常温条件下具有一定的几何形状及质量。真值是一个比较抽象和理想的概念,一般来说不能确切知道这个值。真值包含理论真值(如三角形内角之和恒为180°),约定真值(如指定值、标准值、公认值)及最佳估计值等。

通过各种实验所得到的量值称为测得值,多指测量仪器或装置的读数或指示值。测得值是被测量真值的近似值,包括:

①单次测得值。若只能进行一次测量,如变化过程中的测量,或没有必要进行多次测量;对测量结果的准确度要求不高,或有足够的把握;仪器的准确度不高,多次测量结果相同,这时就用单次测得值近似地表示被测量的真值。

②算术平均值。对多次等精度重复测量,用所有测得值的算术平均值来替代真值,由数理统计理论可以证明,算术平均值是被测量真值的最佳估计值。

③加权平均值。当每个测得值的可信程度或测量准确度不等时,为了区分每个测得值的可靠性,即重要程度,对每个测得值都给一个“权”数。最后测量结果用带权数的测得值求出的平均值表示,即谓加权平均值。

1.1.3 测量误差及其分类

(1)测量误差的来源

每个测得值都有一定的近似性,它们与真值之间总会有或多或少的差异,这种差异在数值上的表示称为误差。误差自始至终存在于一切科学实验和测量过程之中,测量结果都存在误差,这就是误差公理。

①在测量过程中产生的误差。a. 方法误差:由于所采用的测量原理或测量方法本身的近似或不严格、不完善所产生的测量误差。b. 仪器误差:在进行测量时由所使用的测量工具、仪表、仪器、装置、设备本身固有的各种缺陷的影响而产生的误差。c. 环境误差:测量系统以外的周围环境因素对测量的影响,而使测量产生的误差,如温度、湿度、气压、震动、灰尘、光照、电场、磁场、电磁波等。d. 主观误差:由进行测量的操作人员素质条件所引起的误差,如实验者的分辨能力、反应速度以及固有习惯等。

②在处理测量数据时产生的误差。如有效数字的舍入误差,利用各种数学常数或物理常量引入的误差,利用各种近似计算或作图带来的误差等。

(2)测量误差的分类

①系统误差。在相同条件下(指方法、仪器、环境、人员)多次重复测量同一物理量时,误差的大小和符号(正、负)均保持不变或按某一确定的规律变化,这类误差称为系统误差,它的特征是确定性。前者称为定值系统误差,后者称为变值系统误差。按对系统误差掌握的程度又可分为已定系统误差和未定系统误差。对不能确定其大小和符号的未定系统误差可按随机误差处理。

例如,称衡质量时,使用的是 20 g 的三等砝码,允许有±1 mg 的误差。又如停表指针的转动中心与刻度盘的几何中心不重合,会使停表指示值出现周期性误差。用受热膨胀的米尺测量长度,用零点不准的螺旋测微计测量厚度都会引入系统误差。又如伏安法测电阻,电流表无论内接还是外接都会引入误差等。

②随机误差。测量时,既使消除了系统误差,在相同条件下多次重复测量同一物理量时,各次测得值仍会有些差异。其误差的大小和符号没有确定的变化规律,但如果大量增加测量次数,其总体(多次测量得到的所有测得值)服从一定的统计规律,这类误差称为随机误差,它的特征是偶然性。

随机误差是由于测量过程中存在许多难以控制的不确定的随机因素引起的。这些随机因素有空气的流动、温度的起伏、电压的波动、不规则的微小振动、杂散电磁场的干扰,以及实验者感觉器官的分辨能力、灵敏程度和仪器的稳定性,等等。某一次测量的随机误差往往是由多种因素的微小变动共同引起的。如用停表测量三线摆的周期,按下按钮的时刻有早有迟,动作迟早的程度有差异,从而产生了不可避免的随机误差。

假设系统误差已经消除,且被测量本身又是稳定的,在相同条件下,对同一物理量进行大量次数的重复测量,可以发现随机误差服从统计规律。统计规律分布常用图形表示,其中最常见的是高斯分布,又称正态分布,其分布曲线如图 1-1 所示,它的特征为:

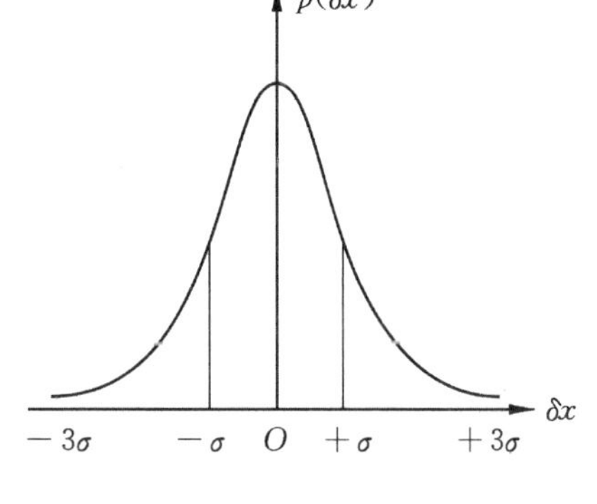

图 1-1　高斯分布

· 单峰性:以大量重复测量所获得的测量值的算术平均值为中心而相对集中分布。即绝对值小的误差出现的概率比绝对值大的误差出现的概率大(次数多)。

· 对称性:绝对值相等的正误差和负误差出现的概率相同。

· 有界性:误差的绝对值不会超过某一界限,即绝对值很大的误差出现的概率趋于零,随机误差的分布具有有限的范围。

· 抵偿性:随着测量次数的增加,随机误差的代数和趋于零,即随机误差的算术平均值将趋于零。实际上,抵偿性可由单峰性及对称性导出。

③粗大误差。明显地歪曲了测量结果的异常误差称为粗大误差。它是由没有觉察到的实验条件的突变,仪器在非正常状态下工作,无意识的不正确的操作等因素造成的。含有粗大误差的测得值称为可疑值,也称异常值或坏值。在没有充分依据时,绝不能按主观意愿轻易地去除,应该按照一定的统计准则慎重地予以剔除。

由于实验者的粗心大意,疏忽失误,使观察、读数或记录错误,是应该及时发现,力求避免的。错误不是误差。

在分析误差时,必须根据具体情况,对误差来源进行全面分析,不但要找全产生误差的各种因素,而且要找出影响测量结果的主要因素。首先剔除粗大误差,消除或减弱系统误差,然后估算随机误差与未定系统误差并进行合成。

(3)测量误差的表示

①绝对误差。测量误差的定义为

$$\text{测量误差 } \delta x = \text{测得值 } x - \text{真值 } x_0$$

测量误差是测得值与真值的差值,常称为绝对误差。绝对误差可正可负,具有与被测量相同的量纲和单位,它表示测得值偏离真值的程度,但要注意,绝对误差不是误差的绝对值。由于真值一般是得不到的,因此误差也无法计算。实际测量中是用多次测量的算术平均值 $\overline{x}$ 来代替真值,测得值与算术平均值之差称为偏差,又称残差,用 Δx 表示,即

$$\Delta x = x - \overline{x} \tag{1-1}$$

假定一个物体的真实长度为100.0 mm,而测得值为100.5 mm,则测量误差为0.5 mm。另一个物体的真实长度为10.0 mm,测得值为10.5 mm,测量误差也为0.5 mm。从绝对误差看两者相等,但测量结果的准确程度却大不一样。显然,评价一个测量结果的优劣,不仅要看绝对误差的大小,还要看被测量本身的大小。

②相对误差。相对误差的定义为测得值的绝对误差与被测量真值之比。由于真值不能确定,实际上常用约定真值,如公认值、算术平均值替代。相对误差 E 是一个无单位的无名数,常用百分数表示,如

$$E = \frac{\Delta x}{\overline{x}} \times 100\% \tag{1-2}$$

前述第一个测量的相对误差 $E = \frac{0.5}{100.0} = 0.5\%$,而第二个测量的相对误差为 $E = \frac{0.5}{10.0} = 5\%$。显然第一个测量比第二个测量准确程度高。

③百分误差。有时将测得值与理论值或公认值进行比较,则用百分误差 E_r 表示,如

$$E_r = \frac{|\text{测得值} - \text{理论值}|}{\text{理论值}} \times 100\%$$

(4)误差与测量结果的关系

为了定性地描述测量结果的重复性及与其真值的接近程度,常用精密度、正确度、准确度来描述。

精密度:表示重复测量所得结果相互接近的程度,即测得值分布的密集程度,它表征随机误差对测得值的影响,精密度高表示随机误差小,测量重复性好,测量数据比较集中。精密度反映随机误差大小的程度。

正确度:表示测得值或实验所得结果与真值的接近程度,它表征系统误差对测得值的影响,正确度高表示系统误差小,测得值与真值的偏离小,接近真值的程度高。正确度反映系统误差大小的程度。

准确度:描述各测得值重复性及测量结果与真值的接近程度,它反映测量中的系统误差和随机误差综合大小的程度。测量准确度高,表示测量结果既精密又正确,数据集中,而且偏离真值小,测量的随机误差和系统误差都比较小。

图1-2是以打靶时弹着点的分布为例,说明这三个词的涵义。图(a)表示射击的精密度高但正确度低,即随机误差小系统误差大。图(b)表示射击的正确度高但精密度低,即系统误

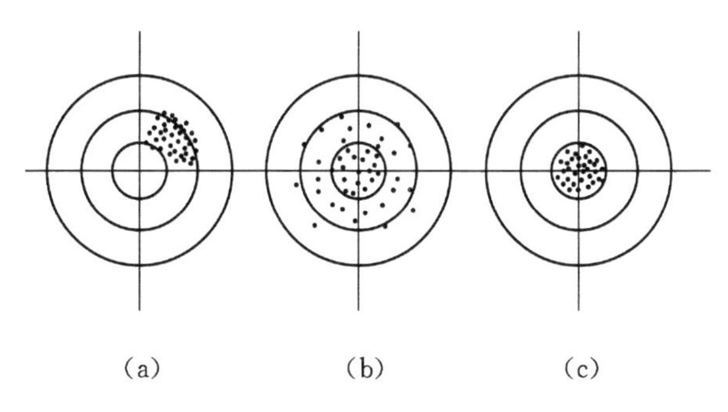

(a)　(b)　(c)

图1-2　射击时弹着点的分布

差小而随机误差大。图(c)的弹着点比较集中，又都聚集在靶心附近，表示射击的准确度高，既精密又正确，系统误差和随机误差都小。

必须注意，由于这些名词没有明确的统一规定，容易引起混淆，如有的书中把正确度称为准确度，而把准确度称为精确度。至于精度是一个泛指的笼统概念，一般多指准确度，有的是指精密度。在阅读不同书籍或资料时应予以注意。

1.2　随机误差的估算

1.2.1　直接测量结果的误差估算

(1)单次测量结果的表示

有些实验是在变化过程中对被测量进行测量的，只能测量一次；有些实验有多个被测量，其中某个或某几个被测量的相对误差很小，没有必要多次测量，只需测量一次；或仪器的灵敏度较低，多次测量结果相同等。这时就用单次测得值作为测量结果，近似表示被测量的真值。

单次测量结果的误差一般用仪器的额定误差 $\Delta_{仪}$ 来表示。例如用0～25 mm的一级千分尺测量圆柱体的直径 D 为9.056 mm，从国家标准中查出仪器示值误差为0.004 mm，则直径的测量结果表示为

$$D = 9.056 \pm 0.004\ \text{mm}$$

$$E = \frac{0.004}{9.056} \times 100\% = 0.044\%$$

当测量不能在正常状态下进行时，单次测量结果的误差应根据测量的实际情况和仪器误差进行估计。如用米尺测量杨氏模量仪所夹钢丝的长度，米尺不能紧靠钢丝，上下两端读数误差可各取0.5 mm，则钢丝长度的测量误差为1 mm。又如用停表测量三线摆的周期，误差主要是由启动和制动按钮时，手的动作和目测位置不完全一致而引起，估计启动和制动各有0.1 s的误差，则该周期时间的误差可估计为0.2 s。

(2)多次等精度测量结果的表示

①算术平均值。假定在实验中系统误差已被消除或已消减到可以忽略的程度，通过 n 次等精度的独立测量得到一列测量值

$$x_1, x_2, x_3, \cdots, x_n$$

根据最小二乘法原理：一个等精度测量列的最佳值是能使各次测量值与该值之差的平方和为最小的那个值。设那个值为 x_0，则

$$f(x_0)=\sum_{i=1}^{n}(x_i-x_0)^2=\text{最小值}$$

取 $f(x_0)$ 的一阶导数,并令其等于零,即

$$\frac{\mathrm{d}f(x_0)}{\mathrm{d}x_0}=-2\sum_{i=1}^{n}(x_i-x_0)=0$$

$$\sum_{i=1}^{n}x_i=nx_0$$

从而得到

$$x_0=\frac{1}{n}\sum_{i=1}^{n}x_i=\overline{x} \tag{1-3}$$

也就是说,这一组测量数据 x_i 的算术平均值 $\overline{x}$ 就是这一测量列真值的最佳估计值,所以测量结果用算术平均值来表示。对于有限次测量,平均值会随测量次数的不同而有所变动,当测量次数无限增加时,算术平均值将无限接近于真值。

测量的目的不仅要得到被测量的最佳值,而且要对最佳值的可靠程度作出评定,即要指出误差范围。

②算术平均偏差。对一固定量进行多次测量所得各偏差绝对值的算术平均值称为算术平均偏差,即

$$\overline{\Delta x}=\frac{\sum_{i=1}^{n}|x_i-\overline{x}|}{n}=\frac{\sum_{i=1}^{n}|\Delta x_i|}{n} \tag{1-4}$$

当测量次数少,测量仪表准确度不高,或数据离散度不大时,可用算术平均偏差估算随机误差。

③标准偏差。随机误差具有统计规律,其中最常见的是高斯分布,其分布曲线如图1-1所示。这一统计规律在数学中可用高斯误差分布函数来描述,其概率密度函数为

$$\rho(\delta x)=\frac{1}{\sigma\sqrt{2\pi}}\exp\left(-\frac{(\delta x)^2}{2\sigma^2}\right) \tag{1-5}$$

σ 是式(1-5)中的唯一参量,是高斯分布的特征量。在一定测量条件下 σ 是一个常量,从而分布函数就唯一确定下来。测量条件不同造成随机误差大小不同,反映在分布函数上就是 σ 大小不同。σ 大随机误差离散程度大,测量精密度低,大误差出现的次数多,即各次测得值的分散性大,重复性差,分布曲线低而平坦。反之,σ 小随机误差离散程度小,测量精密度高,小误差占优势,即各测得值的分散性小,重复性好,曲线陡而峰值高。因此在重复测量中,对于一组测得值可用特征量 σ 来描述测量的精密度。式(1-6)是 σ 的数学表达式。

$$\sigma=\sqrt{\frac{1}{n}\sum_{i=1}^{n}(x_i-x_0)^2}\qquad(n\to\infty) \tag{1-6}$$

σ 称为标准误差,又称方均根误差。对同一固定量进行无限多次测量,各次测得值 x_i 与被测量真值 x_0 之差的平方和的算术平均值,再开方所得的数值即为标准误差。

应该注意,Δx 是实在的误差值,是真误差,可正可负;而 σ 并不是一个具体的测量误差值,它表示在相同条件下进行多次测量后的随机误差概率分布情况,是按一定置信概率给出的随机误差变化范围的一个评定参量,具有统计意义。σ 是评定所得测量列精密程度高低的指标。当测量次数趋于无限多时,可以推出

$$\overline{\Delta x} = \sqrt{\frac{2}{\pi}}\sigma \approx 0.7979\sigma \tag{1-7}$$

图 1-1 归一化曲线下的总面积表示各种误差出现的总概率，为 100%，给定区间(即随机误差大小的变化范围)不同，误差出现的概率，也就是测量值出现的概率不同。这个给定的区间称为置信区间，相应的概率称为置信概率，用 p 表示。

$-\sigma$ 到 σ 之间曲线下的面积是总面积的 68.3%，它表示测量列中任一测量值的随机误差落在区间 $[-\sigma,\sigma]$ 内的概率。或者说，当测量次数无限多时，测量值落在区间 $[\overline{x}-\sigma,\overline{x}+\sigma]$ 内的次数占总测量次数的 68.3%。也就是说，在区间 $[\overline{x}\pm\sigma]$ 内包含真值的可能性是 68.3%。

在区间 $[\pm 3\sigma]$ 内的置信概率为 99.7%，也就是大约在一千次测量中，只有三次测量值落在该区间之外，而一般测量次数为 5～10 次，几乎不可能出现在区间之外，所以将 3σ 称为极限误差，也称误差限。这也是剔除具有粗大误差数据的拉依达准则的依据。置信区间为 1.96σ 的置信概率为 95%。把算术平均偏差作为置信区间，相应的置信概率为 57.5%。为了比较测量列的精密程度，常用在同一置信概率下置信区间的大小来表示，置信区间越小，则测量列的精密程度越高。

由于真值不能确定，所以 σ 也无法计算。前面讨论过，测量列的算术平均值 $\overline{x}$ 是测量结果的最佳值，所以标准误差常用残差来计算，称为标准偏差或标准差，用 s 表示，可以推导出

$$s = \sqrt{\frac{1}{n-1}\sum_{i=1}^{n}(\Delta x_i)^2} \tag{1-8}$$

上式称为贝塞尔公式，s 是测量列中任何一次测得值的标准偏差。

由于算术平均值比任何一次测量值都更接近于真值，也就是 $\overline{x}$ 的可靠性比任一次测量值 x_i 都高，所以算术平均值的标准偏差 $s_{\overline{x}}$ 就理所当然地小于 s，可以证明

$$s_{\overline{x}} = \frac{s}{\sqrt{n}} = \sqrt{\frac{\sum_{i=1}^{n}(\Delta x_i)^2}{n(n-1)}} \tag{1-9}$$

在实验中实际测量只能进行有限次，随机误差不严格遵从高斯分布，而是遵从 t 分布，t 分布曲线比高斯分布曲线稍低稍宽，在测量次数 $n\to\infty$ 时趋于高斯分布。因此，对于相同的置信概率，按高斯分布计算出的标准偏差要乘以因子 t。当置信概率不同时，t 的取值也不同。一般表征测量次数的方法是引入自由度 ν，其定义为

$$\nu = n-1$$

表示当测量次数有限时，n 次测量中只有 $n-1$ 次是独立的。表 1-1 给出了常用的不同自由度 ν 的 t 值。

表 1-1　常用的不同自由度 ν 的 t 值

ν	1	2	3	4	5	6	7	8	9	20	40	∞
$t_{0.683}$	1.84	1.32	1.20	1.14	1.11	1.09	1.08	1.07	1.06	1.03	1.01	1
$t_{0.95}$	12.71	4.30	3.18	2.78	2.57	2.45	2.36	2.31	2.26	2.09	2.02	1.96

对于只存在随机误差的多次等精度测量结果应该表示为

$$\begin{cases} x = \overline{x} \pm s_{\overline{x}}\text{(单位)} \\ E = \dfrac{s_{\overline{x}}}{\overline{x}} \times 100\% \end{cases}$$

④两种偏差的比较。用螺旋测微计测量一钢球的直径，得到的两组测量数据如下：

A 组	x_i (mm)	1.250	1.256	1.251	1.255
B 组	x_i (mm)	1.253	1.248	1.253	1.258

$$\begin{cases}\overline{x}_A = 1.253\ \text{mm}\\ \overline{x}_B = 1.253\ \text{mm}\end{cases}\qquad \begin{cases}\overline{\Delta x}_A = 0.003\ \text{mm} & E_A = 0.24\%\\ \overline{\Delta x}_B = 0.003\ \text{mm} & E_B = 0.24\%\end{cases}$$

$$\begin{cases}s_A = 0.003\ \text{mm} & E_A = 0.24\%\\ s_B = 0.004\ \text{mm} & E_B = 0.32\%\end{cases}$$

对上列 A、B 两组数据，如果都用算术平均偏差计算，则其绝对误差和相对误差都一样，没有区别。若用标准偏差计算，则它们的绝对误差和相对误差都不一样。仔细分析数据可以看出，A 组的涨落小于 B 组，这就清楚地说明，标准偏差比算术平均偏差更能准确地表征测量结果的离散度及数据分布情况。算术平均偏差只是粗略地反映了测量误差的大小，而标准偏差则反映了误差的分布。但算术平均偏差计算比较简单，因此在要求不高或数据离散度不大时，还是一种比较方便的方法。

⑤多次测量次数的确定。从式(1－9)可以看出，当测量次数 n 增加时，$s_{\overline{x}}$会越来越小，这就是通常所说的增加测量次数可以减小随机误差的道理。$s_{\overline{x}}$随 n 的变化关系可用图 1－3 表示，从图中可以看出，$s_{\overline{x}}$的减小，在 n 较大时变得非常缓慢，当 $n>10$ 以后，$s_{\overline{x}}$ 的减小已很不明显。另外，测量的准确度还受到仪器准确度的制约以及环境因素的影响。所以实际测量次数，在物理实验中一般重复 5～10 次即可。片面地增加测量次数，不仅误差的减小不明显，而且拖长实验时间，仪器、环境条件的不变性也难保证。

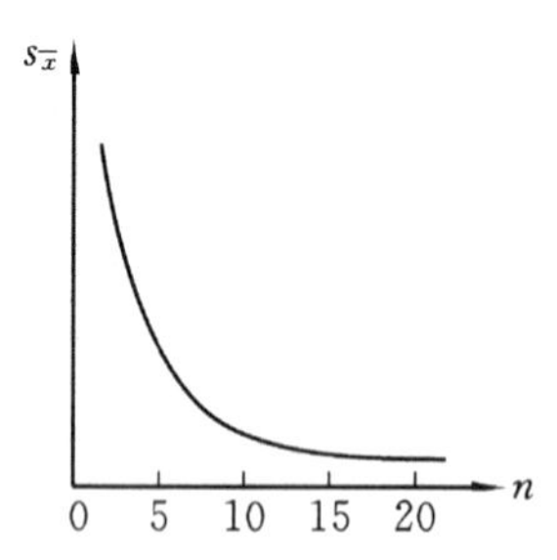

图 1－3 标准偏差与测量次数的关系

一般的原则是，各重复测得值若起伏大，就需要多测几次，若起伏小就可以少测几次。对一个被测量至少应先测 2～3 次，若各次测得值相同，则表明所用仪器准确度不高，反映不出测量的随机误差，可以按单次测量处理。若各次测得值不同，则应再重复测量几次，总共测 5～10 次即可。

例 1 用千分尺测量 10 次钢球的直径 d，数据如下：

d_i/mm

11.998，12.005，11.998，12.007，11.997，11.995，12.005，12.003，12.000，12.002。

试估算 d 的平均值、算术平均偏差、单次测量值的标准偏差和平均值的标准偏差，正确表示测量结果。

解 算术平均值

$$\overline{d} = \frac{1}{10}\sum_{i=1}^{10} d_i = \frac{1}{10}(11.998 + 12.005 + 11.998 + 12.007 + 11.997 + 11.995 + 12.005 + 12.003 + 12.000 + 12.002) = 12.001\ \text{mm}$$

算术平均偏差

$$\overline{\Delta d} = \frac{1}{10}\sum_{i=1}^{10} \mid \Delta d_i \mid$$

$$= \frac{1}{10}(0.003 + 0.004 + 0.003 + 0.006 + 0.004 + 0.006 + 0.004 + 0.002 + 0.001 + 0.001) = 0.003 \text{ mm}$$

单次测量值的标准偏差

$$s_d = \sqrt{\frac{\sum_{i=1}^{10}(d_i - \overline{d})^2}{10-1}} = \sqrt{\frac{144 \times 10^{-6}}{9}} = 0.004 \text{ mm}$$

平均值的标准偏差

$$s_{\overline{d}} = \frac{s_d}{\sqrt{n}} = \frac{0.004}{\sqrt{10}} = 0.001 \text{ mm}$$

测量结果

$$\begin{cases} d = 12.001 \pm 0.003 \quad \text{mm} \\ E_d = \dfrac{0.003}{12.001} = 0.025\% \end{cases} \quad 或 \quad \begin{cases} d = 12.001 \pm 0.001 \quad \text{mm} \\ E_d = \dfrac{0.001}{12.001} = 0.008\% \end{cases}$$

1.2.2　间接测量结果的误差估算

物理实验中比较多的测量是间接测量，间接测量结果是由直接测量结果通过一定的函数式计算出来的。由于各直接测得值存在误差，因此，由直接测得值运算得到的间接测得值也必然存在误差，这就是误差的传递。表达间接测量值误差与各直接测量值误差之间的关系式，称为误差传递公式。

(1)误差传递的基本公式

设间接测量量 N 的函数式为

$$N = f(x_1, x_2, \cdots, x_m) \tag{1-10}$$

式中 $x_1, x_2, \cdots$ 均为彼此相互独立的直接测量量，每一直接测量量为多次等精度测量，且只含随机误差，若各直接测量量用算术平均偏差估算误差，测量结果分别为 $x_1 = \overline{x}_1 \pm \Delta x_1$，$x_2 = \overline{x}_2 \pm \Delta x_2$，$\cdots$，$x_m = \overline{x}_m \pm \Delta x_m$，那么间接测量量 N 的最可信赖值为

$$\overline{N} = f(\overline{x}_1, \overline{x}_2, \cdots, \overline{x}_m) \tag{1-11}$$

即将各直接测量量的算术平均值代入函数式中，便可求出间接测量量的最可信赖值。

由于误差均为微小量，相似于数学中的微小增量，所以可借助全微分求出误差传递公式。

对式(1-10)求全微分有

$$\mathrm{d}N = \frac{\partial f}{\partial x_1}\mathrm{d}x_1 + \frac{\partial f}{\partial x_2}\mathrm{d}x_2 + \cdots + \frac{\partial f}{\partial x_m}\mathrm{d}x_m$$

上式表示，当 $x_1, x_2, \cdots, x_m$ 有微小改变 $\mathrm{d}x_1, \mathrm{d}x_2, \cdots, \mathrm{d}x_m$ 时，N 有相应的微小改变 $\mathrm{d}N$，而通常误差远小于测量值，故可把 $\mathrm{d}x_1, \mathrm{d}x_2, \cdots, \mathrm{d}x_m$ 看作误差，$\mathrm{d}N$ 的改变由各直接测量量的改变决定，把微分符号“d”改为误差符号“Δ”，从最不利情况考虑，取各直接测量量误差项的绝对值，就得到最大绝对误差传递公式，即算术合成法传递公式

$$\Delta N = \left|\frac{\partial f}{\partial x_1}\right|\Delta x_1 + \left|\frac{\partial f}{\partial x_2}\right|\Delta x_2 + \cdots + \left|\frac{\partial f}{\partial x_m}\right|\Delta x_m \tag{1-12}$$

对式(1－10)两边取自然对数后再求全微分,可得相对误差传递的基本公式

$$\frac{\Delta N}{N}=\left|\frac{\partial \ln f}{\partial x_1}\right|\Delta x_1+\left|\frac{\partial \ln f}{\partial x_2}\right|\Delta x_2+\cdots+\left|\frac{\partial \ln f}{\partial x_m}\right|\Delta x_m \qquad (1-13)$$

式(1－12)和(1－13)中每项称为分误差,$\frac{\partial f}{\partial x_i}$和$\frac{\partial \ln f}{\partial x_i}(i=1,2,\cdots,m)$称为误差传递系数。可以看出,间接测量量的误差不仅与各直接测量量的误差Δx_i有关,而且与误差传递系数有关。

当直接测量量的个数和测量次数都很少时,随机误差所遵循的抵偿性就难以确立,即随机误差出现符号相同的概率较大,这时,可用上述基本公式估算间接测量量的误差,Δx_1,Δx_2,…,用各直接测量量的算术平均偏差即可。若间接测量量是由独立相加减的函数关系确定的,那么先计算间接测量量的绝对误差,再求相对误差比较简便。若间接测量量是由独立相乘除的函数关系确定的,则先计算相对误差,然后计算绝对误差比较简便。表1－2列出常用函数误差传递的基本公式。

表1－2 常用函数误差传递的基本公式

函数关系式	误差传递公式
$N=x\pm y$	$\Delta N=\Delta x+\Delta y$
$N=xy, N=\frac{x}{y}$	$\frac{\Delta N}{N}=\frac{\Delta x}{x}+\frac{\Delta y}{y}$
$N=kx$	$\Delta N=k\Delta x$, $\frac{\Delta N}{N}=\frac{\Delta x}{x}$
$N=\sqrt[k]{x}$	$\frac{\Delta N}{N}=\frac{1}{k}\frac{\Delta x}{x}$
$N=\frac{x^k\cdot y^m}{z^n}$	$\frac{\Delta N}{N}=k\frac{\Delta x}{x}+m\frac{\Delta y}{y}+n\frac{\Delta z}{z}$
$N=\sin x$	$\Delta N=\lvert\cos\rvert\Delta x$, $\frac{\Delta N}{N}=\lvert\cot x\rvert\cdot\Delta x$
$N=\ln x$	$\Delta N=\frac{\Delta x}{x}$

(2)标准偏差的传递公式

若各相互独立的直接测量量测量次数较多,则其测量误差服从高斯分布规律,各直接测量量用标准偏差估算误差,则间接测量量的标准偏差应按“方和根”合成法来求传递公式

$$s_N=\sqrt{\left(\frac{\partial f}{\partial x_1}\right)^2 s_{x_1}^2+\left(\frac{\partial f}{\partial x_2}\right)^2 s_{x_2}^2+\cdots+\left(\frac{\partial f}{\partial x_m}\right)^2 s_{x_m}^2} \qquad (1-14)$$

$$\frac{s_N}{N}=\sqrt{\left(\frac{\partial \ln f}{\partial x_1}\right)^2 s_{x_1}^2+\left(\frac{\partial \ln f}{\partial x_2}\right)^2 s_{x_2}^2+\cdots+\left(\frac{\partial \ln f}{\partial x_m}\right)^2 s_{x_m}^2} \qquad (1-15)$$

式中,s_{x_1},s_{x_2},…,s_{x_m}分别为各直接测量量算术平均值的标准偏差。

若间接测量量的函数关系为线性关系,则间接测量量的误差仍服从高斯分布,且具有与直接测量量相同的置信概率。

利用误差传递公式可以分析各直接测量量误差对间接测量量误差影响的大小,找出误差

的主要来源，从而为设计实验、改进实验、合理选配仪器提供必要的依据。一般情况下，各直接测量量误差对最后结果误差的影响起主要作用的，往往只有少数几项。在用“方和根”法进行误差合成时，根据微小误差准则，若某一分误差小于最大分误差的$\frac{1}{3}$时，就可略去不计。“方和根”合成法更加符合实际，在准确度要求较高的实验中，都采用标准偏差传递公式。表 1-3 列出了常用函数的标准偏差传递公式。

表 1-3　常用函数的标准偏差传递公式

函数关系式	标准偏差传递公式
$N=x\pm y$	$s_N=\sqrt{s_x^2+s_y^2}$
$N=xy,\quad N=\frac{x}{y}$	$\frac{s_N}{N}=\sqrt{\left(\frac{s_x}{x}\right)^2+\left(\frac{s_y}{y}\right)^2}$
$N=kx$	$s_N=ks_x,\quad \frac{s_N}{N}=\frac{s_x}{x}$
$N=\sqrt[k]{x}$	$\frac{s_N}{N}=\frac{1}{k}\frac{s_x}{x}$
$N=x^k$	$\frac{s_N}{N}=k\frac{s_x}{x}$
$N=\frac{x^k\cdot y^m}{z^n}$	$\frac{s_N}{N}=\sqrt{k^2\left(\frac{s_x}{x}\right)^2+m^2\left(\frac{s_y}{y}\right)^2+n^2\left(\frac{s_z}{z}\right)^2}$
$N=\sin x$	$s_N=\lvert\cos x\rvert s_x$
$N=\tan x$	$s_N=\sec^2 x\cdot s_x$
$N=\ln x$	$s_N=\frac{s_x}{x}$

例 2　推导圆环面积 $S=\frac{\pi}{4}(D^2-d^2)$的误差传递基本公式。

解　$\Delta S=\left|\frac{\partial S}{\partial D}\right|\Delta D+\left|\frac{\partial S}{\partial d}\right|\Delta d=\frac{\pi}{4}(2D\Delta D+2d\Delta d)=\frac{\pi}{2}(D\Delta D+d\Delta d)$

$$E_s=\frac{\Delta S}{S}=\frac{2D}{D^2-d^2}\Delta D+\frac{2d}{D^2-d^2}\Delta d$$

例 3　设 $N=\frac{x-y}{z-x}$，用算术合成法推导误差传递公式。

解　**方法 1**：对 N 求全微分：

$$\mathrm{d}N=\frac{(z-x)(\mathrm{d}x-\mathrm{d}y)-(x-y)(\mathrm{d}z-\mathrm{d}x)}{(z-x)^2}$$

合并同类项

$$\mathrm{d}N=\frac{(z-y)\mathrm{d}x-(z-x)\mathrm{d}y-(x-y)\mathrm{d}z}{(z-x)^2}$$

把微分号换为误差号，各项取绝对值，得到绝对误差传递公式

$$\Delta N=\frac{(z-y)\Delta x+(z-x)\Delta y+(x-y)\Delta z}{(z-x)^2}$$

$$= \frac{(z-y)}{(z-x)^2}\Delta x + \frac{1}{z-x}\Delta y + \frac{(x-y)}{(z-x)^2}\Delta z$$

相对误差

$$E_N = \frac{\Delta N}{N} = \frac{(z-y)\Delta x}{(x-y)(z-x)} + \frac{\Delta y}{x-y} + \frac{\Delta z}{z-x}$$

方法2:等式两边取自然对数,再求全微分:

$$\ln N = \ln(x-y) - \ln(z-x)$$

$$\frac{\mathrm{d}N}{N} = \frac{\mathrm{d}(x-y)}{x-y} - \frac{\mathrm{d}(z-x)}{z-x} = \frac{\mathrm{d}x - \mathrm{d}y}{x-y} - \frac{\mathrm{d}z - \mathrm{d}x}{z-x}$$

合并同类项

$$\frac{\mathrm{d}N}{N} = \frac{(z-y)\mathrm{d}x}{(x-y)(z-x)} - \frac{\mathrm{d}y}{x-y} - \frac{\mathrm{d}z}{z-x}$$

把微分号改为误差号,各项取绝对值,得到相对误差传递公式

$$E_N = \frac{\Delta N}{N} = \frac{(z-y)\Delta x}{(x-y)(z-x)} + \frac{\Delta y}{x-y} + \frac{\Delta z}{z-x}$$

绝对误差

$$\Delta N = N \cdot E_N = \frac{(z-y)}{(z-x)^2}\Delta x + \frac{1}{z-x}\Delta y + \frac{(x-y)}{(z-x)^2}\Delta z$$

例4 测量某圆柱体的高 $h=13.322\pm0.006$ cm,直径 $d=1.541\pm0.005$ cm,计算圆柱体的体积 V 及其误差。

解 $$V = \frac{\pi}{4}d^2 h = \frac{1}{4}\times 3.1416 \times 1.541^2 \times 13.322 = 24.85 \text{ cm}^3$$

$$E_V = 2E_d + E_h = 2\frac{\Delta d}{d} + \frac{\Delta h}{h} = 2\times\frac{0.005}{1.541} + \frac{0.006}{13.322} = 0.7\%$$

$$\Delta V = V \cdot E_V = 24.85 \times 0.7\% = 0.2 \text{ cm}^3$$

圆柱体的体积及其相对误差分别为

$$V = 24.8 \pm 0.2 \text{ cm}^3, \quad E_V = 0.7\%$$

需要注意:V 的计算结果有效数字位数的多少,应当根据绝对误差所在的位置决定,绝对误差在物理实验教学中只保留一位,计算结果有效数字的最末一位应与绝对误差所在位对齐。相对误差保留1~2位。

例5 用流体静力称衡法测量不规则物体的密度,测得在空气中的质量 $m=27.06\pm0.02$ g,在水中的视在质量 $m_1=17.03\pm0.02$ g,当时水的密度 $\rho_0=0.9997\pm0.0003$ g/cm^3。求密度 ρ 并用标准偏差估算误差,正确表达测量结果。

解 流体静力称衡法测量密度的公式为

$$\rho = \frac{m}{m-m_1} \cdot \rho_0$$

取自然对数,求全微分

$$\ln\rho = \ln m - \ln(m-m_1) + \ln\rho_0$$

$$\frac{\mathrm{d}\rho}{\rho} = \frac{\mathrm{d}m}{m} - \frac{\mathrm{d}(m-m_1)}{m-m_1} + \frac{\mathrm{d}\rho_0}{\rho_0}$$

合并相同变量的系数

$$\frac{d\rho}{\rho}=-\frac{m_1}{m(m-m_1)}dm+\frac{1}{m-m_1}dm_1+\frac{1}{\rho_0}d\rho_0$$

标准偏差传递公式

$$\frac{s_\rho}{\rho}=\sqrt{\frac{m_1^2}{m^2\ (m-m_1)^2}s_m^2+\frac{1}{(m-m_1)^2}s_{m_1}^2+\frac{1}{\rho_0^2}s_{\rho_0}^2}$$

将测量值代入求 ρ

$$\rho=\frac{m}{m-m_1}\cdot\rho_0=\frac{27.06}{27.06-17.03}\times 0.9997=2.697\ \text{g/cm}^3$$

标准偏差

$$\frac{s_\rho}{\rho}=\sqrt{\frac{17.03^2\times 0.02^2}{27.06^2\times(27.06-17.03)^2}+\frac{0.02^2}{(27.06-17.03)^2}+\frac{0.0003^2}{0.9997^2}}=0.2\%$$

$$s_\rho=\rho\cdot\frac{s_\rho}{\rho}=2.697\times 0.2\%=0.005\ \text{g/cm}^3$$

测量结果

$$\rho=2.697\pm 0.005\ \text{g/cm}^3,\qquad E_\rho=0.2\%$$

1.3　系统误差的发现和处理

1.3.1　系统误差的特征

系统误差是由实验原理的近似，实验方法的不完善，所用仪器的缺陷，环境条件不符合要求以及观测人员的习惯等产生的误差。实验方案一经确定，系统误差就有一个客观的确定值，实验条件一旦变化，系统误差也按一种确定的规律变化。从对测量结果的影响来看，系统误差不消除往往比随机误差带来的影响更大，所以，实验中必须进行认真的分析讨论。

1.3.2　发现系统误差的方法

(1)理论分析法

分析实验所依据的原理是否严密，测量所用的理论公式要求的条件是否满足。如单管落球法测粘度，无限广延条件不满足；伏安法测电阻，电流表、电压表内阻不符合要求等。

分析实验方法是否完善，测量仪器所要求的使用条件在测量过程中是否已经满足。如天平的水平、零点是否调节妥当；各类电表水平或垂直放置是否正确等。

(2)实验对比法

改变测量方法或实验条件，改变实验中某些参量的数值或测量步骤，调换测量仪器或操作人员等进行对比，看测量结果是否一致，这是发现定值系统误差最基本的方法。如各种指针式显示仪表，其刻度盘若产生移动，偏离原校准位置，会给测量带来定值误差，通过实验对比即可发现。

(3)数据分析法

对同一被测量进行多次重复测量，通过计算偏差、进行作图或列表分析，可发现测量中是否存在变值系统误差，这是残差统计法。如将测量数据按测量先后顺序排列，观察其偏差的符号，若正负大体相同，并无显著的变化规律，就不宜怀疑存在系统误差。即通过计算进行比较，看其能否满足只存在随机误差的条件，否则，测量中存在变值系统误差。

1.3.3 减小或消除系统误差的一般途径

系统误差服从因果规律,任何一种系统误差都有其确定的产生原因,在一定的测量条件下,只有找出产生该误差的具体原因,才能有针对性地采取相应措施,消除产生的根源或限制它的产生。因此,处理系统误差要对实验的各个环节周密考虑,采用个别考察的方法,根据实际问题具体对待。

(1)从产生系统误差的根源上加以消除

从进行测量的操作人员,所用的测量仪器,采用的测量方法和测量时的环境条件等入手,对它们进行仔细的分析研究,找出产生系统误差的原因,并设法消除这些因素。例如,设法保证仪器装置满足规定的使用条件。测量显微镜的丝杆和螺母间有间隙,操作不当会引入空程误差,则应使丝杆与螺母啮合后再进行测量,且只能朝一个方向转动鼓轮。拉伸法测钢丝的杨氏模量,钢丝不直将给其微小伸长量的测量带来较大的误差,则可在测量前给钢丝加上一个砝码,使其伸直。又如,用补偿法测电压,消除伏安法测电阻时方法上的系统误差。图1-4(a)为电流表外接的伏安法测电阻电路,由于电压表内阻不是无穷大,所以电流表的读数大于通过电阻R的电流。如果将电路变换为图1-4(b),用补偿法测量电压,接通K_1,当调节R_2使电流计G示值为零时,电压表的读数就是电阻R两端的电压,电流表的读数就是流过电阻R的电流,从而消除了系统误差。

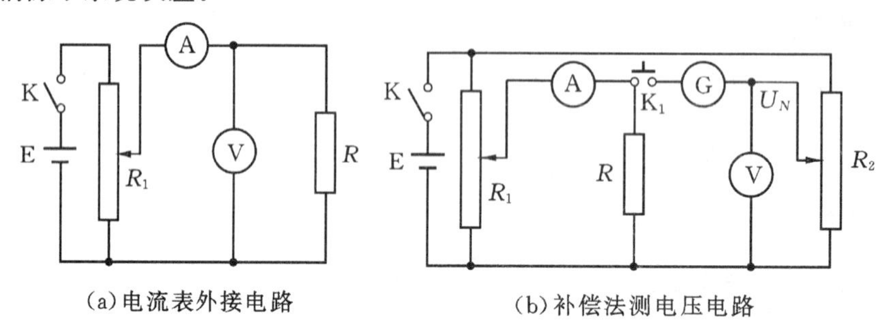

图1-4 伏安法测电阻

(2)用修正的方法引入修正值或修正项

对所用仪器仪表进行检定校验得到校正数据或校正图线,对测得值进行修正。根据理论分析,若系统误差来源于测量公式的近似,则可引入修正值或修正项。如单管落球法测液体粘度,由于圆管直径不是无限大需引入修正值。密立根油滴法测电子电荷实验,由于油滴很小,它的半径与空气分子的平均自由程很接近,必须引入修正项以减小系统误差。

(3)选择适当的测量方法,用测量技术抵消系统误差

①消除定值系统误差常用的方法。

a. 交换测量法。将测量中的某些条件(如被测物的位置)相互交换,使产生系统误差的原因对测量结果起相反作用,即使交换前后产生的系统误差大小相等、符号相反,从而相互抵消。如用天平称衡物体质量时的"复称法",将被测物体在同一架天平上称衡两次,一次把被测物放在左盘,一次放在右盘,若两次称衡所得质量值为m_1、m_2,根据杠杆原理,则物体的质量m为

$$m = \sqrt{m_1 m_2} \approx \frac{m_1 + m_2}{2}$$

这样就消除了天平不等臂的系统误差。

再如测定薄透镜的焦距时，将屏、物位置互换，取其算术平均值作为测量结果以抵消系统误差。

b. 标准量替代法。在相同的条件下，用一标准量（经过准确度高一级以上的仪器测量的给出值）替换被测量，达到消除系统误差的目的。如消除天平称衡时的不等臂误差；交直流电桥作精密测量时也常用此法。

c. 反向补偿法（异号法）。对被测量进行两次适当的测量，使两次测量产生的系统误差等值而反向，取平均值作为测量结果，即可消除系统误差。如利用霍尔效应测量磁场，为了消除不等势电压等副效应对测量的影响，可分别改变通过霍尔片电流的方向及磁场的方向进行测量，消除附加电势差。

d. 变化测量方法使系统误差随机化，以便在多次重复测量中抵消。如米尺的刻度不均匀，可以使用米尺的不同部位进行多次测量。

②消除变值系统误差常用的方法。

a. 对称观测法消除随时间（或测量次数）具有线性变化规律的系统误差。如长度测量中千分尺螺杆螺距的误差随测量尺寸的增大而增大；一些被测工件随温度变化其尺寸呈线性变化。这些累积性系统误差，都可用等空间间隔或某时刻前后等时间间隔各作一次观测，取两次读数的算术平均值作为测量结果，从而消除线性变化的系统误差。

b. 半周期偶数次观测法消除按周期性规律变化的系统误差。如分光计等测角仪器利用间隔180°的双游标进行读数，再取其平均值的方法，以消除刻度环与游标盘不同心的偏心差。

(4)消除具有随机误差特性的系统误差

此时可采用在不同部位多次测量的方法，用平均值作为测得值来减小系统误差。如测量杨氏模量用的钢丝直径不均匀；测量液体表面张力系数的毛细管直径不均匀；测量电阻率用的铜棒直径不均匀都可采用多次测量法。

原则上讲，消除系统误差的途径，首先是限制它产生，即消除产生的根源；其次是设法修正它，修正测量公式或修正测量结果，或者设法在测量中抵消它，减小它对测量结果的影响。

对于系统误差只能尽量设法减小它，所谓"消除"是指把它的影响减小到随机误差之下，如果系统误差不影响测量结果有效数字的最后一位，就可认为已经消除。

前面分别单独讨论了随机误差与系统误差，其实在任何一次测量中是两者兼而有之，各自所占的比例与具体的测量有关。

1.3.4　仪器误差

(1)测量器具的特性

①量程：测量仪器示值的标称范围两极限差的模，即指测量范围的上限值与下限值的差值，如从－10 V到＋10 V标称范围的电压表其量程为20 V。量程又称量限。

②标称值：测量仪器凑整的或近似的特性值，以指导其使用。

③灵敏度：测量仪器输出信号（称为响应）的变化除以对应的测量系统输入信号（称为激励）的变化，即测量仪器指示器的微小变化与造成该变化所需被测量的变化之比。灵敏度与激励值有关。灵敏度高意味着仪器对被测量的微小变化的响应能力高。灵敏度反映了指示仪表所能测量的最小被测量。当激励和响应为同种量时，灵敏度也可称为放大比或放大倍数，如光

杠杆的灵敏度就是光杠杆的放大倍数。

④准确度：指测量仪器给出接近于被测量真值的示值能力。它与测量准确度(被测量的测量结果与真值间的符合程度)有联系又有区别。

⑤分度值：最小分度表示的量值，也就是相邻的指示不同量值的两刻线所代表的量值之差。与仪器准确度相对应，二者保持在同一数量级。一般仪表分度值取为准确度数值的0.5～2倍。

(2)测量器具误差的表示

①示值误差：测量仪器示值减去对应输入量的真值。由于真值不能确定，实用中使用标准值等约定真值。即在规定的使用条件下，正确使用仪器时，测量仪器的示值与被测量的真值之间可能出现的最大绝对误差为示值误差。例如，一级千分尺在100 mm测量范围以内的示值误差为±0.004 mm，即表示任一分度上的示值与其真值之差都不会超过±0.004 mm。

②最大(极限)允许误差：技术规范、规程等对给定测量仪器所允许的误差极限值。

③额定误差：国家质量监督检验检疫总局计量司规定的该项仪器的出厂公差或允差，是一种系统误差。用合格的量具或仪表在正常使用条件下测定，其仪器误差不应超过公差，即公差提供的是仪器的最大误差。

④固有误差：在标准条件下确定的测量仪器的误差。即指仪表在规定的正常条件下进行测量时所具有的误差，它是仪表本身所固有的，是由于结构上和制作上的不完善而产生的。例如，线圈在转动时轴承里的摩擦和刻度划分不精密等原因所引起的误差均属固有误差。固有误差是仪表的基本误差。

(3)直读仪表的误差

①根据误差产生的原因可分为基本误差和附加误差两种。基本误差是仪表在规定的正常条件下进行测量时所具有的误差。仪表的正常工作条件是指：a.仪表指针调整到零位；b.仪表按规定工作位置安放；c.周围的温度是20 ℃，或是仪表上所标的温度；d.除地磁场外，没有外来电磁场。

附加误差是由于偏离正常条件或在某一影响因素作用下而产生的误差，这个数值变化是相对于正常条件的示值而言的，不是相对于真值。附加误差是一个因素引起的示值变化，而不是两个或两个以上因素引起变化的总和，因此，在附加误差前常冠以产生附加误差因素的名称，如温度附加误差等。

②仪表的读数(测得值)与被测量的实际值之间的差值称为测量的绝对误差，而被测量的实际值就等于仪表读数减去绝对误差。定义校正值与绝对误差大小相等而符号相反，所以，实际值=测量值+校正值。引入校正值后，就可以对仪表读数进行校正，以补偿其系统误差。

③用直读仪表直接进行测量时，可以根据仪表准确度等级来估计测量结果的误差。仪表在规定条件下使用时，测得值可能出现的最大绝对误差为

$$\Delta m = a\% \cdot X_{\mathrm{m}}$$

式中，a为仪表的准确度等级，表示仪表本身的准确程度；X_{m}为仪表的量程。应该注意，仪表的准确度并不等于测量结果的准确度(即测量结果的相对误差)。测量结果的准确度与被测量的大小有关，只有仪表使用在满刻度偏转时，测量结果的准确度才等于仪表的准确度。

④指示仪表读数的有效位数，可根据仪表的最大绝对误差确定。测得值的末位应与最大

绝对误差位对齐，按照实际情况（最小分度值，分度的宽窄，指针的粗细等）估读到最小分度的 $\frac{1}{10}\sim\frac{1}{2}$。

⑤数字仪表的误差表示。数字式仪表的显示值均为有效数字，仪表本身已进行了估读。数字仪表的绝对误差 Δ 为

$$\Delta = \pm \alpha\% V_x \pm n$$

或

$$\Delta = \pm \alpha\% V_x \pm \beta V_m \tag{1-16}$$

式中，V_x 为测量指示值；V_m 为测量上限值；α 为误差相对项系数，β 为误差固定项系数。

数字仪表的数字部分误差很小，一般为最后 1～2 个字码，即±1 或±2 字。

⑥选择直读仪表时，要根据被测量的最小值来选择具有合适灵敏度的仪表；根据被测量的最大值来选择量程；根据测量误差或不确定度的要求和实验环境来选择适当准确度的仪表。为了减小测量的相对误差，仪表的量程要接近被测量的大小。同时还要注意仪表的工作条件是否正常，使用前指针是否指零，放置位置是否正确，以及怎样正确读取数据等。

(4)仪器误差的计算

用任何量具或仪表进行测量都会有误差，即量具或仪表的指示值与实际值之间总有一定差异。仪器误差 $\Delta_{仪}$ 一般是指在正确使用仪器的条件下，仪器的示值与被测量实际值之间可能出现的最大绝对误差。仪器误差包含系统误差和随机误差两部分，一般级别较高的仪表（如 0.2 级以上的精密仪表）仪器误差的性质主要是随机误差，包括未定系统误差。级别低的（如 1.5 级以下）或工业用仪表则主要是系统误差。一般物理实验常用仪表（如 0.5 级，1.0 级）两种误差都有，且数值相近。

仪器误差通常是由制造工厂或计量部门使用更精密的量具、仪表测试，经过检定比较后给出的。

如多次测量一个固定的被测量，测量值都相同或基本相同，这并不表示不存在随机误差，而是因为误差较小，仪器的灵敏度较低，不能反映其微小差异，这时可用仪器的最大绝对误差，即 $\Delta_{仪}$ 作为测量结果的误差。

理论分析指出，对于多数仪器误差服从均匀分布，如图 1-5 所示。所谓均匀分布，是指在其误差（$\Delta_{仪}$）范围内，不同大小和符号的各种误差出现的概率都相同，区间外出现的概率为零。例如总长为 1000 mm 的钢直尺，按国家标准每毫米刻度上的允许误差为 0.05 mm，这个值在整个直尺的任何部位都可能发生，也就是说它是均匀地分布在整个直尺的所有部位。可以计算出服从均匀分布仪器的标准偏差（置信概率 68.3%）为

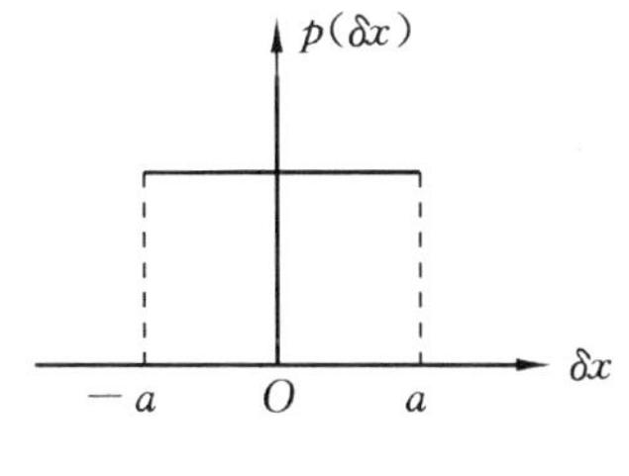

图 1-5　均匀分布

$$s_{仪} = \frac{\Delta_{仪}}{\sqrt{3}} \tag{1-17}$$

对于使用准确度较高的仪器进行测量，常采用标准偏差估算误差，由于仪器误差与其它原因产生的随机误差相互独立，互不相关，因此要用“方和根”合成法计算测量结果的误差。

例 6　用 0～25 mm 的一级千分尺测量钢丝的直径 10 次，数据如下：

d(mm)　1.006，1.008，1.002，1.001，0.998，1.010，0.993，0.995，0.990，0.997

已知千分尺的仪器误差为 0.004 mm，用标准偏差估算误差，完整表示测量结果。

解 $\bar{d}=\frac{1}{n}\sum_{i=1}^{n}d_i=\frac{1}{10}(1.006+1.008+1.002+1.001+0.998+1.010+0.993+0.995+0.990+0.997)=1.000\ \text{mm}$

标准偏差

$$s_{\bar{d}}=\sqrt{\frac{1}{n(n-1)}\sum_{i=1}^{n}(\Delta d_i)^2}$$
$$=\sqrt{\frac{1}{10(10-1)}[(0.006)^2+(0.008)^2+(0.002)^2+(0.001)^2+(0.002)^2+(0.010)^2+(0.007)^2+(0.005)^2+(0.010)^2+(0.003)^2]}$$
$$=0.002\ \text{mm}$$

与仪器误差合成

$$\Delta=\sqrt{s_{\bar{d}}^2+\left(\frac{\Delta_{仪}}{\sqrt{3}}\right)^2}=\sqrt{(0.002)^2+\frac{(0.004)^2}{3}}=0.003\ \text{mm}$$

测量结果(置信概率 $p=68.3\%$)

$$d=1.000\pm0.003\ \text{mm},\qquad E_d=\frac{0.003}{1.000}=0.3\%$$

1.4 测量不确定度和测量结果的表示

1.4.1 测量不确定度

科学实验中包括大量的测量工作,为了更加科学地表示测量结果,国际计量局(BIPM)国际标准化组织(ISO)等机构提出并制定了《实验不确定度的规定建议书 INC-1(1980)》及《测量不确定度表示指南(1993)》,规定采用不确定度来评定测量结果的质量。测量不确定度是与测量结果相关联的一个参数,用以表征合理地赋予被测量值的分散性。测量不确定度是指由于测量误差的存在而对被测量值不能肯定的程度,它是被测量的真值在某个量值范围的一个评定。或者说测量不确定度表示测量误差可能出现的范围,它的大小反映了测量结果可信赖程度的高低,不确定度小的测量结果可信赖程度高。不确定度越小,测量结果与真值越靠近,测量质量越高。反之,不确定度越大,测量结果与真值越远离,测量质量越低。不确定度包含了各种不同来源的误差对测量结果的影响,各分量的估算又反映了这部分误差所服从的分布规律。它不再将测量误差分为系统误差和随机误差,而是把可修正的系统误差修正以后,将余下的全部误差分为可以用概率统计方法计算的 A 类评定和用其它非统计方法估算的 B 类评定。在分析误差时要做到不遗漏、不增加、不重复。若各分量彼此独立,将 A 类和 B 类评定按“方和根”的方法合成得到合成不确定度。不确定度与给定的置信概率相联系,并且可以求出它的确定值。不确定度可以更全面更科学地表示测量结果的可靠性,现今在计量检测、工业等部门已逐步采用不确定度取代标准误差来评定测量结果的质量。

1.4.2 直接测量不确定度的评定和测量结果的表示

(1)(标准)不确定度的 A 类评定

A 类标准不确定度用概率统计的方法来评定。在相同的测量条件下,n 次等精度独立重

复测量值为

$$x_1, x_2, \cdots, x_n$$

其最佳估计值为算术平均值 $\overline{x}$

$$\overline{x} = \frac{1}{n}\sum_{i=1}^{n} x_i \tag{1-18}$$

x_i 高斯分布的实验标准偏差 $s(x_i)$ 的估计采用贝塞尔公式

$$s(x_i) = \sqrt{\frac{1}{n-1}\sum_{i=1}^{n}(x_i - \overline{x})^2} \tag{1-19}$$

平均值 $\overline{x}$ 的实验标准偏差 $s(\overline{x})$ 的最佳估计为

$$s(\overline{x}) = \frac{s(x_i)}{\sqrt{n}} \tag{1-20}$$

平均值的标准不确定度就用 $s(\overline{x})$ 表示。

(2)(标准)不确定度的B类评定

B类标准不确定度 $u(x_j)$ 在测量范围内无法作统计评定，$u(x_j)$ 的估计信息可采用：a.以前类似的测量数据所计算的不确定度；b.对有关材料和仪器性能及特点的了解所估计的不确定度；c.所用仪器的制造说明书、检定证书或手册中所提供数据的不确定度。

评定B类不确定度有下述几种情况：

①不确定度分布是高斯分布或近似高斯分布。如果检定证书上给出的扩展不确定度估计边界范围(相当于三倍标准差，即 $a=3\sigma$)为 $a_- - a_+ = 2a$，则标准不确定度为 $a/3$。

②测量值 x_i 落在估计边界 $a_- \sim a_+$ 范围内的概率为1，落在该范围之外的概率为零，而对于 x_i 在该范围内的概率分布又不甚了解，只能假定 x_i 在 $a_- \sim a_+$ 区间内概率都相同，即所谓的均匀分布，此时标准不确定度为 $a/\sqrt{3}$(a 为概率分布置信区间的半宽)。例如游标卡尺、停表等的误差，安装调整不垂直、不水平、未对准等的误差，回程误差，频率误差，数值凑整误差等。

③估计不确定度边界为 $a_- - a_+ = 2a$，虽对其分布没有确切的了解，但可近似认为该范围中点处出现 x_i 值的概率最大，离中点越远，出现 x_i 的概率越小，且近似呈线性递减，在边界处概率几乎为零，即所谓三角分布，此时标准不确定度为 $a/\sqrt{6}$。

(3)合成(标准)不确定度 U

对于A类评定和B类评定的合成用“方和根”法。若各不确定度分量彼此独立，则合成不确定度为

$$U = \sqrt{\sum_{i=1}^{n} s(x_i)^2 + \sum_{j=1}^{m} u(x_j)^2} \tag{1-21}$$

(4)测量结果的表示

算术平均值及合成不确定度　$x = \overline{x} \pm U$　(单位)

相对不确定度　$U_r = \frac{U}{\overline{x}} \times 100\%$

1.4.3　间接测量不确定度的评定和测量结果的表示

间接测量不确定度的评定与一般标准误差的传递计算方法相同。设间接测量量 N 与直

接测量量 x_i 的函数关系为

$$N=f(x_1,x_2,\cdots,x_m)$$

式中,$x_1,x_2,\cdots,x_m$ 为相互独立的直接测量量。

$\overline{x}_i(i=1,2,\cdots,m)$为各直接测量量的最佳估计值,则可证明间接测量量的最佳值为

$$\overline{N}=f(\overline{x}_1,\overline{x}_2,\cdots,\overline{x}_m)$$

将式(1-14)、(1-15)中的标准偏差 s_{x_i} 用合成不确定度 U_{x_i} 替代,就得到间接测量量的不确定度传递公式

$$U_N=\sqrt{\left(\frac{\partial f}{\partial x_1}\right)^2U_{x_1}^2+\left(\frac{\partial f}{\partial x_2}\right)^2U_{x_2}^2+\cdots+\left(\frac{\partial f}{\partial x_m}\right)^2U_{x_m}^2} \tag{1-22}$$

$$\frac{U_N}{N}=\sqrt{\left(\frac{\partial \ln f}{\partial x_1}\right)^2U_{x_1}^2+\left(\frac{\partial \ln f}{\partial x_2}\right)^2U_{x_2}^2+\cdots+\left(\frac{\partial \ln f}{\partial x_m}\right)^2U_{x_m}^2} \tag{1-23}$$

间接测量结果的表示与直接测量结果的表示形式相同,即写成

$$\begin{cases}N=\overline{N}\pm U_N \quad (\text{单位})\\ U_r=\dfrac{U_N}{N}\times 100\%\end{cases}$$

前述讨论的置信区间为$[-\sigma,\sigma]$,对应的置信概率为 68.3%。在工业、商业等活动中,常将合成不确定度乘以覆盖因子 k 得到扩展不确定度。对于高斯分布或近似高斯分布,$k=1.96$ 时,置信概率为 95%;$k=2.58$ 时,置信概率为 99%,对于 t 分布,$k=t_p(v)$。

例 7 一个铅质圆柱体,用分度值为 0.02 mm 的游标卡尺分别测其直径 d 和高度 h 各 10 次,数据如下:

d(mm) 20.42,20.34,20.40,20.46,20.44,20.40,20.40,20.42,20.38,20.34

h(mm) 41.20,41.22,41.32,41.28,41.12,41.10,41.16,41.12,41.26,41.22

用最大称量为 500 g 的物理天平称其质量为 $m=152.10$ g,求铅的密度及其不确定度。

解

(1)铅质圆柱体的密度 ρ

直径 d 的算术平均值

$$\overline{d}=\frac{1}{10}\sum_{i=1}^{10}d_i=20.40\ \text{mm}$$

高度 h 的算术平均值

$$\overline{h}=\frac{1}{10}\sum_{i=1}^{10}h_i=41.20\ \text{mm}$$

圆柱体的质量

$$m=152.10\ \text{g}$$

铅质圆柱体的密度

$$\rho=\frac{4m}{\pi\,\overline{d}^2\,\overline{h}}=\frac{4\times 152.10}{3.1416\times 20.40^2\times 41.20}=1.129\times 10^{-2}\ \text{g/mm}^3$$

(2)直径 d 的不确定度

A 类评定

$$s(\overline{d})=\sqrt{\frac{\sum_{i=1}^{10}(d_i-\overline{d})^2}{n(n-1)}}=\sqrt{\frac{0.0136}{90}}=0.012\ \mathrm{mm}$$

B类评定

游标卡尺的示值误差为0.02 mm,按近似均匀分布

$$u(d)=\frac{0.02}{\sqrt{3}}=0.012\ \mathrm{mm}$$

d 的合成不确定度

$$U(d)=\sqrt{s(\overline{d})^2+u(d)^2}=\sqrt{0.012^2+0.012^2}=0.017\ \mathrm{mm}$$

(3)高度 h 的不确定度

A类评定

$$s(\overline{h})=\sqrt{\frac{\sum_{i=1}^{10}(h_i-\overline{h})^2}{n(n-1)}}=\sqrt{\frac{0.0496}{90}}=0.023\ \mathrm{mm}$$

B类评定

$$u(h)=\frac{0.02}{\sqrt{3}}=0.012\ \mathrm{mm}$$

h 的合成不确定度

$$U(h)=\sqrt{s(\overline{h})^2+u(h)^2}=\sqrt{0.023^2+0.012^2}=0.026\ \mathrm{mm}$$

(4)质量 m 的不确定度

从所用天平检定证书上查得,称量为1/3量程时的扩展不确定度为0.04 g,覆盖因子 $k=3$,按近似高斯分布

$$U(m)=\frac{0.04}{3}=0.013\ \mathrm{g}$$

(5)铅密度的相对不确定度

$$\begin{aligned}\frac{U(\rho)}{\rho}&=\sqrt{\left(\frac{2U(d)}{d}\right)^2+\left(\frac{U(h)}{h}\right)^2+\left(\frac{U(m)}{m}\right)^2}\\&=\sqrt{\left(\frac{2\times0.017}{20.40}\right)^2+\left(\frac{0.026}{41.20}\right)^2+\left(\frac{0.013}{152.10}\right)^2}\\&=\sqrt{2.8\times10^{-6}+0.4\times10^{-6}}=0.18\%\end{aligned}$$

$$U(\rho)=1.129\times10^{-2}\times\frac{0.18}{100}=0.002\times10^{-2}\ \mathrm{g/mm^3}$$

(6)铅密度的测量结果表示为

$$\begin{aligned}\rho&=(1.129\pm0.002)\times10^{-2}\quad\mathrm{g/mm^3}\\&=(1.129\pm0.002)\times10^{4}\quad\mathrm{kg/m^3}\end{aligned}$$

$$U_r(\rho)=0.18\%$$

置信概率为 $p=68.3\%$。

1.5 有效数字及其运算

1.5.1 有效数字的一般概念

实验的基础是测量,测量的结果是用一组数字和单位表示的。如图1-6所示,用厘米分度(最小分格的长度是1 cm)的尺子测量一个铜棒的长度,从尺上看出其长度大于4 cm,再用目测估计,大于4 cm的部分是最小分度的$\frac{3}{10}$,所以棒的长度为4.3 cm。最末一位不同的观测者会有所不同,称为存疑数字,但它还是在一定程度上反映了客观实际。而前面的"4"是从尺子上的刻度准确读出的,即由测量仪器明确指示的,称为可靠数字。这些数字都有明确的意义,都有效地表达了测量结果,所以,我们把测量结果中所有可靠数字和一位估计的存疑数字的全体称为有效数字。有效数字的最末一位是误差所在的一位,即是有误差的数字。上面的测量结果是两位有效数字。

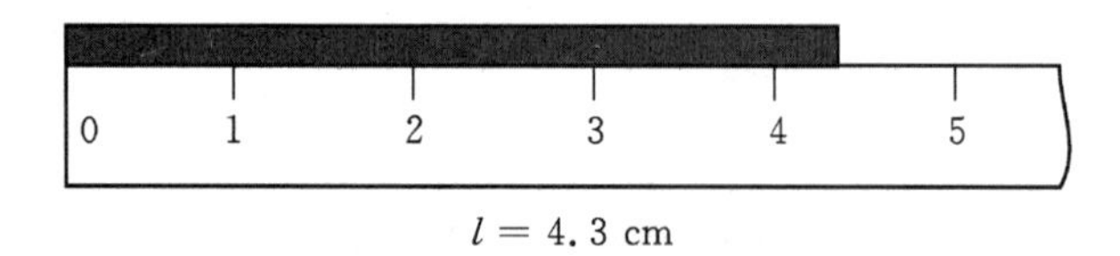

图1-6 用厘米分度的尺子测量长度

如果换用毫米分度的尺子测量这个棒的长度,如图1-7所示,可以从尺子上准确读出4.2 cm,再估读到最小分度毫米的十分位上,测量结果为4.25 cm。同样,最末一位的估计值不同观测者可能不同,但都是三位有效数字。由此可见,有效数字位数的多少取决于所用量具或仪器的准确度的高低。

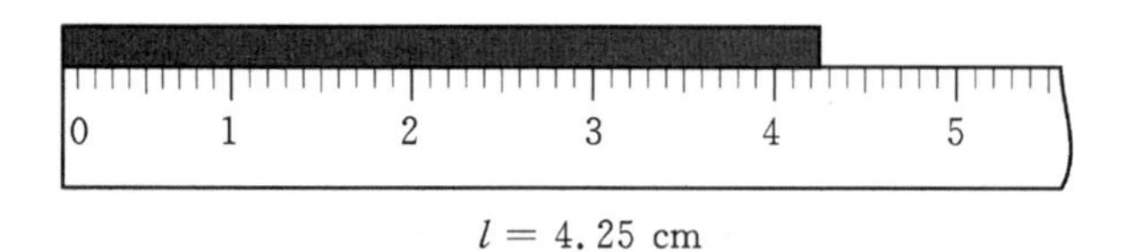

图1-7 用毫米分度的尺子测量长度

如果被测铜棒的长度是几十厘米,那么,用厘米分度的尺子测得的结果是三位有效数字,而用毫米分度的尺子测得的是四位有效数字,所以,有效数字位数的多少还与被测量本身的大小有关。总之,有效数字位数的多少是测量实际的客观反映,不能随意增减。测量结果有效数字位数的多少与其相对误差的大小有一定的对应关系,有效数字的位数多,相对误差小,测量结果的准确度高。

如果用毫米分度的尺子测量一个棒长,恰好与4 cm后的第三条毫米线对齐,如图1-8所示,则测量结果为4.30 cm,百分位上的"0"表示最末一位估计读数为0,是存疑数字,这个"0"不能省去。如果写成4.3 cm,则别人会误认为是用厘米分度的尺子测量的,十分位上的"3"是存疑数字,这与测量的实际不符。所以在物理实验中4.30 cm≠4.3 cm,因为它们的内涵是截然不同的。

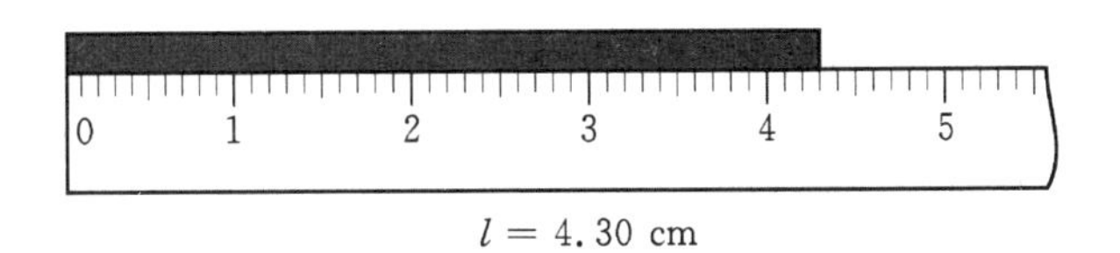

$l = 4.30$ cm

图 1－8　与毫米线对齐的读数

对于有效数字还应该注意下列几种情况：

①有效数字中“0”的性质。非零数字前的“0”只起定位作用，不是有效数字。数字中间和数字后面的“0”都是有效数字。如果一个测得值的数很小或很大，常用标准形式来表示，即用10的方幂来表示其数量级，前面的数字是测得的有效数字，通常在小数点前只写一位数字，这种数值的科学表达方式称为科学计数法。例如，0.000508 m 写成 5.08×10^{-4} m，2090080 m 写成 2.090080×10^{6} m。这样不仅可以避免写错有效数字，而且便于定位和计算。

②十进制的单位换算不能增减有效数字位数，即有效数字的位数与小数点的位置或单位换算无关。如

$$4.30\ \text{cm} = 4.30\times10^{4}\ \mu\text{m} = 4.30\times10^{-2}\ \text{m} = 4.30\times10^{-5}\ \text{km}$$

而 $4.30\ \text{cm}\neq43000\ \mu\text{m}$，它们的量值虽然相等，但是有效数字增加了两位这就错了！$4.30\ \text{cm}=0.0430\ \text{m}=0.0000430\ \text{km}$，该式虽相等，但看起来很不直观，运算起来很不方便，所以要采用科学计数法书写。

非十进制的单位换算有效数字会有一位变化，应由误差所在位确定。如 $(1.8\pm0.1)^{\circ}=(108\pm6)'$，$(1.50\pm0.05)'=(90\pm3)''$ 等。

③纯数学数或常数，如 $\frac{1}{6}$、$\sqrt{3}$、π、e 等，不是由测量得到的，有效数字可以认为是无限的，需要几位就取几位，一般取与各测得值位数最多的相同或再多取一位。给定值不影响有效数字位数。运算过程的中间结果可适当多保留几位，以免因舍入引进过大的附加误差。

④直接测量读数时应估读到仪器最小分度以下的一位(是存疑数字)。间接测量运算结果的有效数字位数由绝对误差来决定，间接测得值的末位应与绝对误差所在的一位对齐。由误差确定有效数字，是处理一切有效数字问题的基本依据。如不估算误差，则按有效数字运算规则确定有效数字位数。

1.5.2　有效数字的运算规则

实验结果一般要通过有效数字的运算才能得到，有效数字四则运算根据下述原则确定运算结果的有效数字位数：a. 可靠数字间的运算结果为可靠数字；b. 可靠数字与存疑数字或存疑数字间的运算结果为存疑数字，但进位为可靠数字；c. 运算结果只保留一位存疑数字，其后的数字按“小于 5 舍，大于 5 入，等于 5 凑偶”的规则处理。

(1)加减法

首先统一各数值的单位，然后列出纵式进行运算。为了区别在存疑数字下面划一道横线。例如

$$\begin{array}{r} 10.\underline{1} \\ +\ 4.17\underline{8} \\ \hline 14.\underline{27}\underline{8} \end{array} \qquad\qquad \begin{array}{r} 10.\underline{1} \\ -\ 4.17\underline{8} \\ \hline 5.\underline{92}\underline{2} \end{array}$$

$$10.\underline{1}+4.17\underline{8}=14.\underline{3} \qquad 10.\underline{1}-4.17\underline{8}=5.\underline{9}$$

规则是:加减运算,最后结果的存疑位应与各数中存疑数字数量级最大的一位对齐。

(2)乘除法

例如

$$\begin{array}{r} 4.17\underline{8} \\ \times\ 10.\underline{1} \\ \hline \underline{4}\,\underline{1}\,\underline{7}\,\underline{8} \\ 417\underline{8} \\ \hline 42.\underline{1}\,\underline{9}\,\underline{7}\,\underline{8} \end{array} \qquad \begin{array}{r} 4.17\underline{8} \\ \times\ 90.\underline{1} \\ \hline \underline{4}\,\underline{1}\,\underline{7}\,\underline{8} \\ 3760\underline{2} \\ \hline 376.\underline{4}\,\underline{3}\,\underline{7}\,\underline{8} \end{array} \qquad \begin{array}{r} 2.4\underline{1}\,\underline{7} \\ 4.17\underline{8}\,\overline{)\,10.\underline{1}\,\underline{0}\,\underline{0}} \\ 835\underline{6} \\ \hline 1\underline{7}\,\underline{4}\,\underline{4}\,\underline{0} \\ 1671\underline{2} \\ \hline \underline{7}\,\underline{2}\,\underline{8}\,\underline{0} \\ \underline{4}\,\underline{1}\,\underline{7}\,\underline{8} \\ \hline \underline{3}\,\underline{1}\,\underline{0}\,\underline{2}\,\underline{0} \\ 2\underline{9}\,\underline{2}\,\underline{4}\,\underline{6} \\ \hline \underline{1}\,\underline{7}\,\underline{7}\,\underline{4} \end{array}$$

$$4.17\underline{8}\times10.\underline{1}=42.\underline{2} \qquad 4.17\underline{8}\times90.\underline{1}=376.\underline{4} \qquad 10.\underline{1}\div4.17\underline{8}=2.4\underline{2}$$

规则是:乘除运算,最后结果的有效数字位数一般与各数中有效数字位数最少的相同。乘法运算,若两数首位相乘有进位时则多取一位。

(3)乘方、开方运算

乘方、开方运算结果的有效数字位数与其底的有效数字位数相同。也可按乘除运算存疑数字划线的方法确定。例如

$$225^2 = 5.06 \times 10^4$$

$$\sqrt{225} = 15.0$$

(4)函数运算

函数运算不能搬用四则运算规则。严格地说,函数运算结果的有效数字位数应根据误差计算来确定。在物理实验中,为了简便作如下规定:

三角函数:由角度的有效位数,即以仪器的准确度来确定,如能读到1′,一般取四位有效数字。例如

$$\sin30°00' = 0.5000$$

$$\cos9°24' = 0.9866$$

$$\tan45°05' = 1.003$$

对数函数:首数不计,对数小数部分的数字位数与真数的有效数字位数相同。例如

$$\ln19.83 = 2.9872 \qquad \text{(首数不计)}$$

$$\lg1.983 = 0.2973 \qquad \text{(首数不计)}$$

$$\lg0.1983 = \bar{1}.2973 \qquad \text{(首数不计)}$$

指数函数:把e^x、10^x的运算结果用科学记数法表示,小数点前保留一位,小数点后面保留

的位数与 x 在小数点后的位数相同，包括紧接小数点后的“0”。例如

$$e^{9.24}=1.03\times10^{4}$$
$$e^{52}=4\times10^{22}$$
$$10^{6.25}=1.78\times10^{6}$$
$$10^{0.0035}=1.0081$$

1.5.3　数字截尾的舍入规则

数字的进舍过去采用四舍五入法，这就使入的数字比舍的数字多一个，入的概率大于舍的概率，经过多次舍入，结果将偏大。为了使舍入的概率基本相同，现在采用的规则是：对保留的末位数字以后的部分，小于 5 则舍，大于 5 则入，等于 5 则把末位凑为偶数，即末位是奇数则加 1(五入)，末位是偶数则不变(五舍)。例如将下列数据取为四位有效数字，则为

4.32749→4.327；　　3.14159→3.142

4.32751→4.328；　　4.51050→4.510

4.32750→4.328；　　3.12650→3.126

4.32850→4.328；　　46.425→46.42

对于误差或不确定度的估算，其尾数的舍入规则可采用四舍五入或只进不舍。

在物理实验处理数据时，有人以为运算结果的数字位数越多越准确，其理由是一点儿都没有舍去，这种没有测量误差及有效数字概念的错误，应特别注意！

1.6　实验数据处理的常用方法

物理实验的目的是为了找出物理量之间的内在规律，或验证某种理论。实验得到的数据必须进行合理的处理分析，才能得到正确的实验结果和结论。数据处理是指从原始数据通过科学的方法得出实验结果的加工过程，它贯穿于整个物理实验教学的全过程中，应该逐步熟悉和掌握它。在一篇完整的科学论文或科研报告中，往往是先一目了然地列出各种数据，再用图线表示出物理量之间的变化关系，最后用严格的数学解析方法，如最小二乘线性回归等，得出数值上的定量关系，并给出实验结果和不确定度。物理实验常用的数据处理方法有：列表计算法，作图法，逐差法，最小二乘线性回归法等。

1.6.1　列表法

在记录和处理数据时，常把数据排列成表格，这样，既可以简单而明确地表示出被测物理量之间的对应关系，又便于及时检查和发现测量数据是否合理，有无异常情况。列表计算法就是将数据处理过程用表格的形式显示出来。即将实验数据中的自变量、因变量的各个数据及计算过程和最后结果按一定的格式，有秩序地排列出来。列表法是科技工作者经常使用的基本方法。为了养成习惯，每个实验中所记录的数据必须列成表格，因此在预习实验时，一定要设计好记录原始数据的表格。

列表的要求如下：

①根据实验内容合理设计表格的形式，栏目排列的顺序要与测量的先后和计算的顺序相对应。

②各栏目必须标明物理量的名称和单位,量值的数量级也写在标题栏中。

③原始测量数据及处理过程中的一些重要中间结果均应列入表中,且要正确表示各量的有效数字。

④要充分注意数据之间的联系,要有主要的计算公式。

列表法的优点是:简单明了,形式紧凑,各数据易于参考比较,便于表示出有关物理量之间的对应关系,便于检查和发现实验中存在的问题及分析实验结果是否合理,便于归纳总结,从中找出规律性的联系。缺点是:数据变化的趋势不够直观,求取相邻两数据的中间值时,还需要借助插值公式进行计算等。

要注意,原始数据记录表格与实验数据处理表格是有区别的,不能相互代替,原始数据表格中不必包含需进行计算的量。要动脑筋,设计出合理完整的表格。

例 8 用测量显微镜测量小钢球的直径,用列表法计算其表面积及不确定度。

列表如下:

表 1-4 直径 D 的 A 类不确定度的估算

次数 n	初读数 /mm	末读数 /mm	直径		ΔD_i $/10^{-3}$ mm	$(\Delta D_i)^2$ $/10^{-6}$ mm^2	$s_{\overline{D}}$ $/10^{-3}$ mm
			D_i/mm	$\overline{D}$/mm			
1	10.441	11.437	0.996	0.997	−1	1	$s_{\overline{D}}=\sqrt{\dfrac{\sum(\Delta D_i)^2}{n(n-1)}}$
2	12.285	13.287	1.002		5	25	
3	15.417	16.409	0.992		−5	25	1.6
4	18.639	19.632	0.993		−4	16	
5	21.364	22.360	0.996		−1	1	
6	25.474	26.474	1.000		3	9	
7	11.458	12.460	1.002		5	25	

表 1-5 钢球表面积的计算

表面积 S /mm^2	仪器误差 $\Delta_{仪}$ /mm	B类不确定度 u_D $/10^{-3}$ mm	合成不确定度 U_D $/10^{-3}$ mm	$U_r=\dfrac{U_s}{S}$ /(%)	U_s /mm^2
$S=\pi D^2$		$u_D=\dfrac{\Delta_{仪}}{\sqrt{3}}$	$U_D=\sqrt{s_{\overline{D}}^2+u_D^2}$	$\dfrac{U_s}{S}=\sqrt{\left(\dfrac{2U_D}{D}\right)^2}$	$U_s=S\cdot U_r$
3.12	0.005	2.9	3	0.6	0.02

测量结果

$$\begin{cases} S=3.12\pm0.02\ \text{mm}^2 \\ U_r=0.6\% \end{cases}\qquad \text{置信概率 } 68.3\%$$

表 1-5 也可以用计算公式运算代替。

1.6.2 作图法

作图法是在坐标纸上用几何图形描述有关物理量之间的关系,它是一种被广泛用来处理实验数据的方法,特别是在还没有完全掌握物理量之间的变化规律或还没有找到适当函数表达式时，用作图线的方法来表示实验结果，常常是一种很方便、有效的方法。为了使图线能清晰、定量地反映出物理量的变化规律，并能从图线上准确地确定物理量值或求出有关常量，必须按照一定的规则作图。

(1)作图规则

①图纸选择。作图一定要用坐标纸，根据需要选用直角坐标纸、单对数或双对数坐标纸等。坐标纸的大小以不损失实验数据的有效数字和能包括全部数据为原则，也可适当选大些。图纸上的最小分格一般对应测量数据中可靠数字的最末一位。作图不要增、减有效数字位数。

②确定坐标轴的比例和标度。通常以横轴代表自变量，纵轴代表因变量。用粗实线画出两个坐标轴，注明坐标轴代表的物理量的名称(或符号)和单位。选取适当的比例和坐标轴的起点，使图线比较对称地充满整个图纸，不要偏在一边或一角。坐标轴的起点不一定要从零开始，可选小于数据中最小值的某一整数作为起点。坐标轴的比例，即坐标分度值要便于数据点的标注和不用计算就能直接读出图线上各点的坐标，最小分格代表的数字应取 1、2、5。坐标轴上要每隔一定的相等间距标上整齐的数字。横轴与纵轴的比例和标度可以不同。

③标点和连线。用削尖的铅笔，以⊙、×、+、⚠等符号在坐标纸上准确标出数据点的坐标位置。除校正图线要连成折线外，一般应根据数据点的分布和趋势连接成细而光滑的直线或曲线。连线时要用直尺或曲线板等作图工具。图线的走向，应尽可能多地通过或靠近各实验数据点，即不是一定要通过每一个数据点，而是应使处于图线两侧的点数相近。如果一张图上要画几条图线，则要选用不同的标记符号。

④写图名和图注。图名的字迹要端正，最好用仿宋体，位置要显明。简要写出实验条件，必要时还要写注释或说明。

(2)图示法与图解法

用图线表示实验结果的方法称为图示法，如用电流场模拟静电场实验用等势线、电场线图表示实验结果等。

根据画出的实验图线，用解析方法求出有关参量或物理量之间的经验公式为图解法。当图线为直线时尤为方便，如通过求直线的截距或斜率可得到另外一些物理量，如多管法测定液体动力粘度实验，通过直线的截距可得终极速度对应的时间 t_0；惠斯通电桥实验，通过导体电阻与温度的关系直线的斜率和截距，可求得电阻温度系数 α 等。还可通过图线求函数表达式，如三线摆实验，通过图线可得出三线摆周期与转动惯量之间的经验公式等。

作图示例。用伏安法测电阻的实验数据如表 1-6 所示。

表 1-6　伏安法测电阻数据

次数	1	2	3	4	5	6	7	8	9	10
U/V	0.00	1.00	2.00	3.00	4.00	5.00	6.00	7.00	8.00	9.00
I/mA	0	24	48	70	94	118	141	164	187	209

在毫米方格纸上作图线如图 1-9 所示。

图 1-9 所示的伏安特性图线是一条直线，说明被测电阻是线性电阻。直线斜率的倒数就是电阻的数值。

①求直线的斜率和截距，建立直线方程。

若图线类型为直线，其方程为

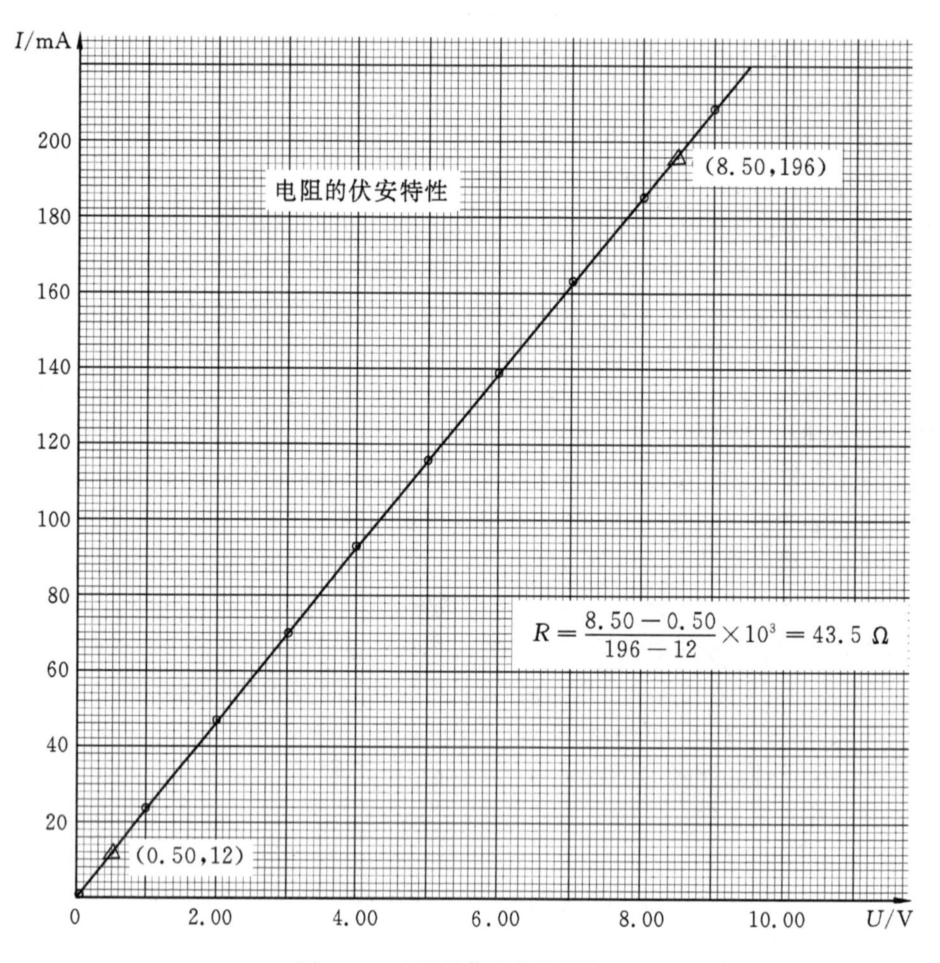

图 1-9 电阻的伏安特性图线

$$y = kx + b \tag{1-24}$$

求斜率 k 常用两点法,要在直线两端、数据范围以内另外取两点,一般不取原始测量数据点。为了便于计算,横坐标的两数值可取为整数。用与原始数据点不同的符号标明这两个特征点的位置,旁边注明坐标值(x_1,y_1)、(x_2,y_2),如图 1-9 所示。直线的斜率 k 为

$$k = \frac{y_2 - y_1}{x_2 - x_1} \tag{1-25}$$

如果横坐标轴的起点为零,则可直接从图线上读取截距 b 的值。如果横坐标轴的起点不是零,则直线与纵轴的交点不是截距,这时常用点斜式求出,即在图线上再选取一点(x_3,y_3),代入直线方程,求得

$$b = y_3 - \left(\frac{y_2 - y_1}{x_2 - x_1}\right)x_3 \tag{1-26}$$

求出斜率 k 和截距 b 就可以得出具体的直线方程。也可由斜率和截距求出包含在其中的其它物理量的数值。

②通过图线求函数关系,建立经验公式。

若通过测量得到的图线是一条曲线,就要运用解析几何知识判定该曲线是哪一类函数,如

果难于确定，就可凭经验假定函数形式，一般可用幂函数表示，方程为

$$y = kx^{\alpha} \tag{1-27}$$

其在对数坐标系中为一线性方程，斜率为 α，求出斜率和截距再经过反对数运算可得 k，这样，就可得出具体的经验公式，这是了解和发现物理规律的一条有效途径。

(3)曲线改直，从而建立曲线方程

物理量之间的关系并不都是线性的，将非线性关系通过适当变量代换化为线性关系，即将非直线图形变换成直线图形称为曲线改直。由于直线最易准确绘制，更加直观，便于确定某种函数关系的曲线对应的经验公式。通过这种代换，还可使某些未知量包含在斜率或截距中，容易求出，如理查逊直线法求逸出功便是一例。

常用的可以线性化的函数举例如下。

①$y=ax^{b}$，a、b 为常量。两边取常用对数后变换为

$$\lg y = b\lg x + \lg a$$

$\lg y$ 与 $\lg x$ 为线性关系，直线的斜率为 b，截距为 $\lg a$。

②$y=a\mathrm{e}^{-bx}$，a、b 为常量。两边取自然对数后变换为

$$\ln y = -bx + \ln a$$

$\ln y-x$ 图的斜率为 $-b$，截距为 $\ln a$。

③$y=a\cdot b^{x}$，a、b 为常量。取对数变换后

$$\lg y = \lg b\cdot x + \lg a$$

$\lg y-x$ 图的斜率为 $\lg b$，截距为 $\lg a$。

④$xy=c$，c 为常量。则有

$$y = c\cdot\frac{1}{x}$$

$y-\frac{1}{x}$图的斜率为 c。

⑤$y^{2}=2px$，p 为常量。则 $y^{2}-x$ 图的斜率为 $2p$。

⑥$x^{2}+y^{2}=a^{2}$，a 为常量。则有

$$y^{2} = a^{2} - x^{2}$$

$y^{2}-x^{2}$ 图的斜率为 -1，截距为 a^{2}。

⑦$y=\frac{x}{a+bx}$，a、b 为常量。则有

$$y = \frac{1}{(a/x)+b},\qquad \frac{1}{y} = \frac{a}{x} + b$$

$\frac{1}{y}-\frac{1}{x}$图的斜率为 a，截距为 b。

(4)作图法的优点和局限性

作图法的优点是数据(物理量)之间的对应关系和变化趋势非常形象、直观，一目了然，便于比较研究和发现问题，能看到测量的全貌。实验数据中存在的极值、拐点、周期性变化等，都能在图形中清楚地表示出来。特别是对很难用简单的解析函数表示的物理量之间的关系，作图表示就比较方便。另外，所作的图线有取平均的效果。通过合理的内插和外推还可以得到没有进行或无法进行观测的数据。通过求斜率、截距还可以得到另外一些物理量或建立变量

之间的函数关系(经验公式)。

作图法的局限性是受图纸大小的限制,一般只能处理3~4位有效数字。在图纸上连线有相当大的主观随意性。由于图纸本身的均匀性和准确程度有限,以及线段的粗细等,使作图不可避免地要引入一些附加误差。

1.6.3 逐差法

逐差法是数值分析中使用的一种方法,也是物理实验中常用的数据处理方法。在所研究的物理过程中,当变量之间的函数关系呈现多项式形式时,即

$$y = a_0 + a_1 x + a_2 x^2 + a_3 x^3 + \cdots$$

且自变量 x 是等间距变化的,则可以采用逐差法处理数据。

逐差法是把实验测得的数据进行逐项相减,以验证函数是否是多项式关系;或者将数据按顺序分成前、后两半,后半与前半对应项相减后求其平均值,以得到多项式的系数。由于测量准确度的限制,逐差法仅用于一次和二次多项式。为了说明这种方法,仍用伏安法测电阻的实验数据,将其逐项相减及分半等间隔相减的结果列于表1-7中。

表1-7 逐差法处理数据

次数 i	1	2	3	4	5	6	7	8	9	10
U_i/V	0.00	1.00	2.00	3.00	4.00	5.00	6.00	7.00	8.00	9.00
I_i/mA	0	24	48	70	94	118	141	164	187	209
$(\delta_1 I = I_{i+1} - I_i)$/mA	24	24	22	24	24	23	23	23	22	
$(\delta_5 I = I_{i+5} - I_i)$/mA	118	117	116	117	115					

表中 $\delta_1 I$ 一行是相邻两项逐项相减的结果,是一次逐差,其数值基本相等,说明电流 I 与电压 U 存在线性关系。$\delta_5 I$ 一行是间隔五项依次相减,也是一次逐差,其平均值为

$$\overline{\delta_5 I} = \frac{1}{5}(118 + 117 + 116 + 117 + 115) = 117\ \text{mA}$$

那么电阻值为

$$R = \frac{5\delta U}{\overline{\delta_5 I}} = \frac{5 \times 1.00}{117 \times 10^{-3}} = 42.7\ \Omega$$

与图解法处理数据所得结果基本相同。

函数式为 $I = \frac{1}{42.7}U$ 或 $U = 42.7I$。

1. 验证多项式

如果函数值逐项相减,一次逐差结果是常量时,则函数是线性函数,即

$$y = a_0 + a_1 x$$

成立。如前例伏安法测固定电阻,I 与 U 是线性函数。

如果函数值逐项相减后,再逐项相减,即二次逐差的结果是常量时,则

$$y = a_0 + a_1 x + a_2 x^2$$

成立。如自由落体运动的路程 s 与时间 t 的关系为 $s = s_0 + v_0 t + \frac{1}{2}gt^2$。

2. 求物理量的数值

用逐差法可以求出多项式中 x 的各次项的系数来。如前例伏安法测固定电阻，通过求自变量 U 的系数就可以得到电阻 R 的值。因为函数关系式为 $I=\frac{1}{R}U, R=\frac{1}{a_1}$。

需要指出，在用逐差法求系数值时，要计算逐差值的平均值，这时，不能逐项逐差，而必须把数据分成前后两半，后半与前半对应项逐差，故有对数据取平均的效果。如果逐项逐差以后再平均，则有

$$\overline{\delta_1 I}=\frac{1}{9}[(I_2-I_1)+(I_3-I_2)+\cdots+(I_{10}-I_9)]=\frac{1}{9}(I_{10}-I_1)$$

这里最终只用了第一个和最后一个数据，其余中间的数据均被正负抵消，相当于只测了两个数据，这显然是不合理的。不仅白白浪费了测量数据，而且会使计算结果的误差增大。

3. 逐差法的优点和局限性

逐差法的优点是方法简单，计算方便。可以充分利用测量数据，具有对数据取平均和减小相对误差的效果，可以最大限度地保证不损失有效数字。可以绕过一些具有定值的未知量求出实验结果。可以发现系统误差或实验数据的某些变化规律。如果通过变量代换后能满足适用条件的要求，也可用逐差法，如本书光学实验部分中等厚干涉实验数据的处理。

逐差法的局限性是有较严格的适用条件：函数必须是一元函数，且可写成自变量的多项式形式，如二次逐差为 $y=a_0+a_1x+a_2x^2$。自变量 x 必须等间距变化，这个条件在实验中是容易满足的，只要使容易测量和控制的物理量呈等间距变化即可。一般测量偶数次。因求多项式的系数时，是先得出高次项系数再逐步推出低次项系数，由于误差的传递，使低次项系数的准确度变差。另外，非线性函数线性化后，如果原来各数据是等权的，经过函数变换以后可能成为不等权的，这时，用逐差法处理数据时要考虑这个因素。

1.6.4　最小二乘法与线性回归

1. 最小二乘法

最小二乘法是一种解决怎样从一组测量值中寻求最可靠值，也就是最可信赖值的方法。对于等精度测量，所得数据的测量误差是无偏的(无粗差，也排除了测量的系统误差)，服从高斯分布，且相互独立，则测量结果的最可靠值是各次测量值相应的偏差平方和为最小时的那个值，即算术平均值。因为最可靠值是在各次测量值的偏差平方和为最小的条件下求得的，当时(18 世纪初)把平方叫二乘，故称最小二乘法。最小二乘法是以误差理论为依据的严格、可靠的方法，有准确的置信概率。按最小二乘法处理测量数据能充分地利用误差的抵偿作用，从而可以有效地减小随机误差的影响。

2. 回归分析

相互关联的变量之间的关系可以分成两类。一类是变量之间存在着完全确定的关系，叫做函数关系；一类是变量之间虽然有联系，但由于测量中随机误差等因素的存在，造成了变量之间联系的不同程度的不确定性，但从统计上看，它们之间存在着规律性的联系，这种关系叫做相关关系。相关变量间既有相互依赖性，又有某种不确定性。回归分析法是处理变量间相关关系的数理统计方法。回归分析就是通过对一定数量的观测数据所作的统计处理，找出变量间相互依赖的统计规律。如果存在相关关系，就要找出它们之间的合适的数学表达式。由

实验数据寻找经验方程称为方程的回归或拟合,方程的回归就是要用实验数据求出方程的待定系数。在回归分析中为了估算出经验方程的系数,通常利用最小二乘法。得到经验方程后,还要进行相关显著性检验,判定所建立的经验方程是否有效。回归分析所用的数学模型主要是线性回归方程,因为其它形式的数学模型多数可以通过数学变换转化为线性回归方程。根据相关变量的多少,回归分析又可分为一元回归和多元回归。回归法处理数据的优点在于理论上比较严格,在函数形式确定后,结果是唯一的,不会像作图法那样因人而异。

3. 用最小二乘法进行一元线性回归(直线拟合)

(1)回归方程系数的确定

一元线性回归方程为

$$y = a_0 + a_1 x \tag{1-28}$$

最小二乘法一元线性回归的原理是:若能找到一条最佳的拟合直线,那么各测量值与这条拟合直线上各对应点的值之差的平方和,在所有拟合直线中应该是最小的。利用最小二乘法就是要由一组实验数据 $x_i, y_i(i=1,2,\cdots,k)$ 找出一条最佳的拟合直线来,也就是要求出回归方程的系数 a_0 和 a_1 的值。

在经典的回归分析中,总是假定:

①自变量 x_i 不存在测量误差,是准确的;

②因变量 y_i 是通过等精度测量得到的只含有随机误差的测得值,误差服从高斯分布;

③在 y_i 的测得值中,粗大误差和系统误差已被排除。

在实际应用时,要把相对来说误差较小的变量作为自变量,实验过程中不要改变测量方法和条件,如果测量中存在粗差,首先进行剔除,存在系统误差要对测得值进行修正。这样就能满足上述假定的要求。

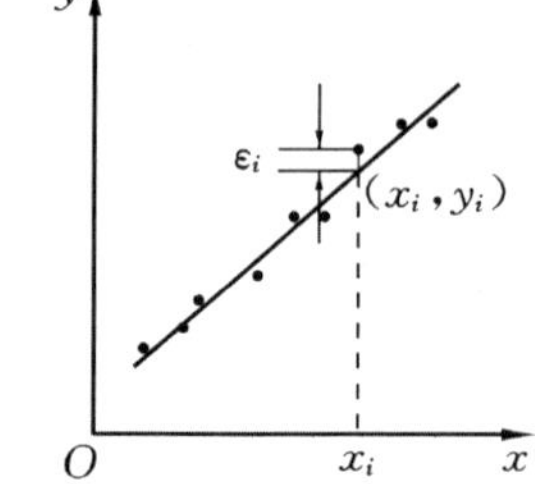

图 1-10 线性拟合

式(1-28)表示的是一条直线,如图1-10所示,由于 y_i 存在测量误差,实验点不可能全部重合在该直线上。对于与某个 x_i 相对应的测量值 y_i,与用回归法求得的直线式(1-28)在 y 方向上的偏差为

$$\varepsilon_i = y_i - y = y_i - (a_0 + a_1 x_i) \quad (i = 1,2,\cdots,k) \tag{1-29}$$

ε_i 的正负和大小表示实验点在直线两侧的离散程度。ε_i 的值与 a_0、a_1 的取值有关。为使偏差的正值和负值不发生抵消,且考虑到全部实验值的贡献,根据最小二乘法原理,应当计算 $\sum_{i=1}^{k}\varepsilon_i^2$ 的大小。如果 a_0 和 a_1 的取值使 $\sum_{i=1}^{k}\varepsilon_i^2$ 最小,将 a_0 和 a_1 的值代入式(1-28),就得到这组测量数据所拟合的最佳直线。

由式(1-29)得

$$\sum_{i=1}^{k}\varepsilon_i^2 = \sum_{i=1}^{k}(y_i - a_0 - a_1 x_i)^2 \tag{1-30}$$

为求其最小值,把式(1-30)分别对 a_0、a_1 求一阶偏导数,并令其等于零,即

$$\left.\begin{aligned} \frac{\partial}{\partial a_0}\left(\sum_{i=1}^{k}\varepsilon_i^2\right) &= -2\sum_{i=1}^{k}(y_i - a_0 - a_1 x_i) = 0 \\ \frac{\partial}{\partial a_1}\left(\sum_{i=1}^{k}\varepsilon_i^2\right) &= -2\sum_{i=1}^{k}(y_i - a_0 - a_1 x_i)x_i = 0 \end{aligned}\right\} \tag{1-31}$$

整理后写成

$$\left.\begin{aligned}\overline{x}a_1 + a_0 &= \overline{y}\\ \overline{x^2}a_1 + \overline{x}a_0 &= \overline{xy}\end{aligned}\right\} \tag{1-32}$$

式(1-32)中

$$\left.\begin{aligned}\overline{x} &= \frac{1}{k}\sum_{i=1}^{k}x_i\\ \overline{y} &= \frac{1}{k}\sum_{i=1}^{k}y_i\\ \overline{x^2} &= \frac{1}{k}\sum_{i=1}^{k}x_i^2\\ \overline{xy} &= \frac{1}{k}\sum_{i=1}^{k}x_iy_i\end{aligned}\right\} \tag{1-33}$$

式(1-32)的解为

$$a_1 = \frac{\overline{x}\cdot\overline{y} - \overline{xy}}{\overline{x}^2 - \overline{x^2}} \tag{1-34}$$

$$a_0 = \overline{y} - a_1\overline{x} \tag{1-35}$$

可以证明，$\sum_{i=1}^{k}\varepsilon_i^2$ 对 a_0、a_1 的二阶偏导数均大于零，说明由式(1-34)和式(1-35)计算出的 a_1 和 a_0 对应于 $\sum_{i=1}^{k}\varepsilon_i^2$ 的极小值，也就是拟合的最佳直线的斜率和截距的估计值。

为了计算和书写方便，引入符号

$$L_{xx} = \sum_{i=1}^{k}x_i^2 - \frac{1}{k}(\sum_{i=1}^{k}x_i)^2$$

$$L_{yy} = \sum_{i=1}^{k}y_i^2 - \frac{1}{k}(\sum_{i=1}^{k}y_i)^2$$

$$L_{xy} = \sum_{i=1}^{k}x_iy_i - \frac{1}{k}(\sum_{i=1}^{k}x_i)(\sum_{i=1}^{k}y_i)$$

于是式(1-34)可表示为

$$a_1 = \frac{L_{xy}}{L_{xx}} \tag{1-36}$$

由式(1-32)可以看出，最佳直线通过$(\overline{x},\overline{y})$点，因此，在用作图法画直线时，应将$(\overline{x},\overline{y})$坐标点标出，将作图用的直尺以这点为轴心来回转动，直到各数据点与直尺边线的距离最近，而且左右分布匀称为止。这时，沿此边线用铅笔画一直线，即为所求的最佳直线。

(2)a_1 和 a_0 的标准偏差

因为 y_i 含有较明显的随机误差，导致由式(1-34)和式(1-35)计算出的 a_1 和 a_0 也含有误差。y_i 的标准偏差 s 为

$$s = \sqrt{\frac{\sum_{i=1}^{k}(y_i - a_0 - a_1x_i)^2}{k-2}} \tag{1-37}$$

需要注意，式(1-37)根式中分母是 $k-2$，其意义是在两个变量(x_i, y_i)的情况下，有两个方程

就可以解出结果,现在多了 $k-2$ 个方程,所以自由度是 $k-2$,有两个自由度受约束。也可以理解为有两个数据点就可以确定一条直线,这两点的$\varepsilon_i=0$,现在有 k 个数据点,其自由度当然是 $k-2$ 了。

由误差传递公式可以导出 a_1 和 a_0 的标准偏差 s_{a_1} 和 s_{a_0}

$$s_{a_1}=\frac{s}{\sqrt{k(\overline{x^2}-\overline{x}^2)}}=\frac{s}{\sqrt{L_{xx}}} \tag{1-38}$$

由式(1-38)可知,s_{a_1} 不仅与 s 有关,还与 L_{xx} 的大小有关。L_{xx} 的大小反映了 x_i 间距的大小,L_{xx} 大,x_i 的间距大,取值分散范围较大;反之,x_i 取值比较集中,取值范围比较小。为了提高 a_1 的准确度,在实验条件允许的情况下,应当尽量增大 x_i 的取值范围。

$$s_{a_0}=\sqrt{\frac{\overline{x^2}}{L_{xx}}}\cdot s=\sqrt{\overline{x^2}}\cdot s_{a_1}=\sqrt{\frac{\sum_{i=1}^{k}x_i^2}{k}}\cdot s_{a_1} \tag{1-39}$$

式(1-39)表明,a_1 的标准偏差直接影响 a_0 的标准偏差,且 x_i 的数值越大,这种影响越严重。就是说,在 s_{a_1} 相同时,x_i 离坐标原点越远,截距 a_0 的标准偏差越大。

如果 $s_{a_0}>a_0$,即 a_0 的标准偏差的数值大于截距的数值,便可以认为在一定程度上(对高斯分布置信概率为68.3%)拟合的直线通过坐标原点。

(3)线性相关系数

为了定量描述 x、y 变量之间线性相关程度的好坏,引入相关系数 r,其定义为

$$r=\frac{L_{xy}}{\sqrt{L_{xx}L_{yy}}} \tag{1-40}$$

与式(1-36)比较,因 $\sqrt{L_{xx}L_{yy}}>0$,故 r 与 a_1 的符号相同。即 $r>0$,则 $a_1>0$,拟合直线的斜率为正;$r<0$,则 $a_1<0$,其斜率为负。可以证明,$|r|$的值在0到1之间。若 $r=0$,表示 x、y 之间完全没有线性相关的关系,即用线性回归不妥,应该换用其它函数重新试探。$|r|=1$,表示 x_i 与 y_i 全部都在拟合直线上,即完全相关。

图1-11表示 r 取不同数值时数据点的分布情况。需要说明的是图1-11(e)所示的情况,实验点呈开口向上的抛物线状,说明 y 是 x 的二次函数,但相关系数却为零。所以线性相关系数 r 只表示变量间线性相关的程度,并不表示 x、y 之间是否存在其它相关关系。

为了实际使用的方便,可导出

$$s=\sqrt{\frac{(1-r^2)L_{yy}}{k-2}} \tag{1-41}$$

$$\frac{s_{a_1}}{a_1}=\sqrt{\frac{\frac{1}{r^2}-1}{k-2}} \tag{1-42}$$

式(1-42)表示由 r 及 k 就可以方便地确定拟合直线斜率的相对偏差。

对于一个实际问题,只有当$|r|$大于某一数值时,方能认为变量之间存在着线性相关关系。因而需要给出一个检验标准,记作 r_0。当$|r|>r_0$ 时,变量间线性相关的程度是显著的。数理统计理论指出,r_0 的大小与实验数据的个数 k 和显著性水平 α 的值有关。$\alpha=0.05$ 表示将线性相关关系判断错误的概率为5%。α 越小,显著性标准就越高,表1-8列出了 $\alpha=0.05$ 和 $\alpha=0.01$ 两种情况下 r_0 的数值。

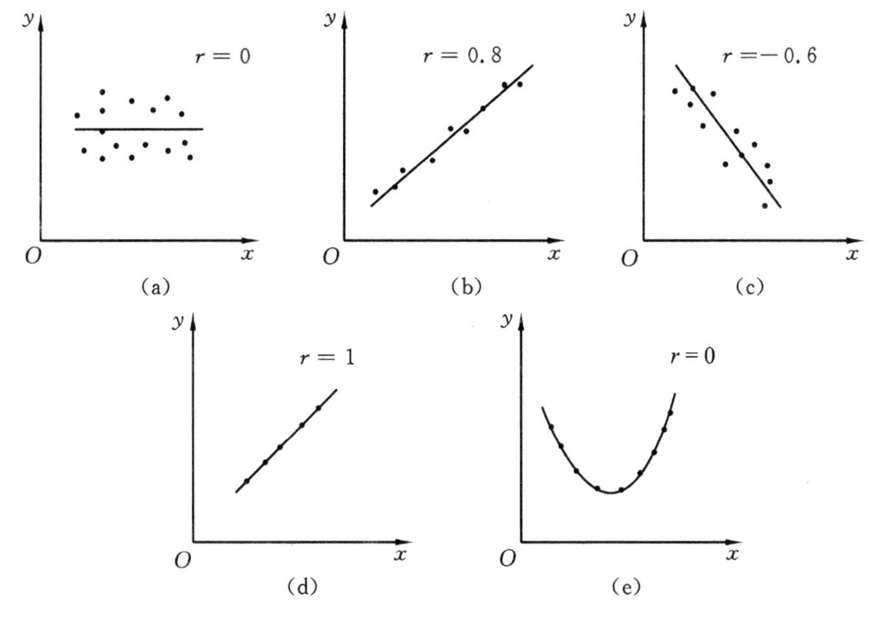

图 1-11　不同相关系数的数据点分布图

表 1-8　相关系数检验表

$k-2$ ＼ r_0 ＼ α	0.05	0.01	$k-2$ ＼ r_0 ＼ α	0.05	0.01
1	0.997	1.000	16	0.468	0.590
2	0.950	0.990	17	0.456	0.575
3	0.898	0.959	18	0.444	0.561
4	0.811	0.917	19	0.433	0.549
5	0.754	0.874	20	0.423	0.537
6	0.707	0.834	25	0.381	0.487
7	0.666	0.798	30	0.349	0.449
8	0.632	0.765	35	0.325	0.418
9	0.602	0.735	40	0.304	0.393
10	0.576	0.708	50	0.273	0.354
11	0.553	0.684	60	0.250	0.325
12	0.532	0.661	70	0.232	0.302
13	0.514	0.641	80	0.217	0.283
14	0.497	0.623	100	0.195	0.254
15	0.482	0.606	200	0.138	0.181

(4)应用举例

例 9　在测定金属导体电阻温度系数的实验中，得到如下测量数据：

t/℃	24.8	37.0	40.9	45.2	49.0	56.1	61.0	65.8	70.0	74.9	80.6	85.4
R/Ω	38.83	40.83	41.42	42.26	42.63	43.74	44.44	45.10	45.79	46.45	47.44	48.11

用线性拟合法计算 a_1 和 a_0 的值;s_{a_1} 和 s_{a_0} 的值;电阻温度系数 α 和 0 ℃时的电阻 R_0 的值;相关系数 r 的值;写出直线方程,评价相关程度。

解 金属导体的电阻与温度的关系为

$$R = R_0(1+\alpha t)$$

式中,R_0 是 0 ℃时的电阻;α 是电阻温度系数。从测量数据可以看出,R 是四位有效数字,t 是三位有效数字,R 的测量准确度较高,根据回归分析的假定要求,R 应作为自变量,上式改写为

$$t = -\frac{1}{\alpha} + \frac{1}{\alpha R_0}R$$

用 x_i、y_i 分别表示 R、t 的测量值,根据一元线性回归的计算方法,编制程序,由计算机运算处理,现将主要结果抄录如下:

$$\overline{x} = 43.92, \quad \overline{y} = 57.56, \quad \overline{x^2} = 1936$$

$$L_{xx} = 87.67, \quad L_{yy} = 3843, \quad L_{xy} = 580.1$$

$$a_1 = 6.618, \quad a_0 = -233.1$$

$$s_{a_1} = 0.063, \quad s_{a_0} = 2.8, \quad r = 0.9995$$

所以

$$a_1 = 6.62 \pm 0.06, \qquad a_0 = -(233 \pm 3)$$

$$\alpha = -\frac{1}{a_0} = 4.29 \times 10^{-3}/℃, \quad R_0 = -\frac{a_0}{a_1} = 35.2\ \Omega$$

根据误差传递的“方和根”合成法,α 和 R_0 的标准偏差分别为

$$s_\alpha = \alpha \frac{s_{a_0}}{|a_0|} = 5.1 \times 10^{-5}/℃$$

$$s_{R_0} = R_0\sqrt{\left(\frac{s_{a_0}}{a_0}\right)^2 + \left(\frac{s_{a_1}}{a_0}\right)^2} = 0.53\ \Omega$$

α 的 R_0 的测量结果为

$$\alpha = (4.29 \pm 0.05) \times 10^{-3}/℃, \qquad E_\alpha = 1\%$$

$$R_0 = 35.2 \pm 0.5\ \Omega, \qquad E_{R_0} = 1.4\%$$

直线方程为

$$R = 35.2 \times (1 + 4.29 \times 10^{-3} t)$$

取判断的显著性水平为 0.01,$k=12$,查表 1-8 得 $r_0=0.708$,$r>r_0$,说明线性相关程度很高。

习　题

1. 下列各量是几位有效数字:

(1) 地球平均半径 $R=6371.22$ km;

(2) 地球到太阳的平均距离 $s=1.496\times10^8$ km;

(3) 真空中的光速 $c=299792458$ m/s;

(4) $l=0.0004$ cm;

(5) $T=1.0005$ s;

(6) $E=2.7\times10^{25}$ J;

(7)　λ=339.223140 nm；

(8)　d=0.08080 m。

2.按有效数字运算规则计算下列各式：

(1)　343.37+75.8+0.6386=

(2)　88.45−8.180−76.54=

(3)　$6.92\times10^{5}-5.0+1.0\times10^{2}=$

(4)　91.2×3.7155÷1.0=

(5)　(8.42+0.052−0.47)÷2.001=

(6)　$\pi\times3.001^{2}\times3.0=$

(7)　(100.25−100.23)÷100.22=

(8)　$\dfrac{50.00\times(18.30-16.3)}{(103-3.0)\times(1.00+0.001)}=$

3.单位变换：

(1)　m=1.750±0.003 kg,写成以 g、mg、t(吨)为单位；

(2)　h=8.54±0.04 cm,写成以 μm、mm、m、km 为单位；

(3)　t=1.8±0.1 min,写成以 s 为单位。

4.按照有效数字运算规则和误差理论改正错误：

(1)　2000 mm=2 m；

(2)　$1.25^{2}=1.5625$；

(3)　$V=\dfrac{1}{6}\pi d^{3}=\dfrac{1}{6}\pi(6.00)^{3}=1\times10^{2}$；

(4)　$\dfrac{400\times1500}{12.60-11.6}=600000$；

(5)　d=10.435±0.02 cm；

(6)　L=12 km±100 m；

(7)　T=85.00±0.35 s；

(8)　$Y=(1.94\times10^{11}\pm5.79\times10^{9})\ \mathrm{N/m^{2}}$。

5.指出下列情况是系统误差还是随机误差：

(1)　千分尺零点不准；

(2)　游标的分度不均匀；

(3)　水银温度计毛细管不均匀；

(4)　忽略空气浮力对称量的影响；

(5)　非不良习惯引起的读数误差；

(6)　电表的接入误差；

(7)　电源电压不稳定引起的测量值起伏；

(8)　磁电系电表永久磁铁的磁场减弱。

6.计算下列数据的算术平均值、标准偏差及平均值的标准偏差,正确表达测量结果(包括计算相对误差)。

(1)　l_i(cm):3.4298,3.4256,3.4278,3.4190,3.4262,3.4234,3.4263,3.4242,
3.4272,3.4216；

(2) t_i(s):1.35,1.26,1.38,1.33,1.30,1.29,1.33,1.32,1.32,1.34,1.29,1.36;

(3) m_i(g):21.38,21.37,21.37,21.38,21.39,21.35,21.36。

7.改写成正确的误差传递式(算术合成法):

(1) $E=\dfrac{4\rho l^3}{\lambda ab^3}$, $\dfrac{\Delta E}{E}=\dfrac{\Delta\rho}{\rho}+\dfrac{\Delta l}{l^3}-\dfrac{\Delta\lambda}{\lambda}-\dfrac{\Delta a}{a}-\dfrac{\Delta b}{b^3}$;

(2) $V=\dfrac{1}{6}\pi d^3$, $\dfrac{\Delta V}{V}=\dfrac{1}{2}\pi\dfrac{\Delta d}{d}$;

(3) $N=\dfrac{1}{2}x-\dfrac{1}{3}y^3$, $\Delta N=\Delta x+3\Delta y$;

(4) $\eta=\dfrac{(\rho-\rho_0)gd^2}{18v_0}$, $\dfrac{\Delta\eta}{\eta}=\dfrac{\Delta\rho}{\rho}+\dfrac{\Delta\rho_0}{\rho_0}+\dfrac{\Delta g}{g}+2\dfrac{\Delta d}{d}+\dfrac{\Delta v_0}{v_0}$;

(5) $N=x^2-2xy+y^2$, $\Delta N=2\Delta x+2\Delta x\Delta y+2\Delta y$;

(6) $L=b+\dfrac{d}{D^2}$, $\Delta L=\Delta b+\Delta d+\dfrac{1}{2}\Delta D$;

(7) $R=\sqrt[n]{x}$, $\dfrac{\Delta R}{R}=n\dfrac{\Delta x}{x}$;

(8) $N=k\sin x$, $\Delta N=\Delta k+\tan x$。

8.求出下列函数的算术合成法误差传递式(等式右端未经说明者均为直接测得量,绝对误差或相对误差任写一种)。

(1) $N=x+y-2z$;

(2) $Q=\dfrac{k}{2}(A^2+B^2)$,k为常量;

(3) $N=\dfrac{1}{A}(B-C)D^2-\dfrac{1}{2}F$;

(4) $f=\dfrac{ab}{a-b}$, $a\neq b$;

(5) $f=\dfrac{A^2-B^2}{4A}$;

(6) $I_2=I_1\left(\dfrac{r_2}{r_1}\right)^2$;

(7) $V_0=\dfrac{V}{\sqrt{1+\alpha t}}$,$\alpha$为常量;

(8) $n=\dfrac{\sin i}{\sin r}$。

9.改正标准偏差传递式中的错误:

(1) $L=b+\dfrac{1}{2}d$, $s_L=\sqrt{s_b^2+\dfrac{1}{2}s_d^2}$;

(2) $L_0=\dfrac{L}{1+\alpha t}$,$\alpha$为常量, $\dfrac{s_{L_0}}{L_0}=\sqrt{\left(\dfrac{s_L}{L}\right)^2+\left(\dfrac{\alpha s_t}{t}\right)^2}$;

(3) $\nu=\dfrac{1}{2L}\sqrt{\dfrac{mgl_0}{m_0}}$,$g$为常量, $\dfrac{s_\nu}{\nu}=\sqrt{\left(\dfrac{s_L}{L}\right)^2+\dfrac{1}{2}\left(\dfrac{s_m}{m}\right)^2+\dfrac{1}{2}\left(\dfrac{s_{l_0}}{l_0}\right)^2+\dfrac{1}{2}\left(\dfrac{s_{m_0}}{m_0}\right)^2}$。

10.计算下列各式的结果,并用算术合成法估算误差。

(1) $N=A+B-\dfrac{1}{3}C$, $A=0.5768\pm0.0002$ cm,

$B=85.07\pm0.02$ cm $C=3.247\pm0.002$ cm;

(2) $V=1000\pm1$ cm^3,求$\dfrac{1}{V}$;

(3) $R=\dfrac{a}{b}x$, $a=13.65\pm0.02$ cm, $b=10.871\pm0.005$ cm, $x=67.0\pm0.8$ Ω;

(4)　$\nu=\frac{h_1}{h_1-h_2}$，　$h_1=45.51\pm0.02$ cm，　$h_2=12.20\pm0.02$ cm。

11. 用一级千分尺(示值误差为±0.004 mm)测量某物体的厚度 10 次，数据为：14.298，14.256，14.278，14.290，14.262，14.234，14.263，14.242，14.272，14.216 (mm)。求厚度及其不确定度，正确表示测量结果。

12. 利用单摆测定重力加速度 g，当摆角很小时有 $T=2\pi\sqrt{\frac{l}{g}}$ 的关系。式中 T 为周期，l 为摆长，它们的测量结果分别为 $T=1.9842\pm0.0002$ s，$l=98.81\pm0.02$ cm，求重力加速度及其不确定度，正确表示测量结果。

13. 已知某空心圆柱体的外径 $D=3.800\pm0.004$ cm，内径 $d=1.482\pm0.002$ cm，高 $h=6.276\pm0.004$ cm，求体积 V 及其不确定度，正确表示测量结果。

讨 论 题

1. 测量结果都存在误差的原因是什么？
2. 服从高斯分布的随机误差有哪些统计规律？
3. 单次测量结果如何表示？
4. 如何计算多次等精度测量的标准偏差及平均值的标准偏差？
5. 如何推导误差传递公式？
6. 如何发现实验中存在系统误差？怎样消除或减小系统误差？举例说明。
7. 什么是仪器的灵敏度？
8. 测量不确定度如何分类？直接测量的不确定度如何估算？怎样合成？
9. 间接测量不确定度的传递公式如何求得？
10. 如何正确完整表示测量结果？
11. 什么是有效数字？直接测量结果有效数字位数的多少与什么有关？
12. 使用有效数字要注意些什么？
13. 数字截尾的舍入规则是怎样规定的？
14. 列表法处理数据有哪些要求？
15. 实验作图有哪些要求？怎样求直线的斜率和截距？
16. 如何用逐差法求物理量的数值？举例说明。
17. 用最小二乘法进行一元线性回归的原理是什么？
18. 以 mm 为单位表示下列各值：

    2.48 m，0.01 m，5 cm，30 μm。

19. 下列测量记录中哪些是正确的？

(1)用分度值为 mm 的钢直尺测量物体的长度：

3.2 cm，40 cm，78.86 cm，80.00 cm，4.05 cm。

(2)用分度值为 0.02 mm 的游标卡尺测量物体的长度：

40 mm，31.05 mm，50.6 mm，23.06 mm，40.00 mm。

(3)用分度值为 0.01 mm 的螺旋测微计测量物体的长度：

0.45 cm,0.5 cm,0.317 cm,0.0236 cm,0.1020 cm

(4)用分度值为0.1℃的温度计测量物体温度:

27℃,40.0℃,26.50℃,18.73℃,40.00℃。

(5)用分度值为0.05 A量程为5 A的1.0级电流表测量电流强度:

2.0 A,1.45 A,1.785 A,0.601 A,2.90 A。

20.将下列各数据截取为四位有效数字:

(1) $\pi=3.14159265$;

(2) $e=1.60217733\times10^{-19}$ C;

(3) $1^\circ=0.01745329$ rad;

(4) 1 rad=57.297795;

(5) $c=299792458$ m/s;

(6) $l=2.3755$ m;

(7) $m=1470.0$ kg;

(8) $t=6.28159$ s;

(9) $\lambda=1799.501$ nm;

(10) $W=0.732249$ t;

(11) $U=43.485$ V;

(12) $R=21.495\ \Omega$。

21.三人用同一游标卡尺分别测量一铜棒的直径,各人所得结果表达如下:

(1) $d=2.380\pm0.002$ cm;

(2) $d=2.38\pm0.002$ cm;

(3) $d=2.4\pm0.002$ cm。

哪个人表示的测量结果正确?用的是多少分度的游标卡尺?

22.用螺旋测微计测量一钢球的直径,所得的结果表示为:1.2832 ± 0.0002 cm,1.283 ± 0.002 cm,1.28 ± 0.0002 cm,$1.3\pm0.2\times10^{-3}$ cm,哪组结果表示正确?

23.某棒长1.674 m,截去8.00 cm,剩下多少mm长?

24.三个测量数据5.83 cm、5.83 dm、5.83 mm相加的结果等于多少?

25.电阻 $R_1=5.10$ kΩ,$R_2=5.10\times10^2$ Ω,$R_3=51$ Ω,串联后总电阻 R 是多少?

26.在1.50 kΩ电阻两端加电压1.5 V,电流为多少安培?

27.如有系统误差存在,测量值有什么特征?由于随机误差的存在,测量值又有什么特征?

28.为什么在使用游标卡尺、螺旋测微计时首先要查看零点读数?为什么许多仪器在使用前要调整或检查水平、垂直状态?

29.下述说法是否正确?为什么?

(1) 有人说 8×10^{-5} g比8.0 g测得准确;

(2) 用天平称衡采用复称法是为了减小随机误差,所以取左称右称质量的平均值作为测量结果,即

$$m=\frac{1}{2}(m_{左}+m_{右})$$

30.比较下列三个量的误差哪个大。

(1) $l_1=54.98\pm0.02$ cm;

(2) $l_2=0.498\pm0.002$ cm;

(3) $l_3=0.0098\pm0.0002$ cm。

31.有人将测量结果表示为

$$\overline{D}=2.345\ \text{m}\qquad \Delta D=0.123\ \text{m}$$

$$D=2.345\pm0.123\ \text{m}\qquad E=5.25\%$$

有无错误？错在哪里？如何正确表达？

32. 读出图 1 - 12 中的测量值，写出包括不确定度的测量结果。

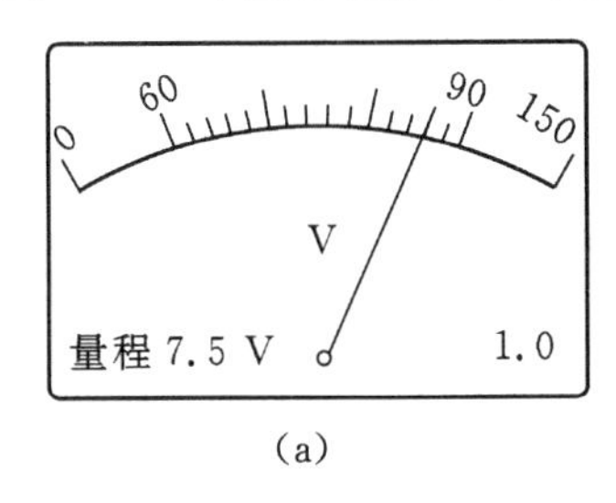

(a)

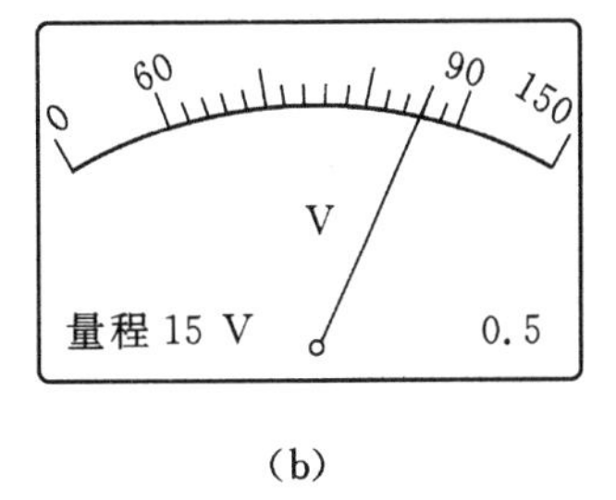

(b)

图 1 - 12　电表读数

33. 用物理天平称衡某物体的质量，多次读数均为 34.56 g，这是否说明此称衡不存在误差？

34. 测量钠光灯发出的黄光谱线的波长，多次测量后得到波长的平均值为 589.3 mm，与此谱线的标准值相同，能否说明此次测量结果的误差为零？为什么？

35. 用停表测量单摆的周期，每次累计 40 个周期，测量结果为：$(40T)=36.04\pm0.02$ s，求周期 T。

36. 有人用停表测量单摆的周期，测一个周期为 1.9 s，测连续 10 个周期累计时间为 19.3 s，测连续 100 个周期累计时间为 192.8 s。在分析周期的误差时，他认为用的是同一只停表，又都是单次测量，因此，上述各次测得的周期的误差均为 0.2 s，你的意见如何？理由是什么？

37. 某电阻的测量结果为

$R=35.78\pm0.05\ \Omega$，$E=0.14\%$（置信概率 $p=68.3\%$），下列各种解释哪些是正确的？

(1)　被测电阻值是 35.73 Ω 或 35.83 Ω；

(2)　被测电阻值在 35.73 Ω 到 35.83 Ω 之间；

(3)　被测电阻的真值包含在区间[35.73，35.83]Ω 内的概率是 68.3%；

(4)　用 35.78 Ω 近似地表示被测电阻值时，测量误差的绝对值小于 0.05 Ω 的概率为 68.3%；

(5)　若对该电阻值在同样测量条件下重复测量 1000 次，有 683 次测量值落在 35.73～35.83 Ω 范围内。

38. 指出下列哪几个误差传递公式是正确的。$N=x-\frac{1}{2}y^3$，用误差的算术合成法计算。

(1)　$\Delta N=\Delta x-\frac{1}{2}y^2\Delta y$；　　(2)　$\Delta N=\Delta x+\frac{1}{2}y^2\Delta y$；

(3)　$\Delta N=\Delta x+\frac{3}{2}y^2\Delta y$；　　(4)　$\Delta N=\Delta x+\frac{3}{2}\Delta y$；

(5)　$\frac{\Delta N}{N}=\frac{\Delta x}{x}+\frac{3}{2}\frac{\Delta y}{y}$；　　(6)　$\frac{\Delta N}{N}=\frac{\Delta x}{x}+3\frac{\Delta y}{y}$；

(7)　$\frac{\Delta N}{N}=\frac{\Delta x+\frac{3}{2}y^2\Delta y}{x-\frac{1}{2}y^3}$；　　(8)　$\frac{\Delta N}{N}=\frac{\Delta x+\frac{3}{2}y^2\Delta y}{x+\frac{1}{2}y^3}$。

39. 已知 $m=2.000\pm0.002$ g,求 $\frac{1}{m}$ 和 $\sqrt{m}$。

40. 图 1-13 所示的几幅图中在哪些地方不符合要求?请改正之。

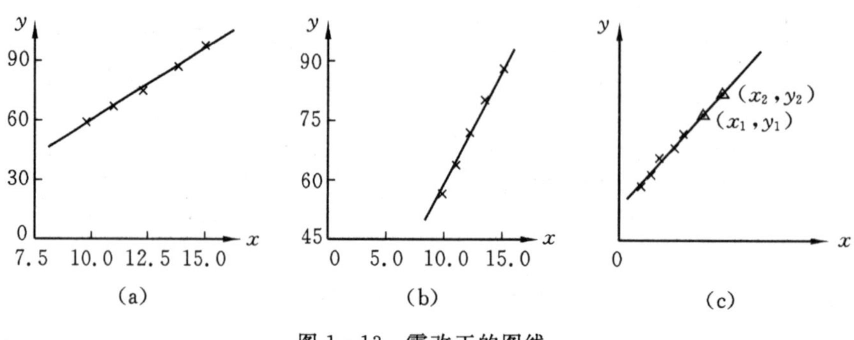

图 1-13 需改正的图线

41. 用一级千分尺测量钢珠的直径 d 七次,数据如下:

d(mm) 12.836 12.838 12.834 12.837 12.835 12.837 12.836

求钢珠的体积及其不确定度,正确写出测量结果。

42. 用流体静力称衡法测定一固体的密度,物体在空气中称得 $m=26.77\pm0.02$ g,物体在水中称得 $m_1=16.03\pm0.02$ g,已知水在测量时的密度为 $\rho_0=0.99867\ \text{g/cm}^3$,其误差可略去,试用 $\rho=\frac{m}{m-m_1}\rho_0$ 计算物体的密度及其不确定度。

43. 用伏安法测电阻数据如下:

I/mA	0.00	2.00	4.00	6.00	8.00	10.00	12.00	14.00	16.00	18.00	20.00	22.00
U/V	0.00	1.00	2.01	3.05	4.00	5.01	5.99	6.98	8.00	9.00	9.96	11.02

试分别用列表法、作图法、逐差法、线性回归法求出函数关系式及电阻值。

第2章　基础物理实验

2.1　力学、热学物理量的测量与研究

基本知识

力学和热学实验是大学物理实验的基础，是接受物理实验基本训练的开端。本章主要学习长度、质量、时间、温度等基本物理量的测量方法；学习测长仪器、测质量仪器、计时仪器、测温度仪器的工作原理、操作规程及使用注意事项；学习对实验仪器和装置的水平、铅直调节、零位校准等基本调整技术及比较法、放大法、替代法等基本测量方法。实验知识要重视经验的积累，对每一个实验、每一项操作都要认真对待，才能扎实理解和掌握这些基本知识。

本章还要着重学习和应用列表法、作图法、逐差法、线性拟合法等常用方法处理实验数据。在整个实验过程中，要重视有效数字和误差估算在各实验中的具体运用，学会基本的误差和不确定度的估算方法。深入了解误差分析对做好实验的作用，养成误差分析的习惯，为今后的学习和科研打好基础。

2.1.1　长度的测量

长度测量是物理实验的最基本的测量，它的操作虽然比较简单，但对如何正确使用基本量具和仪器、读取测量数据等都是重要的训练。且由于许多其它物理量的测量常可以转化为对长度量的测量，而不少测量仪器如气压计、球径仪、测高仪、约利弹簧秤、分光计等的读数系统都装有游标或螺旋测微装置，因此，熟练掌握游标卡尺和螺旋测微计的基本原理和使用方法，具有重要意义。

常用测量长度的量具和仪器有米尺、游标卡尺、螺旋测微计和移测显微镜等。表征这些仪器规格的主要指标是量程和分度值。一般来说，分度值越小，仪器的准确度越高。

1. 米尺

米尺的分度值一般为 1 mm，测量时，可准确读到毫米位，毫米以下的十分位靠视力估计，估读到分度值的 1/10，即 0.1 mm。

通常不用米尺端头作为测量起点，如图 2－1(a)所示，这是因为米尺的端头可能有磨损。如果要考虑米尺刻度的不均匀，那么，可以由不同起点进行多次测量。

由于米尺具有一定厚度，测量时必须使米尺刻度线紧靠被测物体，以避免测量者视线方向的不同而导致读数的不同，出现视差，测量时视线一定要垂直被测物体，如图 2－1(b)所示。

常用的米尺有钢直尺和钢卷尺。钢直尺有一个工作端面和二个工作端面的两种。如图 2－2所示，一般都具有一定的弹性。常用的钢直尺分度值为 1 mm，有的在起始部分或末端 50 mm内加刻 0.5 mm 的刻线。

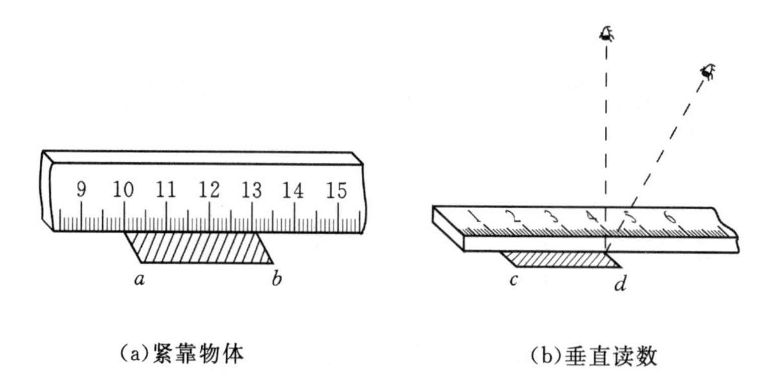

(a)紧靠物体　　(b)垂直读数

图 2-1　米尺的使用

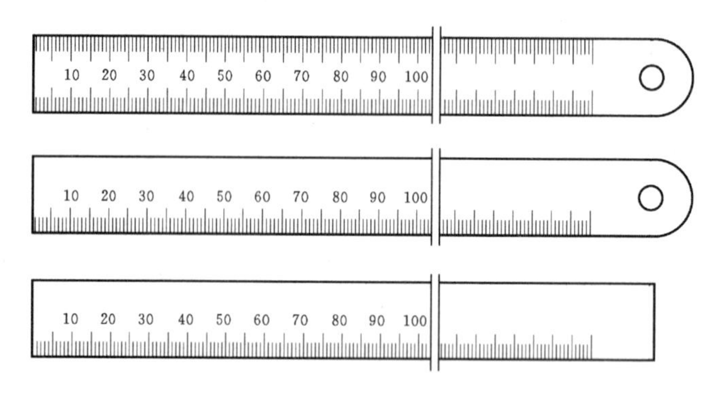

图 2-2　钢直尺

钢卷尺如图 2-3 所示。小钢卷尺的长度有 1 m 和 2 m 两种。大钢卷尺长度有 3、5、10、20、30、50 m 六种。钢卷尺的分度值是 1 mm。按国家标准钢直尺和钢卷尺的允许误差如表 2-1所示。

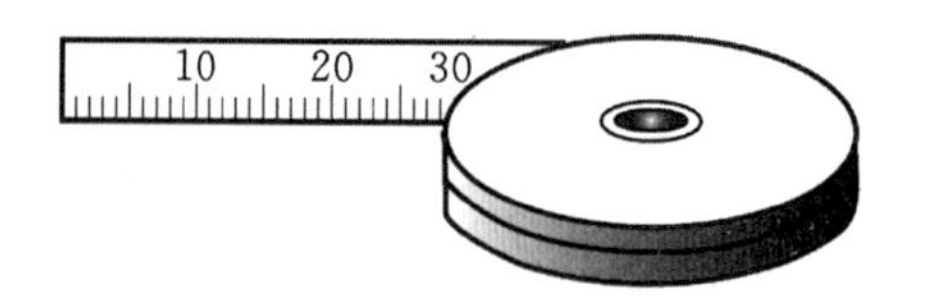

图 2-3　钢卷尺

表 2-1　钢直尺和钢卷尺的允许误差

<table>
<tr><th colspan="2">允许误差/mm
规格/mm</th><th>在每毫米分度上</th><th>在每厘米分度上</th><th>在每米分度上</th><th>全长</th></tr>
<tr><td rowspan="3">钢直尺</td><td>1～300</td><td rowspan="3">±0.05</td><td rowspan="3">±0.1</td><td rowspan="3"></td><td>±0.1</td></tr>
<tr><td>300～500</td><td>±0.15</td></tr>
<tr><td>500～1000</td><td>±0.2</td></tr>
<tr><td rowspan="2">钢卷尺</td><td>1000</td><td rowspan="2">±0.2</td><td rowspan="2">±0.3</td><td>±0.8</td><td>±0.8</td></tr>
<tr><td>2000</td><td>±0.6</td><td>±1.2</td></tr>
</table>

2. 游标卡尺

游标卡尺的外形如图 2-4 所示。主尺 L 是一根毫米分度尺，在主尺上装有可以滑动的副尺 M(叫做游标)。当外量爪 A 与 B 合拢时，游标的“0”线刚好与主尺的“0”线对齐，这时读数为“0”。测量物体的外部尺寸时，将物体放在 A 与 B 之间，推动游标把手 G，外爪轻轻卡住物体，由主尺和游标读出被测物体的长度 l。同理，测量物体内部尺寸时用内量爪 C 与 D，测量物体的孔或槽的深度时用尾尺 E。

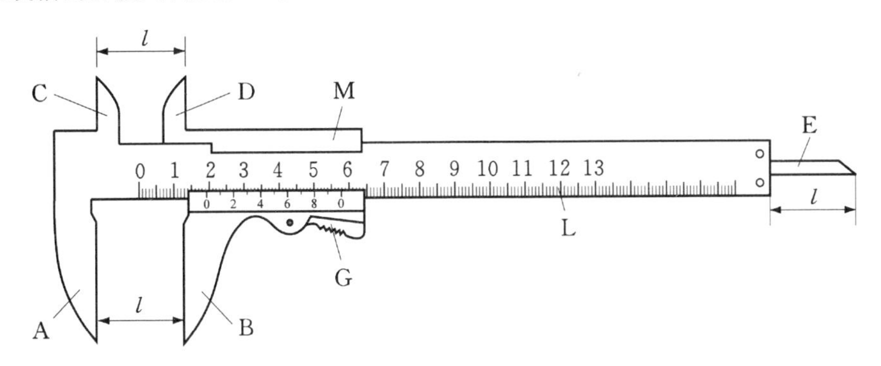

图 2-4　游标卡尺

游标原理

游标卡尺上的游标，有几种不同分度和长度，最简单的一种是在游标上刻有 10 个分格，长为 9 mm 或 19 mm，即游标的 10 分格的总长度等于主尺的 9 分格(即 9 mm)或 19 分格(即 19 mm)的长度。所以，游标的 1 分格与主尺的 1 分格(即 1 mm)或 2 分格(即 2 mm)相差 0.1 mm。这种游标卡尺的分度值就是 0.1 mm，叫做 0.1 mm(或 10 分度)游标卡尺。常用的还有 0.05 mm(或 20 分度)游标卡尺和 0.02 mm(或 50 分度)游标卡尺。可以看出，游标卡尺在结构上的特点是:游标上 n 个分格的总长与主尺上$(kn-1)$个分格的总长相等，即

$$nl_n = (kn-1)l_m \tag{2-1}$$

式中，l_m 为主尺分度值；l_n 为游标分度值；n 为游标分度数；k 称为游标模(系)数，取值为 1 或 2。显然，对同一分度而长度不同的游标，应选取不同的 k 值。式(2-1)适用于各种分度的游标卡尺。

主尺上 k 个分度值 kl_m 与游标上 1 个分度值 l_n 之差为

$$\delta l = kl_m - l_n = kl_m - \frac{kn-1}{n}l_m = \frac{l_m}{n} \tag{2-2}$$

式中，δl 就是游标卡尺的分度值，它等于主尺分度值的 $1/n$。可见游标卡尺的分度值取决于主尺分度值和游标分度数。这就是说，使用 10 分度、20 分度和 50 分度游标卡尺可分别读到 0.1 mm、0.05 mm 和 0.02 mm 的最小长度，一般不再估计游标卡尺分度值的分数。

在测量中，被测物体的长度等于游标卡尺主尺 0 线和游标 0 线之间的距离 l，也就是读取游标 0 线处主尺的数值即为物体的长度，如图 2-5 所示。很明显，若主尺上整分度数为 m，这部分长度就为 ml_m，而不到 1 个 l_m 的长度 Δl，可利用游标来读数。这时，要先找到与主尺刻线最为对齐的一条游标刻线，比如说第 i 条游标刻线与主尺某刻线最对齐，那么根据式(2-2)可以断定

$$\Delta l = i\delta l$$

所以,物体的长度为

$$l = ml_m + \Delta l = ml_m + i\delta l$$

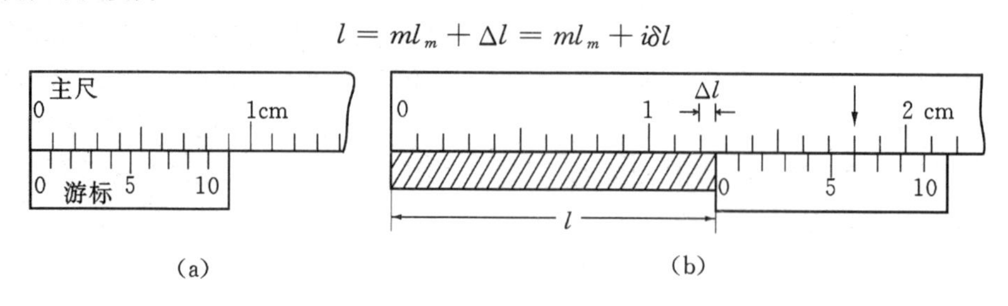

图 2-5 10分度游标卡尺示意图

举两个例子。图 2-5 是用 10 分度游标卡尺测量物体的长度,在图中,主尺上的整分度数 $m=12$,主尺分度值 $l_m=1$ mm,游标的第 6 条线与主尺某刻线最对齐,所以 $i=6$,游标的分度值 $\delta l=0.1$ mm,因此得 $l=12.0+6\times0.1=12.6$ mm。

图 2-6 是用 20 分度游标卡尺测量物体的长度,在图中,$m=8$,$l_m=1$ mm,$i=5$,$\delta l=0.05$ mm,所以得 $l=8.00+5\times0.05=8.25$ mm。

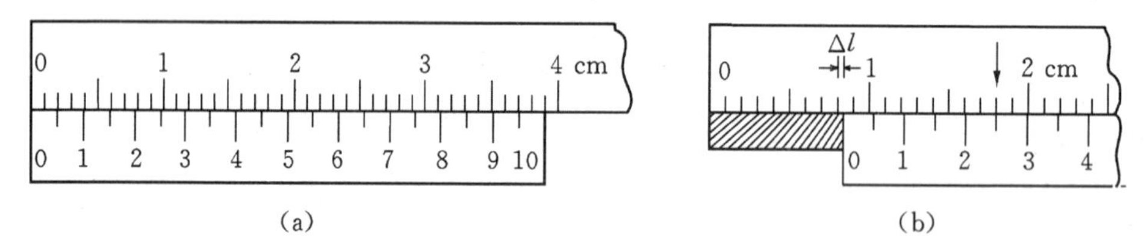

图 2-6 20分度游标卡尺示意图

在测量时,应该直接读出物体的长度。如果遇到相邻两条游标刻线与主尺某两条相邻刻线都很接近对齐时,也须确定一条为准。

应该注意,用游标卡尺测量前,先将量爪 A 和 B 合拢,检查游标的"0"线与主尺的"0"线是否重合,如不重合记下零点读数,以便对被测量进行修正。如未作零点修正前的读数值为 l_1,零点读数值为 l_0(l_0 可以是正值,也可以是负值),则被测量 $l=l_1-l_0$。

有的游标卡尺在游标推手处有弹簧按钮,按下按钮游标便能被推拉着在主尺上滑动。有的游标卡尺在游标上边装一只紧固螺钉,要移动游标时,将紧固螺钉旋松,夹住物体测量时旋紧,以防游标滑动。游标应用广泛,如福丁气压计、落体仪、测高仪上都装有游标。

游标卡尺不分准确度等级。一般测量范围在 300 mm 以下的取其分度值为仪器的示值误差,即本书中的 $\Delta_{仪}$。例如分度值为 0.1 mm 的游标卡尺,每次测量结果的仪器误差为 0.1 mm。我国使用的游标卡尺其分度值通常有 0.02 mm、0.05 mm 和 0.1 mm 三种。国家计量司规定的各种量程的游标卡尺的示值误差如表2-2所示。

3. 螺旋测微计

螺旋测微计又叫千分尺,是比游标卡尺更为精密的长度测量仪器。常见的螺旋测微计如图 2-7 所示,其量程为 25 mm,分度值为 0.01 mm。螺旋测微计是根据螺旋测微原理制成的。

(1)螺旋测微原理

螺旋测微计有一根装在固定螺母套管内的螺距为 0.5 mm 的测微螺杆与微分套筒固定连接。固定套管与尺架固接。当微分套筒旋转(测微螺杆也随之旋转)一周,测微螺杆沿轴线方

表 2 - 2　游标卡尺的示值误差

测量范围/mm	分度值/mm		
	0.02	0.05	0.1
	示值误差/mm		
0～300	±0.02	±0.05	±0.1
300～500	±0.04	±0.05	±0.1
500～700	±0.05	±0.075	±0.1
700～900	±0.06	±0.10	±0.15
900～1000	±0.07	±0.125	±0.15

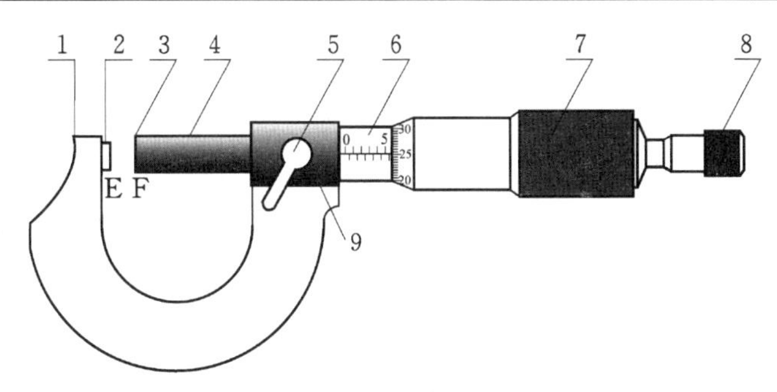

图 2 - 7　螺旋测微计

1—尺架；2—测砧测量面 E；3—螺杆测量面 F；4—测微螺杆；
5—锁紧手柄；6—固定套管；7—微分套筒；8—棘轮装置；9—螺母套管

向移动一个螺距(0.5 mm)。微分套筒圆周上刻着 50 条等分格线，所以微分套筒转过 1 分格，螺杆在轴线方向移动 0.01 mm。

(2)读数方法

螺旋测微计固定套管上沿轴向刻一条细线，在其上方刻成 25 分格，每分格为 1 mm，在其下方，从与上方“0”线错开 0.5 mm 开始，每隔 1 mm 刻一条线，这就使得主尺的分度值为 0.5 mm。测量时把物体放在两测量面 E 和 F 之间。在未放被测物之前要校对零点，即旋进微分套筒，使 E、F 轻轻吻合，此时读数应为“0”。即微分套筒的前沿[图 2 - 8(a)中的 H]应与主尺“0”线重合，而微分套筒上的“0”线应与主尺上的轴向细线[图 2 - 8(a)中的 S]对齐。然后旋退螺杆，放进被测物，使 E、F 与被测物轻轻吻合。读数时，从微分套筒露出来的主尺上读出整格数(每格 0.5 mm)。小于 0.5 mm 的读数则以主尺上的轴向细线作为微分套筒圆周分度读数的准线从微分套筒上读出，并估读到 0.001 mm 这一位上。例如，图 2 - 8(a)的读数为 6.453 mm，图 2 - 8(b)为 6.953 mm。

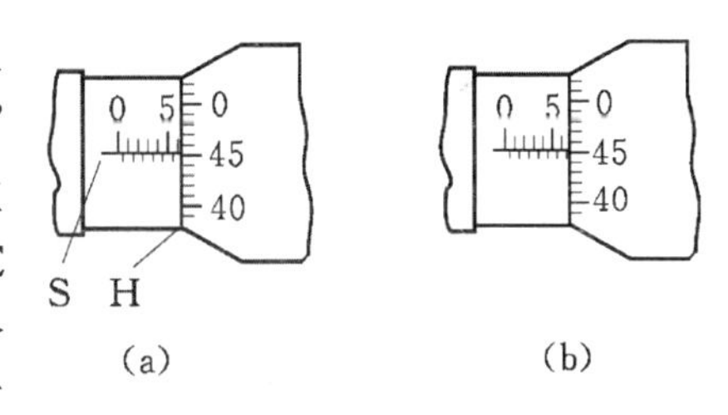

图 2 - 8　螺旋测微计的刻度

(3)使用注意事项

①在用螺旋测微计测量之前应先校对零点，若读数不为“0”时，应记下零点读数，如图2 - 9(a)的零点读数为＋0.004 mm；(b)的零点读数为－0.015 mm。物体实际长度应为测量时的读数值减去这个零点读数。

②因为螺旋测微计主尺分度值为0.5 mm,所以,特别要留心微分套筒前沿是否过了半毫米线,如图2-8(b)的读数是6.953 mm而不是6.453 mm。但有时出现似过非过的情况,这时就要旋到零点,观察零点位置微分套筒与主尺的重合情况。

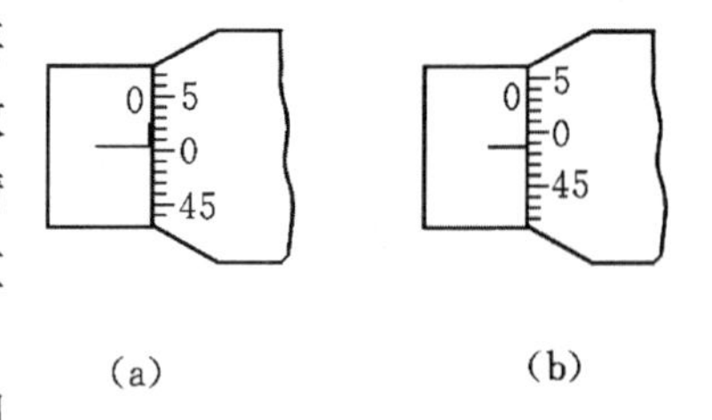

图2-9 螺旋测微计的零点读数

③在校对零点E、F将接触时,或在测量中E、F与被测物将接触时,不要再直接旋转微分套筒,而应旋转尾部的棘轮装置(也称摩擦帽),直至听到3～5个"得""得"声为止。这表示棘轮打滑,无法带动测微螺杆前进,就可防止测量压力过大,损伤螺旋测微计内部的精密螺纹或被测物体,也可避免附加的测量误差。

④测量完毕应将两测量面之间留出间隙,以免热膨胀时螺旋测微计内部精密螺纹受损。

螺旋测微的原理,在一些精密的测长仪器内得到广泛应用,如测微目镜、移测显微镜、测量显微镜、一些光学干涉仪(如迈克耳逊干涉仪)中都有螺旋测微装置。

螺旋测微计的准确度分为零级和一级两类,物理实验通常使用的是一级,其示值误差与量程有关,如表2-3所示。

表2-3 一级螺旋测微计的示值误差

测量范围/mm	0～100	100～150	150～200	200～300	300～400	400～500
示值误差/mm	±0.004	±0.005	±0.006	±0.007	±0.008	±0.010

零级螺旋测微计的示值误差为表2-3所列的一半。

2.1.2 质量的测量

质量是物质的基本属性,测量宏观物体的质量,得到的是引力质量,测量仪器大多数是以杠杆定律为基础而设计的杠杆天平,其示值与观测地点无关。物理实验中常用物理天平和电子天平称衡质量。

1. 物理天平

(1)物理天平的构造

物理天平的构造如图2-10所示。主要部分是横梁A,在横梁中央垂直于它的平面固定一个三角钢质棱柱F,棱柱F的刀口置于由坚硬材料(如玛瑙)制成并研磨抛光的小平板(刀承)上,小平板水平地固定在天平立柱J中央可上下调节的连杆顶端。另外横梁两端的两个刀口F_1和F_2是朝上的钢质三棱柱,与中央棱柱平行等距,它们被用来悬挂天平的载物盘C_1和砝码盘C_2。在两秤盘的弓型挂篮上的吊耳内镶有玛瑙制成并研磨抛光的刀衬。整个横梁与秤盘的重心低于中央棱柱刀口F所在的水平面,也就是说横梁始终处于稳定平衡状态。垂直固定在横梁上的一根轻而细长的指针G和指针下端立柱上的标度尺K,用来观察和确定横梁的水平位置。当横梁水平时,天平的指针应指在标度尺的中央刻度线上。两边还有两个横梁平衡调节螺母B_1和B_2。立柱横架两端有两个支撑螺钉M_1、M_2可以托住横梁,立柱下端的掣动旋钮Q可调节连杆上下升降,升起时横梁可以自由摆动,降下时由支撑螺钉托住。底座下有两个螺钉L_1、L_2用来调节天平水平,可由重垂线N(或气泡)检验。D是游码,E是托架,H为重心砣,改变H的位置,可在一定范围内调节天平的灵敏度。重心越高,灵敏度也越高。

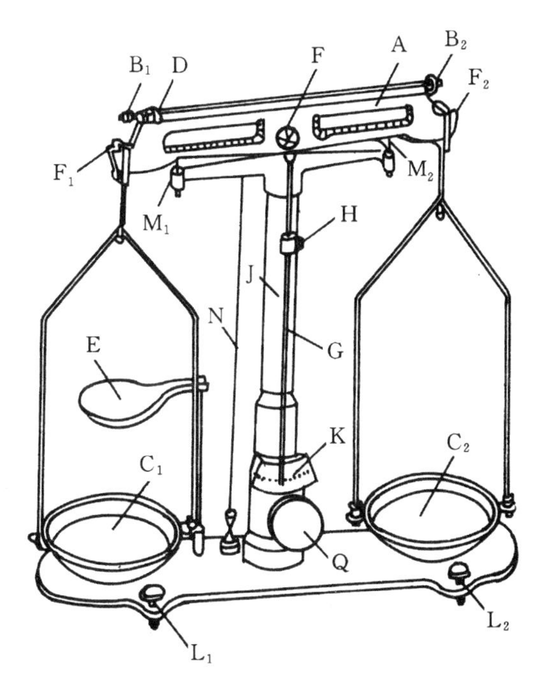

图2-10　物理天平

(2)物理天平的主要参数

①灵敏度。天平的灵敏度是指在砝码盘中增加一个单位质量的负载时,天平指针所偏转的格数。天平的灵敏度与天平的结构有关。

②分度值。天平的分度值是天平空载时指针从标度尺的平衡位置偏转一个最小分格时,天平两秤盘上的质量差。天平分度值是其灵敏度的倒数。一般天平的分度值的大小与天平游码读数的最小分格值相等。分度值越小灵敏度越高。

③最大称量。天平的最大称量是天平允许称衡的最大质量。一般天平所用砝码的总质量等于或略大于天平的最大称量。天平超过最大称量使用时,性能将改变,甚至会被损伤。

(3)物理天平的调整和使用

①水平调整。转动底座下的调节螺钉 L_1 和 L_2(见图2-10),使底座上水准器的气泡移至中央或使立柱上悬挂的重锤线下端的重锤尖端与底座上的准尖对准,立柱即被调整到铅直方向。此时,立柱上部的刀承平面便处于水平面。

②零点调整。将横梁上的游码D移至左边零刻线处,缓慢旋转掣动旋钮Q,将横梁支起,使其能自由摆动。当指针指在标度尺中线,或摆动相对标度尺中线幅度相等时,天平平衡。若不平衡,则应先制动横梁,即旋动Q使横梁降下,由支撑螺钉托住,然后调节平衡螺母 B_1 和 B_2,再支起横梁观察,如此反复调节,直至天平平衡。

③天平的称衡。用天平称衡物体的质量时,一般左盘放置被测物,砝码置于右盘中。砝码的取用必须使用专用镊子,选用砝码应由大到小,逐个试用,直至最后调节游码使天平平衡,这时被测物的质量等于右盘中砝码质量的总和加游码在横梁上所处位置的刻度示数。为消除天平不等臂误差可使用复称法、定载法、配称法等特定的称衡方法。

(4)使用物理天平的注意事项

①在向秤盘中放入、取出砝码或物体，移动游码或调节平衡螺母时，都应该在降下横梁使其在支撑螺钉托住的情况下进行，以免损伤刀口、刀承。旋转掣动旋钮使横梁升降或增减砝码时，动作要轻稳，尽量减少横梁摆动，避免因晃动使中央刀口移位。

②取用砝码要用镊子夹，而不要用手直接拿。称衡完毕，砝码要全部归放入盒中。

③称衡完毕，降下横梁使其固定不动。为了保护横梁两端的棱柱刀口和弓型挂篮上吊耳内的刀衬，用完天平后，应将吊耳移离刀口。使用时，首先要将吊耳挂在刀口上。

④空载调零时，不要调换左右秤盘、挂篮和吊耳，这些零部件出厂时是对号入座的。否则，无法调准零点。

双臂天平是根据等臂杠杆原理制成的，天平分度值与最大称量之比定义为天平的级别，共分10级。砝码与天平配套使用，一定准确度级别的天平，要用等级相当的砝码与它配套来称衡质量。砝码准确度分为5个等级。新天平的仪器误差一般取分度值或分度值的二分之一，旧天平要由年检证书确定。

2.电子天平

电子天平是由数字电路和压力传感器组成的一种测量质量的仪器。在使用之前，必须由标准砝码进行校准，以使电子天平能够准确地测得待测物体的质量，而不是重量。

在使用电子天平之前，应调节水平，然后检查零读数是否为“零”，若不为“零”，应校准到“零”。测量过程中，结果显示时若最后一位数字出现±1跳动属于正常现象。详细内容参见仪器的《使用说明书》。

2.1.3 时间的测量

时间是一种特殊量，它是一去而不复返的。所以，时间的测量，实质上是测量从某一时刻开始的时间段。时间的测量对现代科学的各个领域都是十分重要的，在无线电广播、计量技术、雷达测距、测速、无线电导航、卫星发射和回收、相对论的验证等方面，都需要准确的时间标准。

随着科学技术的发展，在生产、科研和教学中，对时间的测量准确度的要求越来越高，只能测量到1/100 s的测时仪器远远不能满足要求。在物理实验中，为了准确测定重力加速度，对自由落体下落时间的测量应达到0.1 ms；在测量物体的速度和加速度或两物体的碰撞时间时，也需达到1 ms或0.1 ms。至于现代尖端科学研究中，需要测定更为短暂的时间，要求有更高准确度的时间测量仪器。例如，实验室中的电子示波器，就可以测量时间，测量高频电信号的周期可以用频率为几百兆赫兹的电子示波器测量到纳秒数量级的时间。

物理实验中常用的计时器有机械停表、电子停表、数字毫秒计等。

1.机械停表

机械停表(也称机械秒表)有各种规格，它们的构造和使用方法略有不同，图2-11是一种机械停表的外形图。机械停表以上紧的弹性发条为动力，靠摆轮或摆作

图2-11 机械停表

周期运动，由擒纵调速机构通过齿轮带动指针呈步进式转动来测量时间。表面上有两个指针，长针是秒针，一般每转一周为 30 s；短针是分针，表盘上的刻度数字对应表示秒和分，这种停表的最小分度值为 0.1 s，也就是说，秒针转过 1 小格，表示 0.1 s 的时间。由于秒针是跳跃式运动，所以估读到 0.01 s 这一位上是没有意义的，即最小刻度以下不再估读。

停表上端有柄头，用以旋紧发条及控制停表的启动和停止，使用前先上紧发条。测量时用手握住停表，大拇指按在柄头上稍用力按下，停表立即启动，随即松手让柄头弹回。当需要停止时，再按一下，分针和秒针停走，所走过的时间即为所测时间。第三次再按时，分针、秒针都回至零位。有些停表的启动、停止与回零是用不同的柄头分别控制的。

机械停表是利用周期运动的等时性原理制成的，它的缺点是机械机构中的零件有很大惯性，因此，一般最短只能测 0.1 s 的时间间隔。仪器误差一般取 0.1 s。

2. 电子停表

电子停表一般采用六位液晶数字显示器显示时间，它的机芯全部由电子元器件组成，利用石英振荡器固有振荡频率作为时间基准。因石英晶体振荡器稳定度较高，所以电子停表是一种较精密的电子计时器。而且功能比机械停表多，它不仅能显示分、秒，还可以显示时、日、月和星期。电子停表的功耗小，通常工作电流小于 6 μA，若用容量为 100 mAh 的氧化银电池供电，可使用很长时间。一般使用的电子停表连续累计时间为 59 min 59.99 s，可读到 1/100 s。

电子停表配有三个按钮，如图 2－12 所示。主要功能分别为：S_1 按钮：启动或停止，调整转换计时或计历；S_2 按钮：时刻校对和调整；S_3 按钮：选择状态；计时或复零。平时，电子停表具有手表的功能，正常显示“时、分、秒”。当作为停表测量时段时，应先持续按住 S_3 3 秒钟，即可呈现停表功能，数字显示全为零，如图2－13(a)所示，然后，按一下 S_1，即开始自动计时，当再按一下 S_1，停止计时，如图2－13(b)所示，液晶显示器所显示的时间值 58 分 31.89 秒便是测量的时间。若需要恢复正常计时显示，则应再持续按住 S_3 3 秒即可，如图2－13(c)所示时刻为 11 时 51 分 37 秒。一般电子停表的分度值为 0.01 s，仪器误差就取分度值。

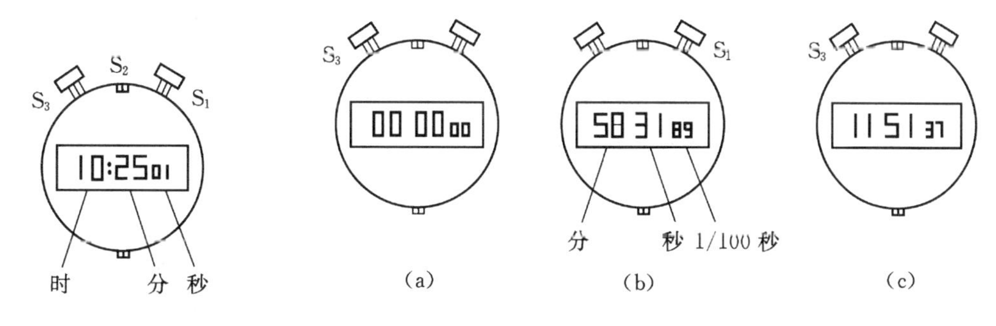

图 2－12　电子停表

图 2－13　电子停表的清零、显示时间和时刻

3. 数字毫秒计

数字毫秒计是一种比较精密的电子计时仪器。它是以石英晶体振荡器的振荡频率作为时间基准，频率稳定，计时准确度高，若转换不同分频的分频器，还可改变量程。通过控制电路让计数脉冲由数码管显示，表示测量的时间。

数字毫秒计的计时原理以 JSJ 型数字毫秒计为例，用图 2－14 的框图简单加以说明。图中晶体振荡器产生一定频率的交流电，为了计数电路需要，要将交流电的正弦波形变换成脉冲波形。图中计数显示电路的作用是记录进入电路的电脉冲数,并以数字显示电脉冲累计数。如果将晶体振荡器与计数电路接通,由晶体振荡器输出的电脉冲被送到计数电路进行计数,直到晶体振荡器与计数电路断开才停止计数。所累计的脉冲数就代表两电路接通到断开之间的时间。例如,晶体振荡器的交流电频率为10 kHz,即每秒产生1万个脉冲,那么,不难看出,记录到1个脉冲的时间为0.1 ms,即为能测量的最短时间。如果再进行10分频和100分频,那么,记录到一个脉冲的时间就为1 ms和10 ms。可见,记录到的脉冲频率越高,即周期越短,则最末1位数字所代表的时间就越短。图中控制电路受光电门遮光作用可产生控制电脉冲,用这个控制脉冲来控制电子开关的接通或断开,从而控制晶体振荡器与计数电路的接通或断开。光电门由光敏二极管和光源(小灯泡)组成,由于光敏二极管受光照与否其电阻发生变化,从而使控制电路中的触发电路产生控制脉冲,可产生两种不同的控制脉冲信号。一种如S_2,当第一次遮一下光电门的光产生一个控制脉冲使电子开关打开,等到第二次再遮一下光电门的光产生第二个控制脉冲使电子开关断开。这时计数显示的是光电门两次遮光之间的时间。还有一种控制信号如S_1,当光电门开始被遮光,电子开关被按通,直到遮光结束再次光照光电门,电子开关才断开,这时计数显示的是一次遮光的时间。

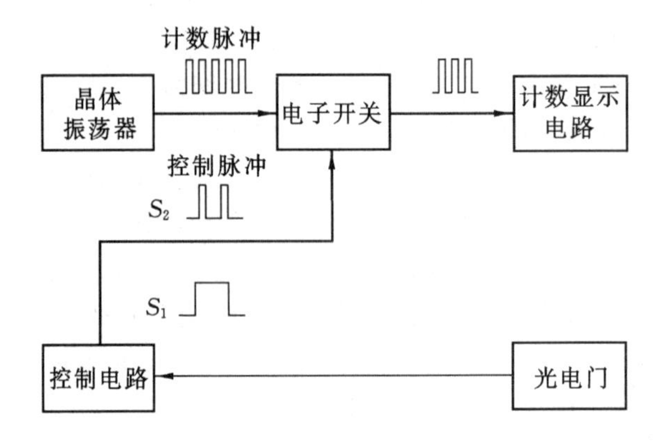

图2-14　数字毫秒计原理框图

JSJ-787型数字毫秒计面板如图2-15所示。使用方法如下:

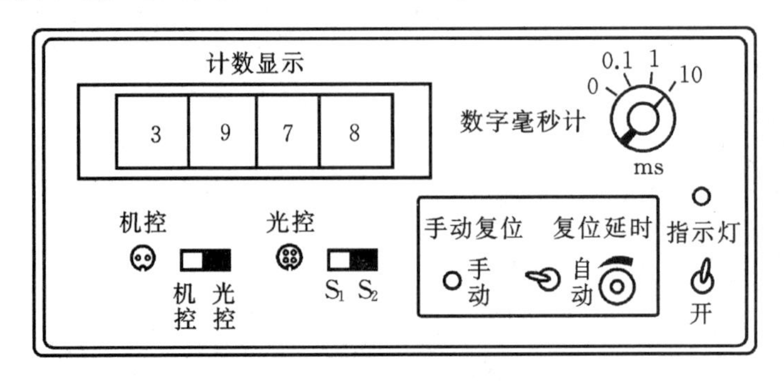

图2-15　JSJ-787型数字毫秒计面板图

①电源开关扳向“开”表示电源接通,电源指示灯及各数码管全部点亮。

②时基选择开关:时基值分别为0.1 ms、1 ms、10 ms,根据被测时间的长短选用。

③手动复位按钮：当复位选择开关扳向“手动”时，计数停止后，按下复位按钮，数码管全部显示“0”。

④复位延时旋转：当复位选择开关扳向“自动”时，调节复位延时旋钮，可控制计数停止后，数码管显示值的延续时间。超过该延续时间，数码管立即全部示“0”。

⑤机控插座：将插座右侧的选择开关置于“机控”侧，机控插头插入该插座。当插头的二引出线接通时，毫秒计开始计数，断开时停止计数，所计时间是插头二引出线接通时间的长短。

⑥光控插座：将左侧的选择开关置于“光控”侧，用光控插头与光电门上的光电器件相连，由光电门上的挡光信号控制“计数”和“停止”。

⑦光控方式选择开关：开关置 S_1 侧，毫秒计指示的是光电门挡光时间的长短。

两个光电门的任何一个被挡光时开始计时，停止挡光时停止计时。开关置 S_2 侧，记录的是两次相邻的挡光动作之间的时间长短。任意一个光电门每作一次短暂的挡光，毫秒计即改变一次工作状态。如毫秒计不在计时，对任一光电门作一次短暂挡光，则立即开始计时。再遮挡一下任一光电门，则立即停止计时。

2.1.4　温度的测量

温度是表征处于热平衡系统的一个状态参量，其微观本质是分子热运动的激烈程度，是物质分子平均平动动能的量度。从感觉上来说，温度表示物体的冷热程度。温度的测量是热学实验中最基本的测量。温度测量实际上测量的是温度差或温度间隔。表示物体温度的数值乃是两个温度的差数，也即物体的温度与作为起点的(假定为零度)温度之间的差。随着科学技术的发展，测温的方法和仪器不断增多，准确度也逐渐提高，所测范围不断地向更高和更低延伸。常用的温度计有气体温度计、液体温度计、电测温度计(电阻温度计、热电偶温度计、半导体温度计)、光学高温计等。温度的单位是 K 和 ℃，热力学温度 K 是水三相点热力学温度的1/273.16。液体温度计的测温物质是液体，用的最多的是水银，其次是酒精。它是利用液体热胀冷缩性质来测量温度的。这种温度计下端是个贮液泡，内盛液体，上接一内径均匀的玻璃毛细管，如图2-16所示。液体受热后，毛细管内液柱升高，从管壁上的标度可读出被测物体的温度。在一定范围内，液体体积随温度变化的关系是线性的，所以温度标尺刻度是均匀的。实际上，当玻璃液体温度计受热时，测温物质和玻璃都要膨胀，但液体的体胀系数远大于玻璃的体胀系数，所以只要刻度作适当修正即可。

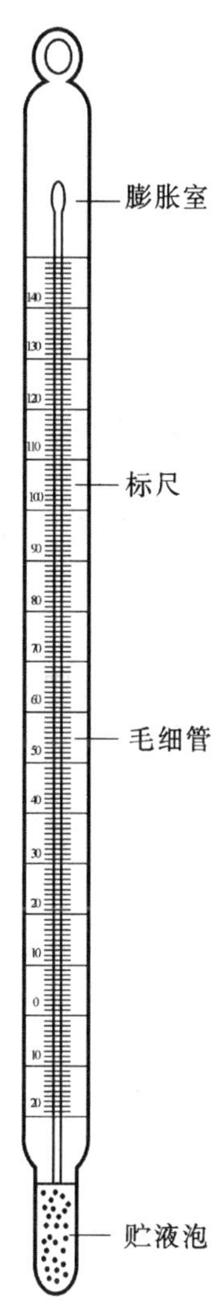

图 2-16　水银温度计

水银温度计有不少优点，如测温范围较宽，可应用于－38.9 ℃至 356.6 ℃，因为水银在这个温度范围内保持液态。另外，水银不浸润玻璃，随温度上升的膨胀均匀性好，热传导性好，且水银容易纯净。正因为水银作为测温物质有这些优点，所以较精密的玻璃液体温度计多为水银温度计。

物理实验常用的玻璃水银温度计的测温范围是－10～50 ℃，

$-10\sim100$ ℃，$-10\sim200$ ℃，分度值为0.1 ℃，0.2 ℃，0.5 ℃，1 ℃。多数采用局浸式读数。做物理实验时，一般只进行零点修正，不进行其它修正。这种温度计的仪器误差常取分度值的二分之一。

2.1.5　实验装置的水平、铅直调整

1. 水平调整

一般情况，多数实验装置和仪器都要求在“水平”或者“铅直”条件下工作。例如调节天平的底座螺钉至天平水平，从而保证立柱上部的刀承平面处于水平面；而福丁气压计应在铅直状态下读数才正确。一般而言，仪器的水平和铅直状态往往是相互依存的，能够做到同时满足。如保证天平底座的水平也就满足了立柱铅直。但也有些仪器的铅直和水平是独立的，例如测高仪，立柱的铅直仅保证读数系统的正确，而望远镜本身的水平调节则与具体使用条件有关，这些在水平调节之前是应该明确的。

准备工作：选择一个具有一定强度、刚度和稳定度的实验桌(台)面或平滑的地面作为基础平面，这是非常重要的。为了防止旋转调整螺钉与桌面或地面有相对的移动，可在调整螺钉下面加一个有V型槽的垫片，或用有一定刚度的垫块将调整螺钉与台面隔开，这不仅可以保护工作台面不受损坏，而且可以保证调整工作稳定而灵活地进行。同时，应将各调节螺钉都调到适中位置，以便在调节时有足够的升降余地。

调节方法：根据不在同一直线上的三点决定一个平面的几何原理，所有的水平调节装置都由三个支承点构成，通常两个支承点可调就够用了。用来检测水平状态的仪器一般有水平尺或水平仪，前者是一维调节，必须分两步完成，后者是二维调节，可不动水平仪一次调节完成。下面以水平尺为例说明调节过程。如图2-17所示，被调整面S由A、B、C三点支承，设以A点(一般为不可调的一点)为参考点，先将水平尺沿AB方向(不一定和AB连线重合)放置，调节B螺钉，使气泡停在水平尺中点，此时说明AB线已处于水平状态，再将水平尺沿CD(或与CD平行)放置，调节C螺钉，使气泡停在水平尺中点，说明CD线也已水平。一般来说，此时S平面已调至水平状态，其标准是无论水平尺在S平面上任何方位放置，气泡均应在中点。否则，应再反复微调，直到平面水平为止。若使用的是水平仪，由于它是由一组同心圆表示水平状态，则最好将水平仪放在D点，先调B使气泡停在AB连线的中点，然后再调C使气泡停在同心圆的中心。如果技术熟练且思路清晰，可以同时调节B、C两点，使气泡停止在中心位置。

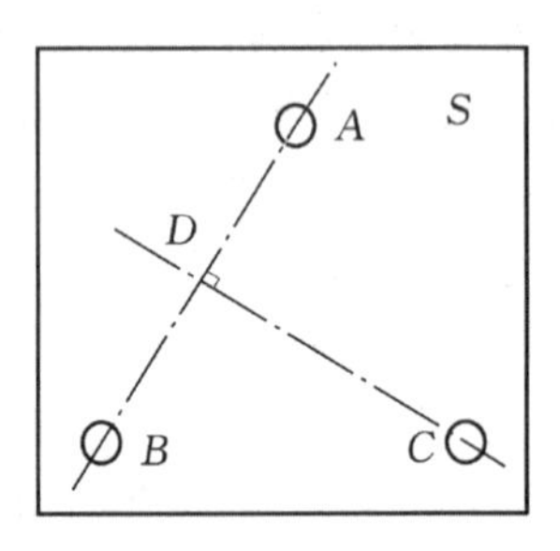

图2-17　水平调节示意图

检测水平状态的装置，除了气泡水平仪外，还有别的装置，例如有的天平是用一根悬线吊一个圆锥体与底座的圆锥尖对准来指示水平状态。这种装置的悬线一般固定在一个可调的支架上，要先用别的方法将天平调至水平，然后调节悬线，使上下两锥尖对准，再将悬线固定。以后再调节就以这个状态来判定水平与否。因而使用这种装置来判定水平，首先应检查悬线的状态是否在预调及固定的状态。如果悬线已松动且可以任意移动，再用它来判定水平与否就变得毫无意义了。

2. 铅直调整

对于具有一定高度且在垂直方向上放置测量部件或工件的仪器或装置，铅直调整是重要的。如自由落体仪、约利弹簧秤、杨氏模量仪、三线摆装置等。

这类装置的共同特点是常常由固定在一个可调底座上的一根或多根立柱构成。检测的标准大多用一根长的悬线看它是否与立柱的素线平行，如图 2－18 所示。调节底座螺钉，可以改变立柱的竖直角度，当悬线和立柱素线平行就可认为立柱已铅直。需要指出，判断立柱的素线和悬线平行，一定要从两个方向去观察，例如先从 A 方向观察，它已平行，然后再从 B 方向观察，直到如图2－18(b)所示，即 A、B 两个方向均已平行，才能判定立柱已铅直。

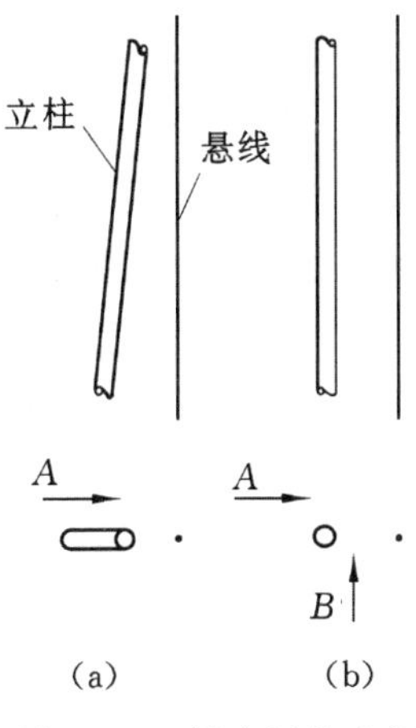

图 2－18　铅直调节示意图

实验 1　物体密度的测定

物质的密度用来表征物质的成分或组织结构特性，其值与物质的纯度和温度有关，工业上常用它来进行原料成分的分析和液体浓度的测定，本实验介绍几种固体和液体密度的测量原理和方法，并通过测量物体的密度，使学生熟悉和掌握对长度、质量这些基本物理量的测量方法。

一、实验目的

①掌握游标卡尺、螺旋测微计和物理天平的使用方法；
②学会用流体静力称衡法测定固体或液体的密度；
③了解用比重瓶测小块固体或液体密度的原理；
④掌握测量数据的列表计算处理方法。

二、仪器用具

游标卡尺，螺旋测微计，物理天平，温度计，待测固体和液体，玻璃烧杯，细线，比重瓶等。

三、实验原理

物质的密度是指单位体积中所含物质的量，如物体的质量为 m，体积为 V，则其密度 ρ 为

$$\rho = \frac{m}{V} \tag{1}$$

只要测出物体的体积和质量就可以求得密度 ρ。

1. 形状规则固体密度的测定

如圆柱体的高为 h、直径为 d，则其体积为

$$V = \frac{1}{4}\pi d^2 h \tag{2}$$

将式(2)代入式(1)可得密度为

$$\rho = \frac{4m}{\pi d^2 h} \tag{3}$$

2. 用流体静力称衡法测定固体的密度

如不计空气的浮力，物体在空气中称得的质量为 m，浸没在液体中称得的(视在)质量为 m_1，则物体在液体中所受的浮力为

$$F = (m - m_1)g \tag{4}$$

根据阿基米德定律，物体在液体中所受浮力等于它所排开液体的重量，即

$$F = \rho_0 V g \tag{5}$$

式中，ρ_0 是实验条件下液体的密度；V 是物体全部浸入液体中排开液体的体积，亦即物体的体积；g 是重力加速度。由式(1)、(4)、(5)得

$$\rho = \frac{m}{m - m_1}\rho_0 \tag{6}$$

如果待测物体的密度小于液体的密度，则可以采用如下方法：将物体拴上一重物，使重物浸于液体中，物体在空气中，如图2-19(a)所示，称得质量为 m_2。再将物体连同重物全部浸于液体中，如图2-19(b)所示，称得质量为 m_3，则物体在液体中所受浮力为

$$F = (m_2 - m_3)g \tag{7}$$

密度为

$$\rho = \frac{m}{m_2 - m_3}\rho_0 \tag{8}$$

只有当浸入液体中物体的性质不再发生变化时，才能用流体静力称衡法测定它的密度。

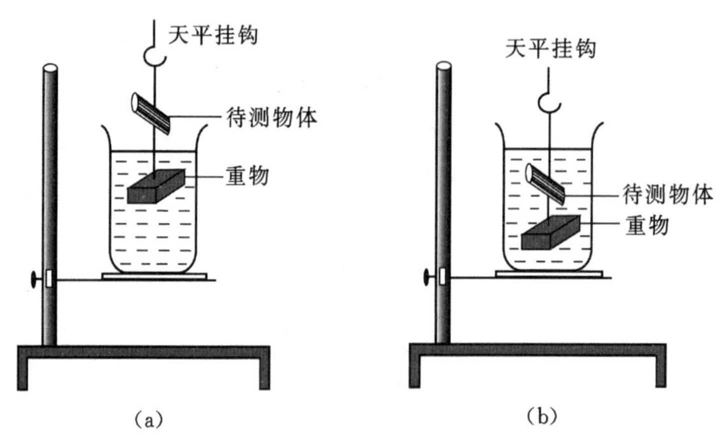

图2-19 流体静力称衡法测密度

3. 用流体静力称衡法测定液体的密度

任选一质量为 m 的物体全部浸在已知密度为 ρ_0 的液体中，称得其质量为 m_1，又全部浸在待测液体中，称得其质量为 m_4，可推导出待测液体的密度为

$$\rho = \frac{m - m_4}{m - m_1}\rho_0 \tag{9}$$

4. 用比重瓶测定小块固体的密度

比重瓶是用玻璃制成的容积固定的容器，本实验用的比重瓶如图2-20所示。为了保证

瓶中的容积固定，比重瓶的瓶塞用一个中间有毛细管的磨口塞子制成。使用比重瓶时用移液管注入液体到满为止，然后用塞子塞紧，多余的液体就会通过毛细管流出来，这样就可以保证比重瓶的容积是固定的。

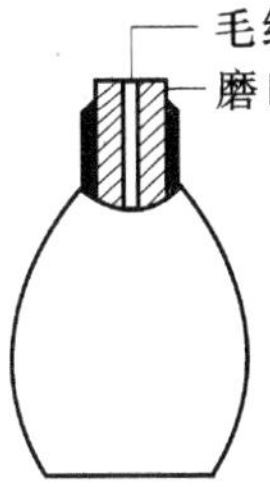

本实验中，用比重瓶测定不溶于水的小块固体的密度 ρ，可先称出固体小块的总质量 m，再称出盛满纯水后比重瓶的质量 m_1，然后把所有固体小块都投入装满水的比重瓶内，称得比重瓶、水、固体小块三者的总质量为 m_2。这样，被小块固体排开的同体积水的质量是 $m+m_1-m_2$，则小块固体的密度为

$$\rho=\frac{m}{m+m_1-m_2}\rho_0$$

图 2-20　比重瓶

整个实验过程中，要保证比重瓶的体积不变。

5. 用比重瓶测定液体的密度

先称出空比重瓶的质量为 m_0，将比重瓶装满已知密度为 ρ_0 的液体，称出其总质量为 m_1，倒出已知密度的液体，并将比重瓶洗净晾干或烘干，再装满待测液体称其总质量为 m_2，则待测液体的密度为

$$\rho=\frac{m_2-m_0}{m_1-m_0}\rho_0 \tag{11}$$

6. 流体静力称衡法和比重瓶法测定固体密度的优点和条件

优点是将固体体积的测量转换为质量的测量，所以不受物体形状的限制，只要物体能放入比重瓶或烧杯中即可。因为校准的天平可以将物体的质量测得很准，一般来说，称质量比测长度的误差要小。条件是物体在所选用的液体中性质不发生变化。

四、实验内容及步骤

1. 测量黄铜的密度

①用游标卡尺测出铜圆柱体的高 h，用螺旋测微计测出铜圆柱体的直径 d，每个量在不同部位测 5 次。

②用物理天平分别称出铜圆柱体和不规则铜柱体的质量，各称 5 次。

③将不规则铜柱体用细线吊在天平左端的挂钩上，全部浸没水中，称 3～5 次质量。

④测水温，从附录二中查出该温度下水的密度 ρ_0。

⑤由式(3)和式(6)分别计算黄铜的密度及测量不确定度。

2. 测量塑料块的密度($\rho<\rho_{水}$)

具体步骤自拟。

3. 测量玻璃小球的密度

①用天平称出全部玻璃小球的质量。

②用移液管将水注入比重瓶中，注满为止，用玻璃塞子塞住，通过毛细管排出多余的水。在注水时应注意，不要使比重瓶内留有气泡，并用滤纸把瓶外面擦干。注意擦去瓶口和塞子间缝隙中的水，称出总质量。

③将所有的玻璃小球都投入比重瓶中，称得水、小球及比重瓶的总质量。

④测水温、查密度，利用式(10)计算玻璃小球的密度并估算误差。

4. 测量液体的密度

分别用流体静力称衡法和比重瓶测定待测液体的密度(称质量需用物理天平或电子天平),步骤自拟。用式(9)和式(11)计算密度。

五、数据表格及处理

1. 黄铜圆柱体的密度

(1)高度 h(mm)

被测量 \ 次数	1	2	3	4	5	平均值
h/mm						
Δh/mm						

游标卡尺　零点读数________,量程________,示值误差________

(2)直径 d(mm)

被测量 \ 次数	1	2	3	4	5	平均值
d/mm						
Δd/mm						

螺旋测微计　零点读数________,量程________,示值误差________

(3)质量 m(g)

被测量 \ 次数	1	2	3	4	5	平均值
m/g						
Δm/g						

物理天平　分度值________,最大称量________

(4)算出密度 $\bar{\rho}$,求出 ρ 的测量不确定度 $U(\rho)$,将结果表示成

$$\rho = \bar{\rho} \pm U(\rho); \qquad U_r = [U(\rho)/\bar{\rho}] \times 100\%$$

2. 用流体静力称衡法测不规则黄铜柱体的密度

数据表格自拟,计算密度及测量不确定度。如果是同一种黄铜,比较以上两种方法的测量结果。

3. 塑料块及玻璃小球密度的测量

数据表格自拟,根据仪器误差估算误差大小。

4. 液体密度的测量

用两种方法测同一种液体的密度,记录数据,比较测量结果。

六、思考题

①写出用流体静力称衡法测定液体密度的基本原理和实验方法,推导测量公式。

②若已知金、铜和水的密度分别为 ρ_{Au}、ρ_{Cu} 和 ρ_0,现有一镀金铜块,试说明如何测定金、铜

重量之比 W_{Au}/W_{Cu}？推导出测量公式。

③“20 分度游标卡尺”和“50 分度游标卡尺”的读数都记录到毫米的百分位。对于同一物体，测得的有效数字位数相同，是否表示这两种游标卡尺测量的误差也相同？为什么？

七、拓展实验

如果给定仪器和用具是：约利弹簧秤、金属块、烧杯、纯水、温度计、细线、待测液体。试设计测定液体密度的方案（包括测量公式、测量方法等）。

附：约利弹簧秤（焦利秤）

该秤实际上是一台精细的弹簧秤，常用于微小力的测量，也可以用比较法来测量质量。

1. 基本结构

如图 2－21 所示，在直立、可上下移动的金属杆 A 的横梁上，悬挂一根塔形或柱形细弹簧 S，弹簧下端挂一根刻有水平刻线的指示杆（或一面刻有水平刻线的小镜）D，此水平刻线叫活动准线；指示杆（或小镜）下端有一小钩，可用来悬挂砝码盘 F 或其它物品。带毫米刻度的金属杆 A 装在金属套管 B 内，B 管上附有游标 I 和刻有水平刻线的小平面镜（或刻有水平环线的玻璃管）E 及可上下移动的水平台 C。E 上的水平刻线叫固定准线。平台 C 上可放置培养皿、烧杯等器皿，下端的螺钉可调节平台上下移动。转动旋钮 G 可使金属杆 A 上下移动，因而也就调节了弹簧的升降。底脚螺钉 H 用来调节金属杆 A 铅垂，即杆与弹簧平行。

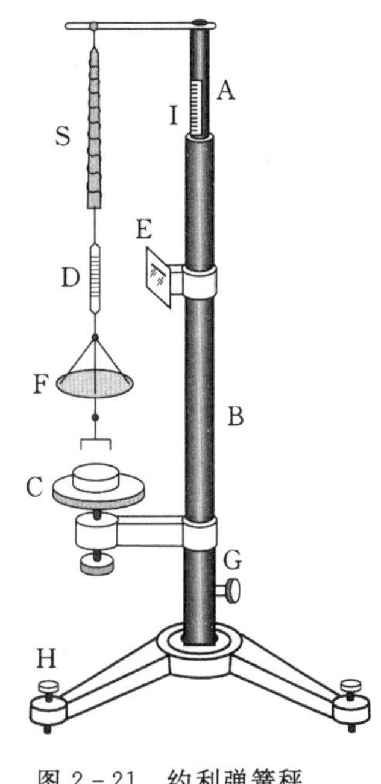

图 2－21　约利弹簧秤

2. 测量原理

(1)测力

当弹簧受 F 力作用后，伸长量为 l，根据胡克定律，在弹簧弹性限度内

$$F = Kl$$

式中，常数 K 为弹簧的弹性系数。若 K 已知，则只要测出弹簧的伸长量 l，就可算出力 F。约利秤就是为测定弹簧的伸长量而设计的。

当弹簧未受力时，旋转旋钮 G 使活动准线与固定准线对齐，因为两准线相隔一定距离，必产生很大的视差，使对齐有很大的任意性，为此要采用“三线对齐”的措施。根据刻在不同器件上的准线组合，“三线对齐”有下列三种情况。

①活动准线刻在指示杆上，固定准线刻在小平面镜上（图中的情况），三线指活动准线、固定准线和活动准线在小平面镜中的像三者。

②活动准线刻在指示杆上，固定准线刻在玻璃管圆周上，三线指活动准线及固定准线前后三者。

③活动准线刻在小镜上，固定准线刻在玻璃管的圆周上，三线指活动准线、固定准线及固定准线在小镜中的像三者。

“三线对齐”使活动准线与固定准线的对齐是唯一的，因此，弹簧活动端的位置也是唯一的。从金属杆 A（主尺）和游标可读出唯一的位置 l_0。

弹簧受力后伸长,伸长量就是活动准线与固定准线之间的距离。旋转旋钮G,再使活动准线与固定准线对齐(三线对齐)。从杆A和游标读出这时的唯一位置 l_i,则弹簧的伸长量 $l=l_i-l_0$。

(2)测质量

根据上述方法测出加砝码(质量为 m)后的弹簧伸长量 l,则 $mg=Kl$,再测出加待测物质量 m_x 后的弹簧伸长量 l_x,则 $m_xg=Kl_x$,联立上两式,可得 $m_x=\frac{l_x}{l}m$。

实验2 落球法变温液体粘滞系数测量

关于液体中物体运动的问题,19世纪物理学家斯托克斯建立了著名的流体力学方程组,它较为系统地反映了流体在运动过程中质量、动量、能量之间的关系:一个在液体中运动的物体所受力的大小与物体的几何形状、速度以及内摩擦力有关。

当液体内各部分之间有相对运动时,接触面之间存在内摩擦力,阻碍液体的相对运动,这种性质称为液体的粘滞性,液体的内摩擦力称为粘滞力。粘滞力的大小与接触面面积以及接触面处的速度梯度成正比,比例系数 η 称为粘度(或粘滞系数)。

对液体粘滞性的研究在流体力学、化学化工、医疗、水利等领域都有广泛的应用,例如,在用管道输送液体时要根据输送液体的流量、压力差、输送距离及液体粘度,设计输送管道的口径。测量液体粘度可用落球法、毛细管法、转筒法等方法,其中落球法(又称斯托克斯法)适用于测量粘度较高的液体。粘度的大小取决于液体的性质和温度,温度升高,粘度将迅速减小。例如,对于蓖麻油,在室温附近改变1℃,粘度值改变约10%。因此,测定液体在不同温度的粘度有很大的实际意义。要准确测量液体的粘度,必须精确控制液体温度。

本实验中采用落球法,通过用PID控温及秒表计时测量小球在不同温度的液体中下落的时间来测出液体的粘滞系数。

一、实验目的

①了解测量液体的变温粘滞系数的意义;

②学习和掌握一些基本物理量的测量;

③了解PID温度控制的原理,掌握温度控制器的设置和使用方法;

④用落球法测量蓖麻油的粘滞系数。

二、实验仪器

DH4606B落球法变温液体粘滞系数测定仪,恒温水循环控制系统,螺旋测微器,游标卡尺,秒表,镊子,钢球若干,蓖麻油,硅胶水管,连接线及取球杆等。

三、实验装置与原理

1. 落球法变温液体粘滞系数测定仪

落球法变温液体粘滞系数测定仪如图2-22所示。

2. 恒温水循环控制系统

恒温水循环控制系统前后面板如图2-23所示。

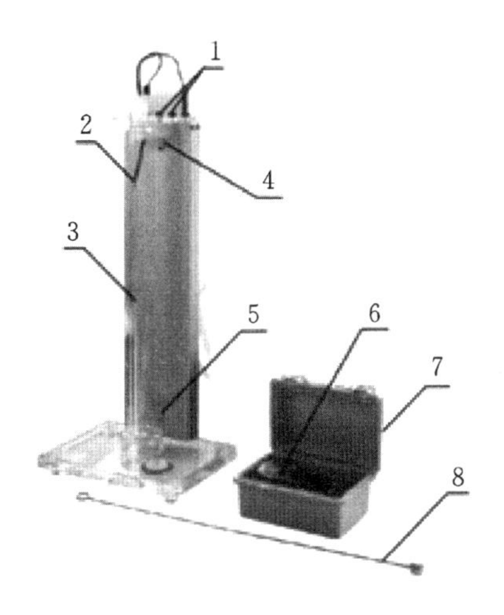

图 2-22 落球法变温液体粘滞系数测定仪

1—PT100 输出接口:与温度传感器输入接口相连,用于指示待测液体的温度;2—PT100 温度传感器:放置在待测液体中(如蓖麻油);3—玻璃管容器:双层结构,内层装待测液体,外层可以通入水循环系统;4—上出水口:与恒温水循环系统的回水口相连;5—下入水口:与恒温水循环系统的出水口相连;6—秒表(计时用);7—配件盒(含钢珠若干);8—取球杆:用于取出玻璃容器内钢球

水位指示:指示水循环系统内水位。首次使用需从加水口对系统加水,直到水位指示上限灯亮起即可。加水前确保出水口和回水口已与测试仪对应相连,且排水口处于关闭状态,溢水口有接水容器(防止加水过多溢出)。若开机低水位报警灯亮起并发出警报,请立即关闭电源,向系统注入足量水后再开启系统电源。正常工作时,推荐水位在下限与上限之间,水位不能低于下限。

水泵开关:开启水循环(开启前确保出水口与回水口已与外部测试仪连接)。

散热开关:实验完毕后,将温控表设置到室温以下,开启散热开关进行水温散热。

传感器:传感器接口与外部 PT100 温度传感器相连,温度计窗口将显示温度值。

温度计:指示外部接入的 PT100 温度,显示分辨率 0.1 ℃,测量范围 0~200 ℃。

温控表:设置水循环系统内水温,并对水温进行控制,稳定度±0.2 ℃;注意设置温度不能超过 85 ℃;具体操作说明见附。

回水口:循环水经过出水口流经被测对象后返回系统的接口。

溢水口:系统储水容器水位过高后的溢出口。

出水口:系统出水口。

排水口:用于排空系统储水。

空气开关:安全保护开关,正常工作时需手动开启。

在稳定流动的液体中,由于各层的液体流速不同,互相接触的两层液体之间存在相互作用,快的一层给慢的一层以阻力,这一对力称为流体的内摩擦力或粘滞力。实验证明:若以液层垂直的方向作为 x 轴方向,则相邻两个流层之间的内摩擦力 f 与所取流层的面积 S 及流层间速度的空间变化率 $\frac{d_v}{d_x}$ 的乘积成正比:

$$f = \eta \cdot \frac{d_v}{d_x} \cdot S \tag{1}$$

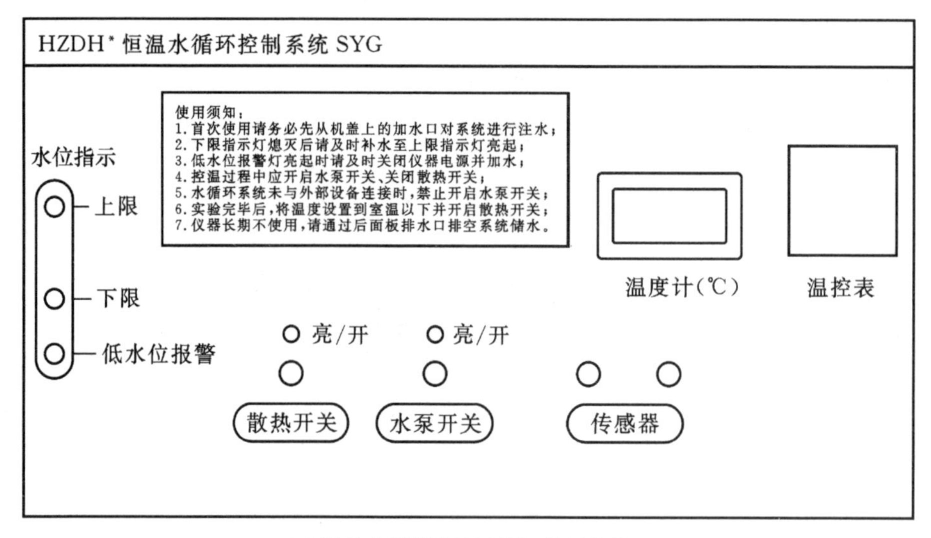

(a)恒温水循环控制系统-前面板图

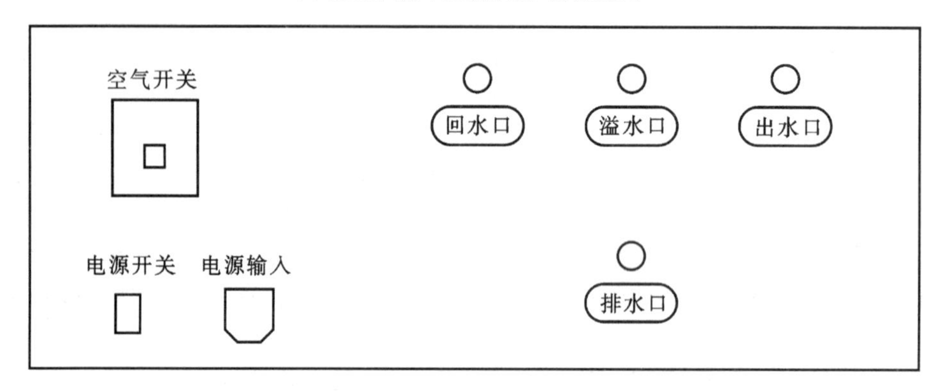

(b)恒温水循环控制系统-后面板图

图 2-23 恒温水循环控制系统前后面板图

式中，η 为液体的粘滞系数，它决定于液体的性质和温度。粘滞性随着温度的升高而减小。如果液体是无限广延的，液体的粘滞性较大，小球的半径很小，且在运动时不产生旋涡，那么根据斯托克斯定律，小球受到的粘滞阻力 f 为

$$f = 6\pi \cdot \eta \cdot r \cdot v \tag{2}$$

式中，η 为液体的粘滞系数；r 为小球半径；v 为小球运动速度。若小球在无限广延的液体中下落，受到的粘滞力为 f，重力为 $\rho \cdot V \cdot g$。这里 V 是小球的体积，ρ 和 ρ_0 分别为小球和液体的密度，g 为重力加速度。小球开始下降时速度较小，相应的粘滞力也较小，小球做加速运动。随着速度的增加，粘滞力也增加，最后球的重力、浮力及粘滞力三力达到平衡，小球做匀速运动，此时的速度称为收尾速度，即为

$$\rho \cdot V \cdot g - \rho_0 \cdot V \cdot g - 6\pi \cdot \eta \cdot r \cdot v = 0 \tag{3}$$

小球的体积为

$$V = \frac{4}{3}\pi \cdot r^3 = \frac{1}{6}\pi \cdot d^3 \tag{4}$$

将式(4)代入式(3)得

$$\eta=\frac{(\rho-\rho_0)\cdot g\cdot d^2}{18v} \tag{5}$$

式中,v 为小球的收尾速度;d 为小球的直径。

由于式(2)只适合无限广延的液体,而在本实验中,小球是在直径为 D 的装有液体的圆柱形玻璃圆筒内运动,不符合无限广延液体的条件,考虑到管壁对小球的影响,式(5)应修正为

$$\eta=\frac{(\rho-\rho_0)\cdot g\cdot d^2}{18v_0\cdot\left(1+K\cdot\dfrac{d}{D}\right)} \tag{6}$$

式中,v_0 为实验条件下的收尾速度;D 为量筒的内直径,K 为修正系数,这里取 $K=2.4$。收尾速度 v_0 可以通过测量玻璃量筒外事先选定的两个标号线 A 和 B 的距离 s 和小球经过 s 距离的时间 t 得到,即 $v_0=\frac{s}{t}$。

四、实验内容和步骤

①将恒温水循环控制系统机箱后面的“出水口”和“回水口”用硅胶管分别与测试仪“下入水口”和“上出水口”对应相连,连接好后循环水将从测试仪玻璃管下端进,上端出。

②在玻璃管中注入蓖麻油;将 PT100 温度传感器探头插入蓖麻油中,温度传感器的输出插座连接到测试架上的传感器输入端,测试架上的传感器输出连接到恒温水循环控制系统前面板上的传感器接口上,这样温度计将指示实际的油温。

③先将恒温水循环控制系统的水箱加满水,注意溢水口需放置接水容器,防止水满溢出;当水位上限指示灯亮起时停止加水;加水过程中确保“排水口”处于关闭状态。

④打开电源开关和空气开关,开启水泵开关,启动水循环。

⑤通过温控表将循环水温度设定在某一温度,蓖麻油将被水循环系统加热,循环水的温度设定值可自行更改,温控表使用说明参见**附**。蓖麻油的实际温度由恒温水循环控制系统上的温度计指示(非温控表示值),当循环水的温度达到稳定后(波动±0.2 ℃),观察蓖麻油温度显示值,直到该温度显示稳定后记录此值,即可开展以下实验。

⑥测量并记录数据:

a. 测量圆筒的内径 D,记录开始实验时的室温 T_0,测定或查表并记录液体的密度值。

b. 记录螺旋测微器的初读数 d_0,然后用螺旋测微器测量小钢球的直径 d,共测量 6 个钢球,将数据记录在表 1 中,求出钢球直径平均值 $\bar{d}$。

c. 用镊子夹起小钢球,为了使其表面完全被所测的油浸润,可以先将小钢球在油中浸一下,然后放在玻璃圆筒中央,使小球沿圆筒轴线下落,观察小球在什么位置开始做匀速运动。

d. 在小球开始进入匀速运动略低的位置选定上标记线 A,在下端合适位置选定下标记线 B,确定后记录 A、B 之间的距离 s,这样就可以进行正常测量。

e. 当小钢球下落经过标记线 A 时,立即启动秒表,开始计时,当小钢球到达标记线 B 时,再按一下秒表,停止计时,这样秒表就记录了小钢球从 A 下落到 B(即经过距离 s)所需的时间 t,把该数值记录到表 2 中。

f. 重复步骤 e,连续测量 3 个相同质量小球下落的时间,并记录数据。

g. 改变温度设置值,在不同的温度下重复以上步骤,将数据记录在表 2 中。

h. 实验结束后用顶端有磁性的取球杆取出小钢球,妥善存放。

五、实验数据记录与处理

量筒内直径 $D=$ ______;A、B 间距离 $s=$ ______

蓖麻油的密度 $\rho_0=0.9570\ g/cm^3$;钢球的密度约为 $7.8\ g/cm^3$(如需精确测量,则可用天平取一定数量的钢球称总重,求出单颗重量,用螺旋测微器测量这些钢球直径并取平均值,最后根据密度公式计算钢球密度)。

室温 $T_0=$ ______;螺旋测微器初始读数 $d_0=$ ______

表1 小钢球直径测量数据

实验次数 / 项目	1	2	3	4	5	6
螺旋测微器读值 d/mm						
小钢球实际直径/mm $d_i=d-d_0$						
直径平均值 $\bar{d}$/mm						

表2 在不同温度下,小钢球从标记线 A 到标记线 B 匀速下落的时间

液体温度/℃ / 下落时间/s	室温	25	30	35	40	45
钢球1						
钢球2						
钢球3						
对应温度下钢球下落时间平均值 $\bar{t}_i$/s						
收尾速度 v_{0i}/(m/s)						
粘滞系数 η/(Pa·s)						

将 $v_0=\dfrac{s}{t}$ 代入式(6),得

$$\eta=\frac{(\rho-\rho_0)\cdot g\cdot \bar{d}^2\bar{t}}{18s\cdot\left(1+K\cdot\dfrac{d}{D}\right)}\quad(K=2.4) \tag{7}$$

重复以上步骤,根据不同温度 T 的 ρ_0 和 v_0,计算 η 值。作 $\eta-T$ 关系曲线。

六、注意事项

①本实验温度设置不应高于50℃,否则液体粘滞度太小,小球下落速度过快(甚至不出现

匀速运动),将造成实验不能正常进行。

②当实验仪器长时间不用时,应把水循环系统和玻璃管里的水排空。

③若循环水太脏应及时更换干净的水,建议使用纯净水。

④当水循环系统未与测试仪连接时,禁止开启水泵开关。

⑤实验完成后,请将温控表设置在室温以下,并开启散热开关使水温降到室温附近。

⑥水位下限指示灯熄灭后应及时补水;低水位报警后应立即关闭电源进行补水或检查仪器工作是否正常。

七、思考题

①试分析:若选用不同半径的小球做此实验,对实验结果有何影响?

②在特定的液体中,当小钢球的半径减小时,它的收尾速度如何变化?当小钢球的速度增加时,又将如何变化?

附:温度控制表操作说明

1. 改变设定温度

如图 2-24 所示,在基本显示状态下,如果参数锁没有锁上,可通过按◁、▽、△键来修改下显示窗口显示的设定温度控制值。按▽键减小数据,按△键增加数据,可修改数值位的小数点同时闪动(如同光标)。按△/▽键并保持不放,可以快速地增加/减少数值,并且速度会随小数点右移自动加快(2 级速度)。而按◁键则可直接移动修改数据的位置(光标),按△或▽键可修改闪动位置的数值,操作快捷。

按▽键可减小数据:按键并保持不放,可以快速地减少数值。

按△键可增加数据:按键并保持不放,可以快速地增加数值。

按◁键则可直接移动修改数据的位置(光标)。

图 2-24

2. 自整定(AT)操作

采用 AI(人工智能)PID 方式进行控制时,可进行自整定(AT)操作来确定 PID 调节参数。如图 2-25 所示,在基本显示状态下按◁键并保持 2 秒,将出现 At 参数,按△键将下显示窗的 OFF 修改为 ON,再按↻键确认即可开始执行自整定功能。在基本显示状态下,仪表下显示窗将闪动显示“At”字样,此时仪表执行位式调节。经 2 个振荡周期后,仪表内部微处理器可自动计算出 PID 参数并结束自整定。如果要提前放弃自整定,可再按◁键并保持约 2 秒钟

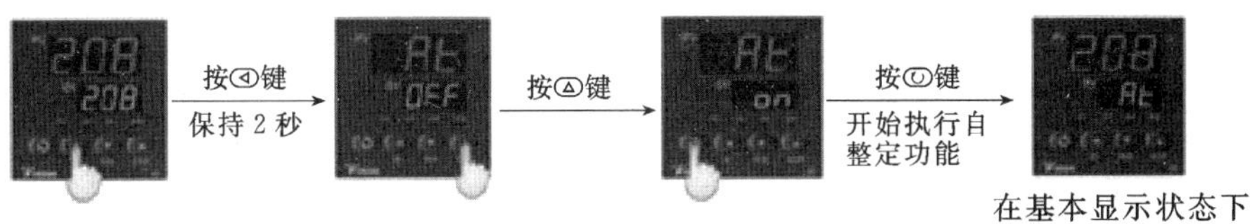

图 2-25

调出 At 参数,并将 ON 设置为 OFF,再按⟲键确认即可。

注:系统在不同给定值下自整定得出的参数值不完全相同,执行自整定功能前,应先将给定值 SV 设置在最常用值或是中间值上,如果系统是保温性能好的电炉,给定值应设置在系统使用的最大值上,自整定过程中禁止修改 SV 值。不同系统,自整定需要的时间可从数秒至数小时不等。自整定刚结束时控制效果可能不是最佳,由于有学习功能,因此使用一段时间后方可获得最佳效果。

实验 3 单摆实验

一、实验目的

①用单摆测定重力加速度;

②研究随机误差的特点;

③学习电子停表的使用。

二、仪器用具

单摆装置,卷尺,游标卡尺,电子停表等。

三、实验原理

1. 单摆法测重力加速度

把一个金属小球拴在一根细长的线上,如图 2-26 所示。如果细线的质量比小球的质量小得多,小球的直径又比细线的长度小得多,则此装置可视为一个不计质量的细线系住一个质点,称为单摆。

当小球离开平衡位置时,受到指向平衡位置的切向分力 $mg\sin\theta$ 的作用,使小球围绕平衡位置做往返摆动,单摆的运动方程为

$$ml\frac{\mathrm{d}^2\theta}{\mathrm{d}t^2}=-mg\sin\theta \tag{1}$$

当摆角 θ 很小(例如 $\theta<5°$)时,$\sin\theta\approx\theta$,则上式成为常见的简谐运动方程

$$ml\frac{\mathrm{d}^2\theta}{\mathrm{d}t^2}=-mg\theta$$

$$\frac{\mathrm{d}^2\theta}{\mathrm{d}t^2}=\frac{-g}{l}\theta=-\omega^2\theta$$

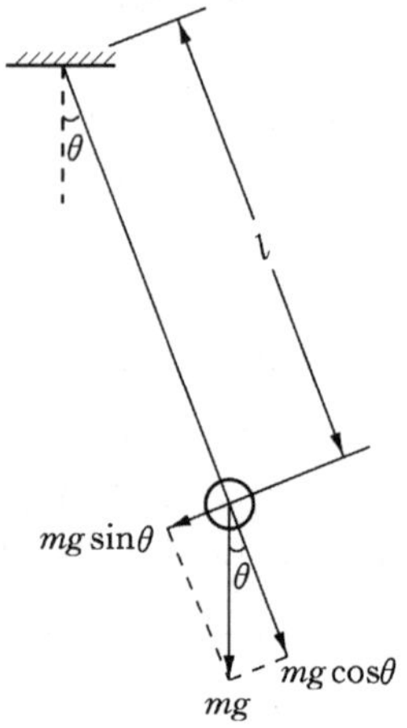

图 2-26 单摆法测重力加速度示意图

式中,$\omega^2=\frac{g}{l}$,ω 称为圆频率,ω 与周期 T 的关系为 $\omega=\frac{2\pi}{T}$;周期 $T=\frac{2\pi}{\omega}=2\pi\sqrt{\frac{l}{g}}$。

所以有

$$g=4\pi^2\frac{l}{T^2} \tag{2}$$

式中,l 为单摆摆长,即悬点到球心的距离;g 为重力加速度。若测得 l 和 T,便可计算得 g,这

是粗略测量重力加速度的简便方法。

2.随机误差的研究

保持单摆的摆长与摆角不变，重复测量单摆启动后的第一个摆动周期，为了研究单摆周期测量的随机误差的统计规律，除了保持实验条件不变外，测量值愈多愈好。将周期 T 的大量测量值按等间距法分组，以周期 T 为横坐标，以落入各组的周期测量次数为纵坐标，作数据分布的直方图。研究单摆周期测量值的直方图是否属于正态分布。

四、数据记录与处理

1.测量重力加速度

(1)测量单摆摆长(数据记录表格自拟)

取单摆长 l 约为 100 cm，用卷尺测量悬点到小球处于悬垂态的最低点 A 的距离 l_1(重复测量 5 次)，用游标卡尺测量小球直径 d(测量 1 次即可，这是为什么?)。由图 2-27 可知摆长为

$$\bar{l}=\bar{l}_1-\frac{d}{2}$$

$$\Delta l=\Delta\bar{l}_1+\frac{1}{2}\Delta d$$

$$l=\bar{l}\pm\Delta l$$

$$E_l=\frac{\Delta l}{\bar{l}}$$

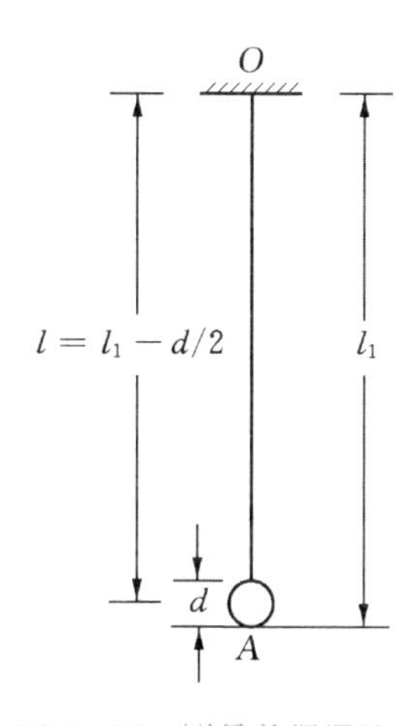

图 2-27　测量单摆摆长示意图

(2)测量周期

使单摆振幅不要太大($\theta<5^\circ$)，测量启动后摆动 20 次所需的时间 t，在测量周期时，选择摆球通过最低点开始计时，为了避免视差，在标尺中央位置设有平面反射镜(上有竖直红色刻线)，每当摆线、刻线、镜中摆线像三者重合时开始计时，保持单摆起始条件不变，重复测量 5 次。

由式(2)计算 g 并估算误差，计算时不必求出周期 T。即

$$g=\frac{4\pi^2 l}{T^2}=\frac{4\pi^2 l}{\left(\frac{t}{20}\right)^2}=\frac{16\pi^2 l}{t^2}\times 10^2$$

$$E_g=E_l+2E_t=\frac{\Delta l}{l}+2\,\frac{\Delta t}{t}$$

$$g=\bar{g}\pm\Delta g$$

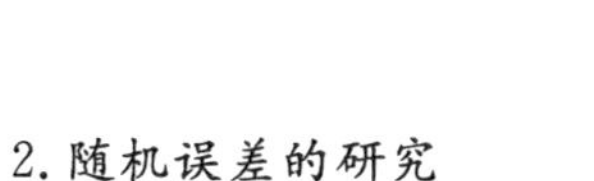

2.随机误差的研究

(1)测量周期(数据记录表格自拟)

保持单摆摆长、摆幅(角)不变，重复启动 200 次，每次测量启动后的第一个周期值。

(2)数据分组

根据所测周期数据的情况，每隔 0.01 s 进行数据分组。

(3)画统计直方图

按数据分组画出 $n-T$ 直方图，例如 1.01 s 组为 7 次，则 $T=1.01$，$n=7$，画直方图时，以

1.01 s为中值,上下界为±0.005 s,依此类推。

(4)研究统计规律

由统计直方图总结单摆周期测量的统计规律。

3.作图求值

改变摆长 l、测量不同摆长的单摆周期 T(测第一个摆动周期),共测10对以上数据,作 $l-T^2$ 图,由图线求出 g。

五、思考题

①为什么测量周期时,一般要测量多个周期的总时间 t,然后除以周期数?

②若要求 g 的测量误差 $E_g \leqslant 0.1\%$,摆长 $l \approx 1$ m用钢卷尺测量(额定误差为±0.02 mm),周期T用电子秒表测量(额定误差为±0.01 s),测量者按按钮的误差假设为0.2 s,问:一次计时应测多少周期才合适?

③单摆法测 g,若要进一步提高测量精度可能吗?此法的测量精确度受哪些因素的限制?

附:单摆周期与摆幅的关系研究

一、实验目的

①观测单摆周期与摆幅的关系;

②用差值法处理数据;

③学习精密测量的系统误差修正。

二、仪器用具

单摆装置、数字毫秒计、物理天平、米尺、游标卡尺等。

三、实验原理

1.单摆周期与摆幅的关系

根据振动理论,摆长为 l 的单摆,其摆动周期 T 与摆角 θ 的关系为

$$T = 2\pi\sqrt{\frac{l}{g}}\left(1+\frac{1}{4}\sin^2\frac{\theta}{2}+\cdots\right) \tag{1}$$

式中,g 为当地的重力加速率,取零级近似为

$$T_0 = 2\pi\sqrt{\frac{l}{g}} \tag{2}$$

取二极近似为

$$T_2 = 2\pi\sqrt{\frac{l}{g}}\left(1+\frac{1}{4}\sin^2\frac{\theta}{2}\right) \tag{3}$$

本实验通过二极近似公式的验证来研究单摆周期与摆幅的关系。为此,将式(3)改写为

$$T_2 = T_0 + \frac{T_0}{4}\sin^2\frac{\theta}{2}$$

对于摆幅 θ_i 有

$$T_{2i} = T_0 + \frac{T_0}{4}\sin^2\frac{\theta_i}{2}$$

对于摆幅 θ_k 有

$$T_{2k}=T_0+\frac{T_0}{4}\sin^2\frac{\theta_k}{2}$$

略去二极近似的下标，将上面两式相减可得

$$T_k-T_i=\frac{T_0}{4}\left(\sin^2\frac{\theta_k}{2}-\sin^2\frac{\theta_i}{2}\right) \tag{4}$$

式(4)中的 k,i 是任意的，只要通过实验证明

$$\frac{T_k-T_i}{\sin^2\frac{\theta_k}{2}-\sin^2\frac{\theta_i}{2}}=E(\text{常数})$$

且有关系

$$E=\frac{T_0}{4}$$

则式(3)成式。

2. 系统误差的修正

从测量公式本身往往看不出系统误差的存在，但从理论和方法方面考查却存在下述系统误差，需要逐项分析进行修正。

(1)复摆的修正

单摆公式(2)中，摆球假定为质点，即不计摆球体积和不计摆线的质量。实际上任何一个单摆都是复摆，见图 2－28。在不计空气阻力和浮力时，由转动定理有

$$-mgl\sin\theta-\frac{m_0 g}{2}(l-r)\sin\theta=\left[\frac{2}{5}mr^2+ml^2+\frac{1}{3}m_0(l-r)^2\right]\frac{\mathrm{d}^2\theta}{\mathrm{d}t^2} \tag{5}$$

式中，m 为摆球质量；m_0 为摆球悬线质量；l 为悬点 O 到球心的距离；$(l-r)$ 为悬线长度；$\frac{2}{5}mr^2+ml^2$ 为摆球对 O 轴的转动惯量；$\frac{1}{3}m_0(l-r)^2$ 为悬线对 O 轴的转动惯量。当 θ 很小时，$\sin\theta\approx\theta$，式(5)可写为

$$\frac{\mathrm{d}^2\theta}{\mathrm{d}t^2}+\frac{mgl+\frac{m_0 g}{2}(l-r)}{ml^2\left[1+\frac{2}{5}\frac{r^2}{l^2}+\frac{1}{3}\frac{m_0}{m}\frac{(l-r)^2}{l^2}\right]}\theta=0 \tag{6}$$

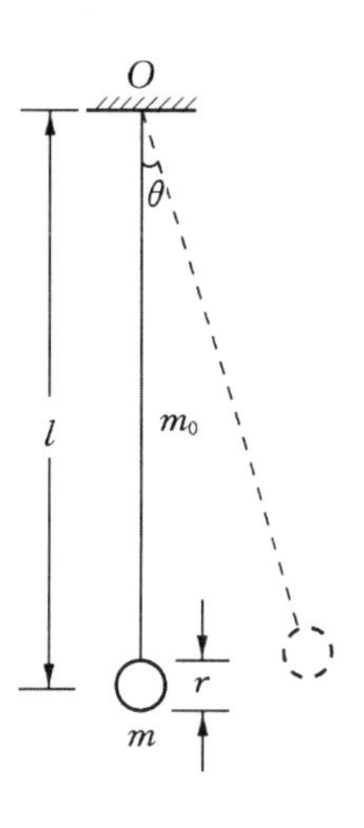

图 2－28　单摆

式(6)为简谐振动方程，此复摆做简谐振动，其周期

$$T=2\pi\sqrt{\frac{l\left[1+\frac{2}{5}\frac{r^2}{l^2}+\frac{1}{3}\frac{m_0}{m}\left(1-\frac{2r}{l}+\frac{r^2}{l^2}\right)\right]}{g\left[1+\frac{1}{2}\frac{m_0}{m}(1-\frac{r}{l})\right]}}$$

考虑 $r\ll l$，$m_0\ll m$，利用多项式除法，略去高次项有

$$T\approx 2\pi\sqrt{\frac{l\left[1+\frac{2}{5}\frac{r^2}{l^2}-\frac{1}{6}\frac{m_0}{m}-\frac{1}{6}\frac{m_0}{m}\frac{r}{l}-\frac{1}{12}\left(\frac{m_0}{m}\right)^2\right]}{g}} \tag{7}$$

与式(2)比较，式(7)可看作对摆长 l 的修正，即

$$l'=l\left[1+\frac{2}{5}\frac{r^2}{l^2}-\frac{1}{6}\frac{m_0}{m}\left(1+\frac{r}{l}+\frac{m_0}{2m}\right)\right] \tag{8}$$

将式(7)移项后,利用二项式展开,可得

$$T\left[1-\frac{1}{5}\frac{r^2}{l^2}+\frac{1}{12}\frac{m_0}{m}\left(1+\frac{r}{l}+\frac{m_0}{2m}\right)\right]=2\pi\sqrt{\frac{l}{g}} \tag{9}$$

与式(2)比较,式(9)可看作是对周期 T 的修正。即

$$T'=T\left[1-\frac{1}{5}\frac{r^2}{l^2}+\frac{1}{12}\frac{m_0}{m}\left(1+\frac{r}{l}+\frac{m_0}{m}\right)\right] \tag{10}$$

考虑复摆的修正,重力加速度 g 的测量公式由式(7)变为

$$g=\frac{4\pi^2 l}{T^2}\left[1+\frac{2}{5}\frac{r^2}{l^2}-\frac{1}{6}\frac{m_0}{m}\left(1+\frac{r}{l}+\frac{m_0}{2m}\right)\right] \tag{11}$$

(2)浮力的修正

若考虑空气浮力,式(5)左边应多一项 $\rho_0 Vgl\sin\theta$,其中 ρ_0 为空气密度(近似为 1.3×10^{-3} g/cm^3),$V=\frac{m}{\rho}$。ρ 为摆球物质的密度,V 为摆球体积,作浮力修正后,式(11)变为

$$g=\frac{4\pi^2 l}{T^2}\left[1+\frac{2}{5}\frac{r^2}{l^2}-\frac{1}{6}\frac{m_0}{m}\left(1+\frac{r}{l}+\frac{m_0}{2m}\right)+\frac{\rho_0}{\rho}\right] \tag{12}$$

(3)摆角的修正

单摆以摆角 θ 摆动时,由式(3)有

$$T=2\pi\sqrt{\frac{l}{g}}\left(1+\frac{1}{4}\sin^2\frac{\theta}{2}\right)$$

$$g=\frac{4\pi^2 l}{T^2}\left(1+\frac{1}{4}\sin^2\frac{\theta}{2}\right)^2$$

$$\approx\frac{4\pi^2 l}{T^2}\left(1+\frac{1}{8}\theta^2\right) \tag{13}$$

(4)阻尼的修正

单摆摆动时,由于空气具有黏滞阻力,使其摆动周期增大,单摆实际上做阻尼振动,但由于空气粘滞阻力对单摆周期的影响从理论上难以估算,实验上也难以测定,因此不予讨论。

将上述三项修正合并,有

$$g=\frac{4\pi^2 l}{T^2}\left[1+\frac{2}{5}\frac{r^2}{l^2}-\frac{1}{6}\frac{m_0}{m}\left(1+\frac{r}{l}+\frac{m_0}{2m}\right)+\frac{\rho_0}{\rho}+\frac{1}{8}\theta^2\right] \tag{14}$$

例如,设测得 $m\approx100$ g,$m_0=0.5$ g,$l\approx100$ cm,$r=2$ cm,$\theta=3°$,$\rho\approx7.8$ g/cm^3,$\rho_0\approx1.3\times10^{-3}$ g/cm^3,则根据式(14)有

$$g=\frac{4\pi^2 l}{T^2}[1+0.00016-0.00083(1+0.02+0.0025)+0.00016+0.00032]$$

$$=\frac{4\pi^2 l}{T^2}(1-0.00021)$$

由此可见,修正项的总和约为万分之几。若要求 g 达到 4 位有效数字,则应考虑修正项,要求的准确度越高,要考虑的修正项就越多,与此同时,l 和 T 的测量要求也更高。

四、实验内容及要求

1. 测量单摆周期与摆幅的关系

①周期用数字毫秒计测量,将光电门(做成狭缝形状)置于单摆小球挡光针处,让单摆自由

摆动时，挡光针能使数字毫秒计计时。

②测量周期时，可以测量 1 个周期，也可以测量几个周期，但不宜太多，以免摆幅衰减太大。

③摆角可以直接读出，也可以通过摆球的最大水平位移 S 来换算，若测几个周期，因为有衰减，应以测量期间的平均值计算。

④测量 10 组数据，根据式(3)，由于 T 与 θ 的关系不是线性的，而且很难使 θ 等间距变化，故将 10 组数据分成两大组，用差值法处理数据。例如，对应于摆球最大水平位移 S_i 的摆幅为 θ_i，周期为 T_i，令 $B_i=\sin^2\dfrac{\theta_i}{2}$，$C_j=B_{i+5}-B_i$，$D_j=T_{i+5}-T_i$，则 $E_j=\dfrac{D_j}{C_j}$。

⑤根据式(4)计算 E 并与理论值进行比较，说明产生偏离的原因。

2. 测量 g

用单摆测重力加速度，做复摆、浮力、摆角等修正。

五、思考题

挡光杆是否一定要装在摆球的正下方？挡光杆的粗细对测量结果有无影响？

实验 4　用开特摆测量重力加速度

一、实验目的

①学习一种测定重力加速度的方法；
②掌握开特摆的调节方法。

二、仪器用具

开特摆，周期测定仪，刀口，米尺等。

三、实验原理

在历史上用开特摆测定重力加速度 g，曾经是测 g 的一种最精确的方法。菠茨坦大地测量研究所曾用此法从 1896 年起花了 8 年时间测得当地重力加速度 $g=(981.274\pm0.003)\ \mathrm{cm/s^2}$。以后，许多对 g 的测量曾经都以菠茨坦的数据作根据。开特摆测 g 的方法在实验设计思想上有独到之处。

在重力作用下绕固定水平转轴在竖直平面内摆动的刚体被称作复摆(物理摆)。如图2－29所示，设刚体质量为 m，其重心 G 到转轴 O 的距离为 h，绕 O 轴的转动惯量为 J，当地重力加速度为 g。当复摆离开平衡位置时，受到指向平衡位置的重力分量 $mg\sin\theta$ 的作用而做周期性摆动，其运动方程为

$$J\frac{d^2\theta}{dt^2}=-mgh\sin\theta \tag{1}$$

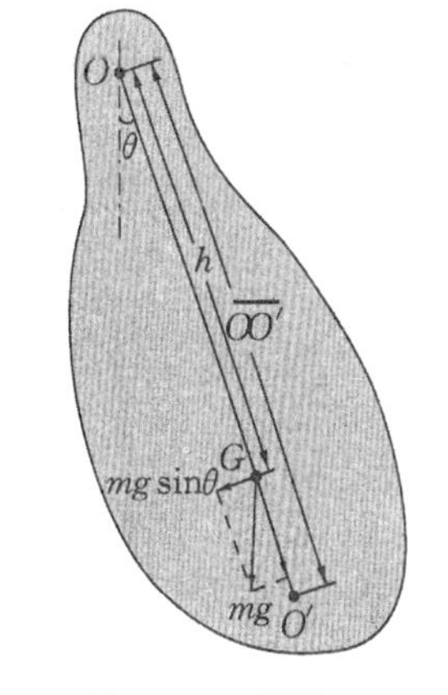

图 2－29　复摆

式中，当摆角很小(例如小于 5°)时，有 $\sin\theta\approx\theta$，式(1)可简化为常见

的简谐运动方程形式

$$\frac{d^2\theta}{dt^2}=-\frac{mgh}{J}\theta=-\omega^2\theta$$

式中，$\omega=\sqrt{\frac{mgh}{J}}$为圆频率，又 $\omega=\frac{2\pi}{T}$，于是可得复摆的振动周期为

$$T=2\pi\sqrt{\frac{J}{mgh}} \tag{2}$$

设复摆绕通过重心 G 平行于 O 轴的转动惯量为 J_G，根据平行轴定理有 $J=J_G+mh^2$，代入式(2)有

$$T=2\pi\sqrt{\frac{J_G+mh^2}{mgh}} \tag{3}$$

将式(3)与单摆周期公式 $T=2\pi\sqrt{\frac{l}{g}}$ 比较，则有 $l=\frac{J_G+mh^2}{mh}$，称为复摆的等值单摆长(等值摆长)。

在实验中，复摆的周期可以测得非常精确，但要测准等值摆长却相当困难，因为重心不易测准，所以 h 不易测准，求 J_G 更为困难。

但是，如果利用复摆的下述特性，便可以精确地测得 l，即在复摆上找到位于重心 G 的两旁并和重心处在同一直线上的两个悬点 O、O'，当$\overline{OO'}$等于等值摆长 l 时，以 O 为悬点的周期 T_1 与以 O' 为悬点的周期 T_2 正好相同(保持 O 轴与 O' 轴平行)，称 O 与 O' 为共轭点。根据复摆的这一性质，由 $T_1=T_2$ 找到 O、O' 二悬点后，测出两点间距$\overline{OO'}$便求得了。为了便于测出 l，使用了特殊形状的复摆——开特摆。

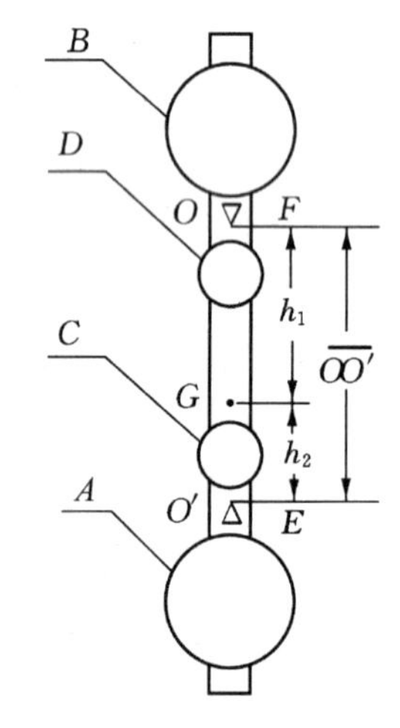

图 2－30　开特摆结构图

开特摆结构如图 2－30 所示，在长约 1 m 的金属杆上嵌有两个刀口 E 和 F，在杆的两端分别穿有金属大摆锤 A 及塑料大摆锤 B，两者大小形状相同，另有塑料小摆锤 C 及金属小摆锤 D，大小形状亦相同。就外形而言，开特摆的各部处于对称状态，从而可以抵消空气浮力和减少空气阻力的影响，摆上的刀口及各摆锤均可以移动，适当改变它们的位置，可以做到以两刀口分别悬挂在支架上，使摆动周期 T_1 与 T_2 相等。由于开特摆可以自支架上取下，能正挂，也能倒过来挂，因此又称为可倒摆。若较精确测定两刀口间的距离$\overline{OO'}$及周期 T，便可求出 g。

实验中，要使周期 T_1、T_2 数值完全一样是较困难的，而且也并不必要，只需要 $T_1\approx T_2$ 便可以了。对于 T_1、T_2，由式(3)应有

$$T_1=2\pi\sqrt{\frac{J_G+mh_1^2}{mh_1g}}$$

$$T_2=2\pi\sqrt{\frac{J_G+mh_2^2}{mh_2g}}$$

式中，h_1、h_2 各为悬点 O、O' 至重心 G 的距离，如图 2－30 所示，由以上二式中消去 I_G 可得

$$\frac{4\pi^2}{g}=\frac{h_1T_1^2-h_2T_2^2}{h_1^2-h_2^2}$$

$$=\frac{T_1^2+T_2^2}{2(h_1+h_2)}+\frac{T_1^2-T_2^2}{2(h_1-h_2)}$$
$$=A+B$$

式中，$A=\frac{T_1^2+T_2^2}{2(h_1+h_2)}$，$B=\frac{T_1^2-T_2^2}{2(h_1-h_2)}$，在 A 项中，$h_1+h_2=\overline{OO'}$ 及 T_1、T_2 可以精确测定，在 B 项中，h_1、h_2 不能被精确测定，因为要涉及对重心 G 的测定。不过当 $T_1\approx T_2$ 时，B 项的分子很小，而分母可以比较大，所以 B 项的值很小。实际上，可以把 B 项当作是两悬点间距 $\overline{OO'}$ 不等于等值摆长 l 而作出的修正（当 $\overline{OO'}=l$ 时，$B=0$）。开特摆两个大摆锤，一取金属，一取塑料，正是为了使重心偏向一边，使得 $h_1>h_2$，以减少 B 项的影响。

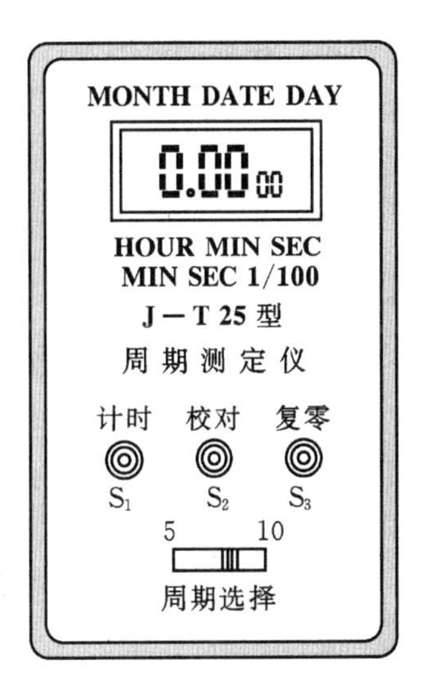

图 2－31　周期测定仪

由于实验中要求测准周期，所以不用停表计时，而使用如图 2－31 所示的 J-T 25 型周期测定仪，在计时显示的情况下，持续按 S_3（复零）按钮 2 秒，显示器显示零，即可作为计时器而进入计时状态。此时，将测定仪与光电门连接，并接通 220 V 电源，使开特摆摆动，当其上挡光杆通过光电门时，可以控制计时器的启动、计时及停止。调节周期选择开关，可分别连续测 5 次或 10 次振动周期。

计时完毕后，再持续按“S_3”按钮 2 秒，计时器可恢复到电子表状态。

四、仪器调节

①将刀口、大摆锤及小摆锤固定于摆杆上，以上物件均按对称要求安置。

②将光电门安置在开特摆挡光杆能够挡光的适当位置，以防止摆动过程中计时不灵或挡光杆与光电门相碰。

③将开特摆摆动，调节大、小摆锤，使 $T_1\approx T_2$，具体方法如下：

a. 调节大摆锤，使周期 $T-x$ 曲线和 $T'-x$ 曲线相交，如图 2－32 所示。这时可将小摆锤调节到靠近刀口及摆杆中心附近两个端点位置，并测出相应的周期 T_1、T'_1 及 T_2、T'_2，若 $T_1>T'_1$，$T_2<T'_2$（或 $T_1<T'_1$，$T_2>T'_2$）则两曲线相交，否则，需要改变大摆锤的位置，重新进行上述调节。

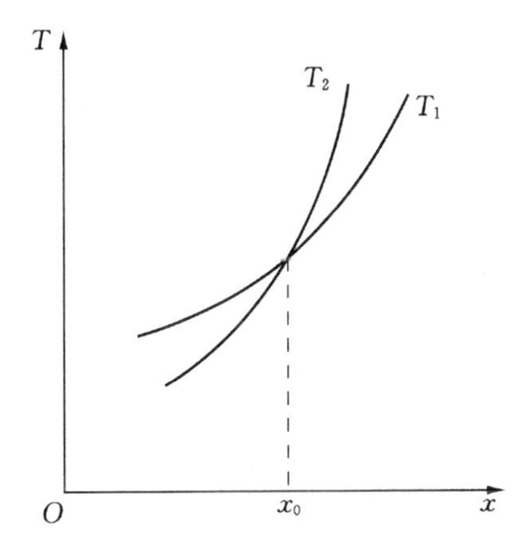

图 2－32　$T-x$ 曲线

b. 调节小摆锤，这时可由刀口附近向摆杆中心方向移动小摆锤，测出若干组 T_i、T'_i 值，则 $T_1>T'_1$，$T_2>T'_2$，$T_3>T'_3$…（或 $T_1<T'_1$，$T_2<T'_2$，$T_3<T'_3$，…），且一般 i 值越大，T_i、T'_i 值越接近，若出现 $T_i<T'_i$（或 $T_i>T'_i$），则小摆锤移动“过大”，应向反方向移动，然后重复前面的操作，这是一种单向逼近的方法，最后调至 $T_i\approx T'_i$。我们也可以由摆杆中心向刀口方向做类似调节。

五、实验内容

①在刀口固定后，调节大、小摆锤的位置、使周期 $T_2>T_2$。(用周期测定仪计时，一次测量周期次数应根据测量的实际情况和要求决定)

②测量(h_1+h_2)，即刀口间距$\overline{OO'}$。

③将开特摆横置于一刀口上，用平衡法测定其重心 G 的位置，测出 h_1 和 h_2。

以上各量均需多次测量。

六、思考题

①在用式(4)测定 g 时，实验装置及测量中应注意保证满足哪些条件？

②为什么要调节摆锤？如果调节不合适，其结果如何？

③在式(4)中，$B\ll A$，B 的测量误差是否比 A 的测量误差小？

实验5 金属杨氏模量的测定

杨氏模量是表征固体材料抵抗形变能力的重要物理量，是工程材料的重要参数，反映了材料弹性形变与内应力的关系，它只与材料性质有关，是工程技术中机械构件选材时的重要依据。本实验采用液压加力拉伸法及利用光杠杆的原理测量金属丝的微小伸长量，从而测定金属材料的杨氏模量。

一、实验目的

①学会测量杨氏模量的一种方法；

②掌握光杠杆放大法测量微小长度的原理；

③学会用逐差法处理数据。

二、仪器用具

近距离转镜杨氏模量仪，数字拉力计，光杠杆和标尺望远镜，钢卷尺，螺旋测微计，游标卡尺等。

三、实验原理

1. 拉伸法测量钢丝的杨氏模量

任何物体在外力作用下都要产生形变，可分为弹性形变和塑性形变。弹性形变在外力作用撤除后能复原，而塑性形变则不能恢复原状。发生弹性形变时，物体内部产生的企图恢复物体原状的力叫做内应力。对固体来讲，弹性形变又可分为4种：伸长或压缩形变、切变、扭变、弯曲形变。本实验只研究金属丝沿长度方向受外力作用后的伸长形变。

取原长为 L、截面积为 S 的均匀金属丝，在两端加外力 F 相拉后，作用在金属丝单位面积上的力$\dfrac{F}{S}$为正应力，相对伸长$\dfrac{\Delta L}{L}$定义为线应变。根据胡克定律，物体在弹性限度范围内，应变与应力成正比，其表达式为

$$\frac{F}{S}=Y\frac{\Delta L}{L} \tag{1}$$

式中，Y 称为杨氏模量，它与金属丝的材料有关，而与外力 F 的大小无关。由于 ΔL 是一个微小长度变化，故实验常采用光杠杆法进行测量。

2. 光杠杆法测量微小长度变化

放大法是一种应用十分广泛的测量技术，有机械放大、光放大、电子放大等。如螺旋测微计是通过机械放大而提高测量精度的，示波器是通过将电子信号放大后进行观测的。本实验采用的光杠杆法属于光放大。光杠杆放大原理被广泛地用于许多高灵敏度仪表中，如光电反射式检流计、冲击电流计等。

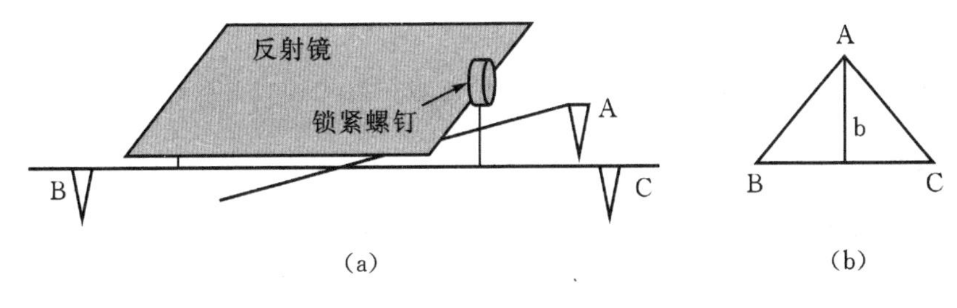

图 2-33　光杠杆结构示意图

光杠杆法如图 2-33 所示，A、B、C 分别为三个尖状足，B、C 为前足，A 为后足(或称动足)，实验中 B、C 不动，A 随着金属丝伸长或缩短而向下或向上移动，锁紧螺钉用于固定反射镜的角度。三个足构成一个等腰三角形，A 到前两足尖 B、C 连线的垂直距离为 b，称为光杠杆常数，b 可根据需求改变大小(一般固定不动)。

测量时两个前足尖放在杨氏模量测定仪的固定平台上，后足尖则放在待测金属丝的测量端面上，该测量端面就是与金属丝下端夹头相固定连接的水平托板。当金属丝受力后，产生微小伸长，后足尖便随测量端面一起做微小移动，并使光杠杆绕前足尖转动一微小角度，从而带动光杠杆反射镜转动相应的微小角度，这样标尺的像通过光杠杆的反射镜反射到望远镜里，便把这一微小角位移放大成较大的线位移。这就是光杠杆产生光放大的基本原理。

图 2-34 为光杠杆放大原理示意图。开始时，望远镜对齐反射镜中心位置，反射镜法线与水平方向成一夹角，在望远镜中恰能看到标尺刻度 x_1 的像。动足足尖放置在夹紧金属丝的夹头的表面上，当金属丝受力后，产生微小伸长 ΔL，与反射镜连动的动足尖下降，从而带动反射镜转动相应的角度 θ，根据光的反射定律可知，在出射光线(即进入望远镜的光线)不变的情况下，入射光线转动了 2θ，此时望远镜中看到标尺刻度为 x_2。

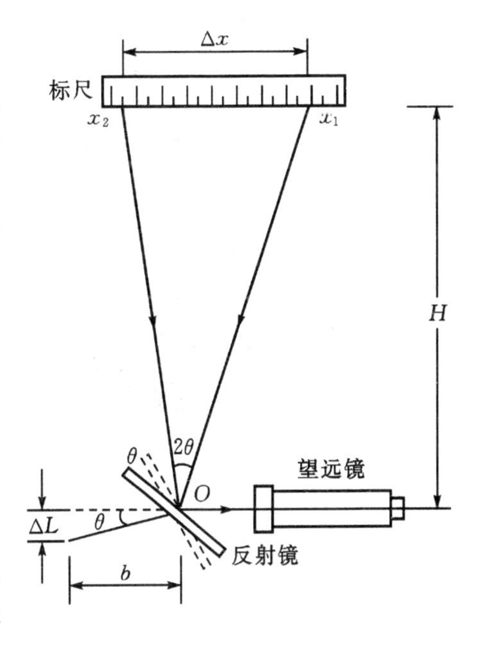

图 2-34　光杠杆放大原理图

实验中 $b \gg \Delta L$，所以 θ、2θ 会很小。从图 2－34 的几何关系中我们可以看出，当 2θ 很小时有

$$\Delta L \approx b \cdot \theta, \quad \Delta x \approx H \cdot 2\theta$$

故有

$$\Delta x = \frac{2H}{b} \cdot \Delta L \tag{2}$$

式中，$2H/b$ 称作光杠杆的放大倍数；H 是反射镜中心与标尺的垂直距离。仪器中 $H \gg b$，这样便能把一微小位移 ΔL 放大成较大的容易测量的位移 Δx。将式(2)代入式(1)中，式(1)中 $S=\frac{\pi d^2}{4}$，可得杨氏模量的测量公式

$$Y = \frac{8FLH}{\pi d^2 b} \cdot \frac{1}{\Delta x} \tag{3}$$

式中，d 为金属丝的直径。式(3)中各物理量的单位取国际单位(SI 制)。

四、实验装置

本实验装置主要由实验架、光杠杆、数字拉力计、望远镜组成。

1. 实验架

实验架是待测金属丝杨氏模量测量的主要平台，如图 2－35(a)所示，金属丝一端穿过横梁被上夹头夹紧，另一端被下夹头夹紧，并与拉力传感器相连，拉力传感器再经螺栓穿过下台板与施力螺母相连。施力螺母采用旋转加力方式，加力简单、直观、稳定。拉力传感器输出拉力信号通过数字拉力计显示金属丝受到的拉力值。实验架含有最大加力限制功能，实验中最大实际加力不应超过 13.00 kg。

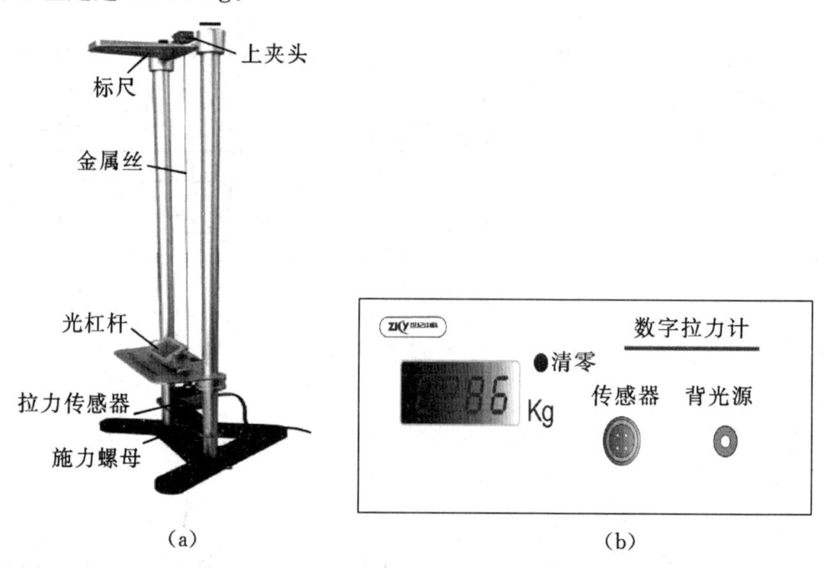

(a) (b)

图 2－35 近距离转镜杨氏模量仪

2. 数字拉力计

数字拉力计如图 2－35(b)所示，其最小分辨力是 0.01 kg，含有显示清零功能(短按清零按钮显示清零)，并含有直流电源输出接口：输出直流电，用于给背光源供电。

3. 测量工具

实验过程中需用到的测量工具及其相关参数、用途如下表所示。

量具名称	量程	分辨力	误差限	用于测量
标尺/mm	80.0	1	0.5	Δx
钢卷尺/mm	3000.0	1	0.8	L,H
游标卡尺/mm	150.00	0.02	0.02	b
螺旋测微器/mm	25.000	0.01	0.004	d
数字拉力计/kg	20.00	0.01	0.005	F

五、实验内容与步骤

①打开数字拉力计电源开关，预热 5 min。背光源点亮，标尺刻度清晰可见。数字拉力计面板上显示此时加到金属丝上的力。

②将望远镜正对实验架台板(望远镜前沿与平台板边缘的距离在 30 cm 左右范围内均可)。调节望远镜使其正对反射镜中心，然后仔细调节反射镜的角度，直到从望远镜中能看到标尺背光源发出的明亮的光。

③调节目镜视度调节手轮，使得十字分划线清晰可见。调节调焦手轮，使得视野中标尺的像清晰可见。转动望远镜镜身，使分划线横线与标尺刻度线平行后再次调节调焦手轮，使得视野中标尺的像清晰可见。

④再次仔细调节反射镜的角度，使十字分划线横线对齐小于等于 2.0 cm 的刻度线(避免实验做到最后超出标尺量程)。

注：下面步骤中不能再调整望远镜，并尽量保证实验桌不要有震动，以保证望远镜稳定。加力和减力过程一定要缓慢，施力螺母不能回旋。

⑤测量：

a. 在金属丝完全松弛的状态下，旋转施力螺母，先使数字拉力计显示小于 2.00 kg，使金属丝紧绷后点击数字拉力计上的“清零”按钮，开始记录第一组数据，然后缓慢旋转施力螺母，逐渐增加金属丝的拉力，每隔 1.00 kg 记录一次标尺的刻度，直至加到 9.00 kg 记录标尺的刻度后，再加 0.50 kg 左右(不超过 1.00 kg，且不记录数据)。

b. 然后反向旋转施力螺母至 9.00 kg，开始记录标尺刻度，同样地，逐渐减小金属丝的拉力，每隔 1.00 kg 记录一次标尺的刻度，直到拉力为 0.00 kg，将以上数据记录于表 1 中对应位置。

c. 用螺旋测微计分别测出钢丝在 0.00 kg 和 9.00 kg 时上、中、下 3 个部位的直径 d(注意测量前记下螺旋测微器的零差 d_0)；用钢卷尺测量金属丝的原长 L 和反射镜中心与标尺的垂直距离 H。(L、H 各测一次)

d. b 的测量方法：将光杠杆放在一张平铺的纸上，压出 3 个足痕，用游标卡尺量出足尖到两前足尖连线的垂直距离即为 b，b 也是一次测量。

⑥实验完成后，旋松施力螺母，使金属丝处于松弛的状态，并关闭数字拉力计电源。

六、数据记录与处理

$b=$________ mm　　$L=$________ mm　　$H=$________ mm

表1　标尺读数记录

拉力视值 m_i /kg	0.00	1.00	2.00	3.00	4.00	5.00	6.00	7.00	8.00	9.00
加力时标尺刻度 x_i^+ /mm										
减力时标尺刻度 x_i^- /mm										
平均标尺刻度/mm $x_i=(x_i^+ + x_i^-)/2$										
标尺刻度改变量/mm $\Delta x_i = x_{i+5} - x_i$										
平均值：$\overline{\Delta x} = \sum (x_{i+5} - x_i)/5 =$						$\overline{\Delta(\Delta x)} =$				

表2　钢丝直径 d(mm)的测量

0.00 kg		9.00 kg		平均值		$\bar{d}$	Δd	$\overline{\Delta d}$
$d'_{上}$		$d''_{上}$		$d_{上}$		$\frac{1}{3}(d_{上}+d_{中}+d_{下})=$		$\frac{1}{3}(\lvert d_{上}-\bar{d}\rvert+\lvert d_{中}-\bar{d}\rvert+\lvert d_{下}-\bar{d}\rvert)=$
$d'_{中}$		$d''_{中}$		$d_{中}$				
$d'_{下}$		$d''_{下}$		$d_{下}$				

①根据表格数据，计算出钢丝的杨氏模量

$$Y = \frac{8FLH}{\pi d^2 b} \cdot \frac{1}{\Delta x}$$

式中，$F=5\times 9.80$ N。

②计算各测得量 b、L、H、F、d、Δx 的相对误差，在小结里写出实验结果产生误差的主要因素。

③用算术合成法估算 Y 的相对误差 E_Y 和绝对误差 ΔY，并表示测量结果 $Y=\bar{Y}\pm\Delta Y$，式中 Y 的单位用 N/mm^2。

七、思考题

①杨氏模量测量数据 x 若不用逐差法而用作图法，如何处理？

②两根材料相同但粗细不同的金属丝，它们的杨氏模量相同吗？为什么？

③利用光杠杆测量长度微小变化有何优点？如何提高它的灵敏度？

④本实验使用了哪些测量长度的量具？选择它们的依据是什么？

实验 6　物体转动惯量的研究

转动惯量是刚体转动时惯性大小的量度，是表征刚体特性的一个物理量。测量特定物体的转动惯量对某些研究设计工作具有重要意义。刚体的转动惯量与刚体的大小、形状、质量、质量的分布及转轴的位置有关，如果刚体是由几部分组成的，那么刚体总的转动惯量 J 就相当于各个部分对同一转轴的转动惯量之和，即

$$J = J_1 + J_2 + \cdots$$

对于形状简单的匀质物体，可以用数学方法直接计算出其绕定轴转动时的转动惯量，但对于形状比较复杂或非匀质的物体，一般通过实验来测量。刚体的转动惯量可以用扭摆、三线摆、转动惯量仪等仪器进行测量。

扭摆法测定刚体的转动惯量

一、实验目的

①熟悉扭摆的构造及使用方法，测定扭摆的设备常数（弹簧的扭转系数）K；

②用扭摆测量几种不同形状物体的转动惯量，并与理论值进行比较；

③验证转动惯量的平行轴定理。

二、仪器用具

扭摆装置及其附件（塑料圆柱体等），数字式计时仪，数字式电子天平，钢直尺，游标卡尺等。

三、实验装置及原理

扭摆的结构如图 2 - 36 所示，在垂直轴 1 上装有一个薄片状的螺旋弹簧 2，用以产生恢复力矩。在轴 1 上方可以安装各种待测物体。为减少摩擦，在垂直轴和支座间装有轴承。3 为水准器，以保证轴 1 垂直于水平面。将轴 1 上方的物体转一角度 θ，由于弹簧发生形变将产生一个恢复力矩 M，则物体将在平衡位置附近做周期性摆动。根据胡克定律有

$$M = -K\theta \tag{1}$$

式中，K 为弹簧的扭转系数。而由转动定律有

$$M = J\beta$$

式中，J 为物体绕转轴的转动惯量；β 为角加速度，将式(1)代入上式即有

$$\beta = -\frac{K}{J}\theta \tag{2}$$

令 $\omega^2 = \dfrac{K}{J}$，则有

$$\beta = -\omega^2\theta$$

此方程表示扭摆运动是一种角谐振动。方程的解为

$$\theta = A\cos(\omega t + \varphi)$$

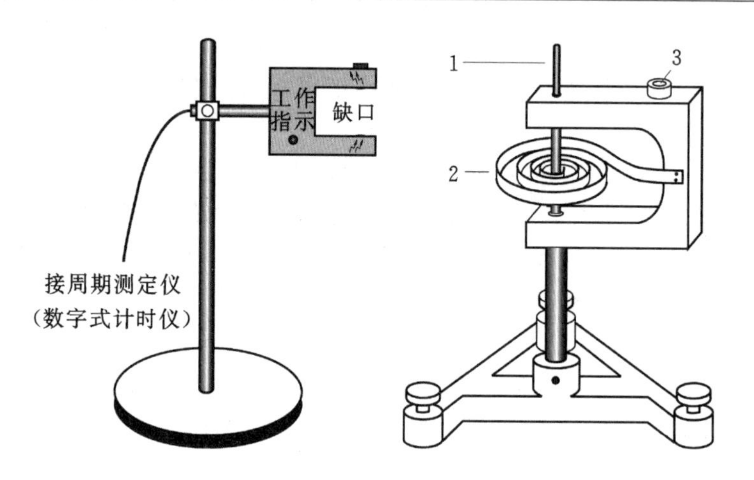

图 2-36 扭摆的结构及光电探头

式中,A 为谐振动的角振幅;φ 为初相位;ω 为角谐振动的圆频率。此谐振动摆动周期为

$$T = \frac{2\pi}{\omega} = 2\pi\sqrt{\frac{J}{K}} \tag{3}$$

由此可见,对于扭摆,只要测定某一转动惯量已知的物体(如形状规则的匀质物体,可用数学方法求得其转动惯量)的摆动周期,即可求得扭转系数 K。对其他物体,只要测出摆动周期 T,就可根据式(3)求得转动惯量 J。在本实验中,是将待测物体放在载物圆盘上测量其转动惯量的,则由式(3)得

$$\frac{T_0}{T_1} = \frac{\sqrt{J_0}}{\sqrt{J_0 + J'_1}} \quad 或 \quad \frac{J_0}{J'_1} = \frac{T_0^2}{T_1^2 - T_0^2}$$

式中,J_0 为金属载物圆盘绕转轴的转动惯量;T_0 为其摆动周期;待测物体的转动惯量为 J'_1;它与载物圆盘一起转动的转动周期为 T_1,其单独绕转轴转动的转动周期为 $\sqrt{T_1^2 - T_0^2}$,因此

$$K = 4\pi^2 \frac{J'_1}{T_1^2 - T_0^2}$$

对于实验中所用的质量为 m_1、直径为 D_1 的匀质圆柱体,其转动惯量为 $J'_1 = \frac{1}{8} m_1 D_1^2$,由此可以求出弹簧的扭转系数 K。若要测定其它形状物体的转动惯量,只要测其摆动周期 T,利用已知的 K 值,由式(3)得

$$J = \frac{K}{4\pi^2} T^2$$

根据刚体力学理论,若质量为 m 的物体绕通过质心轴的转动惯量为 J_0,则绕距其质心轴平移距离为 x 的轴旋转时,转动惯量为

$$J = J_0 + mx^2 \tag{4}$$

该定理称为转动惯量的平行轴定理。

四、实验内容与步骤

①熟悉扭摆的结构及数字式计时仪的使用方法,调整扭摆基座底部螺钉,使水准器中的气泡居中。

②用数字式电子天平测量所有待测物体的质量。

③用游标卡尺及钢直尺分别测量各待测物体的几何尺寸。

④装上金属载物盘，测量其 10 次摆动所用的时间 3 次。

⑤将塑料圆柱、金属圆筒分别同轴地垂直放于载物盘上，测量其 10 次摆动所用的时间 3 次。

⑥取下载物盘，分别装上实心球及金属细杆，测量其 10 次摆动所用的时间 3 次。

⑦将两滑块对称地放置在细杆两边的凹槽内，滑块质心离转轴的距离分别为 4.00 cm, 9.00 cm, 14.00 cm, 19.00 cm, 24.00 cm，分别测量细杆 5 次摆动所用的时间，验证平行轴定理。

五、数据表格及数据处理

1. 弹簧扭转系数及物体转动惯量的测定

$$K = 4\pi^2 \frac{J'_1}{T_1^2 - T_0^2} = \underline{\qquad\qquad\qquad} \text{N} \cdot \text{m}$$

物体名称	质量/kg	几何尺寸/cm		摆动周期 T/s		转动惯量理论值 $\times 10^{-4}$/(kg·m²)	实验值 $\times 10^{-4}$/(kg·m²)	百分误差
金属载物盘				$10T_0$			$J_0 = \frac{T_0^2 J'_1}{T_1^2 - T_0^2} =$	
				$\overline{T}_0$				
塑料圆柱		D_1		$10T_1$		$J'_1 = \frac{1}{8} m_1 \overline{D}_1^2 =$		
		$\overline{D}_1$		$\overline{T}_1$				
金属圆筒		$D_{内}$		$10T_2$		$J'_2 = \frac{m_2}{8}(\overline{D}_{内}^2 + \overline{D}_{外}^2) =$		
		$\overline{D}_{内}$						
		$D_{外}$						
		$\overline{D}_{外}$		$\overline{T}_2$				
实心球		D_3		$10T_3$		$J'_3 = \frac{1}{10} m_3 \overline{D}_3^2 =$		
		$\overline{D}_3$		$\overline{T}_3$				

(续表)

<table>
<tr><th>物体名称</th><th>质量
/kg</th><th colspan="2">几何尺寸
/cm</th><th colspan="2">摆动周期 T
/s</th><th>转动惯量理论值
$\times10^{-4}$/(kg · m^2)</th><th>实验值
$\times10^{-4}$/(kg · m^2)</th><th>百分
误差</th></tr>
<tr><td rowspan="4">金属细杆</td><td rowspan="4"></td><td rowspan="3">l</td><td></td><td rowspan="3">$10T_4$</td><td></td><td rowspan="4">$J'_4=\frac{1}{12}m_4\bar{l}^2$
$=$</td><td rowspan="4"></td><td rowspan="4"></td></tr>
<tr><td></td><td></td></tr>
<tr><td></td><td></td></tr>
<tr><td>$\bar{l}$</td><td></td><td>$\bar{T}_4$</td><td></td></tr>
</table>

2. 验证转动惯量的平行轴定理

x/cm	4.00	9.00	14.00	19.00	24.00
摆动 5 个周期的时间/s					
摆动周期 T/s					
实验值$\times10^{-4}$/(kg · m^2), $J=\frac{K}{4\pi^2}\bar{T}^2$					
理论值$\times10^{-4}$/(kg · m^2) $J'=J'_4+2mx^2+J'_5$					
百分误差					

其中：

细杆夹具转动惯量 $J=0.2320\times10^{-4}$ kg · m^2；

球支座转动惯量 $J=0.1790\times10^{-4}$ kg · m^2；

2 个滑块绕通过质心轴的转动惯量 $J'_5=0.3719\times10^{-4}$ kg · m^2；

单个滑块质量 $m=239.7$ g；

球体质量 $M=1.200$ kg；直径 $D=12.6$ cm。

六、注意事项

①弹簧的扭转系数 K 不是固定常数，与摆动的角度有关，但在 40°～90°间基本相同。因此为了减小实验时由于摆角变化带来过大的系统误差，在测量时摆角应取 40°～90°，且各次测量时的摆角应基本相同。

②光电探头应放置在挡光杆的平衡位置处，且不能相互接触，以免增加摩擦力矩。

③在实验过程中，基座应保持水平状态。

④载物盘必须插入转轴，并将止动螺钉旋紧，使它与弹簧组成固定的体系。如果发现摆动数次之后摆角明显减小或停下，应将止动螺钉旋紧。

七、思考题

①在测定摆动周期时，光电探头应放置在挡光杆平衡位置处，为什么？

②在实验中，为什么称衡球和细杆的质量时，必须将安装夹具取下？为什么它们的转动惯量在计算时可以不考虑？

③在验证转动惯量平行轴定理时，若两个滑块不对称放置，应采用什么方法验证此定理？
④数字式计时仪的仪器误差为 0.01 s，实验中为什么要测量 10T 的时间？
⑤如何估算转动惯量的测量误差或不确定度？

三线摆周期的研究

一、实验目的

①学会测量长度、质量和时间的方法；
②了解曲线改直的数据处理方法，得出三线摆周期与转动惯量之间的经验公式。

二、仪器和用具

三线摆装置及样品，气泡水准器，停表，电子天平，游标卡尺，钢直尺等。

三、实验装置与原理

三线摆实验装置如图 2-37 所示，由上、下两个圆盘用 3 条悬线连接而成，盘的线系点均构成等边三角形，可绕固定在支架上的转轴转动。扭转上盘给下盘一个挠动，则下盘会绕过二圆盘中心的轴线 OO' 做扭转摆动，若摆角甚小，则可视此摆动为角谐振动，因此可假定三线摆系统的摆动周期 T 与摆盘系统的转动惯量 J 及摆长 l 之间存在如下关系

$$T = kl^{\alpha}J^{\beta}$$

式中，k 为常数，令 $kl^{\alpha}=A$，则有

$$T = AJ^{\beta} \tag{5}$$

式(5)说明 T 与 J 之间是非线性关系，而且只要求出 A 和 β，即可得出 T 与 J 的函数关系。

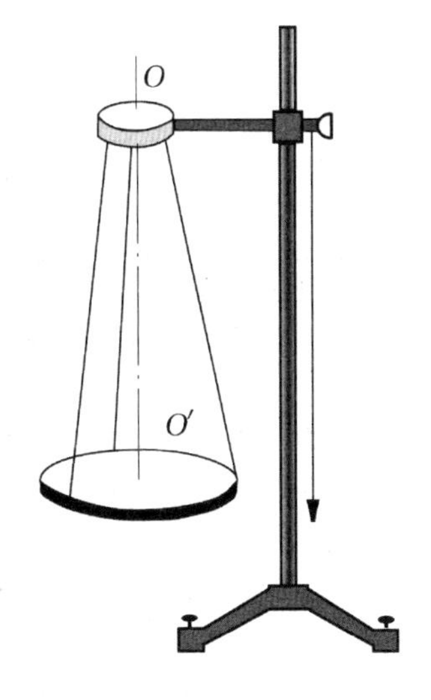

图 2-37 三线摆装置图

将式(5)两边取对数后得

$$\lg T = \lg A + \beta \lg J$$

即 $\lg T$ 与 $\lg J$ 为线性关系，如果作出 $\lg T$-$\lg J$ 图线，那么该直线的截距为 $\lg A$，斜率为 β，即可得到三线摆周期 T 与转动惯量 J 之间的函数关系。

根据刚体力学，对于质量为 M，内、外直径为 d、D 的均匀圆环，相对于通过其中心垂直轴线的转动惯量为

$$J_{\text{H}} = \frac{1}{8}M(d^2 + D^2)$$

四、实验内容与步骤

①调节立柱铅直。旋转底脚两螺钉，从两个不同方向观察，使悬垂线与立柱平行。
②用气泡水准器调节摆线等长，使下盘水平。
③将样品分别放在下盘上，并使它们的中心对准下盘的中心，扭动上盘，通过悬线使下盘做扭转摆动，测出摆动 50 个周期的时间 t，并算出周期 T。

④用钢直尺测出上、下盘之间的距离 H,用来近似表示摆线的长度 l。

⑤用电子天平和游标卡尺分别测量各样品的质量和内、外直径。

⑥选做。在摆盘系统转动惯量 J 不变的情况下,改变摆线长度,分别测量周期 T_i,从而得到三线摆周期 T 与摆长 l 之间的经验关系式。

五、数据表格及数据处理

表1 三线摆系统的周期及转动惯量的测量

样品标号	系统周期 T			转动惯量 J					
	摆动周期数	时间 t /s	周期 T /s	质量 M /g		外径 D /cm	内径 d /cm	样品转动惯量 $J_i/(\mathrm{kg\cdot m^2})$	系统转动惯量 $J=J_0+J_i/(\mathrm{kg\cdot m^2})$
1									
2									
3									
4									
5									
6									

停表分度值________ 天平分度值________ 游标卡尺分度值________

摆盘转动惯量 $J_0=6.983\times10^{-4}\,\mathrm{kg\cdot m^2}$,$H=$

表2 $\lg T-\lg J$ 的数据

$\lg T$					
$\lg J$					

①用作图法找出三线摆系统的周期 T 与系统转动惯量 J 之间的具体函数关系式。

②若用计算机处理数据,可用最小二乘法进行线性拟合,然后得出 T 与 J 之间的经验公式。

六、注意事项

①摆盘水平调整好后,应将绕线轴紧固。

②测量摆动周期时,必须使摆盘平稳扭动。

③摆盘的扭角不宜过大(一般在5°以内)。

七、思考题

①在测量摆动周期时,计时起点应选在最大位移处还是平衡位置?为什么?

②三线摆在摆动过程中受到空气阻尼,振幅越来越小,它的周期有没有变化?请说明原因。

③加上样品后三线摆的摆动周期是否一定比空盘的摆动周期大?为什么?

八、拓展实验

①用三线摆测定规则物体的转动惯量。

②用三线摆验证转动惯量的平行轴定理。

③研究扭角对三线摆周期的影响。

④研究三线摆摆盘转动惯量与不同扭角的关系。

⑤用三线摆测定重力加速度 g。

⑥用三线摆测定不规则物体绕自身质心轴的转动惯量。

实验 7　固定均匀弦振动的研究

在自然界中，振动现象是广泛存在的，广义地说，任何一个物理量在某个定值附近作往复变化，都可称为振动。振动是产生波动的根源，波动是振动的传播。波动有自己的特征，首先它具有一定的传播速度，且伴随着能量的传播；另外，波动还具有反射、折射、干涉和衍射现象。本实验研究波的特征之一，干涉现象的特例——驻波。

固定均匀弦振动的传播，实际上是两个振幅相同的相干波在同一直线上相向传播时的叠加，在一定条件下便可形成驻波。

一、实验目的

①了解固定均匀弦振动传播的规律；

②观察固定弦振动传播时形成驻波的波形；

③测定均匀弦线上的横波传播速度。

二、仪器用具

固定均匀弦振动实验装置，砝码等。

三、实验原理

设一均匀弦线，一端由劈尖 A 支住（见图 2-38），另一端由劈尖 B 支住。对均匀弦线扰动，引起弦线上质点的振动，于是波动就由 A 点沿弦线朝 B 点方向传播，称为入射波，再由 B 点反射沿弦线朝 A 点传播，称为反射波。一列持续的入射波与其反射波在同一弦线上沿相反方向传播时，将会相互干涉，移动劈尖 B 到适当位置，弦线上的波就能形成驻波。这时，弦线上的波被分成了几段，且每段波两端的点始终静止不动，而中间的点振幅最大。这些始终静止

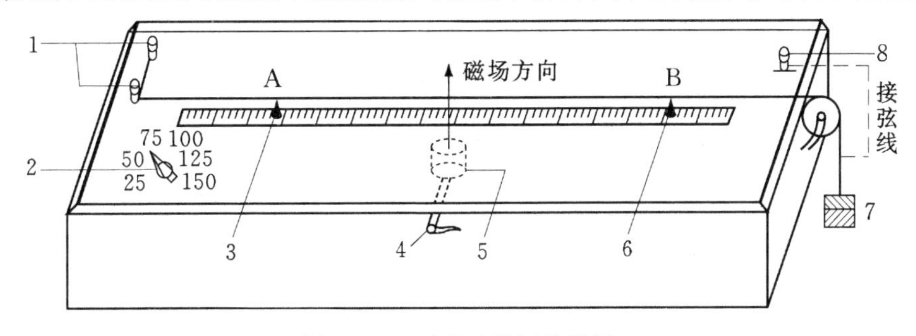

图 2-38　弦振动装置外形图

1—接线柱；2—变频器；3—劈尖；4—滑把；5—磁铁；6—劈尖；7—砝码；8—接线柱

的点称为波节,振幅最大的点称为波腹。

驻波的形成如图2-39所示。设图中的两列波是沿X轴相向传播的振幅相同的相干波。向右传播的波用细实线表示,向左传播的波用虚线表示,它们的合成波是驻波,用粗实线表示。由图可见,两个波节间或两个波腹间的距离都等于半个波长,这可从波动方程推导出来。

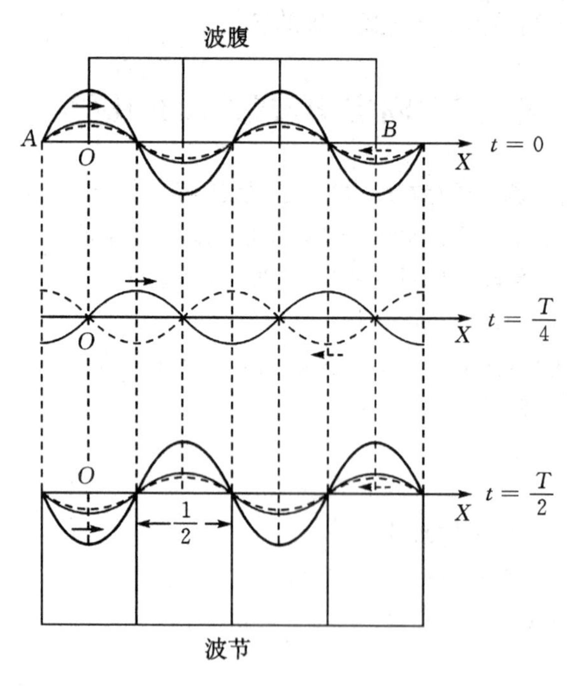

图2-39 驻波的形成示意图

下面用简谐波表达式对驻波进行定量描述。设沿X轴正方向传播的波为入射波,沿X轴负方向传播的波为反射波,取它们振动相位始终相同的点作坐标原点,且在$x=0$处,振动质点向上达最大位移时开始计时,则它们的波动方程分别为

$$y_1 = A\cos 2\pi\left(ft - \frac{x}{\lambda}\right)$$

$$y_2 = A\cos 2\pi\left(ft + \frac{x}{\lambda}\right)$$

式中,A为简谐波的振幅;f为频率;λ为波长;x为弦线上质点的坐标位置。

两波叠加后的合成波为驻波,其方程为

$$y = y_1 + y_2 = 2A\cos 2\pi \frac{x}{\lambda}\cos 2\pi ft \tag{1}$$

由式(1)可知,入射波与反射波合成后,弦上各点都在以同一频率作简谐振动,它们的振幅为$\left|2A\cos 2\pi \frac{x}{\lambda}\right|$,即驻波的振幅与时间$t$无关,而与质点的位置$x$有关(见图2-39)。

因为在波节处质点振幅为零,即

$$\left|\cos 2\pi \frac{x}{\lambda}\right| = 0$$

$$2\pi \frac{x}{\lambda} = (2k+1)\frac{\pi}{2} \qquad (k = 0,1,2,\cdots)$$

所以可得波节的位置为

$$x = (2k+1)\frac{\lambda}{4} \tag{2}$$

而相邻两波节之间的距离为

$$x_{k+1} - x_k = \frac{\lambda}{2} \tag{3}$$

又因为波腹处的质点振幅为最大，即

$$\left|\cos 2\pi \frac{x}{\lambda}\right| = 1$$

$$2\pi \frac{x}{\lambda} = k\pi \qquad (k = 0,1,2,\cdots)$$

所以可得波腹的位置为

$$x = k\frac{\lambda}{2} \tag{4}$$

同理可知，相邻两波腹间的距离也是半个波长。因此，在驻波实验中，只要测得相邻两波节或相邻两波腹间的距离，就能确定该波的波长。

由于固定弦的两端是用劈尖支住的，故两端点必为波节，所以，只有当弦线的两个固定端之间的距离(弦长 l)等于半波长的整数倍时，才能形成驻波，这就是均匀弦振动产生驻波的条件。其数学表示式为

$$l = n\frac{\lambda}{2} \quad (n = 1,2,3,\cdots)$$

由此可得沿弦线传播的横波波长为

$$\lambda = \frac{2l}{n} \tag{5}$$

式中，n 为弦线上驻波的波段数，即半波数。

波动理论指出，弦线中横波的传播速度为

$$v = \sqrt{\frac{T}{\rho}} \tag{6}$$

式中，T 为弦线中的张力；ρ 为线密度，即单位长度的质量。

根据波速、频率及波长的普遍关系式 $v=f\lambda$，将式(5)代入可得

$$v = f\frac{2l}{n} \tag{7}$$

由式(6)和式(7)可得

$$f = \frac{n}{2l}\sqrt{\frac{T}{\rho}} \quad (n = 1,2,3,\cdots) \tag{8}$$

由式(8)可知，当给定 l、T、ρ 时，频率 f 只有满足该关系式才能在弦线上形成驻波。同理，当用外力(例如流过金属弦线中的交变电流在磁场中受到交变安培力的作用)去驱动弦线振动时，外力的频率必须与这些频率一致，才会促使弦振动的传播形成驻波。

四、实验装置及内容

实验装置如图 2-38 所示。实验时，将接线柱 8 上的导线与弦线连接，构成通电回路，然

后接通电源。这样,通有电源的金属弦线在磁场的作用下就会振动。根据需要,可以旋转旋钮2以变换变频器输出的电流频率。拉动滑把4,可移动磁铁位置,将弦振动调整到最佳状态(使弦振动的振动面与磁场方向完全垂直)。移动劈尖A、B的位置,可以改变弦长。

实验内容及步骤

1.测定弦线的线密度ρ

选取频率f=100 Hz,张力T由40.0 g砝码挂在弦线的一端产生。调节劈尖A、B之间的距离,使弦线上依次出现单段、两段及三段驻波,记录相应的弦长l_i,由式(8)算出$\rho_i(i=1,2,3)$,求出平均值$\bar{\rho}$。

2.在频率f一定的条件下,改变张力T的大小,测量弦线上横波的传播速度v_f

选取频率f=75 Hz,张力T仍由砝码挂在弦线的一端产生。以30.0 g砝码为起点,逐次增加5.0 g直至55.0 g为止。在各张力作用下调节弦长l,使弦上出现$n=1$、$n=2$个驻波段。记录相应的T、r、l值,由式(7)计算弦上横波速度v_f。

3.在张力T一定的条件下,改变频率f,测量弦线上横波的传播速度v_T

将40.0 g砝码挂在弦线一端,选取频率f分别为75 Hz、100 Hz、125 Hz、150 Hz,调节弦长l,仍使弦上出现$n=1$、$n=2$个驻波段。记录相应的f、n、l值,由式(7)计算弦上横波速度v_T。

五、数据表格及处理

表1 弦线线密度的测量

弦长l / 驻波段	l_A /cm	l_B /cm	$l=l_B-l_A$ /cm	线密度ρ/(kg/m)
$n=1$				
$n=2$				
$n=3$				
f= Hz;	T= N;		$\bar{\rho}$= kg/m	

表2 频率不变时弦中波速的测定

砝码质量/g	张力$T=mg$/N	$n=1$			$n=2$			$\bar{\lambda}$/cm	$v_f=f\bar{\lambda}$/(m/s)	$v=\sqrt{\frac{T}{\rho}}$/(m/s)	$\Delta v=\|v-v_f\|$/(m/s)	E_r(%)
		l_{1A}/cm	l_{1B}/cm	l_1/cm	l_{2A}/cm	l_{2B}/cm	l_2/cm					
30.0												
35.0												
40.0												
45.0												
50.0												
55.0												
f= Hz;						ρ= kg/m						

表 3　张力不变时弦中波速的测定

频率 f /Hz	$n=1$			$n=2$			$\bar{\lambda}$ /cm	$v_f=f\bar{\lambda}$ /(m/s)	$v=\sqrt{\frac{T}{\rho}}$ /(m/s)	$\Delta v=\lvert v-v_T\rvert$ /(m/s)	E_r (%)
	l_{1A} /cm	l_{1B} /cm	l_1 /cm	l_{2A} /cm	l_{2B} /cm	l_2 /cm					
75											
100											
125											
150											
$T=$				N；			$\rho=$			kg/m	

数据处理

①取表 1 的数据，根据式(8)计算出弦线线密度 ρ_1、ρ_2、ρ_3，求出平均值 $\bar{\rho}$，作为本实验弦线的线密度。

②表 2、表 3 中的 $\bar{\lambda}=\frac{\lambda_1+\lambda_2}{2}$，其中 λ_1 和 λ_2 根据式(5)在 $n=1$ 和 $n=2$ 的情况下计算得到。表中的 $E_r=\frac{\Delta v}{v}\times 100\%$。

六、注意事项

①改变挂在弦线一端的砝码时，要使砝码稳定后再进行测量。

②在移动劈尖调整驻波段时，磁铁应在两劈尖之间，且不能处于波节位置；要等波形稳定后，再记录数据。

七、思考题

①什么是驻波？在本实验中，产生驻波的条件是什么？

②来自两个波源的两列波，沿同一直线作相向行进时，能否形成驻波？为什么？

八、拓展实验

①用固定弦振动装置测量一未知砝码的质量，并估算误差。

②用弦驻波法测定未知交流电的频率。

实验 8　用混合法测定金属的比热容

物质比热容的测量属于量热学范围，量热学的基本概念和方法在许多领域都有广泛应用，如新能源的开发和新材料的研制。由于散热因素多，且不易控制和测量，所以量热实验的误差一般较大，要做好量热实验必须仔细分析产生各种误差的原因，并采取相应措施设法减小。

测定固体或液体的比热容，在温度变化不太大时常用混合量热法、冷却法、电流量热器法。本实验用混合法测定金属的比热容。

一、实验目的

①学习热学实验的基本知识，掌握用混合法测定金属比热容的方法；
②学习一种修正散热的方法——面积补偿法。

二、仪器用具

量热器，水银温度计，物理天平，待测金属粒，停表，量筒，水杯及电加热器等。

三、实验原理

在一个与环境没有热交换的孤立系统中，质量为 m 的物体，当它的温度由最初平衡态 θ_0 变化到新的平衡态 θ_i 时，所吸收(或放出)的热量 Q 为

$$Q = mc(\theta_i - \theta_0) \tag{1}$$

式中，乘积 mc 称为该物体的热容，用大写字母 C 表示；而 c 称为物体的比热容，它表示 1 kg 物质温度升高(或降低)1 K 时所吸收(或放出)的热量，单位为 J/(kg · K)。

用混合法测定固体比热容的原理是热平衡原理。不同温度的物体混合在一起时，高温物体向低温物体传递热量，如果与外界没有任何热交换，则它们最终将达到均匀、稳定的平衡温度，这时称系统达到了热平衡。高温物体放出的热量 Q_1 与低温物体吸收的热量 Q_2 相等，即

$$Q_1 = Q_2 \tag{2}$$

本实验的高温部分由量热器内筒、搅拌器、水银温度计和热水等组成，而处于室温的金属粒为系统的低温部分。设量热器内筒和搅拌器(二者为同种材料制成)的质量为 m_1，比热容为 c_1；热水质量为 m_2，比热容为 c_2；水银温度计的质量为 m_3，比热容为 c_3，它们的共同温度为 θ_1。待测金属粒的质量为 M，比热容为 c，温度与室温 θ_0 相同。将金属粒倒入量热器内筒中，经过搅拌后，系统达到热平衡时的温度为 θ_2。假设系统与外界没有任何热交换，则根据式(2)可知，实验系统的热平衡方程为

$$(m_1c_1 + m_2c_2 + m_3c_3)(\theta_1 - \theta_2) = Mc(\theta_2 - \theta_0) \tag{3}$$

考虑到温度计浸入热水中时，玻璃和水银要吸热，所以将式(3)中的温度计热容量 m_3c_3 用 $1.92V$ (J/K)表示，这里的 V 表示温度计浸入水中部分的体积，单位为 cm^3。于是，式(3)可写成

$$(m_1c_1 + m_2c_2 + 1.92V)(\theta_1 - \theta_2) = Mc(\theta_2 - \theta_0)$$

则金属粒的比热容 c 为

$$c = \frac{(m_1c_1 + m_2c_2 + 1.92V)(\theta_1 - \theta_2)}{M(\theta_2 - \theta_0)} \tag{4}$$

式中，M、m_1、m_2 均可由天平称衡；V 可用排水法用量筒测出；c_1、c_2 查附录二或由实验室给出；θ_0 为室温。若能知道 θ_1 和 θ_2 值，便可计算出金属粒的比热容。下面介绍一种求 θ_1 和 θ_2 值的方法。

在热学实验的整个过程中，系统不可能完全绝热，必然存在着散热现象，因此，必须对系统的散热进行修正。修正散热的方法之一就是用面积补偿法对温度进行修正，其方法是通过作图用外推法求取实验系统的高温部分(量热器内筒、热水、搅拌器、水银温度计等)混合前的温度 θ_1 以及混合后系统达到热平衡时的温度 θ_2。图 2-40 所示的是实验系统的温度随时间变

化的曲线。图中 AB 段是未投入金属粒前系统的散热温度变化曲线；在 B 点对应的时刻金属粒投入热水中。BC 段是金属粒投入量热器热水中以后，系统进行热交换过程的散热曲线；CD 段是系统内热交换达到热平衡后的散热温度变化曲线。在 BC 段实际上同时进行着两个过程，一是由于系统向空气散热而导致热水温度下降，另一是由于金属粒投入后的吸热效应而使热水温度下降。现在需要在有热量损失的情况下，求出由于投入金属粒而使水温降低的实际数值。应用面积补偿法，延长 AB 到 E，延长 DC 到 F，然后作 EGF 线平行于 θ 轴，使 BEG 面积等于 GFC 面积，这样在 $BEGFC$ 和 BGC 这两条图线各自相应的过程中所散失的热量是相等的，因而可将原来的 BGC 过程等效为 BE、EF 和 FC 三段过程，其中 BE 和 FC 表示在整个过程中由于向周围散热而导致温度下降的情况，而 EF 表示系统由于投入金属粒而引起的温度下降，E、F 点所对应的温度 θ'_1 和 θ'_2 是投入金属粒后热平衡进行得无限快时系统的初温和末温。它意味着热平衡不需要时间，因此，系统与外界也来不及热交换。故用 θ'_1、θ'_2 代入式(4)中的 θ_1 和 θ_2。

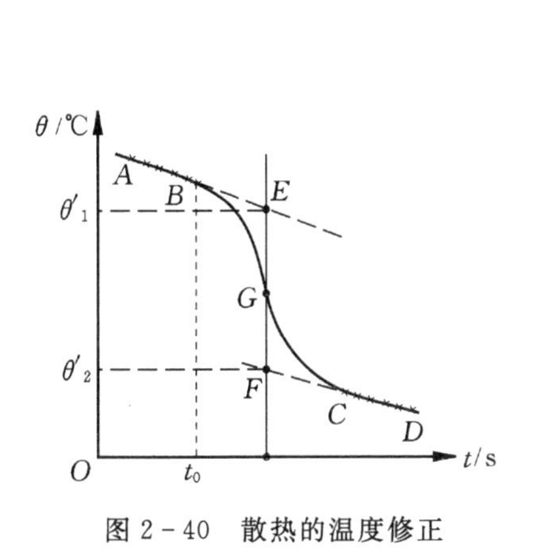

图 2-40　散热的温度修正

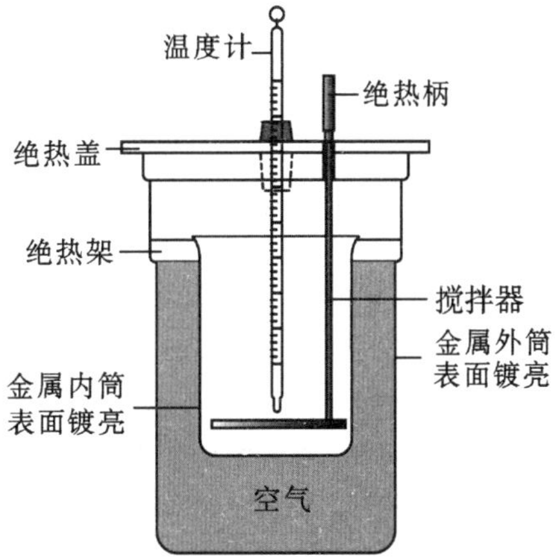

图 2-41　量热器系统示意图

四、实验步骤及内容

实验装置主要是量热器系统，图 2-41 是量热器系统的示意图。

实验步骤

①在水杯中加入$\frac{2}{3}$高的水，用电加热器将水加热至沸腾。

②调整好物理天平，先称出待测金属粒的质量 M(100 g 以上)；再称出量热器内筒和搅拌器的质量 m_1。

③在量热器内筒中倒入热水(水面约为内筒壁的$\frac{2}{3}$高度，热水温度约高出室温 50 ℃以上)，并迅速称出它们的总质量 m。

④盖好量热器的盖子，插入温度计，然后均匀地上下移动搅拌器。启动计时器，每隔 30 s 读取一次热水的温度，依次记录 7 个以上的温度数据(计时器不停)。

⑤在读完最后一个数据后，立即将金属粒迅速而又轻缓地倒入量热器内筒中，继续进行搅拌，仍每隔 30 s 读取一次水温，依次记录 9 个以上的温度数据。

⑥记录室温 θ。

⑦用排水法测量温度计浸没在量热器内筒热水中的体积 V:

a. 目测温度计浸没在量热器内筒热水中的深度。

b. 在小量筒中倒入适量的水,记下水面在量筒中的初读数 V_1;将温度计的待测部分完全浸没在量筒的水中,再记录水面的读数 V_2,则两个读数之差就是温度计浸没在水中的体积 V。

五、数据表格及数据处理

金属粒投入前、后系统的温度

投入前			投入后		
观察次数	时间/s	温度/℃	观察次数	时间/s	温度/s

金属粒质量 $M=$　　　　g

量热器内筒和搅拌器的质量 $m_1=$　　　　g;　　　　比热容 $c_1=$

量热器内筒、搅拌器、热水的总质量 $m=$　　　　g;

热水质量 $m_2=m-m_1=$　　　　g;　　　　比热容 $c_2=$

金属粒倒入量热器内筒中的时刻 $t_0=$　　　　s

室温 $\theta_0=$　　　　℃

温度计浸没在水中的体积 $V=V_1-V_1=$　　　　cm^3

数据处理

①以时间 t 为横轴,温度 θ 为纵轴,按作图要求在毫米方格纸上作出散热温度修正曲线,并由该曲线求出 θ'_1 和 θ'_2,替代式(4)中的 θ_1 和 θ_2。

②将 θ'_1 和 θ'_2,代入式(4),求出铜的比热容 c。并将 c 与公认值 c' 比较,求出百分误差,分析误差产生的原因。

六、注意事项

①合理选择系统参量,尽量避免或减少系统与外界热量的交换。

②倒入金属粒时应谨慎而又迅速,不要使水溅出。

③为了准确读出量热器内筒中的温度变化,温度计不要触及金属粒。

七、思考题

①什么叫混合法？在运用混合法做实验时应注意什么？哪些操作不慎会引起结果偏大？哪些操作会使结果偏小？

②试推导出金属的比热容 c 的相对误差$\frac{\Delta c}{c}$的表达式，并估算本实验的最大相对误差值。

八、拓展实验

①用冷却法测定液体的比热容。
②用电流量热器法测定液体的比热容。
③试设计测定空气绝热系数(空气比热容比)的实验方案。

实验 9　不良导体导热系数的测定

导热系数又称为热导率，是表征物质热传导性能的物理量，它与材料结构及杂质含量有关。同时，导热系数一般又随温度而变化。所以，材料的导热系数通常由实验测定。

导热系数的测量方法有稳态法和动态法。稳态法是指在待测样品内部最终形成稳定的温度分布；而动态法是指测量时样品内部的温度是随时间变化的。本实验利用稳态法测定不良导体的导热系数。

一、实验目的

①学会用稳态平板法测定不良导体的导热系数；
②学会用作图法求散热速率。

二、仪器和用具

导热系数测定仪，待测样品，游标卡尺，停表等。

三、实验原理

由傅里叶热传导方程可知，在物体内部垂直于导热方向上，取两个相距为 h、面积为 S、温度分别为 θ_1、θ_2 的平行平面($\theta_1>\theta_2$)，在δt时间内，从一个平面传到另一个平面的热量δQ满足下式

$$\frac{\delta Q}{\delta t}=\lambda S\,\frac{\theta_1-\theta_2}{h_B} \tag{1}$$

式中，$\frac{\delta Q}{\delta t}$为热流量；$\lambda$ 定义为该物质的导热系数，其数值等于两个相距单位长度的平行平面间，当温度相差 1 个单位时，在单位时间内，垂直通过单位面积的热量，其单位是 W/(m·K)。

对于直径为 d_B、厚度为 h_B 的圆盘样品，在单位时间内通过待测样品 B 任一圆截面的热流量为

$$\frac{\delta Q}{\delta t}=\lambda\,\frac{\theta_1-\theta_2}{4h_B}\pi d_B^2 \tag{2}$$

式中,θ_1、θ_2、h_B 及 d_B 各值均容易测得;而$\frac{\delta Q}{\delta t}$可用下述方法来测量。

本实验所用的样品为橡胶圆盘,将它夹在上下两个圆形铜盘之间,它们的面积基本相同。上铜盘A为加热盘,样品盘B为传热盘,下铜盘C为散热盘,它们组成了一个加热、传热、散热的系统。在稳定导热条件下,可以认为上、下铜盘A和C的温度为样品盘B上、下两个表面的温度,加热盘A通过样品盘B传递的热流量与散热盘C向周围环境散热量相等。因此,可以通过散热盘C在稳定温度 θ_2 时的散热速率来求出热流量$\frac{\delta Q}{\delta t}$。

在实验中,设测得上、下铜盘的稳定温度分别为 θ_1、θ_2。此时即可将样品盘从两铜盘中间取出,并使上铜盘A与下铜盘C直接接触,对下铜盘C直接加热,使下铜盘C的温度升到比 θ_2 值高10℃左右。然后将上铜盘A移开,使下铜盘C自然冷却,并记录其温度随时间变化的关系(冷却曲线)。将测得的数据作 $\theta-t$ 图,图中曲线在温度 θ_2 处的斜率为$\frac{\mathrm{d}\theta}{\mathrm{d}t}$,这即为铜盘C在 θ_2 时的冷却速率,而其散热速率应为

$$\frac{\delta Q}{\delta t}=mc\,\frac{\mathrm{d}\theta}{\mathrm{d}t}\tag{3}$$

式中,m 为散热铜盘C的质量;c 为其比热容。应该注意到,这个散热速率是铜盘C的表面全部暴露在空气中求得的,而样品盘B稳态传热时,铜盘C的上表面是被样品盘B覆盖着的,考虑到物体的冷却速率与它的表面积成正比,则稳态时,铜盘C的散热速率修正为

$$\frac{\delta Q}{\delta t}=mc\,\frac{\mathrm{d}\theta}{\mathrm{d}t}\,\frac{(\pi R_C^2+2\pi R_C h_C)}{2(\pi R_C^2+\pi R_C h_C)}\tag{4}$$

式中,R_C 为铜盘C的半径;h_C 为其厚度。将(4)式代入(2)式,可得导热系数为

$$\lambda=mc\left|\frac{\mathrm{d}\theta}{\mathrm{d}t}\right|\frac{(R_C+2h_C)}{(R_C+h_C)}\,\frac{2h_B}{(\theta_1-\theta_2)\pi d_B^2}\tag{5}$$

四、实验装置

导热系数测定仪主要由加热装置、散热装置、控温和测温装置组成,如图2-42所示。待测

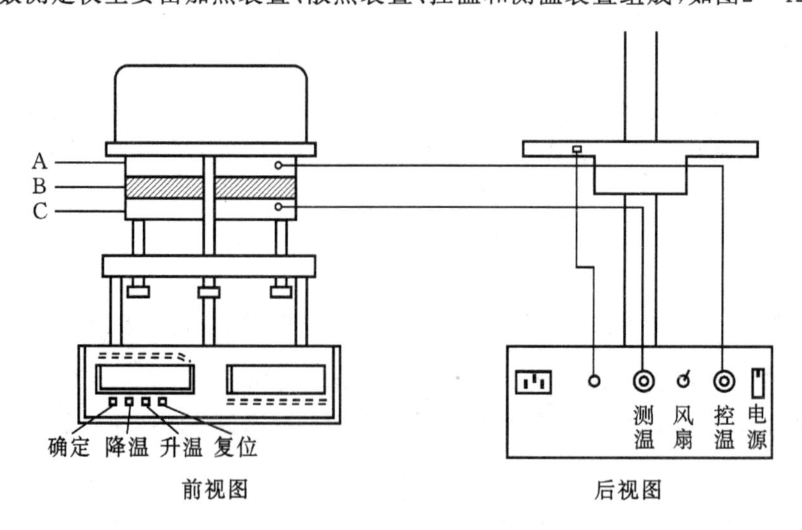

图2-42 导热系数测定仪装置图

样品盘 B 应放在加热铜盘 A 和散热铜盘 C 之间，并保持紧密接触。加热盘 A 的温度是由单片机自动控制恒温的，温度可设定在室温至 80 ℃之间。当系统的加热功率等于散热功率时，系统的温度分布将处于一个相对稳定的状态。利用稳态法测量样品的导热系数就是在温度场的分布不随时间变化时，测量样品盘上、下表面的温度。这两个温度可用与样品盘紧密接触的上、下铜盘的温度代替。在整个实验的进行中为保持系统周围温度均匀和稳定，在散热铜盘下面有一个风扇加速空气的流动。本实验采用两个温度传感器分别测量上、下铜盘的温度，它们的一端插在上、下铜盘侧面的小孔内，另一端分别连接到仪器后面板的控温、测温端。测量到的温度将显示在前面板上的数码显示表头上。为了保证铜盘和温度传感器良好的热传导性，常在铜盘侧面的小孔内注入硅油。温度传感器的测量范围为 −55 ℃至 125 ℃，显示温度的分辨率为 0.1 ℃。

五、实验步骤

①将样品盘 B 放在加热盘 A 与散热盘 C 中间，调节底部的三个微调螺钉，使三盘接触良好，但不宜过紧或过松。

②开启电源后，左表头显示 b==·=。通过“升温”键设定控制温度为75 ℃，再按“确定”键，加热盘开始加热，此时左表头显示加热盘的温度。加热指示灯点亮。右表头显示散热盘 C 温度。打开后面板上的风扇开关。

③加热盘 A 温度上升到设定温度时，每隔一分钟记录一次加热盘和散热盘的温度，如果在 2 min 内加热盘和散热盘的温度基本保持不变时，可认为系统达到稳定状态，记录此时 θ_1、θ_2 的值。

④取出样品盘，调节底部的三个螺钉，使加热盘和散热盘直接接触，使散热盘温度上升到高于稳态时的 θ_2 值 15 ℃左右，按复位键停止加热。

⑤将加热盘移向一边，每隔 20 秒记录一次散热盘的温度，直至低于 θ_2 值 15 ℃左右为止。

⑥测量、记录样品盘的直径和厚度，抄录散热盘的质量、直径和厚度。

⑦根据测量得到稳态时的温度值 θ_1 和 θ_2，以及在温度 θ_2 时的冷却速率 $\left.\frac{\mathrm{d}\theta}{\mathrm{d}t}\right|_{\theta=\theta_2}$，由公式(5)计算样品盘的导热系数 λ。

六、数据表格及数据处理

表 1　铜盘 C 在 θ_2 值附近冷却时的 θ

t/s	0	20	40	60	80	100	120	140	160	180	…
θ/℃											

①利用表 1 中的数据，作 $\theta-t$ 图，从图中求得 $\left.\frac{\mathrm{d}\theta}{\mathrm{d}t}\right|_{\theta=\theta_2}$（曲线在 θ_2 处的切线斜率值）。

②将 θ_1 和 θ_2、表 2 中的有关数据及 $\left.\frac{\mathrm{d}\theta}{\mathrm{d}t}\right|_{\theta=\theta_2}$ 的值代入式(5)，计算 λ 值（铜的比热容 c 可由附录二查得）。

表2 R_B、h_B 各量的测量

测量次数	样品盘 B	
	直径 $D_B=2R_B$/cm	厚度 h_B/cm
1		
2		
3		
4		
5		
平均值		

$D_C=$ cm; $h_C=$ cm; $M_C=$ g

七、注意事项

①为使实验系统周围环境保持相对稳定,散热铜盘下的风扇要保持开启,直到实验结束。

②在移动加热装置时,应关闭电源,小心操作,以免烫伤,同时要注意防止传感器连接线的测量端从铜盘小孔中脱出。

八、思考题

①改变样品的形状,采取一些措施,能否利用本实验装置测量良导体的导热系数?为什么?

②测量B盘的厚度用游标卡尺。游标卡尺只有三位有效数字,为何不用千分尺?

③试根据 λ 的计算式中各实验测量值的有效数字的位数,指出产生误差的主要因素是什么。

④室温不同,测得的 λ 值相同么?为什么?何时较大?

实验10 波尔共振实验

因受迫振动而导致的共振现象具有相当的重要性和普遍性。在声学、光学、电学、原子核物理及各种工程技术领域中,都会遇到各种各样的共振现象。共振现象既有破坏作用,也有很大实用价值。许多仪器和装置的原理也基于各种各样的共振现象,如超声波发生器、无线电接收机、模拟频率计等。在微观科学研究中,共振也是一种重要的研究手段,例如利用核磁共振和顺磁共振研究物质结构等。

表征受迫振动的性质是受迫振动的振幅频率特性和相位频率特性(简称幅频特性和相频特性)。本实验中,用波尔共振仪定量测定机械受迫振动的幅频特性和相频特性,并利用光电编码器测定动态物理量——相位差。

一、实验目的

①观察扭摆的阻尼振动,测定阻尼系数;

②研究波尔共振仪中弹性摆轮受迫振动的幅频特性和相频特性;

③研究不同阻尼力矩对受迫振动的影响，观察共振现象；

④利用光电编码器测定动态物理量——相位差。

二、仪器用具

DH0306 波尔共振实验仪。

三、实验原理

物体在周期外力的持续作用下发生的振动称为受迫振动，这种周期性的外力称为强迫力。如果外力是按简谐振动规律变化，那么稳定状态时的受迫振动也是简谐振动，此时，振幅保持恒定，振幅的大小与强迫力的频率、原振动系统无阻尼时的固有振动频率以及阻尼系数有关。在受迫振动状态下，系统除了受到强迫力的作用外，同时还受到回复力和阻尼力的作用，在稳定状态时物体的位移、速度变化与强迫力变化不是同相位的，存在一个相位差。当强迫力频率与系统的固有频率相同时产生共振，振幅最大，相位差为 90°。

实验采用摆轮在弹性力矩作用下自由摆动，在电磁阻尼力矩作用下做受迫振动来研究受迫振动特性，可直观地显示机械振动中的一些物理现象。

当摆轮受到周期性强迫外力矩 $M=M_0\cos\omega t$ 的作用，并在有空气阻尼和电磁阻尼的媒质中运动时(阻尼力矩为 $-b\dfrac{d\theta}{dt}$)其运动方程为

$$J\frac{d^2\theta}{dt^2}=-k\theta-b\frac{d\theta}{dt}+M_0\cos\omega t \tag{1}$$

式中，J 为摆轮的转动惯量；$-k\theta$ 为弹性力矩；M_0 为强迫力矩的幅值；ω 为强迫力的圆频率。

令 $\omega_0^2=\dfrac{k}{J}$，$2\beta=\dfrac{b}{J}$，$m=\dfrac{M_0}{J}$，则式(1)变为

$$\frac{d^2\theta}{dt^2}+2\beta\frac{d\theta}{dt}+\omega_0^2\theta=m\cos\omega t \tag{2}$$

当 $m\cos\omega t=0$ 时，式(2)即为阻尼振动方程。

当 $\beta=0$，即在无阻尼情况时，式(2)变为简谐振动方程，系统的固有频率为 ω_0。方程(2)的通解为

$$\theta=\theta_1 e^{-\beta t}\cos(\omega_f t+\alpha)+\theta_2\cos(\omega t+\phi_0) \tag{3}$$

由式(3)可见，受迫振动可分成两部分：

第一部分，$\theta_1 e^{-\beta t}\cos(\omega_f t+\alpha)$ 为减幅振动部分，其中 $\omega_f=\sqrt{\omega_0^2-\beta^2}$，和初始条件有关，经过一定时间后衰减消失。

第二部分，说明强迫力矩对摆轮做功，向振动体传送能量，最后达到一个稳定的振动状态，振幅为

$$\theta_2=\frac{m}{\sqrt{(\omega_0^2-\omega^2)^2+4\beta^2\omega^2}} \tag{4}$$

它与强迫力矩之间的相位差为

$$\varphi=\arctan\frac{-2\beta\omega}{\omega_0^2-\omega^2}=\arctan\frac{-\beta T_0^2 T}{\pi(T^2-T_0^2)} \tag{5}$$

由式(4)和式(5)可看出，振幅 θ_2 与相位差 φ 的数值取决于强迫力矩 M、摆轮的转动惯量

J、频率 ω、系统的固有频率 ω_0 和阻尼系数 β 五个因素,而与振动初始状态无关。

由 $\frac{\partial}{\partial\omega}[(\omega_0^2-\omega^2)^2+4\beta^2\omega^2]=0$(或 $\frac{\partial\theta_2}{\partial\omega}=0$)极值条件可得出,当强迫力的圆频率 $\omega=\sqrt{\omega_0^2-2\beta^2}$ 时,产生共振,θ_2 有极大值。若共振时圆频率和振幅分别用 ω_r、θ_r 表示,则

$$\omega_r=\sqrt{\omega_0^2-2\beta^2} \tag{6}$$

$$\theta_r=\frac{m}{2\beta\sqrt{\omega_0^2-2\beta^2}} \tag{7}$$

式(6)、(7)表明,阻尼系数 β 越小,共振时圆频率越接近于系统固有频率,振幅 θ_r 也越大。图2-43和图2-44为在不同 β 时受迫振动的幅频特性和相频特性。

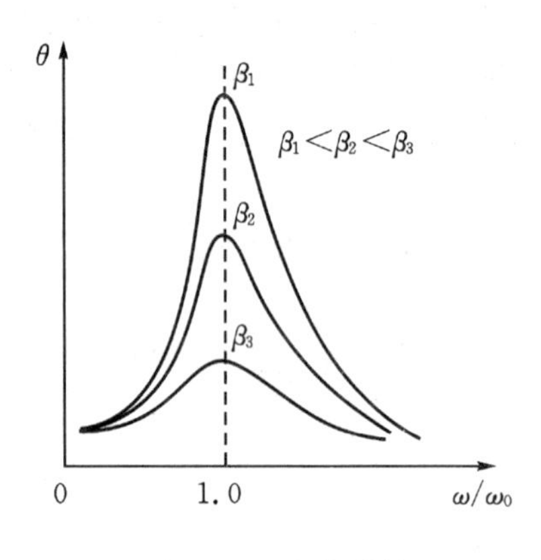

图 2-43 幅频特性

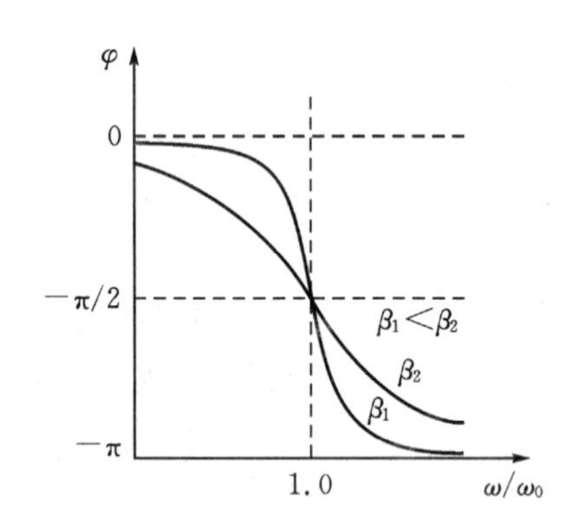

图 2-44 相频特性

四、实验装置

DH0306 型波尔共振仪由振动仪与电器控制箱两部分组成。振动仪如图 2-45 所示,铜质圆形摆轮 A 安装在机架上,弹簧 B 的一端与摆轮 A 的轴相连,另一端固定在机架支柱上。

在弹簧弹性力的作用下,摆轮可绕轴自由往复摆动。在摆轮的外围有一卷槽型缺口,其中长型凹槽 C 比其它凹槽长很多。机架上对准长型缺口处有一个光电门 H,该光电门有两路,居上方的一路对应短凹槽,居下方的一路对应长凹槽,它与信号源相连接,用来测量摆轮的振幅角度值和摆轮的振动周期。在机架下方有一对带有铁芯的线圈 K,摆轮 A 恰巧嵌在铁芯的空隙中,当线圈通过直流电流后,摆轮受到一个电磁阻尼力的作用,改变电流的大小即可使阻尼大小相应变化。为使摆轮 A 做受迫振动,在电动机轴上装有偏心轮,通过连杆机构 E 带动摆轮。在电动机轴上装有光电编码器,它随电机一起转动,由它可以计算出相位差 φ。电机转速可以在面板上精确设定,由于电路中采用特殊稳速装置,转速极为稳定。强迫力矩周期可以在面板上精确设定。

受迫振动时摆轮与外力矩的相位差是利用光电编码器来测量的。每当摆轮上长型凹槽 C 通过平衡位置时,光电门 H 接受光,触发控制器读取光电编码器的角度值,在稳定情况时,相邻两次读取值是一致的。(电机启动前,摇杆 M 处于竖直位置,铜质摆轮 A 处于静止状态,光电门 H 居箭头中心。)

摆轮振幅是利用光电门 H 测出一个周期中摆轮 A 上凹槽缺口通过光电门的个数而求得,并在信号源液晶显示器上直接显示出此值。

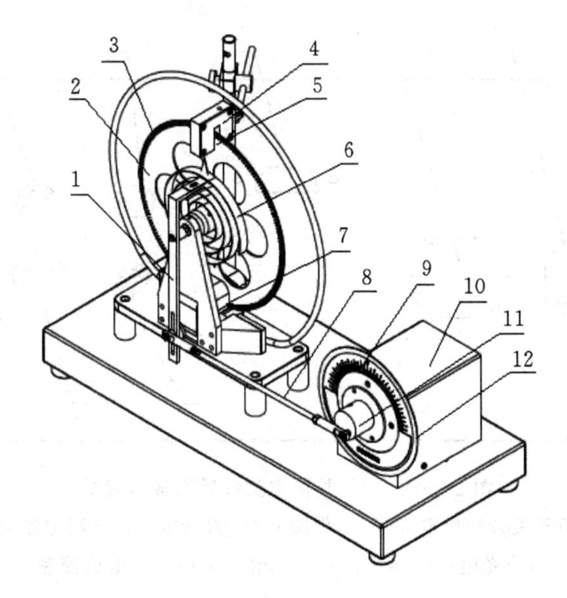

图 2-45 波尔共振实验仪

1—摇杆 M;2—铜质摆轮 A;3—短凹槽 D;4—光电门 H;5—长凹槽 C;6—蜗卷弹簧 B;7—阻尼线圈 K;8—连杆 E;9—角度盘 F;10—步进电机 G;11—偏心轮 I;12—有机玻璃转盘 L

波尔共振实验仪的前后面板示意图分别如图 2-46、2-47 所示。

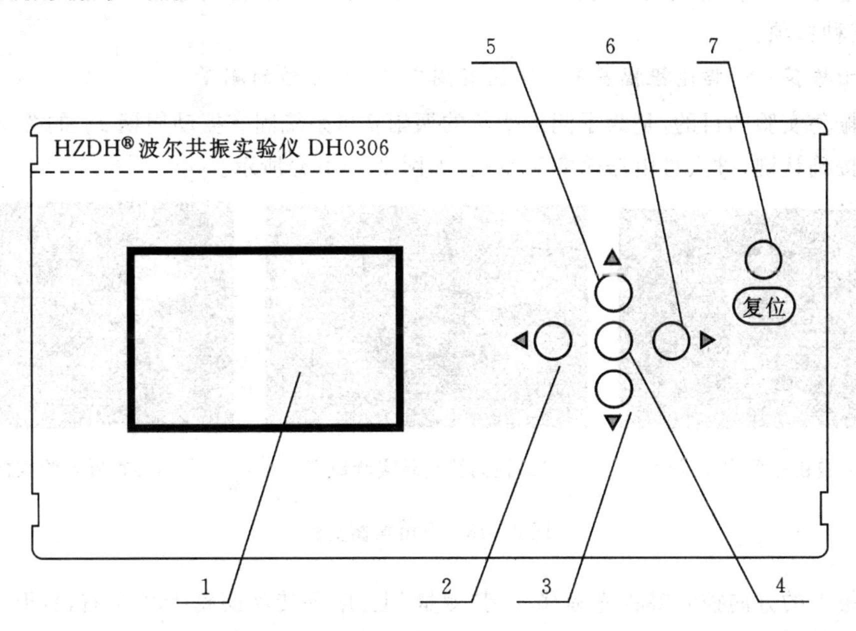

图 2-46 波尔共振实验仪前面板示意图

1—液晶显示屏幕;2,3,5,6—方向控制键;4—确认键;7—复位键

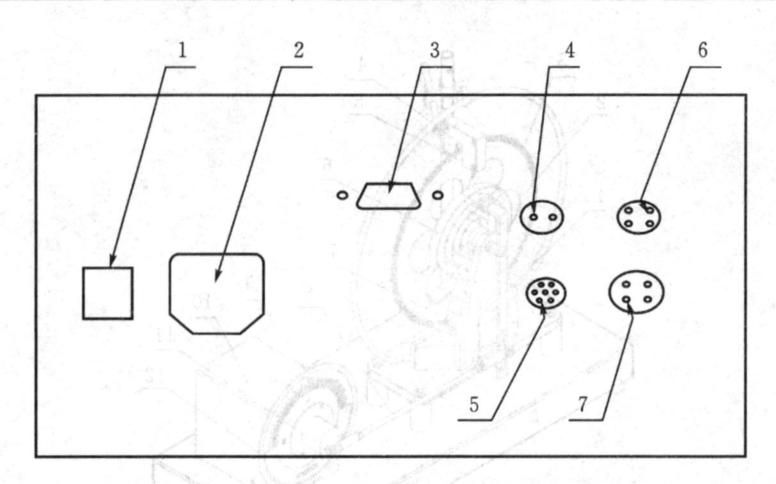

图2-47 波尔共振实验仪后面板示意图

1—电源开关;2—电源插座(带保险);3—通信接口;4—阻尼线圈电源;
5—光电编码器接口;6—光电门接口;7—电机控制

五、实验内容

1. 实验准备

按下电源开关后,屏幕上出现初始实验界面,初始界面有“自由振荡”“阻尼振荡”和“强迫振荡”等三种选项。

2. 自由振荡——摆轮振幅θ与系统固有周期T_0对应值的测量

自由振荡实验的目的,是为了测量摆轮的振幅θ与系统固有振动周期T_0的关系。在初始实验界面按确认键,进入自由振荡实验界面,如图2-48(a)所示。

(a)自由振荡实验界面

(b)控制箱记录实验数据

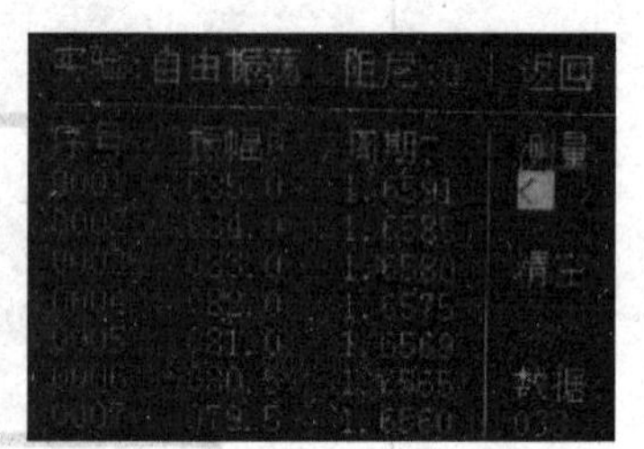
(c)查看实验数据

图2-48 自由振荡实验

用面板上的方向控制键将光标移动到“测量”上,用手转动摆轮160°左右,放开手后按“确认”键,控制箱开始记录实验数据,振幅的有效数值范围为:160°~50°(振幅小于20°测量自动关闭;数据量达200测量自动关闭;也可以按“确认”键停止计数)。测量完成后光标自动置于“<”(光标移动至“<>”后,按“确认”键进入数据查询状态“<”),可使用面板上的“◀”“▶”键查看实验数据。实验数据将保留直到关机,下次测量将覆盖上次保存的数据,或按下“清空”键清除保存的数据。

表 1 振幅 θ 与 T_0 的关系

振幅 $\theta/(^\circ)$	固有周期 T_0/s	振幅 $\theta/(^\circ)$	固有周期 T_0/s	振幅 $\theta/(^\circ)$	固有周期 T_0/s	振幅 $\theta/(^\circ)$	固有周期 T_0/s

3. 测定阻尼系数 β

返回初始界面状态，按“确认”键，选中阻尼振荡，进入“阻尼振荡”界面，如图 2－49(a)所示。阻尼分三个挡位，阻尼挡 1 最小，根据自己实验要求选择阻尼挡(光标移到“阻尼挡”上按确认键进入阻尼挡设置，按面板上的“▲”或“▼”键设置阻尼挡位)。

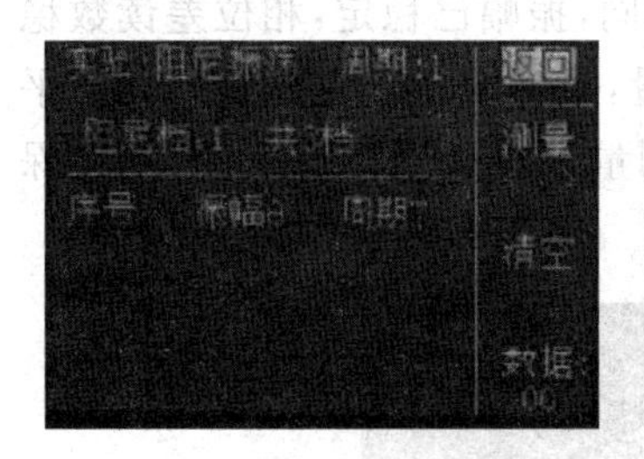

(a)阻尼振荡实验界面

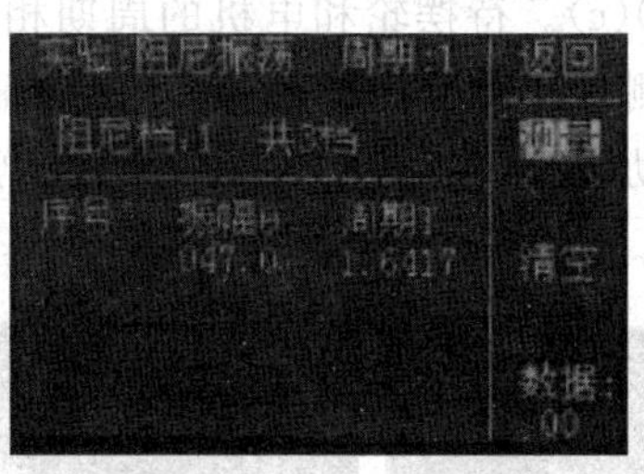

(b)控制箱记录实验数据

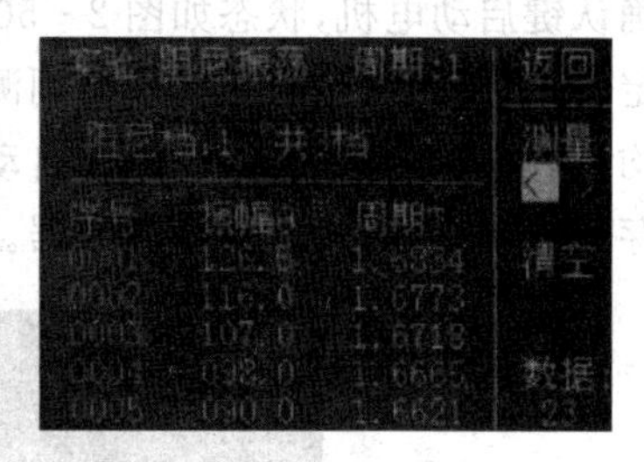

(c)查看实验数据

图 2－49 阻尼振荡实验

首先将角度盘 F 指针放在 0°位置，用手转动摆轮 160°左右，放开手后按“确认”键，控制箱开始记录实验数据，振幅的有效数值范围为：160°～50°。测量完成后光标自动置于“<”(光标移动至“< >”后，按“确认”键进入数据查询状态“<”)，可使用面板上的“◀”“▶”键查看实验数据。实验数据将保留直到关机，下次测量将覆盖上次保存的数据，或按下“清空”键清除保存的数据。读出摆轮做阻尼振动时的振幅数值 θ_1、θ_2、θ_3、…、θ_n，利用公式

$$\ln\frac{\theta_0\,\mathrm{e}^{-\beta t}}{\theta_0\,\mathrm{e}^{-\beta(t+nT)}}=n\beta\overline{T}=\ln\frac{\theta_0}{\theta_n} \tag{8}$$

求出 β 值，其中，n 为阻尼振动的周期数；θ_n 为第 n 次振动的振幅；$\overline{T}$ 为阻尼振动周期的平均值。测出 10 个摆轮振动周期值，取其平均值，一般阻尼系数需测量 2～3 次。用式(9)对所测数据按逐差法处理，求出 β 值。

$$5\beta\overline{T}=\ln\frac{\theta_i}{\theta_{i+5}} \tag{9}$$

式中，i 为阻尼振动的周期数；θ_i 为第 i 次振动时的振幅。

4. 测定受迫振动的幅度特性和相频特性曲线

在进行强迫振荡前必须先做阻尼振荡。仪器在初始界面状态下，选中强迫振荡，按确认键进入强迫振荡实验界面，如图 2－50(a)。将光标移动到电机开关处，默认情况下电机处于“关”状态，转动偏心轮使得角度盘 F 上的零度线和有机玻璃转盘 L 上的红色刻度线对齐，按下

表2 振幅 θ 与 T 关系 阻尼挡位____

序号	振幅 $\theta/(^\circ)$	周期 T/s	序号	振幅 $\theta/(^\circ)$	周期 T/s	$\ln\frac{\theta_i}{\theta_{i+5}}$
θ_1			θ_6			
θ_2			θ_7			
θ_3			θ_8			
θ_4			θ_9			
θ_5			θ_{10}			
$\ln\frac{\theta_i}{\theta_{i+5}}$ 平均值						

$\overline{T}$=________,β=________

确认键启动电机,状态如图2-50(c)。待摆轮和电机的周期相同,振幅已稳定,相位差读数稳定,方可开始测量。光标移动到测量开关上,按确认键开始测量,自动测量10次,自动计算平均值。本次测量完成后,光标自动跳到"保存"上,可保存当前测量,"撤销"保存,"清空"所有保存数据,"打开"已经保存的数据。

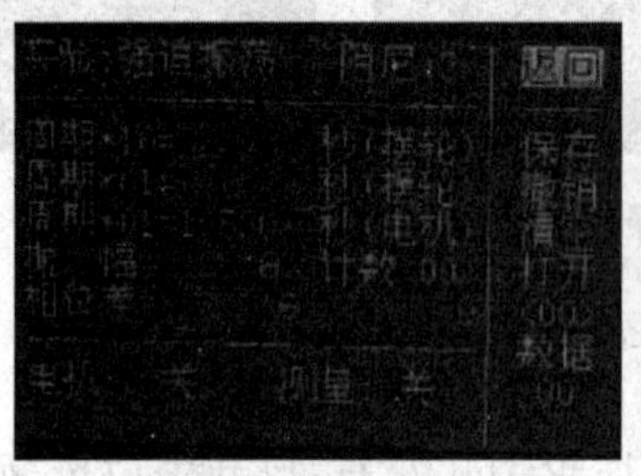

(a)强迫振荡实验界面

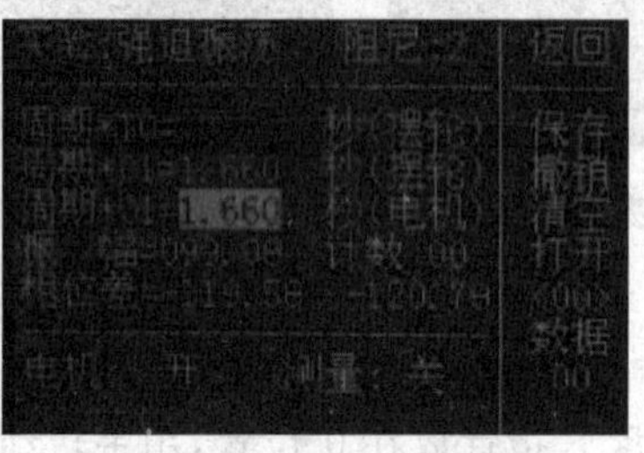

(b)控制箱记录实验数据

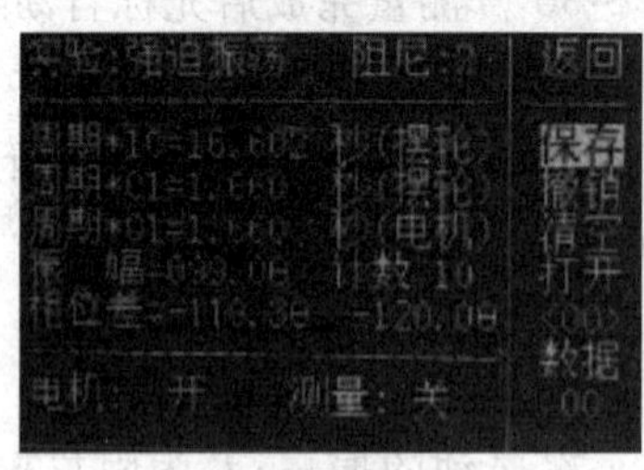

(c)保存实验数据

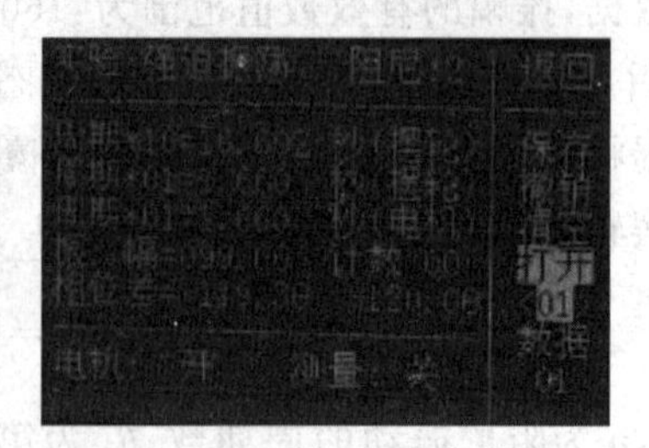

(d)开打实验数据

图2-50 强迫振荡实验

将光标移动到电机周期处,按确认键进入电机周期设置,按"◀""▶"改变数据位,按"▲"或"▼"改变周期值;电机转速的改变可按照将 $\Delta\varphi$ 控制在10°左右来定,可进行多次这样的测量。

每次改变强迫力矩的周期都需要等待系统稳定,然后再进行测量。该实验建议做10组以上,数据中应该包括电机转动周期与自由振荡实验时的自由振荡周期相同的数值。

表 3　幅频特性和相频特性测量数据记录表　　阻尼挡位____

电机周期 T/s	摆轮振幅 θ/(°)	查表 1 得出的与振幅 θ 对应的 T_0/s	相位差 φ/(°)	$\varphi=\arctan\dfrac{-\beta T_0^2 T}{\pi(T^2-T_0^2)}$	$\dfrac{\omega}{\omega_0}=\dfrac{T_0}{T}$

以$\dfrac{\omega}{\omega_0}$为横轴，振幅 θ 为纵轴，作幅频特性曲线；以$\dfrac{\omega}{\omega_0}$为横轴，相位差 φ 为纵轴，作相频特性曲线。

六、思考题

①共振峰对应的自变量$\dfrac{\omega}{\omega_0}$是否为 1？为什么？

②什么条件下强迫力的周期与摆轮的周期相同？

③摆轮上方的光电门为什么能同时测出摆轮转动的振幅与周期？

④如实验中阻尼电流不稳定，会有什么影响？

⑤编码器测相位差的原理是什么？两次相位差测量稍有差异是什么原因？

小　结

在本节实验中，学习了长度、质量、时间、温度等基本物理量的直接测量，通过这些量的测量，又可间接测量密度、杨氏模量、转动惯量、比热容、导热系数等物理量。在实验方法上，学习了光杠杆的放大测量法，这种放大是一种间接放大，将很难直接测量的微小伸长量通过光杠杆放大后进行测量。另外，水银（酒精）温度计的测温过程也是把很小的体积变化放大为足够长的长度变化，既便于读数，又减小了误差。类似的还有机械放大法，在螺旋测微计中也得到了应用，它是将螺距通过螺母的圆周进行放大。

在本节中还学习了通过实验建立理论模型的方法，三线摆实验就是根据实验数据建立起转动周期和转动惯量及摆长之间的函数关系，这种方法是科学研究过程中经常用到的方法。

在固定均匀弦振动实验中，研究了波的干涉现象的特例——驻波。驻波是一种很重要的振动过程，它广泛存在于各种振动现象中，如弹性波在有限大小物体内传播，便会产生各式各样的驻波。在声学、无线电学和光学等学科中，它可以用来确定振动系统的固有频率和测定波长等。

在混合法测金属比热容实验中，学习了如何建立近似的热学孤立系统和散热修正方法；在导热系数测量实验中，应学会如何使系统达到稳定状态和如何用热电偶准确测温，而我们得到的导热系数实际上是平均值。

2.2 电磁学物理量的测量与研究

基本知识

电磁学是经典物理学的一部分。它主要研究电荷、电流产生电场、磁场的规律,电场和磁场的相互联系,电磁场对电荷、电流的作用,以及电磁场对物质的各种效应等。在电磁学的发展过程中,实验起了决定性的作用。通过无数次的实验,科学家们发现了问题,找到了规律,并结合数学知识使规律达到了完美的理论水平;而这些理论又得到了实验的验证,从而创建了宏伟的电磁学"大厦"。今天电磁学实验已成为认识世界、改造世界、创造美好生活不可缺少的手段。

测量电阻依据的是欧姆定律,然而实际的测量却没那么简单。科技高速发展对一切测量的要求是高精度、极端化。高精度要求测量误差尽可能小。在许多仪器设备中,精密电阻被广泛应用,它们对仪器设备的正常运转起着关键的作用。极端化是要求测量数值非常大或非常小的电阻。比如,超导材料的电阻到底有多大?因此在这些测量中所用到的仪器、方法、原理已远远超出了欧姆定律的范畴,是值得我们很好地学习和研究的。

电流和电压的测量有着和电阻测量相同的要求。而另一方面,由于电磁学测量的广泛性、简便性和容易控制等诸多特点,在测量绝大多数其他物理量时,经常将其转化为为电学量(电流、电压、电阻等)进行测量。所以这就要求电学量测量要有多样性和灵活性,而由此研制的许多测量仪器中包含着人类丰富的智慧和经验。

法拉第提出场的概念,并认为它是的的确确存在于空间的物质,然而人类凭自己的感官却无法感知它。通过物理实验,使用一定的仪器设备我们就能感知它、描绘它。其中由电磁感应原理制作的霍尔元件成为人类测量磁场的主要工具。

电子示波器是科研生产中广泛应用的电子设备,学习电子示波器的原理,可以了解电子束在电磁场中的行为,实实在在感受电子的存在。电子示波器在电磁学领域的应用很广,是观测变化信号的有力工具,需要我们很好地学习。

本节所涉及的电磁学实验,都是很经典、很成熟的,很难从中有所发现和创新,因此在学习过程中要注意的是实验思想、方法和技巧,经验积累和相关仪器设备的熟练使用,这些都是很难从书本中学到的知识。下面着重介绍电磁学实验中常识性的内容。

2.2.1 电磁学常用仪器设备

电测设备和电测仪表,主要是利用"电"和"磁"这两个互相联系着的物理现象来工作的。在物理实验中,电磁学常用设备和仪器有电源、开关、电阻器、直流电表等,如果对它们缺乏认识,不了解使用方法,那么不仅在实验时不会正确使用,而且还容易损坏它们,甚至会造成事故。因此,在电磁学实验开始以前,学习和掌握它们的性能及使用方法很有必要。

1. 电源

电源是能够产生和维持一定电动势的设备,即是使电路产生电流的设备。除标准电池外,电源主要用来提供能量,输出电能。电源可分为直流电源和交流电源两类。

(1)直流电源

物理实验常用的直流电源有干电池、蓄电池和直流稳压电源等。干电池和蓄电池是化学电源，蓄电池可以充电，使用时根据需要可多个串联获得高电压。直流稳压电源用时需将插头接到 220 V 的交流电源上，它能输出连续可调的直流电压，并能从仪表上直接读出输出的电压和电流值。

直流电源上标有“＋”号(或红色)的接线柱为正极，标有“－”号(或黑色)的接线柱为负极。习惯上规定，直流电流总是由电源的正极流出，经过外电路后，再由负极流回电源。

使用直流电源时应注意以下几点：

①在正极和负极之间，绝对不能直接用导线连接(称为电源短路)，以免损坏或烧毁电源。

②蓄电池内装有酸性或碱性溶液，有强烈的腐蚀性，故不能将其倾斜，更不能翻倒。

③使用直流稳压电源时，要注意它能输出的电压值及最大允许电流值，切不可超载；实验时，应先将输出电压置于较小值(或将输出旋钮置“0”)，然后再逐步加大，观察电路及电表等均正常后，再将电压加大到规定值，以免损坏仪器或仪表。

④实验时，操作者必须注意电压高低。一般讲电压 24 V 以下对人体是安全的，但当电压大于 24 V 时，人体就不能随便触及，以免发生危险。

(2)交流电源

常用的交流电源为供电电网，物理实验中大多使用单相 220 V、50 Hz 交流电源。交流电表上的读数都是有效值，它与峰值的关系为

$$\text{交流量的峰值} = \sqrt{2}\ \text{倍的交流量有效值}$$

例如我们常说的 220 V 交流电压，实际上指的就是交流电压的有效值，其峰值为

$$\sqrt{2} \times 220\ \text{V} \approx 310\ \text{V}$$

使用交流电源时，同样要注意不能使电源短路，人体的任何部位不得与它直接接触，否则有生命危险！另外，交流电有零线(地线)与相线(火线)之分，绝对不能把火线接到仪器的接地端，否则将造成电源短路。

为获得 0～250 V 连续可调的交流电压，通常使用调压变压器(也称自耦变压器)，如图 2-51所示。使用前手柄 A 的指针应指示零(输出电压为零)，接线时要分清输入端与输出端，严防接倒，否则会使电源短路或烧坏仪表。使用时转动手柄 A 至所需电压。调压器主要指标有容量和最大输出电流。使用完毕时，应将指针调回零位。

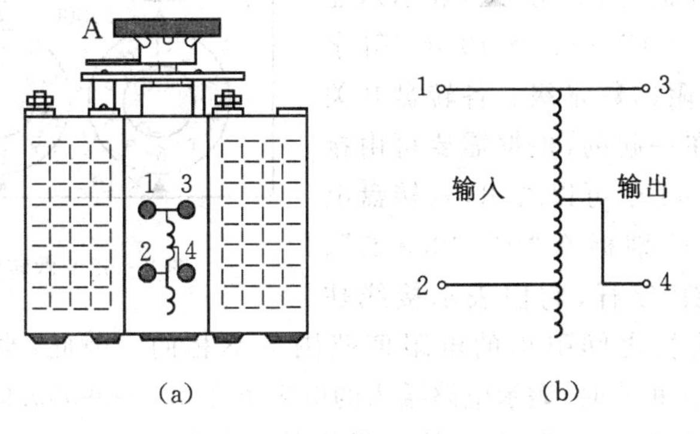

图 2-51　调压变压器外形及原理图

2.开关(或称电键、闸刀)

用来接通、切断电源或变换电路。实验室常用的有下列几种：

①单刀单掷开关:是一种最简单的开关,按下时电路接通;拉开时,电路切断。

②双刀单掷开关:这种开关实际上是并联的两把刀,它一般可以同时连接或切断两条电路。

③单刀双掷开关:当开关倒向某一边时,该边的电路接通,另一边电路就被切断,所以也被称为选择开关。

④双刀双掷开关:分为两种,一种用作选择开关;另一种将它的对角接线端用导线连接在一起,当双刀开关由一边倒向另一边时,电路中的电流方向就随之而反向,起到了改变电流流向的作用,所以也被称为换向开关。

⑤按键开关:是一种具有弹性的开关,当手指压下时,电路接通;松开时它就自动弹回,切断电路。还有一种按钮式开关,带有锁定机构,第一次按下,电路接通,再按一次,电路切断。

3.电阻器

电阻器是电学实验中必不可少的电器元件,是许多电路的组成部分,可分为固定电阻和可变电阻两类。在物理实验中,除了用到具有固定值的电阻外,常用的电阻器是电阻箱和滑线变阻器,它们都属可变电阻器,现分述如下。

(1)电阻箱

电阻箱是一种箱式结构的变阻器,它是由若干个标准的固定电阻,按一定结构组合而成的,可分成插头式和转盘式两类。由于插头式电阻箱使用不方便,采用的较少,大多采用转盘式电阻箱调节电路中的电阻值,准确度等级高的电阻箱还可用作电阻值的标准量具。物理实验中常用的是四转盘和六转盘的电阻箱,转盘越多,电阻值可调整的范围就越宽。例如四转盘电阻箱的阻值可调范围一般为1～9999 Ω,而六转盘电阻箱的阻值可调范围为0.1～99999.9 Ω。若电路中只需“0～9.9 Ω”或“0～0.9 Ω”的阻值变化,则分别由“0”与“9.9”或“0”与“0.9"两接线柱引出。

六转盘电阻箱的面板图如图2-52所示,它是由一系列校准的固定电阻,通过6个转盘式开关将这些电阻组合起来,在每个转盘边缘上都标有0、1、2、3、…、9数字,在每个转盘的下方有一个指示读数的标记(图中用“▲”表示),还分别标有“×0.1”、“×1”、…、“×10000”等字样,以表示各转盘电阻的数量级。各转盘开关之间的电阻是串联在一起的,根据需要可由接线柱引出。从图2-44中可以看出,六转盘电阻箱有4个接线柱分别标有“0”、“0.9 Ω”、“9.9 Ω”、“99999.9 Ω”字样,它们表示接线柱“0”与另外3个接线柱之间引出的电阻值范围各不相同。因此,当电路中导线与“0”和“99999.9 Ω”两接线柱相连时,表示电路接入的电阻可在0.1～99999.9 Ω范围内调整,如果各转盘调至图2-52所示的位置,则它的电阻值是98765.4 Ω。若电路中导线接的是“0”和“9.9 Ω”两个接线柱,那么,图2-52所示的电阻值是5.4 Ω。(为什么?)

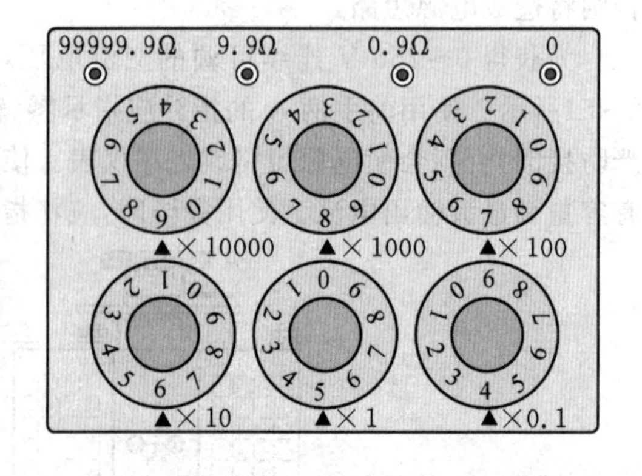

图2-52 六转盘电阻箱面板图

电阻箱的主要指标是总电阻、额定电流(额定功率)。使用电阻箱时,为确保其准确度,不得超过其额定功率或最大允许电流。电阻箱的误差主要包括电阻箱的基本误差和零电阻误差两个部分。零电阻值包括电阻箱本身的接线、焊接、接触等产生的电阻值。

(2)滑线变阻器

滑线变阻器是电学实验中常用的可以连续改变电阻值的电阻器,其外形见图 2-53。它将一根涂有绝缘膜的电阻丝密绕在绝缘瓷管上,电阻丝的两端固定在引出端接线柱 A 和 B 上。与密绕电阻丝紧贴着的滑动触头 C′(C′与电阻丝相接触处的绝缘膜已被刮掉)通过瓷管上方的铜条与接线柱 C 相连,称作滑动端。这样,当滑动触头在铜条上来回滑动时,就改变了 AC 和 BC 之间的电阻。

滑线变阻器的具体用法有 3 种:

①作固定电阻——只用 A、B 两个接线柱即可。

②作可变电阻——用 A、C 或者 B、C 两个接线柱均可,只要改变滑动触头的位置,就可达到改变电阻大小的目的。在电学实验中,常用这种可变电阻作限流器使用,具体接法如图 2-54所示。图中将可变电阻串联在电路中,使电路电流控制在一定的范围内变化。当滑动触头 C′(C)移向 A 端时,C、B 间电阻就增大;反之移向 B 端时,C、B 间电阻就减小。因此,只需改变滑动触头的位置,就能达到改变电路中电流大小的目的。

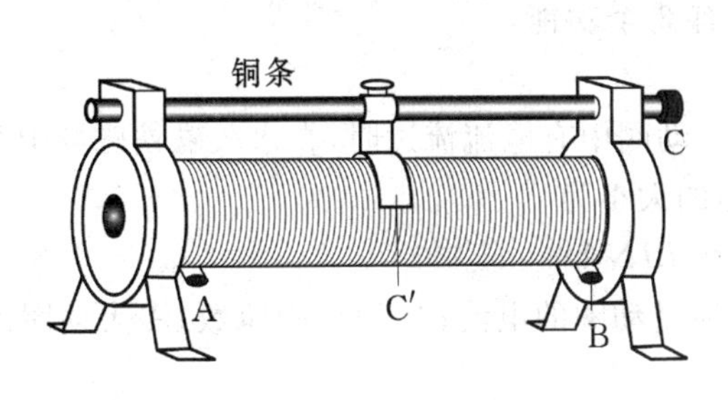

图 2-53　滑线变阻器

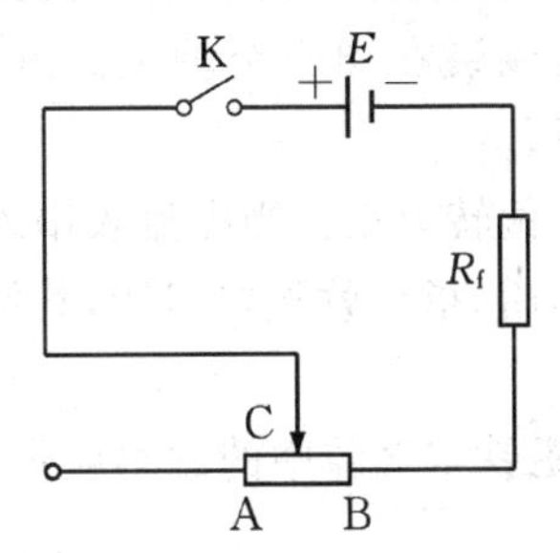

图 2-54　滑线变阻器用作限流器

③作分压器——A、B、C 3 个接线柱都要接线,具体接法如图 2-55 所示。先将滑线变阻器的固定端 A 和 B 分别与电源的正、负极相接,再将滑动端 C 和固定端 B 接进电路中,开关 K 合上前,滑动触头应处于铜条的中间部位;K 合上后,电流就从 A 端经由 C 端流到 B 端。因此,A 点电势高于 C 点,C 点电势又高于 B 点,并且 C、B 间的电势差(电压)U_{CB}小于 A、B 间的电压(总电压)U_{AB}。我们可以认为电压 U_{CB}是从总电压 U_{AB}中分出来的,故这种接法的滑线变阻器称作分压器。由图 2-55 可见,若 C 向 A 端移动,则电压 U_{CB}将逐渐增大,若 C 向 B 端移动,则电压 U_{CB}将逐渐减小,因此,分压器输出的电压 U_{CB}可以在 0~U_{AB}之间连续变化,可以取这电压范围内的任何值。这种接法在以后的实验中要经常用到,必须牢牢记住它的接法和分压原理。

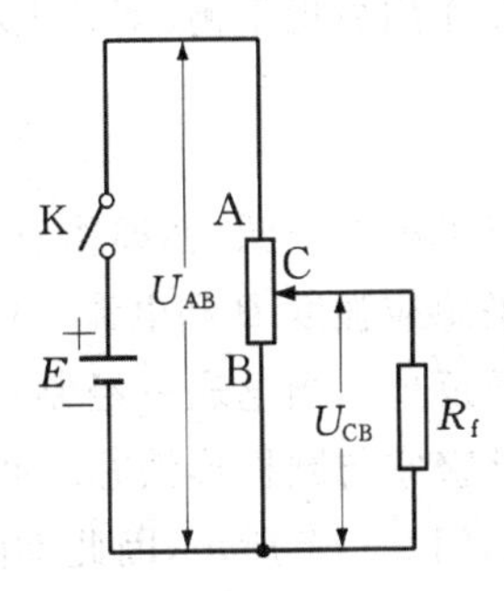

图 2-55　滑线变阻器用作分压器

滑线变阻器的主要指标有:额定电流——允许通过变阻器的最大电流;全电阻——A、B 间电阻丝的总阻值。

使用电阻箱与滑线变阻器时,应注意以下几点:

①使用前,应先察看电阻器铭牌上标明的最大电阻值和最

大允许电流值,以免电流过大而烧坏电阻器。

②电路接通前,作限流用的电阻器应具有较大的电阻值,以保护仪器。

③电阻器接入电路时,应拧紧接线柱,以免产生附加接触电阻。

④将滑线变阻器作分压器使用时,滑动触头的初始位置应置于分出电压最小的位置或铜条的中间位置。

4. 直流电表

直流电表按照测量机构工作原理的不同可分为磁电系、电磁系、电动系、静电系、感应系等多种类型。每一种类型的电表有其各自的特性,因而具有不同的用途。物理实验中常用的是磁电系电表。

(1)磁电系电表的工作原理

磁电系电表工作原理是以永久磁铁间隙中的磁场与其中的载流线圈(称动圈)相互作用为基础的。这种仪表的作用是将被测量——电流——以电表指针的偏转角位移来表示。其测量机构如图2-56所示,主要由固定的永久磁铁和活动的线圈机构,指示被测电流大小的指针和可转动的线圈装在同一个轴上。测量机构有3个功能,现分述如下。

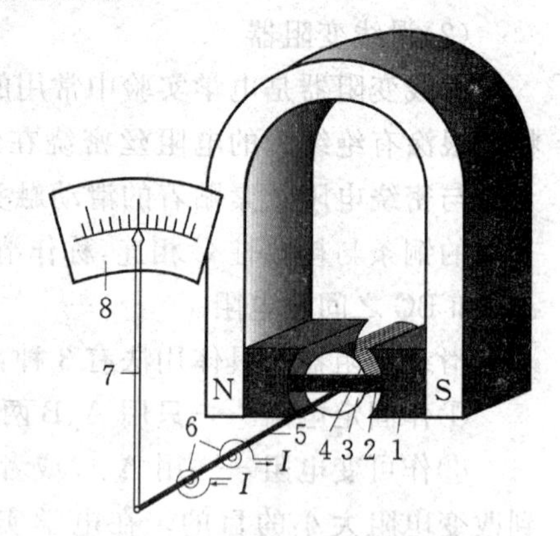

图2-56 磁电系电表的测量机构

1—产生均匀幅射磁场的永久磁铁;2—铝框;3—铁芯;4—可转动线圈;5—转动轴;6—固定螺旋弹簧;7—指针;8—刻度盘

①产生偏转力矩。当电流表串入电路中,动圈中有电流流过时,在永久磁铁磁场中受到偏转力矩的作用,指针就随之偏转,其偏转力矩的大小为

$$M = BINA$$

式中,B为磁铁空气隙中的磁感应强度;I为通过动圈的电流;N为动圈匝数;A为动圈的有效面积。

②产生反作用力矩。为了获得特定的指示,当偏转力矩作用在电表的活动部分使它发生偏转时,活动部分还必须受反作用力矩作用,并且这个反作用力矩还必须随偏转角的增大而增大。当偏转力矩和反作用力矩大小相等时,指针就停下来,指示出被测电流的数值。反作用力矩可以用游丝产生,其大小为

$$M' = C\theta$$

式中,C是反作用力矩系数,它取决于游丝的材料、几何形状;θ为指针偏转角度。偏转力矩与反作用力矩平衡,即其大小相等,$M=M'$。则有

$$\theta = \frac{BNA}{C} \cdot I$$

可见电表动圈(亦即指针)偏转角θ与动圈面积A、匝数N、磁感应强度B和电流I成正比,与游丝的反作用力矩系数C成反比。当电表一经制成,A、N和C都是定值。又因为磁铁极掌与圆柱形铁芯之间的气隙中的磁场是均匀辐射状的,如图2-57所示,因此动圈的偏转角仅与动圈中所通过的电流成正比,这样,刻度标尺是均匀的,这就是磁电系电表的基本工作原理。如用S_L代替BNA/C,则

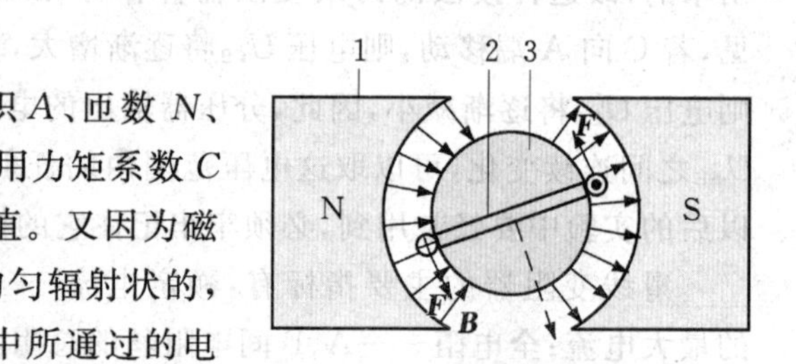

图2-57 均匀辐射磁场

1—磁铁;2—动圈;3—铁芯

$$\theta = S_L \cdot I$$

一般把 S_L 叫做电流灵敏度，表示每单位电流的偏转角度。

③产生阻尼力矩。实际上，因为电表活动部分有转动惯量 J，所以当偏转角速度变化时，将产生加速力矩 $J \cdot d^2\theta/dt^2$，导致指针在平衡位置左右摆动，不能很快停下来，为了防止输入电流变化引起过度振荡，必须提供阻尼力矩 $D d\theta/dt$，让它在活动部分运动时发挥阻尼作用，D 为阻尼系数。一般利用绕制线圈的铝框架形成涡流来产生阻尼力矩。

(2)检流计、电流表和电压表

上述测量机构称为磁电系表头，只允许通过较小的电流，直接用表头制成的电表为检流计。

①检流计(电流计)：用来测量微小电流或检查电路中有无电流的电表，可直接测量的电流范围在几十微安到几毫安之间。

常用的检流计有指针式和光斑反射式两类。指针式检流计的"零点"在刻度尺中央，没有电流通过时，指针指"零"，有微弱电流通过时，则指针随电流的流向而偏转。有一种检流计有按键，按键松开时，检流计处于断开状态，压紧按键时，它才接入电路工作，因此，用它来检验电路中有无微弱电流很方便。光斑反射式检流计有墙式和台式两种，它没有指针，靠线圈吊丝上装的反光镜反射的光标来读数，它的灵敏度高，一般每格示值在 10^{-7} A 量级。

②电流表：电流表是专门用来测量电路中电流大小的电表，它是由表头并联一个电阻(称为分流电阻)组成的。分流电阻越小电流表的量程就越大。

③电压表：它是用来测量电路中某两点间电压大小的电表，一般由表头或小量程的电流表串联一个高电阻(称为倍压电阻)组成，倍压电阻越大电压表的量程就越大。

(3)使用直流电表的注意事项

①电流表必须串联在电路中，并注意使电流从电流表的正极流入，从负极流出。电压表则必须与电路并联，其正极应接在电势高的一端，负极接在电势低的一端。

②电路中的电流或某两点间的电压，不能超过电表上所规定的量程，以免损伤或烧坏电表。一般在使用电表时，先用较大量程的电表粗估被测量的大小，然后再选用合适量程的电表进行测量。

③对于多量程电表，它有两个以上的接线柱，一般在一个公共接线柱上标明"+"或"−"极，另一极的各接线柱上标有不同的量程。在使用时，必须慎重考虑量程的选择，切勿乱接。可先从最大量程接起，在确定被测量大小的范围后，再换接相应的合适量程，这样可以得到较准确的测量值。

④电流表不允许直接与电源连接，使用时，电路中必须串有适当的电阻。

⑤读数时，目光应正视指针且垂直于电表度盘。若电表度盘上有镜面，则必须使镜中的指针像与指针重合后才能进行读数。

(4)电测量指标仪表的准确度等级

根据国家标准规定，电测量指示仪表的准确度分为 0.1、0.2、0.5、1.0、1.5、2.5、5.0七个等级。仪表准确度等级的数字表示仪表本身在正常工作条件(安放位置正确，周围温度为 20 ℃，几乎没有外界磁场影响)下的最大相对误差，即可能发生的最大绝对误差与仪表的额定值(即满偏)的百分比。

对于单向标度尺的指示仪表，在规定的条件下使用时，示值的最大绝对误差为

$$\Delta_{仪} = \pm X_m \cdot a\%$$

X_m 为仪表的量程,a 是准确度等级。测量时,某一示值 X 的最大相对误差为

$$E = \frac{\Delta_{仪}}{X} = \frac{X_m}{X}a\%$$

由此可见,在选用仪表时要尽量使所测数值接近仪表的量程,其示值的准确度才接近于仪表的准确度。电表的仪器误差用 $\Delta_{仪}$ 估算。

(5)常用电气测量指示仪表度盘上的标记符号

根据国家标准规定,电气仪表的主要技术性能都用一定的符号标记在仪表的度盘上。表1是指示仪表度盘上常见的一些标记符号。

表1 指示仪表度盘上的标记符号

名　称	符　号	名　称	符　号
安培表	A	磁电系仪表	
毫安表	mA	电磁系仪表	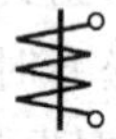
微安表	μA	电动系仪表	
伏特表	V	静电系仪表	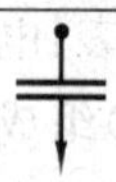
毫伏表	mV	正端钮(正极)	+
千伏表	kV	公用端钮	*
欧姆表	Ω	接地端钮	⊥
兆欧表	MΩ	与机壳或底板连接端钮	
负端钮(负极)	−	调零器	
感应系仪表	 ⊙	以指示值的百分数表示的准确度等级,例如1.5级	(1.5)
直流	—	仪表垂直放置,标度尺位置为垂直的	⊥
交流(单相)	~	仪表水平放置,标度尺位置为水平的	⊓
交流和直流	≃	绝缘强度试验电压为2 kV	 ☆2
以标度尺上量限百分数表示的准确度等级,例如1.5级	1.5	Ⅱ级防外磁场及外电场	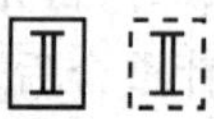 [Ⅱ] [Ⅱ]

2.2.2 电路图和线路的连接

1.电路图的认识

在电学实验中,必须画出电路图,以表明实验所依据的原理及所使用的仪表等。而表示各种仪表、元件等连接关系的示意图,就叫电路图。例如图2-58所示的是伏安法测电阻的电路

图，它是由一些电气仪表及元件的电气符号用直线连接起来的，直线就是导线的符号。

在物理实验中，电路图大部分是由课本中或实验室给出的，因此，在做实验前，必须认真看懂电路图，搞清图中每一个符号的意义及作用，这样有助于对电路进行分析。

2. 仪表、元件的布局

在看懂电路图的基础上，仪表和元件的合理布局就显得十分重要，它是顺利进行实验的一个环节。否则，就会出现接线混乱、查线不方便、实验不顺手的被动局面。

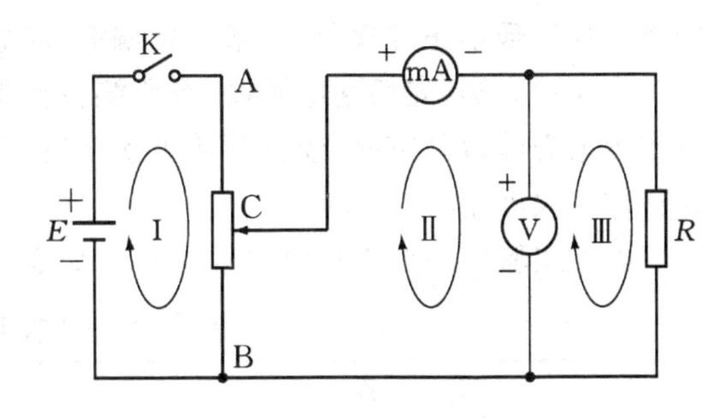

图 2-58　伏安法测电阻电路图

一般情况下，按电路图的要求，将仪表、元件等整齐地安排在适当的位置，但不必完全按照电路图中的相应位置一一对应，而应将经常要调整或读数的元件、仪表及开关放在靠近身边易操作和观察的地方，电源则应放远些。

3. 线路连接

电学实验中，正确接线是做好实验的关键。这里建议采用回路接线法，这种接线方法较科学。它可以使导线分布均匀，不会过多地集中于一个接线柱上，而且，在接好的线路中便于查线，便于排除故障。现介绍如下：

①将电路中所需用的开关全部断开，电阻器都要有适当的阻值。

②从电路图的电源正极出发，将电路图分成若干个闭合回路，并标上各回路的序号。例如图 2-58 中，分成了 3 个闭合回路，图中的Ⅰ、Ⅱ、Ⅲ即为回路的序号。

③从电源正极出发开始接线，按图中箭头方向走线，碰到什么接什么，接完一个回路再接下一个回路。如图 2-58 的情况，即先接完回路Ⅰ，再接回路Ⅱ，最后接回路Ⅲ，终止于电压表的负极，接线完毕。应注意的是，图中每个闭合回路的箭头出发点，都是该回路的高电势端。

4. 故障排除

当电路发生故障时，如能观察出故障发生在哪个回路，就不必拆线，可直接用万用电表的电压挡在电路通电的情况下查找。从故障发生的所在回路查起，逐点查向电源。常用等电势法查导线的通断，导线完好，其两端电压为零；导线断开，其两端就出现电压。用这种方法可以较快判定故障所在，但不适合检查电压太小的部位。如无法确定故障发生的部位，则可从电源出发查找，用电压法检查。把万用电表直流电压挡的“－”表笔接于电源负极，“＋”表笔接到电路各点，观察各点相对于电源负极的电压，看是否正常，从而判断故障所在。

2.2.3　电磁学实验的一般程序

①结合实验要求，研究、分析电路图，将电路图划分成若干个独立的闭合回路，并标上回路的顺序号。

②根据电路图将仪表、元件等合理、整齐地布局，按“操作顺手，读数方便，实验安全”的原则安排仪器。

③接线前断开所有开关，将电阻器调到一定的阻值，采用回路接线法接线。

④线路接好后，对照电路图进行自查。主要检查电源和电表的正负极是否接对，电表量程是否合适，接线柱是否拧紧等。然后，请教师复查无误后，才能接通电源，合上开关，进行实验

操作。如发现不正常现象(如指针反偏等)应立即切断电源,查找原因。

⑤实验完毕,先切断电源,检查所测数据是否合理、是否有遗漏、是否达到了预期目的,然后将数据交给教师审核,经教师认可签字后再做实验结束工作。切记!切断电源后,再拆线,并整理好仪器用具。

电学实验中一些常用电气元件符号如表2所示。

表2 电学实验中常用电气元件符号

名 称	符 号	名 称	符 号
原(干)电池或蓄电池		单刀单掷开关	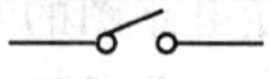
电阻器的一般符号(固定电阻)		按键开关	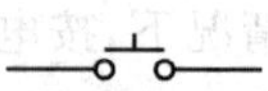
变阻器(可变电阻) (1)一般符号 (2)可断开电路 (3)不断开电路		双掷转换开关(选择开关) 换向开关	
电容器的一般符号	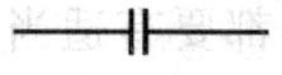	指示灯泡	
可变电容器		不连接的交叉导线 连接的交叉导线	
极性电容器		半导体二极管	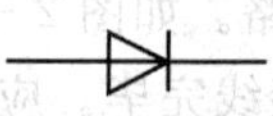
电感器线圈		稳压二极管	
有铁芯的电感器线圈		半导体三极管(PNP型)	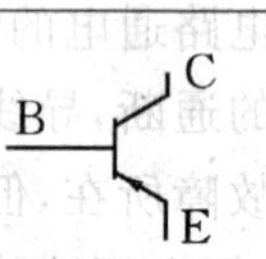 B C E
铁氧体芯不可调线圈			
有铁芯的单相变压器	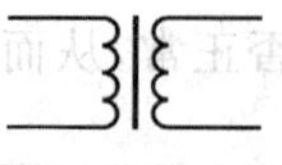	检流计	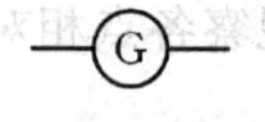 G

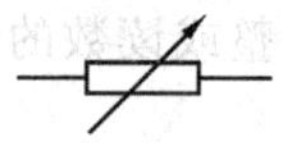

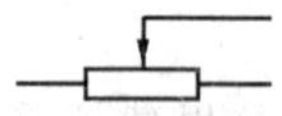

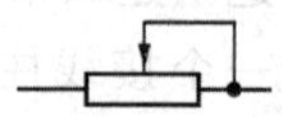

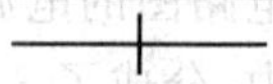

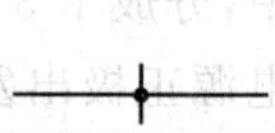

2.2.4 电磁学测量方法

1.测量方法的分类

对于同一被测量可能有不同的测量方法,由于电磁测量方法很多,用科学的归纳法可把直接测量或间接测量分为偏转法和指零法两大类。被测量靠指示电表偏转示值,直接或间接得到结果都称为偏转法;被测量与标准量比较过程中,通过补偿或平衡原理并通过灵敏的指零仪表来检查是否达到平衡,靠标准量示值的称为指零法。

进一步分析,上述两类方法还可以分为各种专用方法,如图2-59所示。图中,箭头所示是分类的分支，偏转法和指零法都可以分为相同的几个分支。

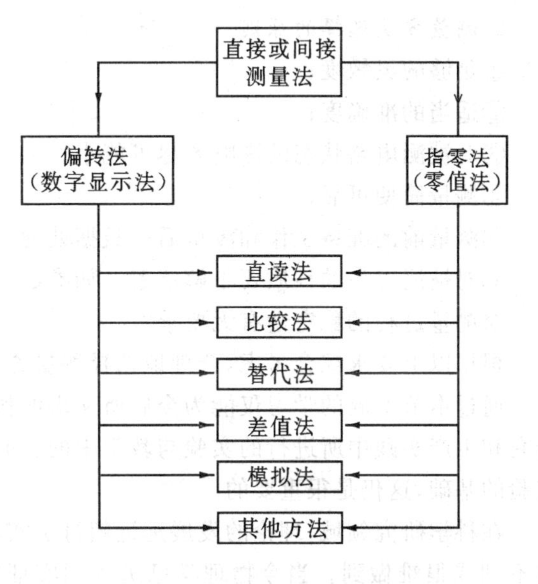

图 2-59　测量方法及分类示意图

直接测量中的直读偏转法是最常用的方法。例如，用电压表测量电压，用电流表测量电流，用欧姆表测量电阻等。这些仪表是预先经过标准仪表校对过的，它们的偏转值直接代表被测量的值。用伏安表法测量未知电阻是间接测量中的直读偏转法。

比较偏转法可以比较两个相同类别的电阻等电路参数，用偏转指示仪表来实现。比较过程在同一时刻或尽可能快地测完被比较的两个量，这样可以避免比较过程中由于非同一时刻而出现电源波动或外界因素变化所带来的影响。例如，可以用一个可调节的已知电阻与一个未知电阻比较它们的电压降，若两电压相等，则未知电阻就等于已知电阻的值。

替代偏转法实质上也是一种比较法，它是用一个已知的标准量去替代一个未知的被测量，而在替代前后测量装置(系统)的状态(电压和电流等)保持不变。测量装置的仪表是起监视或检测作用的，偏转读数本身并无意义。替代偏转法电路有电流偏转和电压偏转两类，它要求电源稳定，开关换位和测量应尽可能快地完成。替代法只是利用了装置的灵敏度而排除了装置本身的准确度，因而测量准确度大为提高。

差值偏转法是将同一类型的被测量和标准量进行比较，通过偏转仪表测出它们的差值从而得到被测量。如将两个电源的极性相对比较它们电动势的差值可得被测电动势值，只要两个比较的量差值越小，这种方法的准确度也就越高。如果标准量可调，使两者差值为零，则差值法变成替代法。差值法的另一个特点是可用小量程仪表测量两个各自都很大的量之间的差值，相当于把仪表量程扩展了。

直读指零法，用电桥测量电阻等电路参数就是直读指零法，要求指零仪表具有相适应的足够灵敏度。比较指零法是将相同类型的被测量与标准量直接或间接地进行比较，在比较过程中调节标准量使指零仪表指零，从而得到被测量的值。替代指零法，如直流单臂电桥，其测量臂经单刀双掷开关分别与被测量和可调标准量相接，使电桥平衡，标准量的值即为被测量，替代指零法最突出的优点是替代前后对测量装置状态保持不变的要求大为降低。差值指零法是替代指零法的延伸，如上述电桥例中，标准量不能连续变化，在替代过程中标准量的数值和被测量的数值不能做到完全相等，两次电桥平衡在另一微调桥臂上会有一增量，即是被测量与标准量的差值。显然，由于差值的存在，使电桥装置本身的误差影响了最终结果，为了减小差值指零法的误差，应尽可能减小差值。

还有其他的测量方法，读者可自行补充，或按其他归纳方法进行分类，比较它们的科学性和优缺点。

2.测量方法选择的原则

①足够的灵敏度;

②适当的准确度;

③对被测电路状态的影响要尽可能小;

④测量简便可靠;

⑤测量前的准备工作和测量后的数据处理应尽可能简便;

⑥对被测对象的性质要了解清楚。如参数是否线性?数量级如何?对波形和频率有无要求?对测量过程的稳定性有无要求?

根据以上要求综合考虑,合理地选择测量方法及有关的仪器设备。

通过本节实验的学习仅能为今后所从事的科研生产等工作打下一个基础,在真正的科学研究和生产实践中所进行的实验与教学中的实验虽有较大的不同,但扎实的基本训练是复杂实验的基础,这仍是很重要的。

在科学研究领域,理论的发展远远超过了实验,也就是说科学家们想到的,实验中却往往做不到或很难做到。当今物理学已进入到实证物理阶段,所涉及的实验大都是大规模、高投入。例如,在探索反物质的研究中,美籍华人物理学家丁肇中领导研制的阿尔法磁谱仪(AMS),于1998年5月29日由美国"发现者"号航天飞机送上太空,并最终在2001年被安装在太空中的国际空间站上,用于寻找太空中的反物质和暗物质。它主要是依靠巨大的有多种磁化方向的磁铁去观察各种离子的行为,从而发现反物质和暗物质。

在工业生产中,建立在理论基础上通过实验总结出的经验被广泛应用,如飞机外形在风洞中的实验。这些实验重视在多因素环境中的综合实验结果,而不研究细节物理过程。

由上述可见,同学们应清醒地认识到本节所学内容在物理学中的定位,把它作为知识"大厦"的一块基石,为今后的发展创造条件。

实验11 非线性电阻特性的研究

流过元件的电流不随两端电压的增加而线性增加,两者的比值不是一个常量,则这种元件称为非线性电阻元件,如白炽灯、热敏电阻、光敏电阻、二极管等。

非线性电阻伏安特性所反映的规律,必然与一定的物理过程相联系,利用非线性电阻特性研制成的各种传感器、换能器,在压力、温度、光强等物理量的检测和自动控制方面有十分广泛的应用。

一、实验目的

①测试非线性电阻元件(小白炽灯)的伏安特性曲线;

②从伏安特性曲线上求出 $I=80$ mA 时的等效电阻及动态电阻。

二、仪器用具

小白炽灯,微安表,伏特表,毫安表,滑线变阻器,直流稳压电源,按键开关,单刀单掷开关,导线。

三、实验原理

把电压加到小白炽灯上，随着电压 U 的增加，电流 I 也增加，但电流 I 的大小并不和电压 U 成正比。把电压 U 和电流 I 的对应关系作图，得到的曲线称为小白炽灯的伏安特性曲线。曲线上某点的坐标值，表示加在小白炽灯两端的电压及与其对应的流经小白炽灯的电流值，两者之比是一个电阻量，这个电阻称为等效电阻或静态电阻。若在曲线上的某点，给电压一个微小变化量 δU，即可引起相应的电流变化量 δI，其比值称为动态电阻或特性电阻 R_D，当增量趋于无限小时，则与曲线在该点切线的斜率相对应，即

$$R_D = \lim_{\delta I \to 0} \frac{\delta U}{\delta I} = \frac{dU}{dI}$$

测量小白炽灯的电路如图 2-60、图 2-61 所示，图 2-60 称为电流表内接，图 2-61 称为电流表外接。由于同时测量电压和电流，无论哪种电路都产生接入误差。现分析如下。

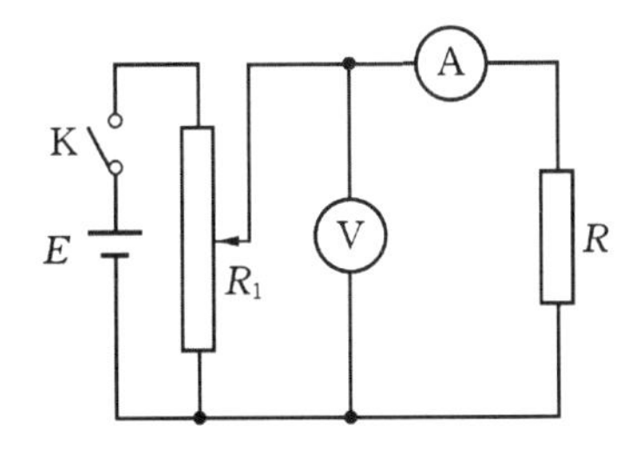

图 2-60　电流表内接电路图

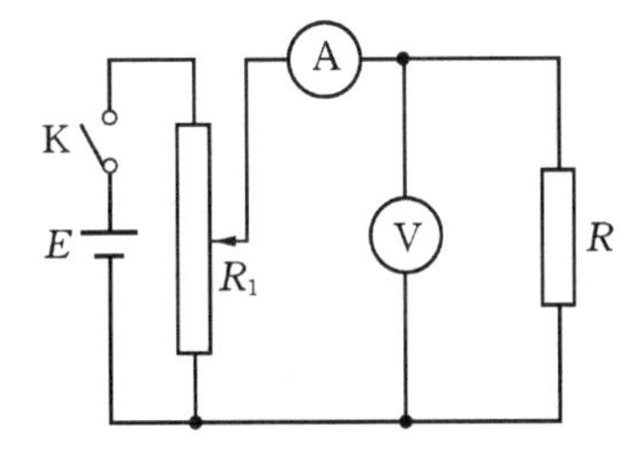

图 2-61　电流表外接电路图

1. 电流表内接

由图 2-60 可知，电流表测出的是流经小白炽灯的电流，但电压表测出的是小白炽灯和电流表两者电压之和，即由于电流表的接入产生了电压的测量误差 U_A。

从相对接入误差 U_A/U_D 可知，若电流表内阻≪小白炽灯内阻，则 $U_A \ll U_D$，相对接入误差很小；反之，若电流表内阻较大，就会造不小的接入误差，所以电流表的内阻越小越有利于测量。

2. 电流表外接

由图 2-61 可知，电压表测出加在小白炽灯两端的电压，但电流表测出的是流经小白炽灯和电压表两者电流之和，即由于电压表的接入产生了电流的测量误差 I_U。

从相对接入误差 I_I/I_D 可知，若电压表内阻≫小白炽灯内阻，则 $I_U \ll I_D$，相对接入误差很小；反之，若电压表内阻很小，就会造成很大的接入误差，所以电压表内阻越大越有利于测量。

为了消除接入误差，可利用补偿电路测量小白炽灯的伏安特性，如图 2-62 所示。

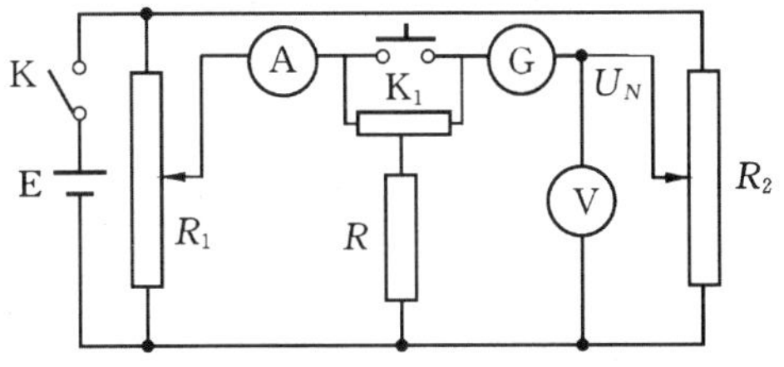

图 2-62　补偿法电路图

四、实验内容

测量小白炽灯的伏安特性，小白炽灯的工作电压不得超过 6 V。用电流表内接、外接及补偿法进行测量。

五、数据处理

表1

I/mA	0	20	40	60	70	80	90	100	110	120
$U_{外}$/V										
$U_{补}$/V										
$U_{内}$/V										

①将测得的小白炽灯特性的数据在同一坐标系中作图。

②在伏安特性曲线上求出小白炽灯流经电流 $I=80$ mA 时的等效电阻及动态电阻。

六、思考题

①小白炽灯在通电时,在多大的电压下灯丝才开始发光?灯丝各部分发光是否有先有后?升压和降压时是否一致?如何解释这种现象?

②小白炽灯的电阻值随电压的增加如何变化?为什么?

③如何应用回路接线法接线?如何使用万用电表电压挡检查故障?

④用电流表内接或外接的伏安法测量电阻,在什么情况下系统误差较小?

实验12 电桥测电阻及pn结正向电压温度特性的研究

电桥法是测量电阻的常用方法,利用桥式电路制成的各种电桥是用比较法进行测量的仪器。电桥法实质上是将被测电阻与标准电阻进行比较来确定被测电阻值的。电桥法具有测试灵敏、准确度高、使用方便等特点,已被广泛地应用于电工技术和非电量电测中。

用电桥测电阻

一、实验目的

①学习用惠斯通电桥测量中值电阻的原理和方法;

②了解电阻温度计的原理;

③学习用线性拟合法或图解法处理实验数据,求出金属导体的电阻温度系数。

二、仪器和用具

QJ24型直流单臂电桥,固定电阻元件板,NKJ-B型组合式热学实验仪,万用电表,导线等。

三、实验原理

1. 电桥平衡原理

电桥法测电阻是将待测电阻和标准电阻进行比较来确定其值的。由于标准电阻本身误差非常小,因此电桥法测电阻可以达到很高的准确度。

惠斯通电桥的原理如图 2－63 所示。图中的标准电阻 R_a、R_b、R 及待测电阻 R_x 构成四边形，每一边称作电桥的一个“臂”。对角点 A、C 与 B、D 分别接电源 E 支路和检流计 G 支路。所谓“桥”就是指 BD 这条对角线而言，而检流计在这里的作用是将“桥”的两个端点 B、D 的电势直接进行比较。当接通电桥电源开关 B_0 和开关 G_2 时，检流计中就有电流流过，但当调节 4 个桥臂电阻到适当值时，使检流计中无电流通过，这时称为“电桥平衡”。于是 B、D 两点的电势相等，亦即流过电阻 R_a 和 R 的电流一样，设为 i_1；流过 R_b 和 R_x 的电流也一样，设为 i_2。从而有如下关系式：

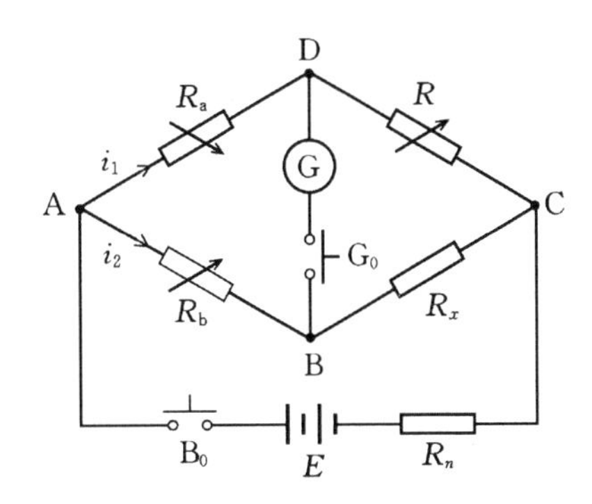

图 2－63　惠斯通电桥原理图

$$U_{AD} = U_{AB} \quad 即 \quad i_1 R_a = i_2 R_b \tag{1}$$

$$U_{DC} = U_{BC} \quad 即 \quad i_1 R = i_2 R_x \tag{2}$$

将式(1)除以式(2)得

$$\frac{R_a}{R} = \frac{R_b}{R_x} \tag{3}$$

式(3)就是电桥的平衡条件。它说明电桥平衡时，电桥的 4 个桥臂成比例。因此，待测电阻 R_x 的阻值为

$$R_x = \frac{R_b}{R_a} \times R \tag{4}$$

式中，R_b/R_a 称作比率。这样，就把待测电阻的阻值用 3 个标准电阻的阻值表示出来。可见，电桥的平衡与通过电阻的电流大小无关。

2. 单臂电桥的测量误差

单臂电桥在规定的使用条件下，如 0.1 级电桥，温度为 20±5 ℃，相对湿度为 40%～70%，电源电压偏离额定值不大于 10%，绝缘电阻符合要求等，电桥的允许基本误差为

$$E_{\lim} = \pm \frac{a}{100}\left(R_x + \frac{R_b/R_a \cdot R_n}{10}\right) \tag{5}$$

式中，a 为准确度等级指数，QJ24 型电桥 $a=0.1$，R_n 为基准值，教学实验可简化取为 5000。物理实验可不考虑实验条件偏离使用条件所附加的误差，通常可把 $E_{\lim}$ 的绝对值作为测量结果的仪器误差。

3. 金属导体的电阻与温度的关系

一般用纯金属制成的电阻，其阻值都有规则地随着温度的升高而增大，它们有以下关系

$$R_t = R_0(1 + \alpha t + \beta t^2 + \cdots) \tag{6}$$

式中，R_t 为金属在温度 t ℃时的电阻值；R_0 为金属在 0 ℃时的电阻值；α、β 是与金属材料有关的常数。对于纯金属，平方以上项的常数很小，一般可以忽略不计，且在温度不太高的情况下，金属电阻值与温度的关系近似线性关系，于是式(6)可简化为

$$R_t = R_0(1 + \alpha t) \tag{7}$$

式中，α 称为电阻温度系数，其物理意义表示金属的温度相对 0 ℃升高 1 ℃时，其电阻对于 R_0 的相对变化量。α 与金属材料及其纯度有关。

根据式(7),只要测出一组不同温度t℃时的金属电阻R_t的值,作出R_t-t图,根据作图所得直线的斜率和截距,便可求得被测金属材料的电阻温度系数α及温度为0℃时的电阻值R_0。

四、实验装置及内容

1. 惠斯通电桥测电阻

本实验用QJ24型直流单臂电桥来测量电阻,其测量原理图和面板图如图2-64和图2-65所示。现结合面板图将它的使用方法介绍如下。

①将待测电阻R_x接在仪器面板上的x_1和x_2之间。

②电阻R实际是由4个可变电阻器串联而成。面板图中右上侧虚线框内的4个转盘就是调节R的"转盘电阻箱"。

③面板图左上角的转盘为比率转盘,它的指示值表示比率$\frac{R_b}{R_a}$的值,R_b和R_a称为比率臂。为读数方便,在制作时将比率转盘做成0.001、0.01、0.1、1、10、100、1000等7挡。

④检流计在面板图的左下方,接通K,左右旋转W来调节指针的"零点"。

⑤面板图中K为放大器电源开关,G为外接检流计端钮,B为电桥的电源开关,按下为接通,放开为不通。G_0为检流计的粗、细开关,G_1为检流计的接通、短路开关,也作外接检流计的开关,指向"短"为外接。W为检流计电气调零电位器。测量时,为了保护检流计,K开关接通后,将G_1拨到"通",G_0拨到"粗"或"细"(一般测量10 kΩ以上电阻使用"细"),然后按下B_0。B_0按钮开关不要一直按下,应断续使用。

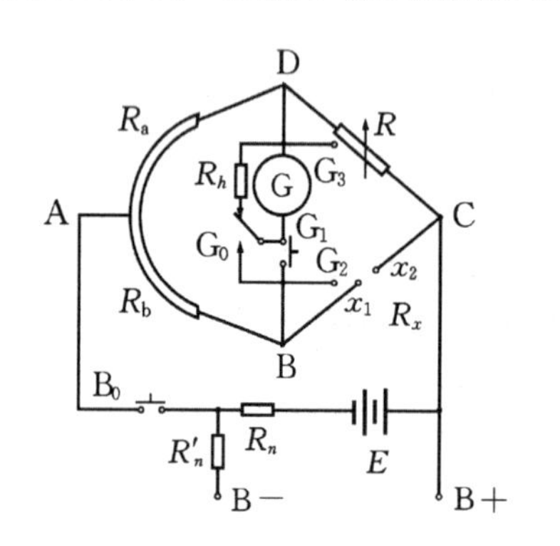

图2-64 QJ24型电桥测量电阻原理图

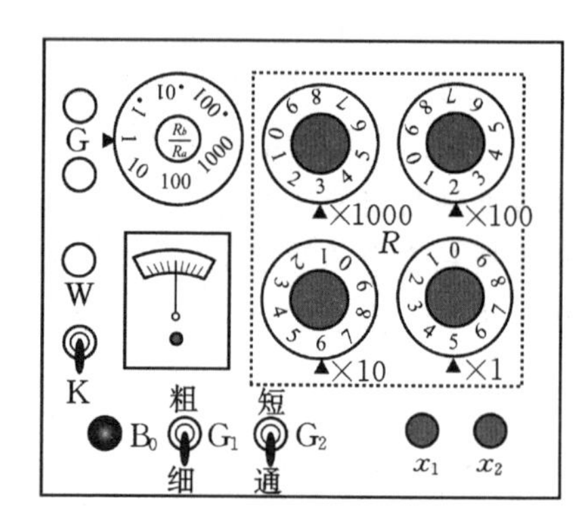

图2-65 QJ24型电桥面板图

五、实验步骤

1. 练习惠斯通电桥的使用,测量固定值电阻

①用万用电表的欧姆挡粗测电阻R_x的大概数值。

②根据R_x的数值,选择恰当的比率$\frac{R_b}{R_a}$,为了保证测量数据有4位有效数字,R的4个转盘必须全用。选择比率时:千欧级电阻选"1",百欧级电阻选"0.1",其他类推。

③将待测电阻R_x接到接线柱x_1和x_2之间,调节转盘电阻R的各挡数值到万用电表所示的粗测值,按下开关B_0,观察检流计指针的偏转情况,偏向"+"侧需增加R值,偏向"−"侧

则减小 R。从千位数开始，逐步缩小 R 取值区间，逐挡调节，逐次逼近，直到检流计指针指零为止。

④记录转盘电阻 R 的数据，将 R 乘以比率 R_b/R_a 的示值，就可得待测电阻 R_x 的值，一个电阻重复测量 3 次。

2. 测定金属电阻的温度系数 α

①用万用电表粗测金属电阻值，根据粗测值选择好比率 R_b/R_a 的值，把金属电阻的两个引出头接到电桥的 x_1 和 x_2 上。

②设置温度（如何设置见 P125、126）至指定值（见表 2），调节电桥平衡，测量相应的电阻值。

六、数据记录表格及数据处理

1. 中值电阻的测量

表 1　固定电阻的测定

测量次数	比率 $\frac{R_b}{R_a}$	R	$R_x=\frac{R_b}{R_a}\cdot R/\Omega$	$\Delta R'_x=\lvert R_x-\bar{R}_x\rvert/\Omega$	$R_x=\bar{R}_x\pm\Delta R_x/\Omega$
1					
2					
3					
平均值			$\bar{R}_x=$	$\overline{\Delta R'_x}=$	

表 2　金属电阻与温度的关系

稳定温度 t/℃	50.0	55.0	60.0	65.0	70.0	75.0	80.0	85.0	90.0	95.0
电阻 R/Ω										

2. 数据处理

①测定固定电阻时，每个电阻测量 3 次，并写出含误差的表达式，即

$$R_x=\bar{R}_x\pm\Delta R_x$$

其中

$$\Delta R_x=\sqrt{\overline{\Delta R'_x}^2+\left(\frac{\Delta R_{仪}}{\sqrt{3}}\right)^2}$$

式中，$\Delta R_{仪}$ 为仪器误差，根据公式(5)计算。

②根据表 2 用作图法处理数据：作出 R_x-t 图线，用图解法求出截距和斜率，再求出 0 ℃时的电阻 R_0 及金属电阻温度系数 α，并与理论值 α' 进行比较，求出百分误差。即

$$E_r=\frac{\lvert\alpha-\alpha'\rvert}{\alpha'}\times 100\%$$

式中，$\alpha'=4.33\times10^{-3}/℃$。

根据 R_0 及 α 的值，可写出公式：$R_t=R_0(1+\alpha t)$。

七、注意事项

①每次调节电阻盘 R 值后接通电路时，如遇检流计指针偏转到满刻度，应立即松开按钮

开关 B_0。

②为保护检流计,在使用按钮开关时,应该用手指压紧开关而不要“旋死”。按下开关 B_0 的时间不要太长。

③实验完毕应检查按钮开关是否松开,各电源开关是否关闭,否则将会损坏电源。切记!

pn 结正向电压温度特性的研究

早在20世纪60年代初,人们就试图利用pn结的正向电压随温度升高而降低的特性来制作测温元件。现在pn结以及在此基础上发展起来的晶体管温度传感器、集成电路温度传感器已广泛应用于各个领域。pn结温度传感器具有灵敏度高、线性好、热响应快和小巧的特点,尤其是在温度数字化、温度控制以及用微机进行温度实时信号处理等方面,是其他测温仪器所不能与之媲美的。pn结温度传感器缺点是测温范围小,以硅为材料的温度传感器,在非线性误差不超过0.5%的条件下,测量范围为−50~150 ℃。如果采用其他材料,例如锑化铟或砷化镓,可以展宽传感器低温区或高温区的测温范围。

一、实验目的

①了解 pn 结正向电压随温度变化的基本规律;

②测量 pn 结正向伏安特性曲线;

③测量恒流条件下 pn 结正向电压随温度变化的关系曲线;

④确定 pn 结材料的禁带宽度。

二、实验仪器

NNQ-1 pn结正向电压温度特性测定仪,NKJ-B智能温控辐射式加热器。

三、实验原理

1. pn 结温度传感器的基本方程

根据半导体物理的理论,理想pn结的正向电流 I_F 和正向电压 V_F 存在如下近似关系

$$I_F = I_n \exp(qV_F/kT) \tag{1}$$

式中,q 为电子电量;T 为热力学温度;I_n 为反向饱和电流,它是一个和pn结材料的禁带宽度以及温度有关的系数。可以证明

$$I_n = CT^r \exp(-qV_{g(0)}/kT) \tag{2}$$

式中,C 是与pn结的结面积、掺杂浓度有关的常数;k 为玻尔兹曼常数;r 在一定范围内也是常数;$V_{g(0)}$ 为在热力学温度0 K时pn结材料的导带底与价带顶的电势差,即禁带宽度。对于给定的材料,$V_{g(0)}$ 是一个定值。将式(2)代入式(1),两边取对数,整理后可得

$$V_F = V_{g(0)} - (k/q\ln C/I_F)T - kT/q\ln T^r = V_{g(0)} - V_1 - V_{nr} \tag{3}$$

其中

$$V_1 = -(k/q\ln C/I_F)T$$

$$V_{nr} = -kT/q\ln T^r$$

式(3)是pn结正向电压作为电流和温度函数的表达式,它是pn结温度传感器的基本方程。其中 V_{nr} 是非线性项,实验和理论证明,在温度变化范围不大时,V_{nr} 的影响可以忽略不计。例如,对于通常的硅pn结材料来说,在−50~150 ℃的温度区间内,其非线性误差是很小的。因

此，根据式(3)，对于给定的 pn 结材料，在允许的温度变化区间内、I_F 保持不变的条件下，pn 结的正向电压 V_F 对温度的依赖关系取决于线性项 V_1，即

$$V_F = V_{g(0)} - (k/q\ln C/I_F)T \tag{4}$$

因此，只要测出正向电压的大小，便可以得知这时的温度，这便是 pn 结测温的依据。

T 是热力学温度，在实际测量中使用不方便，有必要进行温标转换，即将 pn 结正向变化用摄氏温度来表示。用 t 表示摄氏温度，用 $V_{F(t)}$ 和 $V_{F(0)}$ 分别表示 t 和0 ℃时 pn 结的正向电压，因 $T=273.2+t$，则式(4)可表示为

$$V_{F(t)} = V_{g(0)} - (k/q\ln C/I_F)(273.2 + t) = V_{F(0)} - (k/q\ln C/I_F)t \tag{5a}$$

这里特别要注意，在 pn 结传感器工作中，通过 pn 结的电流要保持不变，即应恒流供电。令

$$S = k/q\ln C/I_F$$

S 称为 pn 结传感器灵敏度。则式(5a)可表示为

$$V_F = V_{F(0)} - St \tag{5b}$$

或

$$t = -\Delta V/S \tag{6}$$

式中，$\Delta V = V_{F(t)} - V_{F(0)}$ 是温度为 t 时 pn 结的正向电压与 0 ℃时的正向电压增量。这就是 pn 结温度传感器在摄氏温标下的测温原理公式。

2. 确定 pn 结材料的禁带宽度

pn 结材料的禁带宽度 $E_{g(0)}$ 定义为电子的电量 q 与热力学温度 0 K 时 pn 结材料的导带底和价带顶的电势差 $V_{g(0)}$ 的乘积，即

$$E_{g(0)} = qV_{g(0)}$$

由于本实验是从室温开始，一般用室温测得的 pn 结正向电压来计算 $E_{g(0)}$。根据式(4)，若用 t_0 表示室温，则有

$$V_{g(0)} = V_{F(t_0)} + S(273.2 + t_{(0)}) \tag{7}$$

所以

$$E_{g(0)} = qV_{g(0)} = q[V_{F(t_0)} + S(273.2 + t_0)] \tag{8}$$

四、实验装置及内容

1. 实验装置

NKJ-B 智能温控辐射式加热器采用热惯性小的新式加热管辐射加热，借助直接照射、反射面反射和二次辐射等，在风冷降温作用下，使加热器中心的温度场具有很高的均匀性。采用智能温控，应用模糊规则进行 PID 调节，利用电压表和指示灯明暗变化指示加热管两端所加脉冲电压的大小，内置了常用热电偶和热电阻(Cu50、Pt100)的非线性校正表格，自动进行数字校正，使加热器的温度在设定值的±(0.1～0.2) ℃范围内基本保持恒定。

如图 2-66 所示，NKJ-B 智能温控辐射式加热器的加热腔上方有三个插孔，中间孔插入进行实时温度显示用的铂电阻 Pt100，余下两孔可同时插入两个待测温度传感元件，它们的引线连接仪器背面相应插孔。对于待测器件可通过相应连接线接入到供电电路中。

NNQ-1 pn 结正向电压温度特性测定仪的电流、电压可通过调节旋钮调节，初测时需把电流 I_F 调至 50.0 μA，读出室温 t_0 时的 pn 结电压值 $V_{F(t_0)}$。

NKJ-B 智能温控辐射式加热器的智能表面板上方的红数字显示的是炉内温度，下方绿数

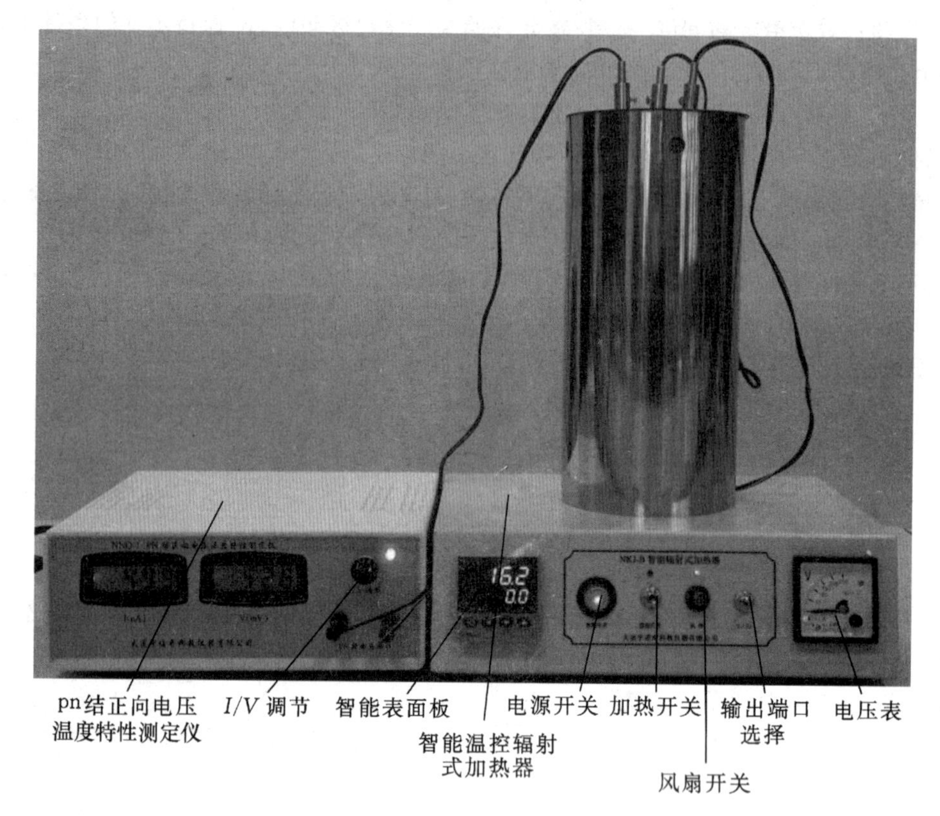

图 2-66 NNQ-1 pn 结正向电压温度特性测定仪及 NKJ-B 智能温控辐射式加热器

字显示的是设置温度，(↺)是功能键(一般不用)，(◁)是小数点移位键，(▽)是数据减小键，(△)是数据增加键。设置温度的方法是：接通电源后，点按(◁)将小数点移到需要改变的数字右侧，利用(▽)(△)减小、增加数字到设定值即可，设定好温度后，打开加热开关(即开关向上拨)，此时电压表的指针不停地摆动即表示正在加热，风扇开关从始至终都要保持开起状态，输出端口选择 T_1。

2. 实验内容

①测量 pn 结正向伏安特性(见表 3)。

②测量恒流条件下 pn 结正向电压随温度变化的关系(见表 4)。

③确定 pn 结温度传感器的灵敏度和被测 pn 结材料的禁带宽度。

五、数据记录及处理

记录：室温 t_0=__________℃，工作电流 $I_F=50.0\ \mu A$ 时，室温 t_0 时的正向压降 $V_{F(t_0)}$=__________mV。

表 3 室温 t_0 时的 pn 结伏安特性

$I_F/\mu A$	0	5.0	10.0	20.0	30.0	40.0	50.0	60.0	70.0	80.0	90.0	100.0	110.0
V_F/mV													

表 4　$I_F=50.0\ \mu A$ 时的 pn 结正向电压与温度

t/℃	50.0	55.0	60.0	65.0	70.0	75.0	80.0	85.0	90.0	95.0
V_F/mV										

数据处理：

①由式(4)可以看出，在温度不变的条件下，pn 结的正向电流 I_F 与电压 V_F 呈指数关系，根据表 3 绘出室温 t_0 时的 pn 结伏安特性曲线 V_F-I_F。

②根据表 4 绘出 $I_F=50.0\ \mu A$ 时的 pn 结正向电压随温度变化的关系曲线 V_F-t。

a. 求 V_F-t 关系曲线的斜率，即为 pn 结温度传感器的灵敏度 S(mV/℃)。

$$S=-\frac{V_2-V_1}{t_2-t_1}$$

b. 计算热力学温度 0 K 时 pn 结材料的导带底与价带顶的电位差 $V_{g(0)}$

$$V_{g(0)}=V_{F(t_0)}+S(273.2+t_0)$$

根据公式(8)计算 pn 结材料的禁带宽度 $E_{g(0)}$，并与其公认值 1.21 eV 比较，计算误差。

六、注意事项

实验完毕后，将炉温设置在 0 ℃，然后关掉加热开关(即将加热开关拨向下方，避免下次开机时加热器自动加热)，待温度下降至接近室温时，方可关闭电源。

七、思考题

①电桥的组成部分有哪些？什么是电桥的平衡条件？

②图 2-64 中电阻 R_h 和 R_n 的作用是什么？它们对电桥平衡是否有影响？

③有人先将待测电阻接到电桥的 x_1 和 x_2 之间，然后再用万用电表欧姆挡测量它的值，这样操作对吗？为什么？

④若待测电阻 R_x 的一端没接(或断开)，电桥是否能调平衡？为什么？

实验 13　直流电势差计及其应用

直流电势差计是一种根据补偿原理制成的用途十分广泛的高准确度和高灵敏度的比较式电测仪器。它主要用来测量直流电动势和电压，在配合标准电阻时也可测量电流和电阻，还可以用来校准直流电桥和精密电表等直读式仪表。电势差计中所利用的补偿原理还常用在一些非电量(如压力、温度、位移等)的测量中及自动检测和控制系统中，其准确度可达 0.001%。

一、实验目的

①了解补偿、平衡、比较的测量方法；

②掌握电势差计的构造、工作原理及使用方法；

③了解热电偶的测温原理和方法，并熟悉灵敏电流计和标准电池的使用。

二、仪器和用具

UJ31 型低电势直流电势差计，直流复射式检流计，直流电源，标准电池，温度计，镍铬-康铜热电偶,电热器,保温瓶,电路板,标准电阻箱等。

三、实验原理

电势差计是根据补偿原理并应用比较法,将待测电动势(或电压)与标准电动势(或电压)相比较来进行测量的仪器。

1. 补偿原理

在使用各种系列的指针式直读仪表进行测量时,由于测量仪器进入被测系统后,使该系统的状态发生变化,从而不能得到被测量的客观值。如用伏安法测量电阻 R 的大小,如第1章图1-4(a)所示,无论采用电流表内接还是电流表外接,仪表工作时都要从被测电路中吸收一部分能量,使测量值电流或电压总有一个是不真实的,从而造成“系统误差”。

如果采用补偿法测量电压,就可以消除这种误差。将图1-4(a)的电路补充一些仪器和元件,变成图1-4(b)所示的电路,即组成一个“可调的标准电压箱”,并调节它的电压 U_N,使它的大小与被测电阻 R 上的压降 U_x 相等,这时,检流计G指“0”,G支路中没有电流流过,于是有 $U_x=U_N$,这时称 U_x 与 U_N 互相补偿。这种测量方法称为补偿法,图2-67所示为其原理图。

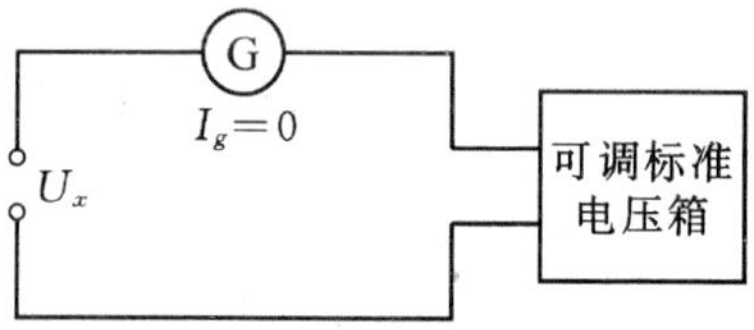

图2-67 补偿法原理图

由上讨论可知:要用补偿法对电动势(或电压)进行高准确度的测量,除补偿原理外,还要有高准确度的可调标准电源,高准确度的读数装置及灵敏度足够高的检流计,直流电势差计就是根据这些原理及要求制成的。

按获得可变标准电压的方法不同,直流电势差计可分为两大类。

第一类是定流变阻式,原理性电路如图2-68所示。图中,电流 I_P 固定不变,改变 R_0 上分出电压的数值使标准电压 $U_0=I_PR'_0$ 发生变化。当 $U_x=U_0$ 时,检流计G指零,U_x 的数值可以从 $I_PR'_0$ 得到。又因为 I_P 的值固定不变,用 R'_0 的值可以代表 U_x 的大小,R'_0 可以直接用 U_x 标度。

第二类是定阻变流式,原理性电路如图2-69所示。图中,电阻 R_0 的数值保持不变,通过改变 R_P 的大小使电流 I_P 的数值发生变化,从而改变标准电压 U_0 的数值,当 $U_x=U_0$ 时,检流计G指零,U_x 的数值可以从 I_PR_0 得到。由于 R_0 值固定,U_x 的值可以从电流表直接读数,I_P 可直接用 U_x 来标度。

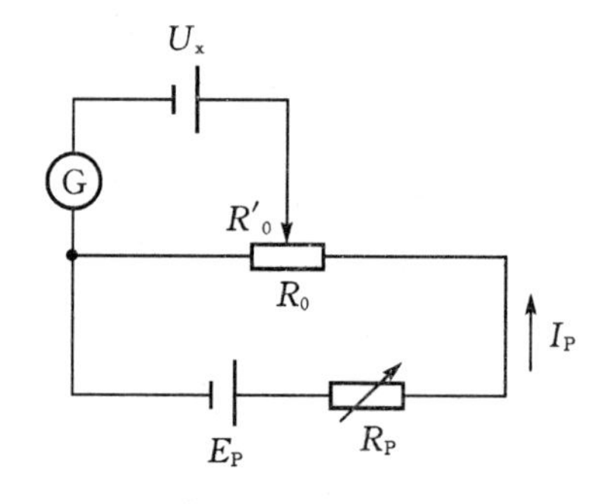

图2-68 定流变阻式电势差计原理

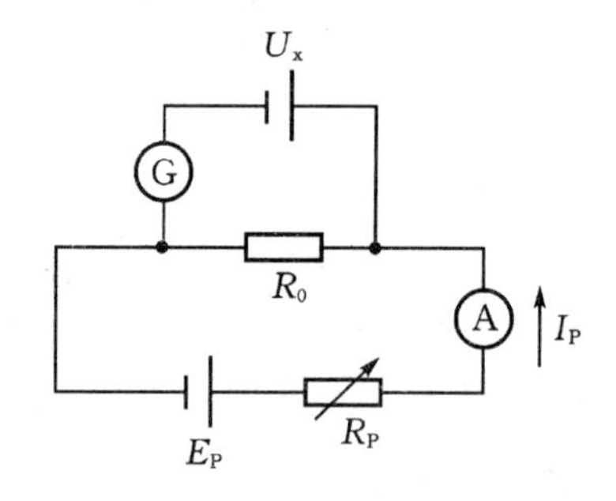

图2-69 定阻变流式电势差计原理

2. 定流变阻式直流电势差计的工作原理及使用方法

定流变阻式直流电势差计的基本原理如图 2－70 所示，图中各符号的含义是：

E_S－标准电池，它是标准量具，提供准确的电动势；E_x－待测电动势；E－电势差计的工作电源，由它提供工作电流 I_P，要求输出的电压稳定；R_s－s、o 两点间的电阻，称为标准电阻；R_x－x、o 两点间的电阻，称测量电阻，也称补偿电阻，要求其数值连续可调，而且准确、稳定；R_P－工作电流调节电阻，要求它有一定的调节细度；G－检流计；K－工作电源开关；K_1－检流计按钮开关；K_2－选择开关。

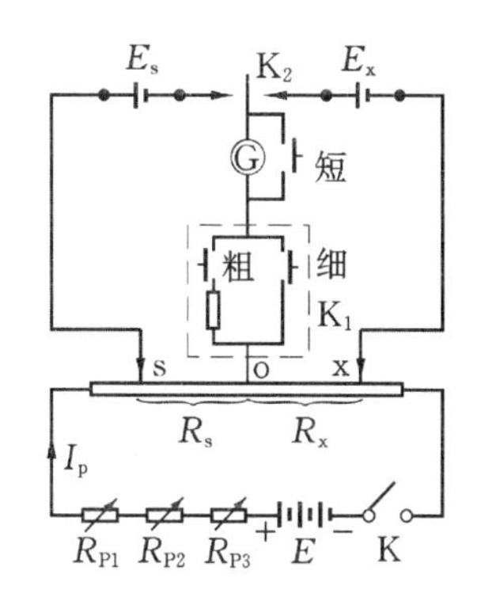

图 2－70　电势差计基本工作原理

直流电势差计的原理图可分为三个回路：

①工作电流（I_P）调节回路。由工作电源 E、调节电阻 R_P、标准电阻 R_s 及补偿电阻 R_x 组成。

②校准工作电流回路。由标准电池 E_s、标准电阻 R_s 及检流计 G 组成。

③测量电压回路（也称补偿回路）。由补偿电阻 R_x、被测电动势 E_x 及检流计 G 组成。

本实验使用 UJ31 型低电势直流电势差计，它的测量范围有两挡：1 μV～17.1 mV 和 10 μV～171 mV。其面板如图 2－71 所示，它与工作原理图 2－70 对照如表 1 所示。

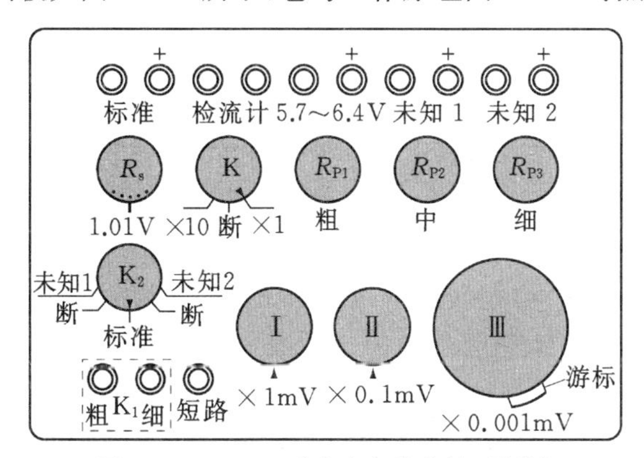

图 2－71　UJ31 型直流电势差计面板图

表 1　面板图与原理图对照表

图 2－70	图 2－71
R_s	标有 R_s 的旋钮，用来调节 R_s 两端电压，使与标准电动势 E_s 补偿
R_x	标有Ⅰ、Ⅱ、Ⅲ的三个测量转盘。用来调节 R_x 两端电压，使与未知电动势 E_x 补偿
R_P	标有 R_{P1}、R_{P2}、R_{P3} 的三个旋钮，用来调节工作电流
K	标有 K 的旋钮。“断”的位置为切断工作电源。两个接通位置中“×10”比“×1”的量程大 10 倍
K_1	标有 K_1 的两个按钮。其中“粗”按钮串有保护电阻，应先按它，以保护标准电池和检流计
K_2	标有 K_2 的旋钮。与标准电动势补偿时，应指“标准”；与未知电动势补偿时，应指“未知 1”或“未知 2”。K_2 是选择开关

图2-71中左下方“短路”按钮单独按下时，可使检流计两端直接接通，因而可使摆动的检流计的光标很快停下来。图2-71中上边一排接线柱分别用来连接标准电池 E_s、检流计G、工作电源 E(6 V左右)、待测未知电动势 E_{x1} 或 E_{x2}。

3. UJ31型电势差计的使用方法

(1)用标准电池校准工作电流

先根据标准电池20 ℃时的电动势数值和室温，由式(4)算出室温下标准电动势 E_s 的值，然后，调节 R_s 旋钮到相应值。将 K_2 拨至“标准”，接通K，在按下 K_1(先粗后细)的同时调节 R_P，以改变工作回路中的电流 I_P，使 R_s 两端的电压与 E_s 值完全补偿而达到平衡(检流计指“0”)。这时电势差计的工作电流就被“校准”到规定值，用 $I_{规}$ 表示。则

$$E_s = I_{规} R_s \quad 或 \quad I_{规} = \frac{E_s}{R_s} \tag{1}$$

(2)测量未知电动势

将 K_2 与 E_x 接通，R_P 值不变。按下 K_1，调节 R_x 的阻值，使其两端的电压与 E_x 值完全补偿而达到平衡，此时有

$$E_x = I_{规} R_x \tag{2}$$

由式(1)和式(2)可得

$$E_x = \frac{R_x}{R_s} E_s \tag{3}$$

这样，未知电动势就可由式(3)求得。

为了测量方便，工艺上已将 $E_x = I_{规} R_x$ 值直接标在 R_x 处。且在 R_s 处标以 E_s 值(即 $E_s = I_{规} \cdot R_s$ 值)。因此，不用计算便能直接读出未知电动势的测量值。

可见，电势差计是通过电阻 R_s 和 R_x 把被测量 E_x 与标准 E_s 进行比较的，只要电阻 R_s 和 R_x 制造得足够准确，电势差计就可得到比较准确的测量结果。同时，在比较过程中，必须保证工作电流 I_P 不变，因此，调节 R_s 和 R_x 时不能改变电势差计回路的总电阻。

4. 热电偶测温原理

用两种金属组成一个闭合回路如图2-72所示，当两接触点的温度不同时，便在回路中有电流流过，说明回路中存在电动势，我们称此电动势为温差电动势，这一对金属为热电偶。温差电动势的大小取决于金属材料和温差，其极性只与热电偶材料有关。本实验用的镍铬-康铜热电偶，镍铬为“+”极，康铜为“-”极。

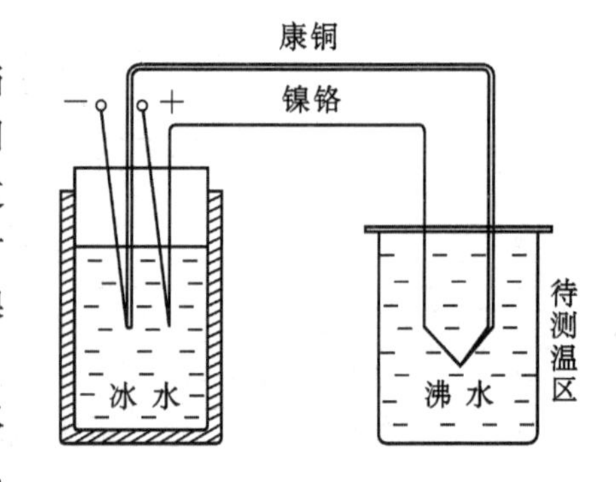

图2-72 实验用的热电偶装置

一般将热电偶的一端(称为自由端)置于0 ℃冰水共存的容器中，使其温度保持不变，用 t_2 表示其温度。另一端(称为工作端)置于待测的高温区中，使其温度变化，用 t_1 表示待测区的温度。这两端产生的温差电动势 ε 与工作端温度 t_1 有一定的关系，可以用实验方法作出 $\varepsilon - t_1$ 的关系曲线。

若要用热电偶测定某待测区的温度，只需保持自由端的温度 t_2 不变，将工作端放在待测区，然后用电势差计测出此时的温差电动势 ε，再从 $\varepsilon - t_1$ 曲线上找到对应的 t_1 值，或由相应的热电偶温差电动势与工作端温度的关系表查出待测温度值。

四、仪器结构、工作原理及使用方法

1. 标准电池

标准电池的结构如图 2-73 和图 2-74 所示。

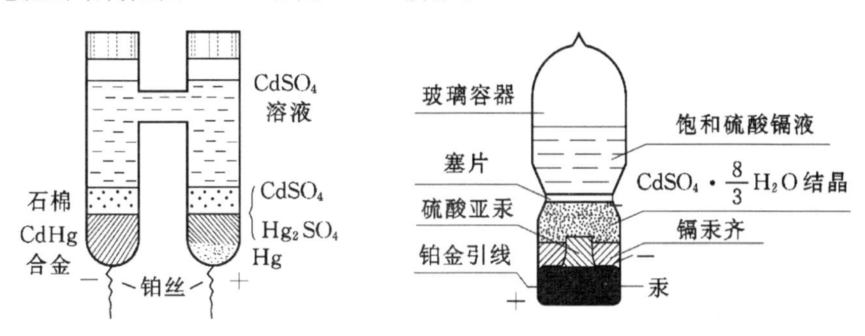

图 2-73　H 形结构的标准电池　　　　图 2-74　单管结构的标准电池

标准电池是电动势和电压的标准量具，它是一种汞镉化学电池。一种是 H 形结构，化学物质密封在 H 形的玻璃容器内(图 2-73)，两极为汞及镉汞齐(镉汞合金)。铂丝和两电极接触，作为电极的引出线。汞上放有硫酸镉和硫酸亚汞的混合糊状物，电解液为硫酸镉溶液。另一种是单管同心圆结构，如图 2-74 所示，负极由镉汞齐组成，正极由汞及硫酸亚汞组成，电解液为饱和硫酸镉溶液及过剩的硫酸镉结晶体，电极引出线由铂制成。按电解液的浓度可分为饱和式与不饱和式两类。饱和式的电动势非常稳定，但随温度变化比较显著，每个电池标有 20 ℃时的电动势 E_{20} 值。t ℃时的电动势 E_s 可由下面简化式算出

$$E_s = E_{20} - 4 \times 10^{-5}(t-20) - 10^{-6}(t-20)^2 \quad \text{V} \tag{4}$$

不饱和式则不必作温度修正，但其电动势的稳定性较差。

JJG153-86 规定的各级标准电池的主要技术性能如表 2 所示。

表 2　标准电池的主要技术性能

类型	等级指数	20 ℃时电动势实际值允许范围/V	一年期间电动势允许变化值/μV	内阻值/Ω	
				新生产	使用中
饱和式	0.0002	1.0185900～1.0186800	≤2	≤700	≤1000
	0.0005	1.018590～1.018680	≤5	≤700	≤1000
	0.001	1.018590～1.018680	≤10	≤1000	≤1500
	0.002	1.018550～1.018680	≤20	≤1000	≤1500
	0.005	1.01855～1.01868	≤50	≤1000	≤2000
	0.01	1.01855～1.01868	≤100	≤1000	≤3000
不饱和式	0.002	1.018800～1.019300	≤20	≤1000	≤2000
	0.005	1.01880～1.01930	≤50	≤1000	≤3000
	0.01	1.01880～1.01930	≤100	≤1000	≤3000
	0.02	1.0186～1.0196	≤200	≤1000	≤3000

标准电池的准确度和稳定性与使用和维护情况有很大关系,因此在使用和存放时必须注意以下几点:a. 标准电池只能作为电动势或电压的比较标准,不能作为电源使用,也不能用电压表测量其电压,更不能短路。b. 不能摇晃、震荡、更不能倒置。c. 应防止阳光照射及其它光源、热源、冷源的直接作用或侧向辐射。d. 通入或流出电池的电流应严格控制在 1 μA 以下,并应间歇断续使用。e. 使用和长期存放应防止环境温度的骤变。f. 将它和电势差计等相连时,极性不可接错。g. 物理实验中常用0.005级饱和式标准电池,其工作温度范围为 0~40 ℃,相对湿度<80%。

2. 标准电阻

标准电阻是电阻单位(欧姆)的实物样品,是电阻的标准量具。

标准电阻用锰铜丝或锰铜条双线并绕制成,以消除感抗。绕组一般浸泡在油内,以保证温度稳定。锰铜是一种铜、镍和锰的合金材料,它具有很高的电阻率,很小的电阻温度系数,因此可以制成准确度很高、稳定性很好的标准电阻。

标准电阻可以做成单个的,也可组合成电阻箱。

(1)单个的标准电阻

单个的标准电阻的阻值一般做成 10^n Ω,n 为从 −5 到 +5 的整数,即从0.00001 Ω 到 100000 Ω。

低值标准电阻为了减小接线电阻和接触电阻的影响,设有四个端钮,C_1、C_2 为电流端钮,P_1、P_2 为电压端钮。P_1、P_2 间的电阻为标准值。

使用单个标准电阻时应注意:a. 使用温度 t ℃ 下的电阻值 R_t 的计算公式为 $R_t=R_{20}[1+\alpha(t-20)+\beta(t-20)^2]$,其中 R_{20} 为标准电阻在温度为 20 ℃时的实际电阻值;α 和 β 为电阻温度系数,一般附在电阻出厂时的产品说明书中。b. 在小于额定功率下使用。c. 电流接头和电压接头不可接错。d. 需放置在温度变化小的环境中。

(2)电阻值

为了满足测量中需要可调节的标准电阻的要求,常将若干标准电阻装置在一个箱内,电阻各级做成十进位,如第一级为×0.1,第二级为×1,……,一直做到六或七级。利用转换开关的旋转得到不同数值的电阻。

五、实验内容及步骤

1. 用电势差计和镍铬-康铜热电偶测定本地区水的沸点

(1)测量前的准备工作

①根据图 2-70 和图 2-71,将电势差计的接线柱与相应的实物相连。

②将热电偶的工作端插入放有电热器的盛水容器中,自由端放入冰水共存的保温瓶中,并将热电偶的镍铬端接在电势差计的"未知+"(未知 1 或未知 2)接线柱上,康铜端接在相应的"未知−"接线柱上。

③由标准电池(或实验室)的温度计指示值 t,用式(4)计算出标准电池的电动势 E_s 的值,并将 R_s 旋钮拨到与 E_s 相应的位置。

④将直流复射式检流计面板上的"分流器"旋到"×0.1"挡,然后"调零"。

⑤接通电热器的电源,对水加热。

(2)校准工作电流

①将 K_2 旋到“标准”挡,K 置“×1”挡。

②按下 K_1 的“粗”按钮,观察光标偏转情况,断开 K_1,调节 R_{P_1} 转盘,再按下 K_1“粗”观察,使检流计的光标趋向“0”,依次调节 R_{P2}、R_{P3} 转盘,使检流计光标指“0”。然后按 K_1 的“细”按钮,进一步调节 R_{P2}、R_{P3} 转盘,使检流计的光标又指“0”。此时,工作电流就校准到 $I_{规}$ 了。

(3)测量未知电动势 E_x

将 K_2 旋到“未知”挡(未知 1 或未知 2,应与热电偶连接处相对应),检流计仍用“×0.1”挡。待水沸腾后,按下 K_1 的“粗”按钮,光标发生偏转,断开 K_1 依次调节 R_x 的Ⅰ、Ⅱ、Ⅲ转盘,再按下 K_1,最后使检流计的光标指“0”。然后,按下“细”按钮,调节 R_x 的Ⅱ、Ⅲ转盘,使检流计的光标再次指“0”。此时,R_x 上的数值就表示待测电动势 E_x 的值。

根据镍铬-康铜热电偶在自由端(t_2)温度为 0 ℃时的温差电动势与工作端温度的关系数值表(见附录二)或图线,查出本地区水的沸点。

2. 用电势差计测量电阻

用电势差计测量电阻的原理如图 2-75 所示。图中 R_2 为外接的标准电阻箱,其它元件均安装在实验电路板上,R_1 为待测电阻,直流电源 E 为 1.5 V 干电池,$R_{限}$ 为限流电阻。

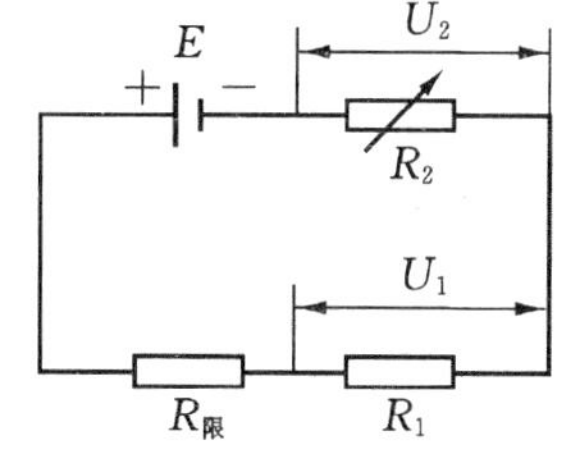

图 2-75　用电势差计测电阻

用电势差计分别测出 R_1 和 R_2 两端的电压 U_1 和 U_2,由于流经 R_1 和 R_2 的电流相等,故有

$$\frac{U_1}{R_1}=\frac{U_2}{R_2} \quad \text{或} \quad R_1=\frac{U_1}{U_2}R_2$$

为使所测电压大小在电势差计的测量范围内,并使 U_1 和 U_2 的值尽量接近,应根据 R_1 的大致数值,选择电阻箱 R_2 的数值与 R_1 相近,并应注意,旋钮“K”是否应旋到“×10”挡。(为什么?)

六、误差分析

电势差计在校准和测量时,检流计支路电流均为零,这保证了电势差计不从标准电池和被测电源中吸收能量,既保证了标准电池电动势值的稳定可靠,又使电势差计具有极高的等效输入阻抗,消除了由于被测量的内阻、连接导线和端钮处接触电阻引起的测量误差。

根据量限可将电势差计分为两类:第一类称为高电势电势差计,它的测量上限在 2 V 左右;测量高于 2 V 的电压时,需要用分压器把被测电源分压。高电势电势差计中的 R_x 值最高可达 $2\times10^4\ \Omega$,工作电流 I_P 为 0.1 mA。第二类称为低电势电势差计,它的测量上限在 20 mV 左右,R_x 在 20 Ω 左右,工作电流是 1 mA。

电势差计的测量误差可按下式计算

$$E_{\lim}=\pm\frac{a}{100}\left(\frac{U_n}{10}+U_x\right)$$

式中,$E_{\lim}$——误差的允许极限值(V);

a——电势差计的准确度等级指数,国家标准规定其数值为 0.2、0.1、0.05、0.02、0.01、0.005、0.002 和 0.001 八种,UJ31 型为 0.05 级;

U_n——基准值(V),由生产厂家给出;

U_x——测量转盘的示值。

七、注意事项

①电势差计使用完毕，工作电源开关K和选择开关K_2应指在“断”处，按钮开关K_1应全部松开。

②接线时，应注意各处的极性不要接错。

③标准电池不能作电源使用，不能用电压表测量其电压，更不可短路；使用时不能摇晃，不能颠倒。

④电势差计在每次测量前，必须先校准工作电流，按钮开关的接通时间应尽可能地短，千万不可一开始就按下“细”按钮。

⑤热电偶的两根金属导线不能接触。

八、思考题

①为什么用电势差计测电动势比用电压表测得准确？

②实验中，若发现检流计指针总是偏向一边，无法调平衡，试分析可能有哪些原因？

③如果热电偶的自由端温度t_2不是0 ℃(如将其置于冷水或室温的空气中)，而工作端仍处在高温区(温度为t_1)，你将如何进行测量？

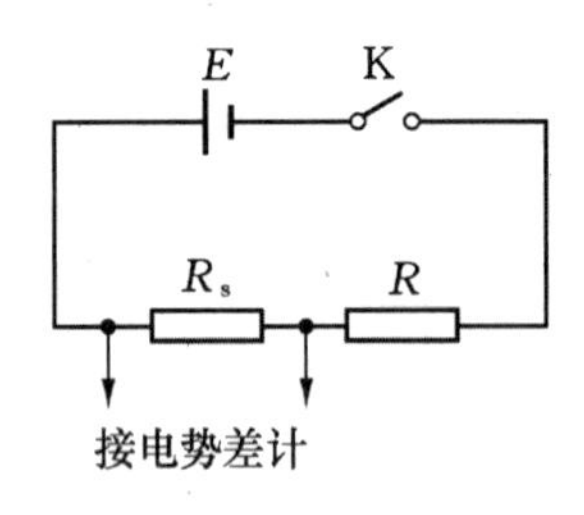

图2-76 用电势差计测电流

九、拓展实验

1. 用电势差计测量直流电流

测量原理如图2-76所示，图中R_s为标准电阻。用电势差计测量出R_s两端的电压降U_s，则被测电流I_s值为

$$I_s = \frac{U_s}{R_s}$$

2. 用电势差计校准电流表和电压表

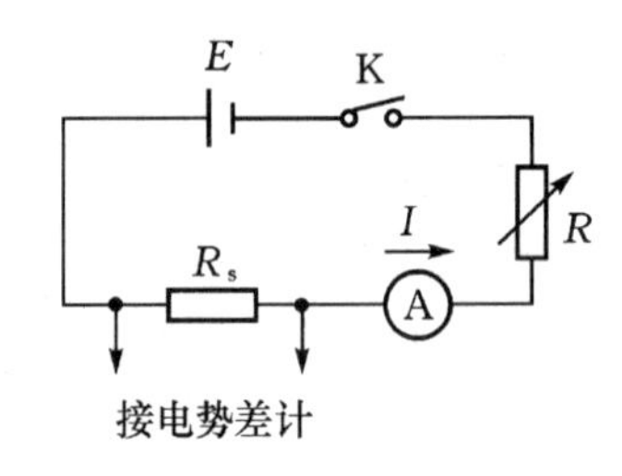

图2-77 校准电流表

校准电流表和电压表的原理如图2-77和图2-78所示。图2-77中，Ⓐ为被校电流表，R为限流电阻，R_s为标准电阻。用电势差计测出R_s两端的电压U_s，则流过R_s的准确电流值为

$$I_s = \frac{U_s}{R_s}$$

若电流表上的指示值为I，则I与I_s的差值称为电流表指示值的绝对误差，即$\Delta I = I - I_s$，若最大绝对误差为ΔI_m，则电流表等级a为

$$a = \frac{\Delta I_m}{\text{量限}} \times 100$$

要使被校电流表校正后有较高的准确度，电势差计与标准电阻的准确度等级必须比被校电表的级别至少高2级。

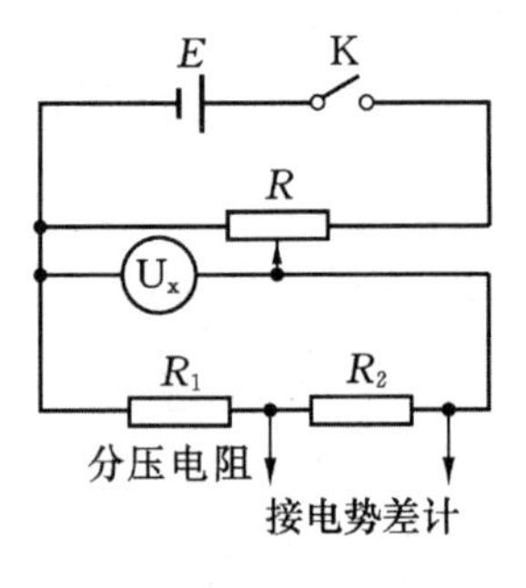

图2-78 校准电压表

图2-78中，$\textcircled{U_x}$为被校电压表，R_1为分压标准电阻，R_2为被测标准电阻。用电势差计测出R_2两端的电压为U_2，则被校电压表两

端的准确电压值为

$$U_x = \frac{R_1 + R_2}{R_2} U_2$$

同样，将电压表指示值 U 与 U_x 相比较，即可确定电压表的等级。

实验 14　用电流场模拟静电场

静电场是静止电荷周围的一种特殊物质。在现代科研或生产中，常常需要确定带电体周围的电场分布情况，如对各种示波管、显像管、电子显微镜的电子枪等多种电子束管内电极形状的设计和研究，都需要了解各电极间的静电场分布。因为静电场是由电荷分布决定的，而带电体形状一般比较复杂，所以很难用理论方法进行计算。用实验方法直接测绘静电场也很困难，因为静电场中无电流，除静电式仪表外，对一般仪表不起作用；同时，将测量探头或仪表引入静电场时，会使被测的场原有分布发生畸变。因此，常采用模拟法来观测静电场的分布。

模拟法本质上是用一种易于实现、便于测量的物理状态或过程模拟不易实现、不便测量的状态或过程。只要这两种状态或过程有一一对应的两组物理量，并且它们所满足的数学关系的形式及边值条件相似。模拟法是在有些试验和测量难于直接进行，尤其是在理论上难于计算时常采用的方法。

一、实验目的

①了解模拟实验法及其适用条件；
②加深对电场强度和电势概念的理解；
③学会用模拟法测量和研究二维静电场；
④学习用图示法表达实验结果。

二、仪器用具

GVZ-4 型箱式导电微晶静电场描绘仪 1 套，静电场描绘仪专用电源 1 台，信号连接线等。

三、实验原理

1. 模拟的理论依据

根据模拟法的适用条件，我们可以用稳恒电流场来替代静电场，因为电流场与静电场虽是两种不同性质的场，但由电磁场理论可知，均匀导电媒质中稳恒电流的电流场与均匀电介质中(或真空中)的静电场具有相似性，这是由于这两种场遵循的物理规律具有相同的数学形式。它们都可以引入电势 U，而且电场强度 $\boldsymbol{E} = -\nabla U$，它们都遵守高斯定理。对于静电场，当介质内无自由电荷时，电场强度矢量 $\boldsymbol{E}$ 满足方程

$$\oiint_s \boldsymbol{E} \cdot \mathrm{d}\boldsymbol{S} = 0 \qquad \oint_l \boldsymbol{E} \cdot \mathrm{d}\boldsymbol{l} = 0$$

对于稳恒电流场，当媒质内无电流源时，电流场中电流密度矢量 $\boldsymbol{J}$ 满足方程

$$\oiint_s \boldsymbol{J} \cdot \mathrm{d}\boldsymbol{S} = 0 \qquad \oint_l \boldsymbol{J} \cdot \mathrm{d}\boldsymbol{l} = 0$$

由此可见，$\boldsymbol{E}$ 和 $\boldsymbol{J}$ 在各自区域中满足同样的数学规律。若稳恒电流场空间均匀充满了电导率

为 σ 的不良导体,不良导体内的电场强度 $\boldsymbol{E}'$ 与电流密度矢量 $\boldsymbol{J}$ 之间遵循欧姆定律

$$\boldsymbol{J} = \sigma \boldsymbol{E}'$$

因而,$\boldsymbol{E}'$ 和 $\boldsymbol{J}$ 在各自的区域中也满足同样的数学规律。在相似的边界条件下,它们的解具有相同的数学形式。因此,我们可以用稳恒电流场来模拟静电场,通过测量稳恒电流场的电场分布来求得所模拟的静电场的电场分布。

2. 模拟长同轴圆柱形电缆的静电场

如图 2-79 所示,在真空中有一半径为 r_a 的长圆柱体 A 和一个内径为 r_b 的长圆筒形导体 B,它们同轴放置,分别带等量异号电荷。由高斯定理可知,在垂直于轴线的任一个截面 S 内,都有均匀分布的轴射状电力线,这是一个与坐标 z 无关的二维场。在二维场中电场强度 E 平行于 xy 平面,其等势面为一同轴圆柱面。因此,只需研究任一簇垂直横截面上的电场分布即可。可以证明电场分布函数为

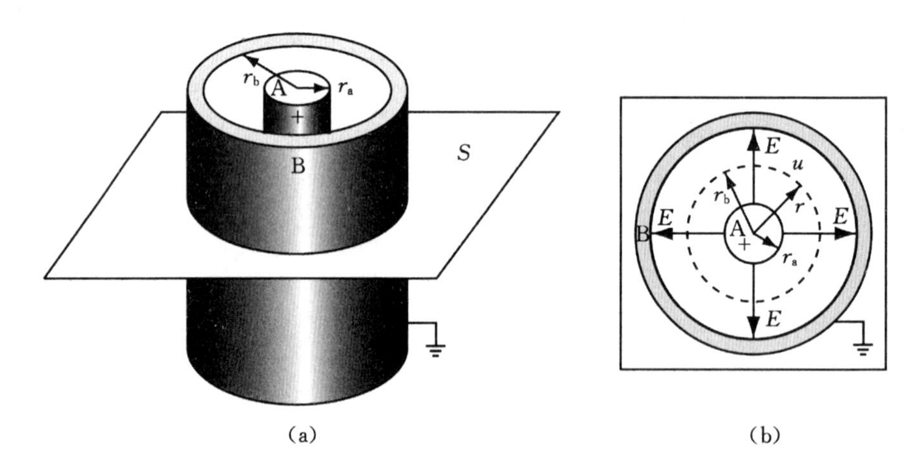

图 2-79 同轴电缆及其静电场分布

$$U_r = U_a \frac{\ln \frac{r_b}{r}}{\ln \frac{r_b}{r_a}} \qquad E_r = U_a \frac{u_a}{\ln \frac{r_b}{r_a}} \cdot \frac{1}{r}$$

若上述圆柱导体 A 与圆筒形导体 B 之间不是真空,而是均匀地充满了一种电导率为 σ 的不良导体,且 A 和 B 分别与直流电流的正负极相连,如图 2-80 所示,则在 A、B 间将形成径向电流,建立起一个稳恒电流场。稳恒电流场分布函数为

$$U'_r = U_a \frac{\ln \frac{r_b}{r}}{\ln \frac{r_b}{r_a}} \qquad E'_r = U_a \frac{u_a}{\ln \frac{r_b}{r_a}} \cdot \frac{1}{r}$$

可见 U 与 U',E_r 与 E'_r 的分布函数完全相同。

在实验室中,电流场很容易建立,模拟法的适用条件也较容易满足,例如,导电媒质的均匀性及电导率远小于电极,导体的表面是等势面等。因此,用稳恒电流场来模拟静电场是了解和研究静电场的最方便的方法之一。

现用两个与信号源相连的金属电极放到不良导体中,它们即建立起电流场。如果这个不

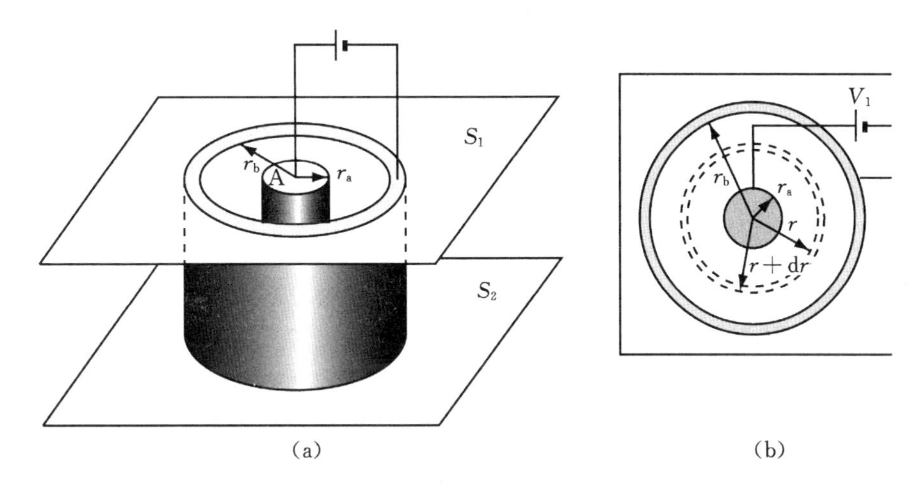

图 2－80　同轴电缆的模拟模型

良导体是均匀的、电导远小于电极电导的导电微晶(或自来水)，那么，这两个电极就相当于静电场中的静电荷或带电体，而电极周围的导电微晶(或自来水)就相当于静电场中的均匀介质，这样，电流场就相当于静电场了。

四、实验装置、内容及步骤

静电场描绘仪实验原理示意图如图 2－81 所示。

1. 描绘一个劈尖电极和一个条形电极形成的静电场分布

①将静电场描绘仪专用电源(GVZ-4 型)的指示选择开关打向校正，用电压调节旋钮将直流电压调到 10 V，再将此开关打向测量。

②用 GBZ-4 型电场描绘仪中的劈尖和条形电极装置，将接到外接线柱上的两电极引线与直流电源接通。

③将专用电源的控制线与测试笔相连。

④用测试笔在导电微晶上找到测试点后，在坐标纸上记录对应的标记，在导电微晶上移动测试笔，画出一系列等势点。

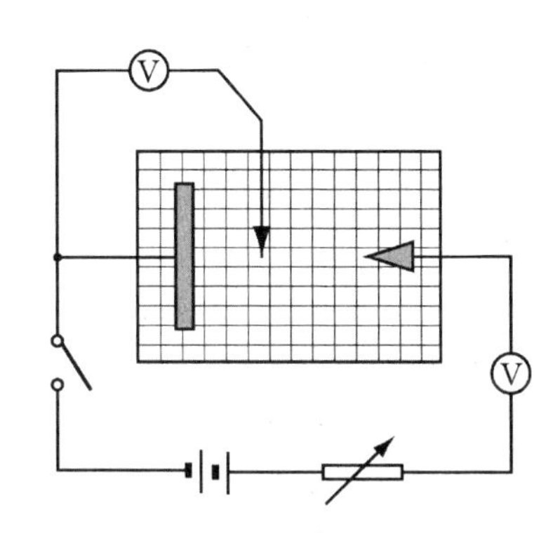

图 2－81　实验电路图

要求：相邻两等势线之间的电势差为 1 V，共测 9 条等势线，每条等势线找 10 个以上的等势点，尤其在电极两端点附近应多找几个等势点。用曲线板将等势点连成 9 条光滑的等势线(画实线)，然后画出 10 条以上的电场线(画虚线)，电场线的画法应遵循静电场的一些基本性质；电场线与等势线正交；导体表面是等势面；电场线垂直于导体表面；电场线发自正电荷而终止于负电荷；疏密度要表示出电场强度的大小；根据电极正负画出电力线方向。

2.(选做)描绘同轴电缆的静电场分布

①上述步骤①、③保持不变。

②用 GVZ－4 型电场描绘仪中的同心圆电极装置，将接到外接线柱上的两电极引线与直

流电源接通。

③移动测试笔,按上述步骤④的方法及要求测出一系列等势点,描绘出同心圆电极的电场分布。

④在坐标纸上作出相对电势 U_r/U_a 和 $\ln\bar{r}$ 的关系曲线,并与理论结果比较,再根据曲线的性质说明等势线是以内电极中心为圆心的同心圆。

五、注意事项

①由于导电玻璃边缘处电流只能沿边缘流动,因此等势线必然与边缘垂直,使该处的等势线和电场线严重畸变,这就是用有限大的模拟模型去模拟无限大的空间电场时必然存在的"边缘效应"的影响。为了减小这种影响,可以人为地将导电玻璃的边缘切割成电场线的形状。

②用测试笔在导电微晶上找测试点时要轻微移动,以免划伤导电微晶表面。

③保持导电微晶表面清洁,保证导电微晶具有很好的导电性和均匀性。

④在导体的端点处(等势线发生弯曲的地方)应多找几个等势点,即探测点应取密些。

六、思考题

①如果电源电压增加1倍或减小一半,等势线、电场线的形状是否变化?电场强度和电势的数值是否变化?

②靠近导体处的电场线如何分布?为什么?

③什么是模拟实验?它的适用条件是什么?

④用长同轴圆柱电缆模型证明稳恒电流场与静电场的电势分布函数完全相同。

附:模拟法

在实际测量中,限于条件,有许多现象是不可能直接测量的。例如,一个大的水利工程,在论证和设计阶段,要做一定的实验,像洪水冲击,地震的影响等,这些现象不仅不能按实验要求随时出现,就是有一定手段再现,其后果也不堪设想。还有一些剧烈的气候现象,如狂风暴雨、雷电灾害等都无法直接试验。还有一些比较抽象的现象,例如,某些场的性质,一则仪器难于引入,再则引入检测仪器就很难消除这些装置对原始状态的影响,达不到测量的目的。为了解决这一类问题,通常用模拟的方法进行研究。

1. 物理模拟

仅仅改变被测实物的线度,按一定的比例将实物缩小或放大,仍保持其原来的属性,制成样品,对该样品在相应的条件下进行测试,再按比例算出原件的结果来。这一类属于物理模拟,它在流体的研究中被广泛应用。如按一定的比例将水工建筑(坝体、河床、水流)缩小;制成一定形状的管道,以大的风机在管道内形成一定流量和速度的气流,让试件在其中运动——这就是常说的"风洞"试验。

模型与原型按一定比例缩小(或放大),严格保持性质、形状及过程相似,物理模拟才能成立,这就是模型相似定律。

综上所述,对于物理模拟我们可以得出如下结论:

①原理依据为相似原理或模型相似定律。

②模型与实物原型有相同的物理过程和相同的物理性质。

③有相同的量纲和相同的函数关系。

2. 数学模拟

一个被测量可以找到另一个与之有相同的函数表达式且遵循同样的数学规律的物理量，因而可以用该物理量及其函数关系相似地表征被测量，叫做数学模拟。电流场模拟静电场就是数学模拟。

对于数学模拟，可以归纳以下几点：

①模拟量和被模拟量可以是不同的物理量，可以有不同的量纲；

②必须有相似的数学表达式及边界条件。

实验 15　电子示波器及其应用

电子示波器是现代工业生产和科学研究中应用非常广泛的测量仪器，用它可以观察和分析各种信号波形，如电流、电压、电脉冲等信号，所以，一切可以转换为电压信号的非电学量如流量、位移、速度等及其随时间变化的过程均可通过示波器进行观察和分析。由于微电子技术与计算机科学在示波器设计和生产中的应用，赋予了现代示波器记录、存储和处理信号的更加强大的功能，将过去人眼无法直接看到的电子束运动状态、信号瞬变过程以图形、曲线和字符等形式通过示波器清晰地展现在人们的面前，使得人类分析和认识快速变化的世界的能力得到进一步的扩展，所以，学习和掌握示波器的使用对现代工程技术人员极为重要。随着生产技术的进步和发展，示波器将朝着高清晰度、低功耗、智能化、数字化的方向发展。

一、实验目的

①了解电子示波器的基本工作过程和扫描原理；

②学习使用示波器观测波形。

二、仪器用具

电子示波器，变压器，电阻，电容，半导体二极管，干电池，导线等。

三、实验原理

1. 双踪示波器的电路原理框图

示波器主要由示波管、X 轴和 Y 轴偏转放大器、控制电路、扫描电路、电源和标准信号源等部分组成。图 2－82 给出了双通道示波器的原理框图，图中，被观测的信号经通道 1(或通道 2)输入 Y 轴后，通过放大器放大(或衰减)，加到示波器的 Y 轴偏转板上；同时，从扫描电路输出的扫描电压加到示波管的 X 轴偏转板上，这样，就能在荧光屏上重复出现被观测的信号波形。当 X 轴要输入信号时，只要将扫描电路切断即可。

2. 示波管的结构与工作原理

电子示波器的种类繁多，形式多样，其基本工作原理大同小异。所有示波器中最基本的最关键的部件之一是示波管，它是一只抽成真空的玻璃管，其内部结构如图 2－83 所示，它的电子枪由灯丝、阴极、栅极、第一阳极、聚焦极和第二阳极构成，其主要功能是通过灯丝加热阴极发射面，发射并形成一束聚焦良好的电子束。偏转极板由两对相互垂直放置的 Y 轴偏转板和 X 轴偏转板组成，其主要作用是在两极板间加上一定电压时，可以控制电子束在竖直方向上

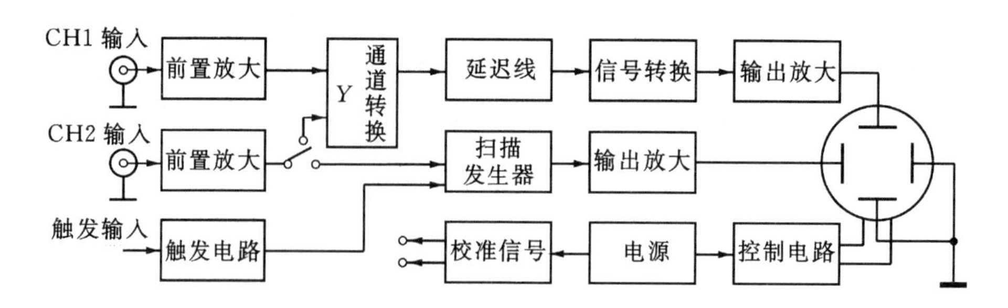

图 2-82 示波器电路原理框图

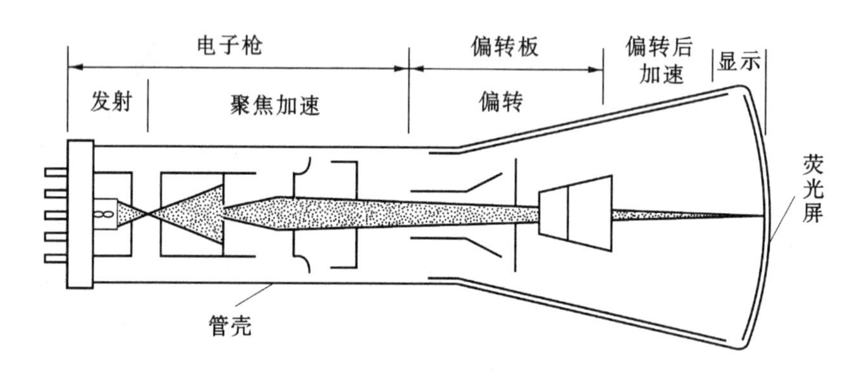

图 2-83 示波管结构示意图

偏转或在水平方向上偏转。荧光屏是示波管的图形显示界面,当受控电子束轰击荧光屏时,屏上的荧光物质会发出可见光。所以,向示波器输入信号时,荧光屏上会呈现出输入信号的波形,因此可以借助示波管观测和分析信号。

3. 示波器显示波形的原理

在使用示波器时,通常将待测信号加在示波器的 Y 轴偏转板,而在 X 轴偏转板加入扫描电压。若在 X 轴和 Y 轴偏转板同时加入信号,则电子束将在两个相互垂直的力的共同作用下向合力方向偏转。

当示波器的两对偏转板不加任何信号时,荧光屏上只出现一个光点。若在 Y 轴偏转板或 X 轴偏转板单独施加一信号电压,而在另一偏转板不加信号时,电子束就沿垂直或水平方向偏转。当输入信号频率大于 25 Hz 时,由于荧光屏的余辉和人眼的视觉暂留作用,观察者在荧光屏上可看到一幅光滑稳定的波形。

常用示波器的扫描方式有 3 种,即直线扫描、圆式扫描和螺旋转扫描。直线式扫描是指电子束在时基信号作用下的光迹为一条直线,圆式扫描在测量相位和频率时用到,螺旋式扫描在特殊场合使用。我们使用的示波器的扫描方式是直线扫描。

直线扫描是在示波器 X 轴偏转板加上锯齿波扫描信号来实现的,图 2-84 为锯齿波扫描电压波形,图2-85为波形合成原理图,设 U_Y 和 U_X 周期相同,将一个周期分为 4 个相等的时间间隔,U_Y 和 U_X 值分别对应光点偏离 X 轴和 Y 轴的位置,其扫描过程为:锯齿波电压在一个周期内从零值开始随时间正比地增加到峰值,而后突然降到零值,随后就周而复始地进行这样的变化。由于锯齿波电压的这一扫描作用,使得光点在荧光屏上扫过一个完整波形时,U_X

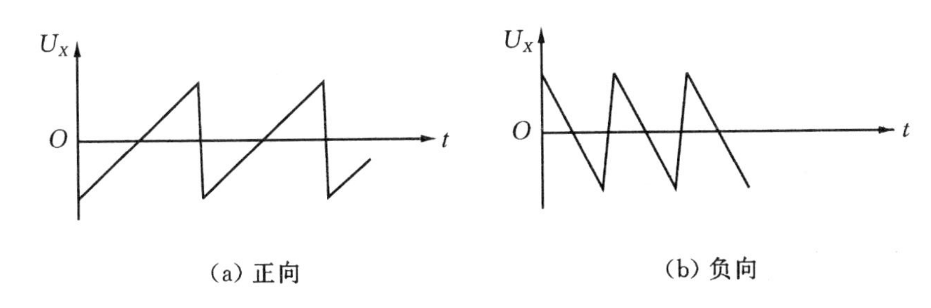

图 2-84　锯齿波扫描电压波形

迅速降为零，从而使光点迅速向左偏移，回到开始扫描的原点，接着开始下一个周期的变化，光点随之在荧光屏上重复描绘出 Y 轴输入的波形。若在 Y 轴偏转板输入待测信号电压为

$$U_Y = U_m \sin\omega t$$

则电子束在 U_Y、U_X 的共同作用下，在荧光屏上描绘的轨迹为

$$U = U_Y + U_X = U_m \sin\omega t + U_X$$
$$= U_M \sin\omega t$$

扫描电压的周期（或频率）可以调节，当它的周期与待测信号的周期相同时，荧光屏上将出现一个稳定的波形。当待测电压的频率 f_y 是扫描电压频率 f_x 的整数倍时，即 $f_y = nf_x(n=1、2\cdots)$ 时，荧光屏上将出现 1 个、2 个、…、n 个波形。为了有效稳定地显示波形，多数示波器采用触发电路和扫描电路实现同步扫描。示波器出厂时一般已调至临界触发状态，这时触发灵敏度最高。当输入的待测信号电压上升到触发电平时，锯齿波发生器便开始扫描，扫描时间长短由扫描速度选择开关控制，通过适当调节，可使所显示的波形非常稳定。实验中使用的 YB43020B 型示波器采用的正是这种同步扫描方式。

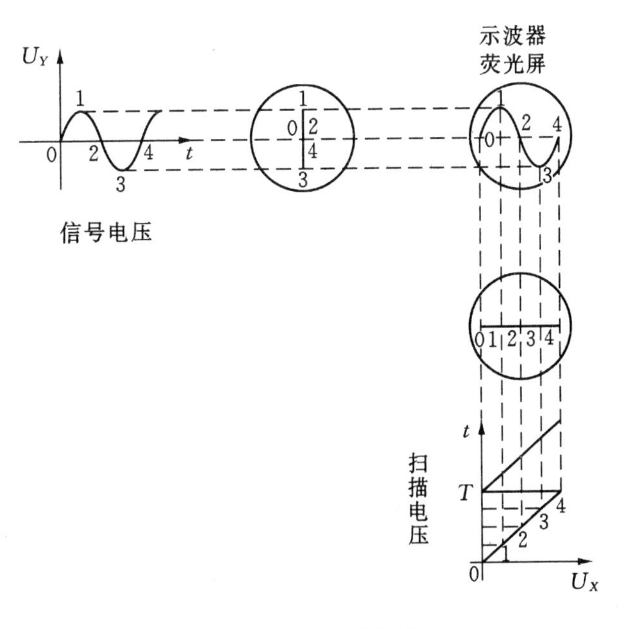

图 2-85　显示波形的原理

四、YB43020B 示波器的调节和使用

YB43020B 示波器的面板如图 2-86 所示，其荧光屏坐标面显示尺寸为10.5 cm×8.5 cm，各按键及旋钮的功能用数字表示依次为：①电源开关；②亮度调节；③聚焦调节；④光迹旋转；⑤探极校准信号；⑥耦合方式选择（AC：交流，DC：直流，GND：接地）；⑦通道 1 输入插座 CH1（X）；⑧、⑮通道灵敏度选择开关（V/div）；⑨、⑯灵敏度微调；⑩、⑭垂直位移；⑪垂直工作方式（CH1，CH2，交替，断续，叠加，CH2 反相）；⑬通道 2 输入插座（在 $X-Y$ 方式时，作为 Y 轴输入口）；⑰水平位移；⑱极性开关；⑲电平调节；⑳扫描方式（自动，常态，锁定，单次）；㉑触发指示；㉒扫描扩展指示；㉓×5 扩展；㉔交替扩展扫描；㉕光迹分离；㉖扫描速度选择开关；㉗扫描微调开关；㉙触发源（CH1，CH2，交替，外接；常态，TV-V，TV-H，电源）；㉚外触发源选择开

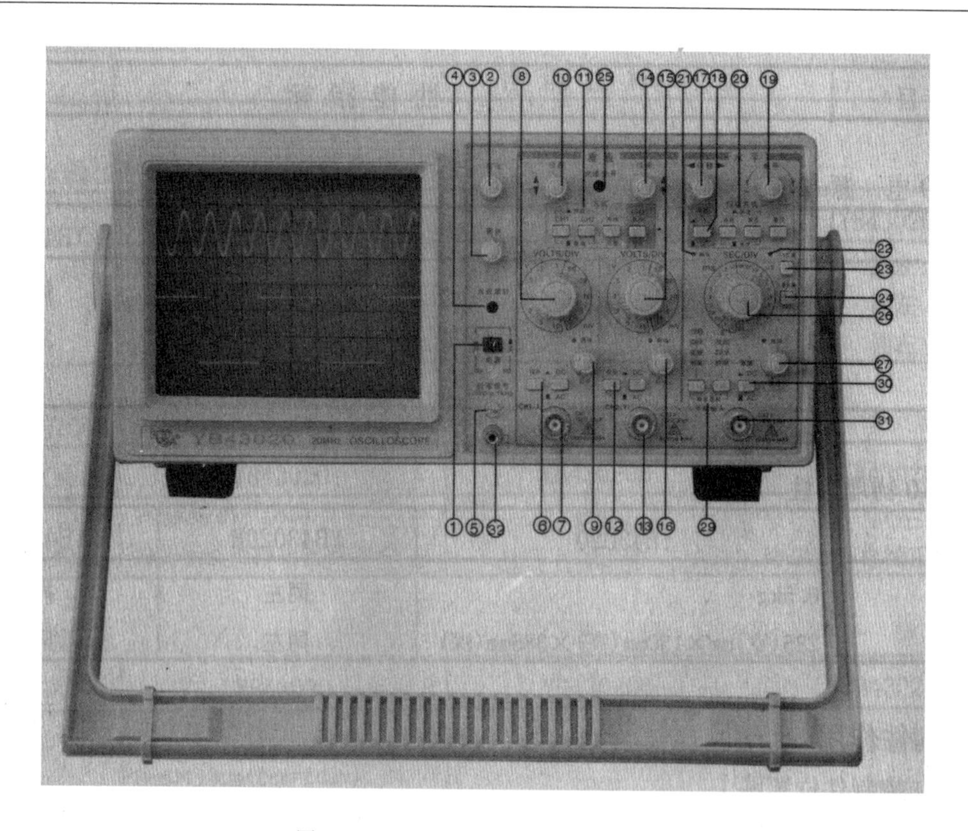

图2-86 YB43020B示波器面板图

关;㉛外触发输入插座;㉜接地;㉝电源插座(带保险丝);㉞电源 50 Hz 输出;㉟亮度调制信号输入。(㉝至㉟在仪器的后面板上,这里没有标注)

(1)输入信号控制

YB43020B 型示波器有两个信号输入端,即 CH1,CH2。CH1 在常规使用时作为垂直通道 1 的输入口,当工作在 $X-Y$ 方式时作为水平输入信号端。CH2 为垂直通道 2 的输入端口,在 $X-Y$ 方式时作为 Y 轴输入口。

①输入耦合方式选择开关⑥⑫,可根据输入信号特性选择不同的耦合方式,若输入交流信号,选 AC;若输入直流信号,选 DC;选 GND 为接地状态。

②输入信号幅度调节,可通过灵敏度调节旋钮(V/div)、⑧、⑮和⑨、⑯对输入信号幅度进行适当放大或衰减。

③工作方式选择,按下 CH1:仅显示 CH1 通道的信号。按 CH2:仅显示 CH2 通道的信号。按下“交替”:用于同时观察两路信号,两路信号交替显示。按下“断续”:两路信号断续工作,适合扫描速度较慢时观察两路信号。

④$X-Y$ 工作方式,扫描开关㉖打在 $X-Y$ 挡,从通道 1(CH1)和通道 2(CH2)输入的信号进行垂直方向合成显示。在此状态下可以观察李萨如图形。

⑤垂直位移,⑩和⑭分别用来调节通道 1 和通道 2 输入信号波形在荧光屏上的垂直位置。

(2)扫描方式选择

自动(AUTO):无触发信号时屏幕上显示扫描光迹,有触发信号时自动转换为触发扫描状态，调节电平可使波形稳定显示。常态(NORM)：无信号时，屏幕上无光迹，有信号时电路被触发扫描。锁定：工作在锁定状态后，不需调节电平即可使波形稳定显示在屏幕上。单次：用于产生单次扫描，当触发信号输入时，扫描只产生一次，下次扫描需再次按动复位键。

(3)亮度和聚焦

由面板上的②和③旋钮分别完成。

五、实验内容

1. 定量测量输入信号的电压值

(1)调整测量的基准位置

接通电源，使示波器预热 1 分钟，将通道选择开关 CH1 按下，把 CH1 的输入方式耦合开关 GND 按下，将扫描旋钮 SEC/DIV 旋至 $X-Y$，则荧光屏上出现一光点，若不出现光点，可先调亮度，再调节竖直位移和水平位移旋钮，反复调节亮度和聚焦旋钮，使荧光屏上呈现一细小、亮度适中的光点，再调垂直和水平位移，将光点调到坐标原点位置。或者将扫描方式置于“自动”，按下 CH1，调节扫描开关旋钮，使屏幕上出现一条横线，再调节竖直位移和水平位移旋钮，使这一条横线的起始位置与坐标原点对齐。这时基准位置就调好了。下面的测量都是以这条线为基准的。

(2)测量直流输入信号的电压值(用一节干电池)

先将 CH1(或 CH2)的灵敏度旋钮置于 1 V/div 挡，其微调旋钮顺时针方向调到校准位置，再将 CH1(或 CH2)的输入耦合方式开关 DC 按下，然后将示波器探头两端与干电池的正、负极相连。此时，荧光屏上的光线(或光点)朝 Y 轴方向向上或向下偏离基准位置 N cm，则待测电池的电动势为 N V。

(3)测量变压器输出的交流电压值(峰峰值)，计算出相应的有效值

①将 CH1(或 CH2)的输入耦合开关选为 AC，将示波器的输入探头接到变压器“6 V”与“地”接线柱上，灵敏度选择开关置于 5 V/div 挡，即可在荧光屏上观察到一条竖直线。

②将 CH1 灵敏度微调开关置于关的位置，从屏幕坐标上读出竖直线的长度 M cm，乘以灵敏度 5 V/cm，就是交流电压的峰峰值 $U_{P\sim P}$，交流电压的有效值为

$$U_E=\frac{U_{P\sim P}}{2\sqrt{2}}$$

2. 观察波形，并以 1∶1的比例在毫米方格纸上画出 2 个周期的 U_y-t 波形图

①正弦电压波形。将示波器的 CH1 输入探头接到变压器的“6 V”与“地”接线柱上，将垂直工作方式中 CH1 按下，触发源选 CH1，扫描方式选为 AUTO，扫描开关置于适当位置，可在荧光屏上观察到正弦波形。仔细调节电压(LEVEL)旋钮，使波形稳定。在坐标纸上画出该波形，并求出正弦波的周期。

②整流滤波波形。按图 2-87 正确接线，然后将示波器输入探头分别接到 4 种电路的输出端(即电阻 R 两端)，调节 CH1 灵敏度旋钮，使荧光屏上呈现出整流或滤波波形。调节电压(LEVEL)开关，使波形相对稳定，在坐标纸上画出各电路的输出波形，要求在坐标轴上标出灵敏度和扫描速度示值。

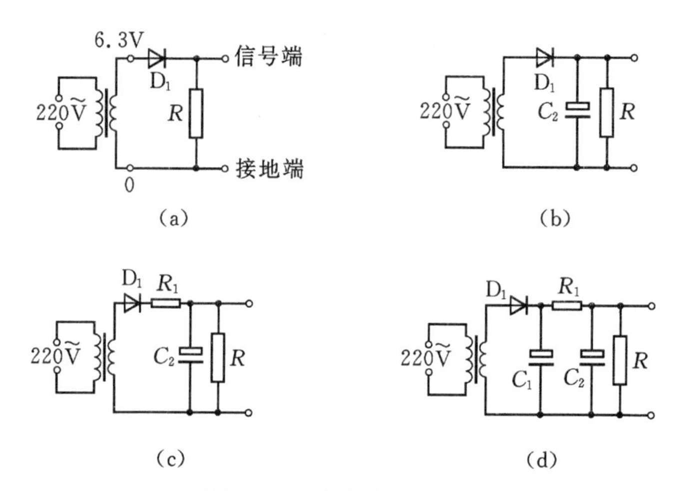

图2-87　整流滤波电路图

(a)半波整流电路;(b)半波整流电容滤波电路;(c)半波整流阻容滤波电路;(d)半波整流π型滤波电路

六、误差分析

示波器测量误差中既有系统误差也有随机误差,系统误差主要来自Y轴偏转系统,包括偏转因子误差、非线性误差、各级放大电路放大倍数的不稳定(噪声、飘移、频率响应的起伏)以及环境因素等造成的误差。其中非线性误差源是输出放大电路和示波管;噪声所引起的误差主要来自输入电路和前置放大器;飘移所引起的误差主要来自放大电路的设计(包括稳定措施、反馈补偿电路、耦合方式等)。环境因素主要由各偏转系统间的干扰、环境对示波管或显示器的磁性和电场干扰等。随机误差主要包括视差、测量方法的误差、电源不稳定造成的误差等。X轴偏转系统也会带来系统误差,但不是示波器测量的主要影响因素,对X轴偏转系统要求其核心部件的扫描线性误差小,频率在规定范围内连续可调以及幅度稳定性好。倘若一个示波器各元件和每级放大电路不能保证对误差的要求,补救的方法就是利用示波器内置的标准信号源,以提供已知的、幅度准确的标准电压,在测试前对Y轴偏转因子进行校准。

七、注意事项

①使用示波器前,应先接通电源预热,然后再进行光点的调节。

②荧光屏上的光点不可调得太亮,应以看得清为准。应尽量避免电子束固定打在荧光屏上的某一点,以免损坏荧光屏。

③示波器的所有开关及旋钮均有一定的转动范围,要弄清使用条件,不可盲目用力硬旋,以免示波器内部的电子线路发生短路、断路或旋钮移位。若发现旋钮已经错位,可将旋钮逆时针旋到极限位置(即旋不动为止),对准起始刻度,再顺时针逐挡旋转,弄清所需示值位置。

④示波器输入探头是电缆插头线,中心芯线(红接线片)为信号输入端,芯线外绝缘层中金属屏蔽网的引出线(黑接线片)为接地端,接线时不能搞混,以免信号短路。

八、思考题

①用示波器观测波形时,待测信号应从哪里输入?是否要加扫描电压?为什么?

②如果YB43020B型示波器使用具有1:10衰减功能的探头,那么测6.3 V(电表读数)的

交流电压时，CH1 的灵敏度调节开关打在哪挡读数最合理？为什么？

③什么叫同步扫描？条件是什么？

④接通示波器电源预热 1 分钟后，若屏幕上既无亮点又无扫描线，这是什么原因？应如何调节？

实验 16　用示波器测量相位差及频率

用示波器可以直接观察电信号的波形，测定信号的幅度、周期、频率等，还可测量两个正弦信号间的相位差，并且可同时观测多个信号间的相位关系等。示波器不仅具有多种测频功能，而且可以同时测量相位及频率，所以在信号的相位差和频率的测量领域有着明显的实用性和便利性。

一、实验目的

①观察两个相互垂直的同频率及不同频率的简谐振动的合成；

②学习用李萨如图形测量相位差及频率。

二、仪器用具

YB43020B 型示波器，函数频信号发生器，待测频率信号源，RC 电路板等。

三、实验原理

1. 用李萨如图形测量相位差

从 Y 轴和 X 轴同时输入两个正弦交流电压，则电子束在两个互相垂直的电场力作用下在荧光屏上可以得出如图 2-92 中的某一种图形，称为李萨如图形。

(1)两个互相垂直的同频率简谐振动的运动方程

$$X = X_0\cos(\omega t + \varphi_1) \tag{1}$$

$$Y = Y_0\cos(\omega t + \varphi_2) \tag{2}$$

式中，X_0、Y_0 称为振动的振幅；$(\omega t+\varphi_1)$及$(\omega t+\varphi_2)$称为相位；φ_1、φ_2 称为初相位(也叫初相)。合成后的轨迹一般情况下为椭圆，方程式为

$$\frac{X^2}{X_0^2} + \frac{Y^2}{Y_0^2} - 2\frac{XY}{X_0Y_0}\cos(\varphi_2 - \varphi_1) = \sin^2(\varphi_2 - \varphi_1) \tag{3}$$

式(3)中 $\varphi_2-\varphi_1=\varphi$ 称为相位差。现讨论如下：

①当相位差 $\varphi=0$(或 $2k\pi$)时，说明 X、Y 方向的振动初相相同，这时有

$$\frac{X}{X_0} = \frac{Y}{Y_0} \tag{4}$$

两振动的合成轨迹是一条直线，当 $Y_0=X_0$ 时，这条直线与 X 轴成 45°。

②当相位差 $\varphi=\frac{\pi}{2}$时，式(3)即为

$$\frac{X^2}{X_0^2} + \frac{Y^2}{Y_0^2} = 1 \tag{5}$$

此时两振动合成轨迹为一个正椭圆。当 $Y_0=X_0$ 时，椭圆就成为正圆。

③当相位差 φ 值在 $0\sim\frac{\pi}{2}$ 之间时,两振动合成的轨迹也是椭圆。只是椭圆的主轴不再与原来的两个振动方向(X、Y 轴向)重合,一般称为斜椭圆。

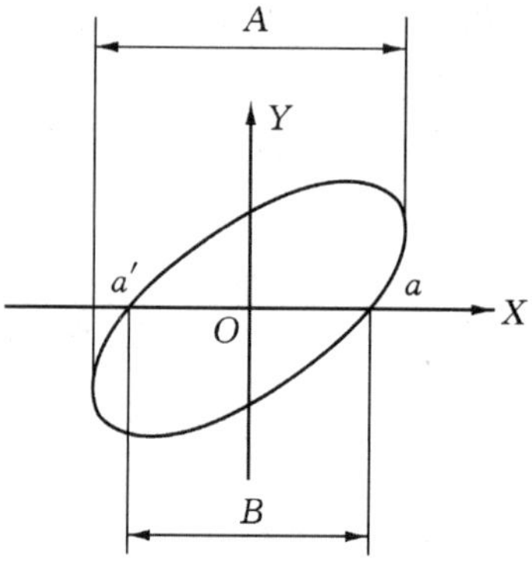

同理,可以讨论 $\varphi=-\frac{\pi}{2}$ 和 φ 在 $-\frac{\pi}{2}\sim0$ 之间的情况,结论与②、③相同,只是轨迹的走向与前相反。

图 2-88 垂直振动合成轨迹

(2)用李萨如图形测电路的相移 φ

为了求得两个相互垂直振动的相位差 φ,可以对椭圆轨迹与 X 轴相交的交点 a、a' 的振动情况(见图 2-88)进行探讨,由于这两点的纵坐标为零,故根据式(2)可得

$$Y=Y_0\cos(\omega t+\varphi_2)=0$$

即

$$\omega t=\pm\frac{\pi}{2}-\varphi_2$$

代入式(1)中,得

$$X=X_0\cos\left[\pm\frac{\pi}{2}-\varphi\right]=\pm X_0\sin\varphi$$

由图 2-88 可知

$$B=2X=2X_0\sin\varphi \qquad A=2X_0$$

则有

$$\frac{B}{A}=\sin\varphi \quad 或 \quad \varphi=\arcsin\frac{B}{A} \tag{6}$$

实验时,只需测出 A、B 值,就可由式(6)计算出两振动的相位差 φ。

2. 用李萨如图形测频率

如果两个相互垂直的谐振动频率不同,但有简单的整数比关系,利用李萨如图形,可以由一已知频率求得另一振动的未知频率。

设 Y 方向振动和 X 方向振动的频率比为 1∶2,则从李萨如图形可知,它们的合成轨迹如图 2-89 所示。作一竖直线与这个合成轨迹的左边相切,再作一横直线与该轨迹的下边相切,就可得到竖直线与水平线的切点数之比为 2∶1(见图中虚线的交点数之比)。可见,Y 方向振动一次的时间,X 方向却振动了 2 次。设竖直线与轨迹相切的切点数为 n_Y,横直线与轨迹相切的切点数为 n_X,则 Y 方向振动与 X 方向振动的频率之比为

$$f_Y:f_X=n_X:n_Y \tag{7}$$

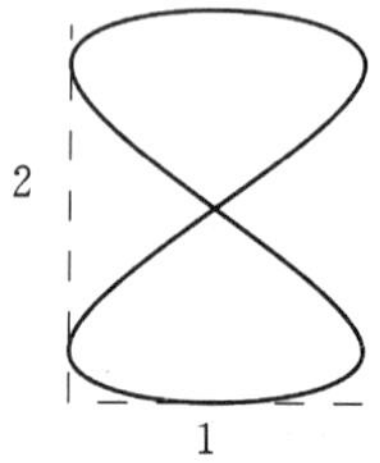

这样,只要知道一个频率,就可根据李萨如图形求出另一个频率。

图 2-89 $f_Y:f_X=1:2$ 的振动合成

四、实验内容

1. 观察两个相互垂直的同频率的电振动(用正弦电压表示)的合成轨迹

参阅"实验 14",将 YB43020B 型示波器的扫描旋钮置于 $X-Y$ 挡按下 CH2,这时"CH1 输入"即为"X 轴输入"。

①将信号发生器的输出电压分别接到示波器的“Y 轴输入”端及“X 轴输入”端，即将示波器探极的信号端接信号发生器的电压输出钮，探极的接地端接信号发生器的“地”。观察并记录荧光屏上显示的合成轨迹。

②将信号发生器按图 2-90 接好，这是一个阻容移相电路，A、D 间的电压 U_{AD} 与 B、D 间的电压 U_{BD} 之间存在相位差。这个相位差的大小与信号频率的大小有关，低频时，相位差趋近于 0；高频时，相位差趋近于 $\frac{\pi}{2}$。

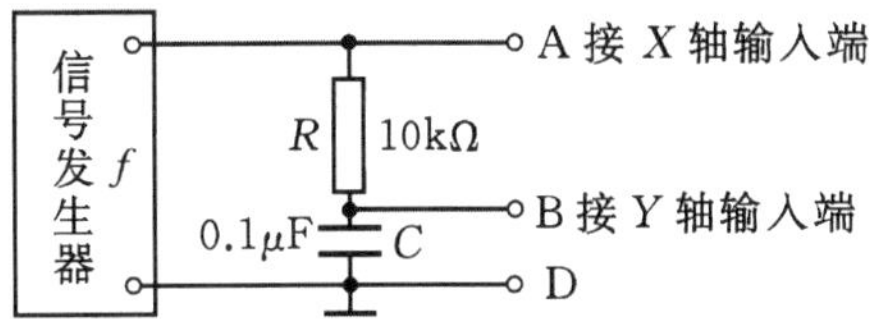

图 2-90　阻容相移电路

将示波器的 X 轴和 Y 轴探极的信号端分别接到图 2-90 的 A、B 端，探极的接地端与 D 端连接。调节信号发生器的频率，可以观察到荧光屏上显示出近乎直线、椭圆及近乎正椭圆的图像。

③测量两个相互垂直、同频率、不同相位振动的相位差 φ。从电工学中可以知道，电阻两端的电压 U_{AB} 的相位比电容两端的电压 U_{BD} 的相位超前 90°，而它们的总电压 U_{AD} 可用矢量合成图表示，如图 2-91 所示。由图可见，总电压 U_{AD} 与电容两端的电压 U_{BD} 之间有一相位差 φ，并且有如下关系

$$\tan\varphi=\frac{U_{AB}}{U_{BD}}=\frac{IR}{I\cdot\frac{1}{\omega C}}=2\pi fCR$$

所以

$$\varphi=\arctan(2\pi fCR) \tag{8}$$

这是从电工学知识得到的两个相互垂直、同频率、不同相位振动的相位差。

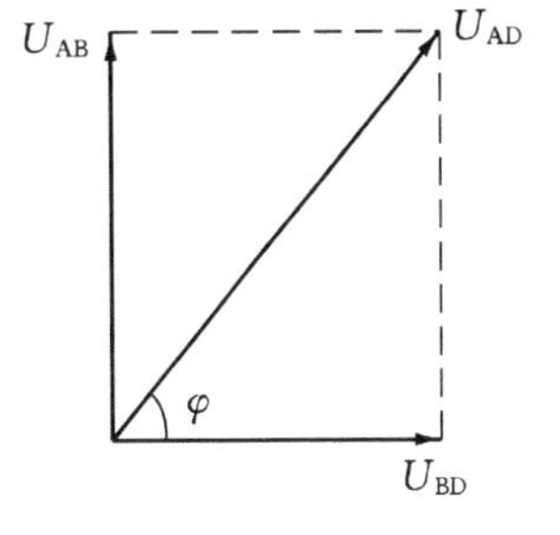

图 2-91　电压矢量合成图

现在用实验方法来测量这一相位差。按图2-90的电路图接线，选择信号发生器的频率为 100 Hz 和 200 Hz，荧光屏上的图像为斜椭圆，如图 2-88 所示，测出 A、B 值，根据式(6)计算相位差，并与相位差的理论式(8)值时行比较，计算两者的相对百分误差(式中 C 为电容值，R 为电阻值，f 为频率)。

2. 观察李萨如图形及测定未知频率

将一个频率未知的信号发生器(即固定频率的待测信号源)的输出端与示波器的 Y 轴输入探极信号端相接；将频率已知的可调信号发生器的输出端与示波器的 X 轴输入探极信号端相接。两探极的接地端分别与两信号发生器的“地”相接。调节信号发生器的频率，就能在荧光屏上显示出李萨如图形。根据李萨如图形与外接矩形边的切点数就可测定待测信号源的频率。

本实验要求调出：$f_Y:f_X=1:1$、$1:2$、$2:1$、$1:3$、$2:3$的图形，并分别画出上述图形，记录每个图形对应的频率值，求出待测信号源的频率。

五、误差分析

用示波器测相位差及频率的误差因素除了示波器的系统误差外，主要是屏幕读数误差。测量当中应尽量使两个信号输入线的长度与阻抗相同，否则也会引进附加相位差。

六、注意事项

①在实验过程中,不要经常通断示波器的电源,以免缩短示波管的使用寿命。如果短时间不用,可将“亮度”逆时针方向旋到尽头,截止电子束的飞出,使光点消失。

②旋钮操作时不要用力太大,以防发生错位、扭断。

七、思考题

①在观察李萨如图形时,图形始终不停地转动,当 X 与 Y 偏转板上的电压频率相等时,荧光屏上的图形还是在转动,这是为什么?

②两个频率不同,但频率相近的电振动,在同一方向上的合振动具有特殊的性质:这个合振动的振幅随时间作周期性变化,这种现象在物理学中称为“拍”。试根据现有的实验仪器,在示波器上观察“拍”的现象。

③试说明除示波器外,能获得李萨如图形的其他方法。

④用示波器测量频率主要有哪些误差?怎样减小?

不同频率比的李萨如图形如图 2-92 所示。

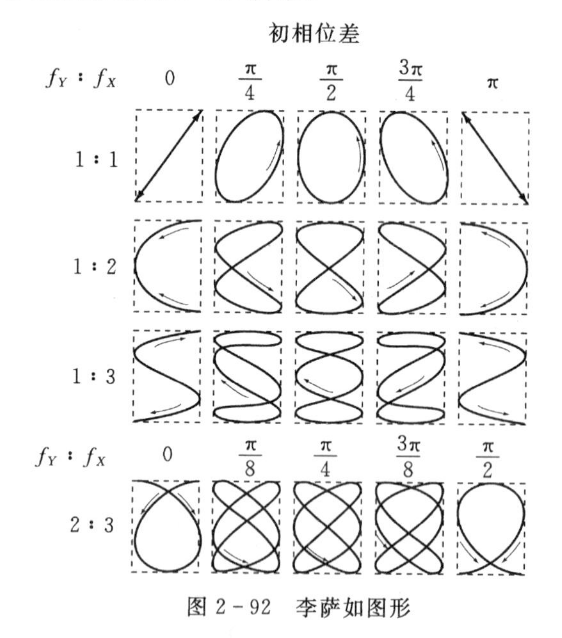

图 2-92 李萨如图形

附:YB3003 DDS 数字合成函数信号发生器面板及操作说明

YB3003 型数字合成信号发生器的面板如图 2-93 所示,其输出采用 LED 数码管显示,频率显示 6 位,幅度显示 3 位,面板上有 3 个模拟电位器,1 个数字旋钮,15 只按键,3 个输入/输出(IN/OUT)端口,各部件的功能和作用如下:

①6 位 LED 数码管:显示频率;②3 位 LED 数码管:显示输出电压幅度;③数字旋钮:频率微调;④波形选择区:连接按波形功能键 1,可使波形选择沿正弦☞方波☞三角☞升斜☞降斜☞升指☞降指依次循环转换;⑤占空比调节旋钮:用于调节方波占空比;⑥直流偏置调节旋钮:用于调节直流偏置幅度;⑦波形幅度调节旋钮:可调节波形输出幅度;⑧电源开关;⑨功能键:15 个按键,由 OK 键切换。开机后,OK 键上方指示灯亮,表示按键定义为功能键,可进行仪器

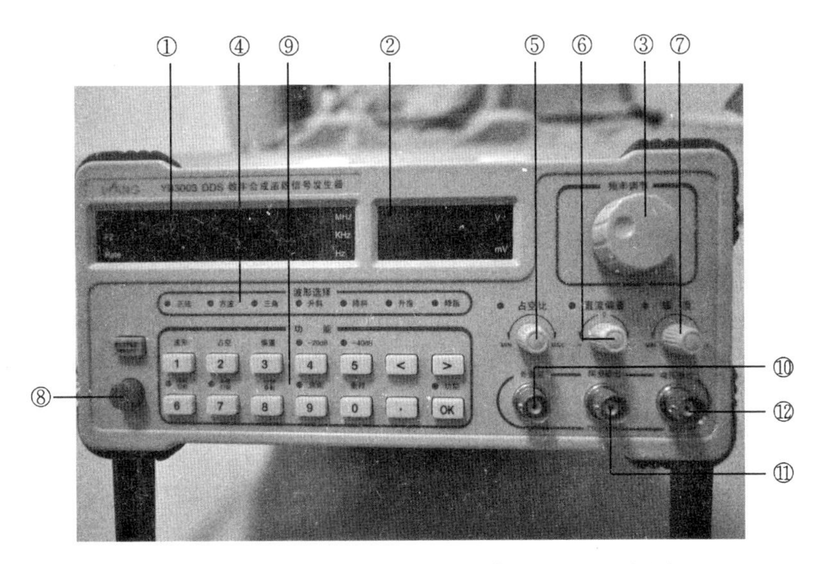

图 2－93　YB3003 数字合成函数信号发生器面板图

状态设置,＜键可从右到左删除新输入的数字,＞键可循环选择频率单位“Hz”,“kHz”和“MHz”,再按 OK 键确认。按 1 键可依次循环转换波形;按 2 键可调节方波占空比;按 3 键可调节直流偏置;按 4 键可开启－20 dB 衰减器;按 5 键可开启－40 dB 衰减器;按 6 键可进行线性扫描;其他键可参阅说明书。⑩外测频:测量外部信号的输入口;⑪同步输出:输出相同频率的 TTL 脉冲信号;⑫电压输出:输出阻抗为 50 Ω。使用时可按以下基本步骤操作:

开机☞按 1 键选择波形☞按 OK 键☞按＞键选频率范围☞按数字键设定频率☞按 OK 键确定☞旋转“频率调节”或按＞、＜键进行频率细调☞按 5 键选输出电压量程☞旋转“幅度”调节输出电压大小。若无输出信号,再按 OUTPUT 键。

实验 17　用示波器测量谐振频率及电感

在力学和电学实验中,曾研究过简谐振动、阻尼振动和受迫振动。在电感和电容组成的电路中,也可产生简谐形式的自由振动,但由于回路中线圈、导线电阻(或者电路中连接的电阻)的存在,这种自由振动必然要衰减,即形成阻尼振动。如果在电路中接入一正弦电压,可给电路补充能量以维持振动,又会形成受迫振动。本实验研究 RLC 串联电路的谐振现象,通过改变信号源电压的频率,可以测出谐振电路的幅频特性曲线,求出电路的谐振频率、电感、品质因数等参数。在无线电技术中广泛应用谐振电路来选频,如用户对收音机调台,就是调节收音机中谐振电路的可变电容,如果与某频率信号(该信号由天线接收)谐振,就可收听到该频率的广播节目。

一、实验目的

①研究 RLC 串联电路的幅频特性,并测量其谐振曲线;

②测量电路中的电感及其损耗电阻;

③进一步熟悉示波器的使用。

二、仪器用具

低频信号发生器,示波器,电阻箱,电感,电容,导线等。

三、实验原理

1. 振动特性

对于纯电感 L 和纯电容 C 组成的闭合回路,如果给电容充以一定电荷即可形成简谐振动,其振动频率为

$$f_0=\frac{1}{2\pi\sqrt{LC}}$$

当电路中串联一个电阻 R 时,振动变为阻尼振动,根据振动的数学理论,衰减常数为

$$\beta=\frac{R}{2L}$$

品质因数为

$$Q=\frac{1}{R}\sqrt{\frac{L}{C}}$$

2. RLC 串联电路的谐振

若在 RLC 串联电路中接入幅值一定而频率可调的正弦电压,如图 2-94 所示,则回路的电流将随频率发生变化,如图 2-95 所示,该曲线的尖锐程度与回路的品质因数有关。

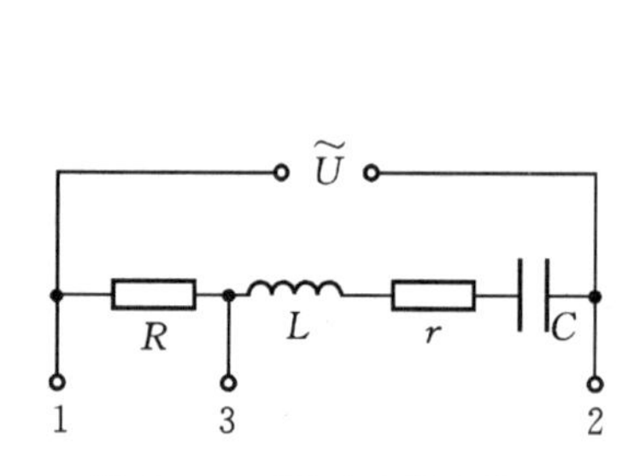

图 2-94 RLC 串联电路

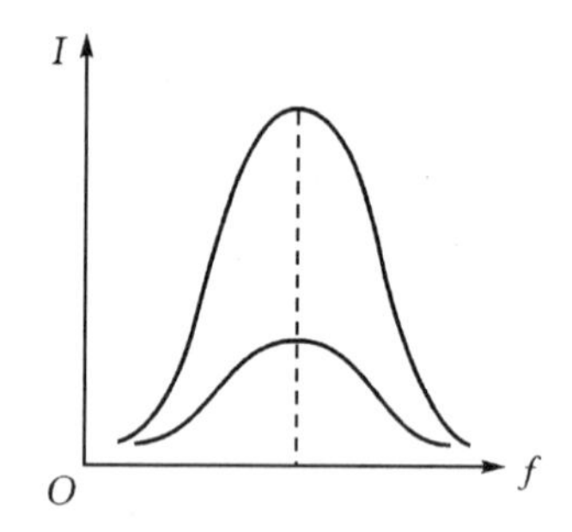

图 2-95 $I-f$ 关系曲线(幅频特性)

图 2-94 中 r 表示电感的损耗电阻,因电感不是纯电感。电路的阻抗为

$$Z=\sqrt{(R+r)^2+\left(2\pi fL-\frac{1}{2\pi fC}\right)^2}$$

设信号源电压为 $U=U_0\sin2\pi ft$,则回路中的电流为

$$I=\frac{U}{Z}=\frac{U}{\sqrt{(R+r)^2+\left(2\pi fL-\frac{1}{2\pi fC}\right)^2}}$$

式中,I、U 均为有效值。

当 f 满足 $2\pi fL=1/(2\pi fC)$ 时,回路中的电流为最大值 I_{max},回路发生串联谐振,此时 f 称为谐振频率,记作 f_0,$f_0=1/(2\pi\sqrt{LC})$。f 与 I 之间的关系就是振动电路的幅频特性。由于任一时刻电阻 R 上的电压均与回路中的电流成正比,且相位相同,因此常通过测量 R 两端

的电压来了解 I 的变化情况。

对于谐振曲线，通常是研究其阻尼不大时谐振点及其附近处的谐振特性，在 I_{max} 的两侧取 $I_{max}/\sqrt{2}$ 两点，读出这两点的频率 f_1、f_2，如图 2-96 所示，以 $f_0/(f_2-f_1)$ 表示曲线的尖锐程度。可以证明

$$Q=\frac{f_0}{f_2-f_1} \tag{6}$$

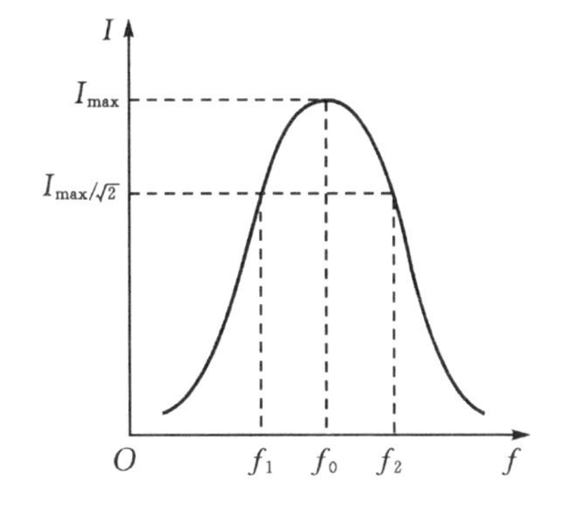

图 2-96　Q 值的测量

显然 Q 值是描述谐振特性的主要参数，Q 值越大，曲线越尖锐，这也是从谐振曲线测量 Q 值的方法。f_2-f_1 定义为频带宽度，通常 $Q\gg1$。

3. 电感 L 及其损耗电阻 r 的测定

测出谐振频率后，可以利用 $2\pi fL=1/(2\pi fC)$ 计算出 L，即

$$L=\frac{1}{4\pi^2 f^2 C} \tag{7}$$

谐振时回路阻抗为一纯电阻，从式(5)可得 $I_{max}=U/(R+r)$，而且 $I_{max}=U_R/R$，因此可求得

$$r=R(\frac{U}{U_R}-1) \tag{8}$$

用示波器测得 U、U_R，从式(8)就可求得电感的损耗电阻。

四、实验内容

①按图 2-94 连接电路，调节信号发生器的输出电压为 5 V。这里要注意：在下面的测量过程中，调节信号发生器的频率时，其输出电压会有所变化，这时要调节信号发生器的输出电压使其保持为 5 V。

②将示波器接到图 2-94 中的 1、2 端，信号从 Y_1 通道(或 Y_2 通道)输入，Y 轴灵敏度开关调到 2 V/cm 挡，扫描速度开关调到“关”或某一扫描挡均可。当扫描开关调到某一扫描挡，在调节信号发生器的频率时，既可观察到信号幅度的变化，又可看到信号波形的缩放。但为了准确测量信号电压幅度的变化，一般将扫描开关调到“关”的位置。

③调节信号发生器的频率范围挡，在每一范围挡，仔细调节细调旋钮，同时观察示波器上信号电压幅度的变化。当电压幅度突然下降时，记下此时信号发生器的频率 f'_0，即谐振频率的粗测值，同时记录电压幅值 U。将示波器接到图 2-94 中的 1、3 端，即 R 两端，在进行上述频率调节时，当电压幅度突然增大时，此时信号发生器的频率也是谐振频率的粗测值，同时记录 R 两端电压的幅值 U_R。

④测定谐振曲线。将示波器接到图 2-94 中的 1、3 端，然后从小于 f'_0 一侧开始，逐渐调大信号发生器的频率，同时测量示波器上的电压值，每隔 10～50 Hz 测量一组数据，一直到大于 f'_0 一侧，测量并记录 10 组以上数据。注意，由于 R 是纯电阻，从示波器上测量出的电压值为 2 U_R。

五、数据记录及处理

①$R=$________ Ω，$C=$________ μF，谐振时 $U=$________ V，$U_R=$________ V

次数										
f/Hz										
$2U_R$/V										

②根据实验数据，在直角坐标纸上作出U_R-f图线，从图中求出谐振频率f_0，计算L、r及品质因数Q。

六、误差分析

前面讲过，品质因数Q值是描述谐振特性的重要参数，对谐振现象是否明显有很大影响。实际上，因不能忽略电感的损耗电阻r，Q值应表示为

$$Q=\frac{1}{R+r}\sqrt{\frac{L}{C}} \tag{9}$$

对于有铁芯的电感，r很小，Q值较大，幅频特性曲线就十分明显，用示波器测量电压时变化较大，容易测量。对于无铁芯的电感，r很大，Q值较小，用示波器较难分辨出电压的变化，这就使实验误差增大。因此，在测量电感时，要根据其损耗电阻的大小，适当减小R以及C值来提高品质因数Q。实验误差的另一主要方面是示波器屏幕读数误差。

七、思考题

①本实验在测量过程中，为什么要保持信号发生器的输出电压不变？发生谐振时，信号发生器的输出电压是否不变？

②Q值对幅频特性曲线有何影响？试推导$Q=f_0/(f_2-f_1)$。

③在串联谐振电路中，电感和电容上的电压比整个电路上的外加电压大还是小？为什么？

④在高频情况下，计算电路的总阻抗时，L与C哪个可以忽略？为什么？

八、实际应用及相关设计性实验

①用示波器测量电容和电感时，可以自组交流电桥，并将示波器作为电桥的平衡指示仪使用。

②对于本实验的RLC串联电路，如果R和L已知，也可以利用谐振现象测量C值。

③在工频及高频情况下，对于未知阻抗Z_X，可以用下面的方法来测。如图2-97所示，其中Z_X是被测阻抗；R_1是已知电阻；R是限流电阻，$R\gg Z_X$，其作用是在测量过程中保证电源输出电流不受Z_X的影响；R_0是电阻箱；R_1、R和R_0都是纯电阻。

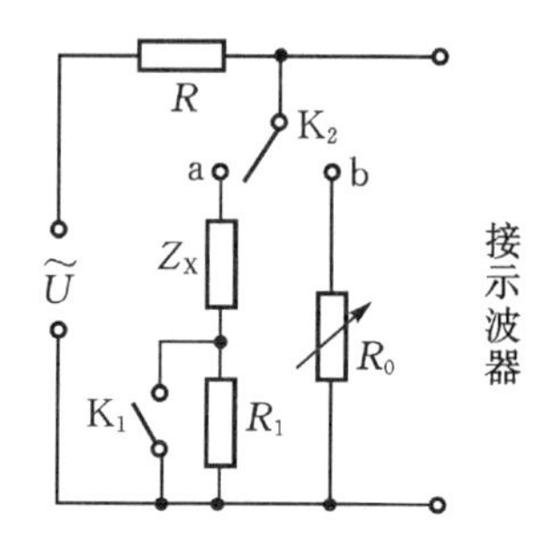

图2-97 未知阻抗测量电路

测量时，先将K_1闭合。当K_2与a接通时，记下Z_X上的电压在示波器上引起的电子束的垂直偏转量Y_1；再把K_2与b接通，调节R_0，使示波器上电子束的垂直偏转量仍为Y_1，这时R_0值记为R_{01}。在这种情况下，R_{01}与Z_X数值相等。接着断开K_1，使R_1与Z_X串联，同样K_2与a接通时，记下电子束的垂直偏转量Y_2；K_2与b接通时，调节R_0，使示波器上电子束的垂直偏转量为Y_2，这时R_0阻值记

为 R_{02}。

设 r、X 分别是 Z_X 的电阻(损耗电阻)和电抗值,则由上述两次测量可知

$$Z_X = \sqrt{r^2 + X^2} = R_{01}$$

联立解之可得

$$r = \frac{R_{02}^2 - R_1^2 - R_{01}^2}{2R_1}$$

$$X = \sqrt{R_{01}^2 - r^2}$$

则 Z_X 就可求得,由 $X=2\pi fL$ 及 $X=1/(2\pi fC)$ 可得

$$L_X = \frac{X}{2\pi f}, \qquad C_X = \frac{1}{2\pi fX}$$

实验 18　用磁聚焦法测定电子荷质比

电子电荷 e 和电子质量 m 之比 e/m 称为电子荷质比,它是描述电子性质的重要物理量。历史上就是首先测出了电子的荷质比,又测定了电子的电荷量,从而得出了电子的质量,证明原子是可以分割的。

测定电子荷质比可使用不同的方法,如磁聚焦法、磁控管法、汤姆逊法等。作为基础实验是为了对电子荷质比有一个感性认识,因此介绍一种简便测定 e/m 的方法——纵向磁场聚焦法。它是将示波管置于长直螺线管内,并使两管同轴安装。当偏转板上无电压时,从阴极发出的电子,经加速电压加速后,可以直射到荧光屏上打出一亮点。若在偏转板上加一交变电压,则电子将随之而偏转,在荧光屏上形成一条直线。此时,若给长直螺线管通以电流,使之产生一轴向磁场,那么,运动电子处于该磁场中,因受到洛伦兹力作用而在荧光屏上再度会聚成一亮点,这就叫做纵向磁场聚焦。由加速电压、聚焦时的励磁电流值等有关参量,便可计算出 e/m的数值。

一、实验目的

①加深对电子在电场和磁场中运动规律的理解;

②了解电子射线束磁聚焦的基本原理;

③学习用磁聚焦法测定电子荷质比 e/m 的值。

二、仪器用具

长直螺线管,阴极射线示波器,电子荷质比测定仪电源,直流稳压电源(励磁用),直流电流表,装有选择开关及换向开关的接线板,导线等。

三、实验原理

由电磁学可知,一个带电粒子在磁场中运动要受到洛伦兹力的作用。设带电粒子是质量和电荷分别为 m 和 e 的电子,则它在均匀磁场中运动时,受到的洛伦兹力 f 的大小为

$$f = evB\sin(\boldsymbol{v},\boldsymbol{B}) \tag{1}$$

式中,v 是电子运动速度的大小;B 是均匀磁场中磁感应强度的大小;$(\boldsymbol{v},\boldsymbol{B})$则是电子速度方向

与磁感应强度方向(即磁场方向)间的夹角。下面对式(1)进行讨论：

①当 $\sin(\boldsymbol{v},\boldsymbol{B})=0$ 时，$f=0$，表示电子速度方向与磁场方向平行(即 $\boldsymbol{v}$ 与 $\boldsymbol{B}$ 方向一致或反向)时，磁场对运动电子没有力的作用。说明电子沿着磁场方向作匀速直线运动。

②当 $\sin(\boldsymbol{v},\boldsymbol{B})=1$ 时，$f=evB$，表示电子在垂直于磁场的方向运动时，受到的洛伦兹力最大，其方向垂直于由 $\boldsymbol{v},\boldsymbol{B}$ 组成的平面，指向由右手螺旋定则决定。由于洛伦兹力 $\boldsymbol{f}$ 与电子速度 $\boldsymbol{v}$ 方向垂直，所以，$\boldsymbol{f}$ 只能改变 $\boldsymbol{v}$ 的方向，而不能改变 $\boldsymbol{v}$ 的大小，它促使电子作匀速圆周运动，为电子运动提供了向心加速度，即

$$f=evB=m\frac{v^2}{R}$$

由此可得电子作圆周运动的轨道半径为

$$R=\frac{v}{\frac{e}{m}B} \tag{2}$$

式(2)表示，当磁场的 B 一定时，R 与 v 成正比，说明速度大的电子绕半径大的圆轨道运动，速度小的电子绕半径小的圆轨道运动。

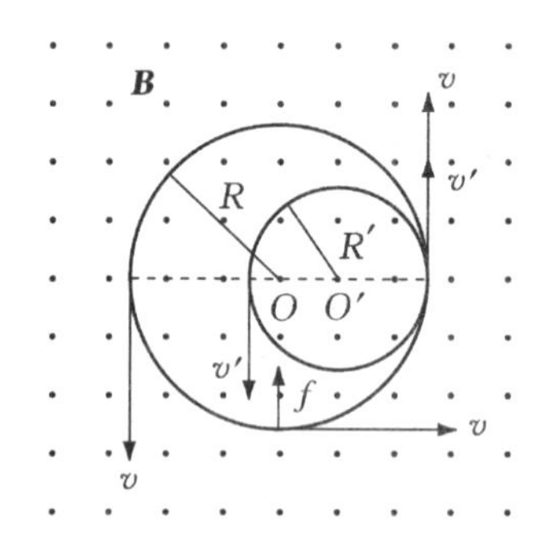

图 2-98　电子在磁场中的圆周运动

电子绕圆轨道运动一周所需的时间为

$$T=\frac{2\pi R}{v}=\frac{2\pi}{\frac{e}{m}B} \tag{3}$$

式(3)表示电子作圆周运动的周期 T 与电子速度的大小无关。也就是说，当 B 一定时，所有从同一点出发的电子尽管它们各自的速度大小不同，但它们运动一周的时间却是相同的。因此，这些电子在旋转一周后，都同时回到了原来的位置。如图 2-98 所示。

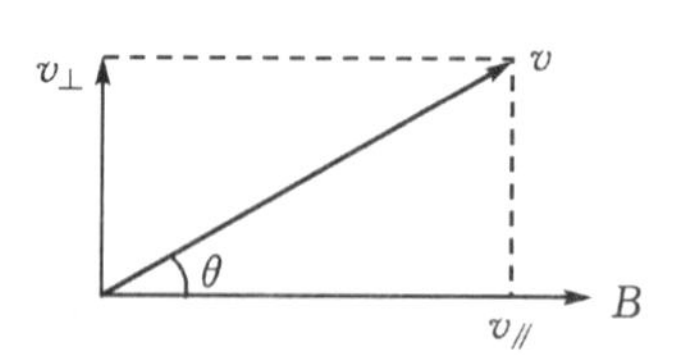

图 2-99　电子运动方向与磁场斜交

③当 $\sin(\boldsymbol{v},\boldsymbol{B})=\theta(0<\theta<+\frac{\pi}{2})$ 时，$f=evB\sin\theta$，表示电子运动方向与磁场方向斜交。这时可将电子速度 $\boldsymbol{v}$ 分解成与磁场方向平行的分量 $v_{/\!/}$ 及与磁场方向垂直的分量 $v_\perp$，如图 2-99 所示。这时 $v_{/\!/}$ 就相当于上面①的情况，它使电子在磁场方向作匀速直线运动。而 $v_\perp$ 则相当于上面②的情况，它使电子在垂直于磁场方向的平面内作匀速圆周运动。因此，当电子运动方向与磁场方向斜交时，电子的运动状态实际上是这两种运动的合成，即它一面作匀速圆周运动，同时又沿着磁场方向作匀速直线运动向前行进，形成了一条螺旋线的运动轨迹。这条螺旋轨道在垂直于磁场方向的平面上的投影是一个圆，如图 2-100所示。与上面②的情况同理，可得这个圆轨

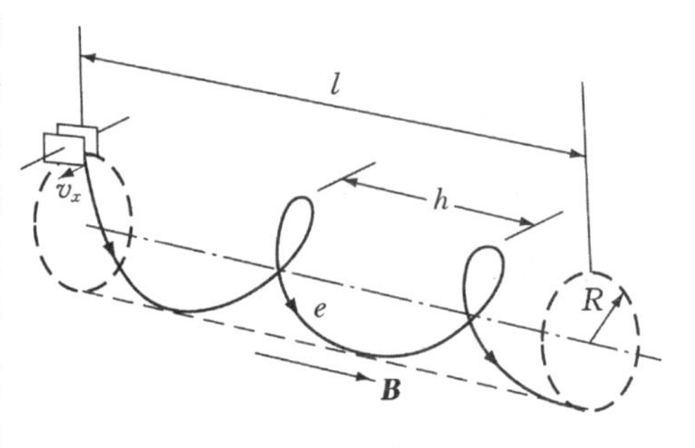

图 2-100　电子在磁场中的螺旋运动

道的半径为

$$R_{\perp} = \frac{v_{\perp}}{\frac{e}{m}B} \tag{4}$$

周期为

$$T_{\perp} = \frac{2\pi R_{\perp}}{v_{\perp}} = \frac{2\pi}{\frac{e}{m}B} \tag{5}$$

这个螺旋轨道的螺距，即电子在一个周期内前进的距离为

$$h = v_{/\!/} T_{\perp} = \frac{2\pi v_{/\!/}}{\frac{e}{m}B} \tag{6}$$

由以上三式可见，对于同一时刻电子流中沿螺旋轨道运动的电子，由于 $v_{\perp}$ 的不同，它们的螺旋轨道各不相同，但只要磁场的 B 一定，那么，所有电子绕各自的螺旋轨道运动一周的时间 $T_{\perp}$ 却是相同的，与 $v_{\perp}$ 的大小无关。如果它们的 $v_{/\!/}$ 相同，那么，这些螺旋轨道的螺距 h 也相同。这说明，从同一点出发的所有电子，经过相同的周期 $T_{\perp}$、$2T_{\perp}$、…后，都将会聚于距离出发点为 h、$2h$、…处，而 h 的大小则由 B 和 $v_{/\!/}$ 来决定。这就是用纵向磁场使电子束聚焦的原理。

根据这一原理，我们将阴极射线示波管安装在长直螺线管内部，并使两管的中心轴重合。在实验 15 中已经知道示波管内部的结构，当给示波器灯丝通电加热时，阴极发射的电子经加在阴极与阳极之间直流高压 U 的作用，从阳极小孔射出时可获得一个与管轴平行的速度 v_1，若电子质量为 m，根据功能原理有

$$\frac{1}{2}mv_1^2 = eU$$

则电子的轴向速度大小为

$$v_1 = \sqrt{\frac{2eU}{m}} \tag{7}$$

实际上电子在穿出示波管的第二阳极后，就形成了一束高速电子流，射到荧光屏上就打出一个光斑，为了使这个光斑变成一个明亮、清晰的小亮点，必然将具有一定发散程度的电子束沿示波管轴向会聚成一束很细的电子束(称为“聚焦”)，这就要调节聚焦电极的电势，以改变该区域的电场分布。这种靠电场对电子的作用来实现聚焦的方法，称为静电聚焦，可调节“聚焦”旋钮来实现。

若在 Y 轴偏转板上加一交变电压，则电子束在通过该偏转板时即获得一个垂直于轴向的速度 v_2。由于两极板间的电压是随时间变化的，因此，在荧光屏上将观察到一条直线。

由上述可知，通过偏转板的电子，既具有与管轴平行的速度 v_1，又具有垂直于管轴的速度 v_2，这时若给螺线管通以励磁电流，使其内部产生磁场(近似认为长直螺线管中心轴附近的磁场是均匀的)，则电子将在该磁场作用下做螺旋运动。这与前面③的情况完全相同，这里的 v_1 就相当于前面的 $v_{/\!/}$，v_2 相当于 $v_{\perp}$。

将式(7)代入式(6)，可得

$$\frac{e}{m} = \frac{8\pi^2 U}{h^2 B^2} \tag{8}$$

式中,B 为载流长直螺线管轴线处的磁感应强度,计算公式为

$$B=\frac{\mu_0 NI}{\sqrt{L^2+D^2}}$$

将 B 代入式(8),得

$$\frac{e}{m}=\frac{8\pi^2 U(L^2+D^2)}{(\mu_0 NIh)^2}=\frac{8\pi^2(L^2+D^2)}{(\mu Nh)^2}\cdot\frac{U}{I^2} \tag{9}$$

式中,μ_0 为真空磁导率,$\mu_0=4\pi\times10^{-7}$ H/m;N 为螺线管线圈的总匝数;L、D 分别为螺线管的长度和直径;h 为螺距。这里 N、L、D、h 的数值由实验室给出。因此测得 I 和 U 后,就可求得电子荷质比$\frac{e}{m}$的值。

四、实验装置和内容

1. 实验装置

图 2-101 是本实验的实验装置及线路图,该图可分成两部分来讨论:一是示波管的线路连接,另一是螺线管的线路连接。

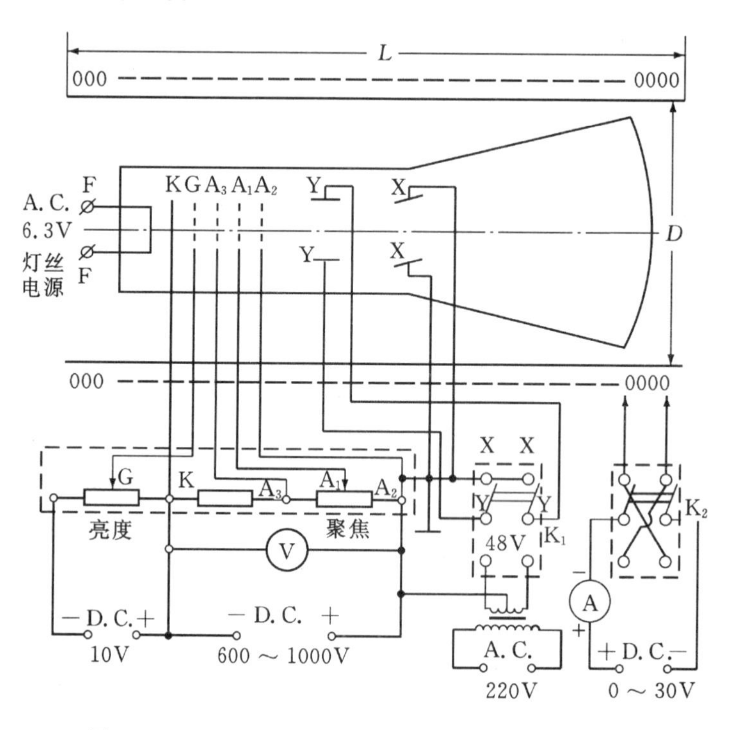

图 2-101 纵向磁场聚焦法测 e/m 实验装置及线路图

①图中上部是示波管及长直螺线管,将示波管管座引出的标有 K、G、A_2、A_1、F 的引线与"电子荷质比测定仪电源"面板上的接线柱对应相接,示波器标有 X、X、Y、Y 的引出线与开关 K_1 相接,A_2 接在面板上的"⊥"处。再按图另用导线将 X、X 与"⊥"接通。K_1 下面两个接线柱与"测定仪电源"的"测试"接线柱连线。螺线管的两根引出线,接到开关 K_2 一侧的接线柱上,再将直流稳压电源(0~30 V)、电流表和 K_2 的中间两个接线柱串连在一起。

②图中左下部的电路均在"电子荷质比测定仪电源"内部。而开关 K_1 和 K_2 及显示励磁

电流的电流表安装在接线板上。右下部的 K_2 的连接的直流电源(0～30 V)是励磁用的。

2. 实验内容及操作步骤

①将螺线管方位调整到与当地的地磁倾角相同(西安地区为 $50°29'$),使管内轴向磁场和地球磁场方向一致,按图 2-101 接线,细心检查无误后,开始操作。

②将选择开关 K_1 扳到接"地"一边,电流换向开关 K_2 断开。接通"电子荷质比测定仪电源"开关,加速高压 U 调至 600 V,适当调节亮度和聚焦旋钮,使荧光屏上出现一明亮的细点。

③将选择开关 K_1 扳向另一边,Y 偏转板接通交流电源。由于电子获得了垂直于轴向的速度而发生偏转,荧光屏上出现一条直线。

④将电流换向开关 K_2 扳向任一边,接通直流稳压电源(即励磁电源),从零逐渐增加螺线管中的电流强度 I,使荧光屏上的直线光迹一面旋转一面缩短,当磁场增强到某一程度时,又聚焦成一细点。第一次聚焦时,螺旋轨道的螺距 h 恰好等于 Y 偏转板中点至荧光屏的距离。记下聚焦时电流表的读数。

⑤调节高压 U 为 700 V、800 V、900 V、1000 V,分别记录每次聚焦时螺线管中的电流值。

⑥将高压从 1000 V 逐次降到 600 V,重复上述步骤。

⑦将电流换向开关 K_2 扳到另一边,重复上述操作,记下聚焦时的电流表读数。

⑧断开电流换向开关 K_2 及选择开关 K_1,关断励磁电源及测定仪电源。

⑨记录螺线管的 N、L、D 及螺距 h 的值。

五、数据处理

①设计记录数据的表格,记录数据。

②求出在各不同高压下电子束聚焦时电流强度 I 的平均值,用式(9)计算各 e/m 值,并求出 e/m 的平均值及其绝对误差 $\Delta(\frac{e}{m})$。测量结果表示为$\frac{e}{m}=(\frac{\overline{e}}{m})\pm(\overline{\Delta\frac{e}{m}})$。

③将求得的 e/m 值与公认值(见附录二)进行比较,求出相对百分误差。

六、注意事项

①实验线路中因有高压,操作时需加倍小心,以防电击。

②为了减小干扰,各种铁磁物体应远离螺线管。

③螺线管应南高北低放置。聚焦光点应尽量细小,但不要太亮,以免难以判断聚焦的好坏。

④在改变螺线管电流方向以前,应先调节励磁电源输出为"零"或最小,然后再扳动换向开关 K_2,使电流反向。

⑤改变加速高压 U 后,光点亮度会改变,这时应重新调节亮度,若调节亮度后加速高压有变化,再调到规定的电压值。

七、思考题

①调节螺线管中的电流强度 I 的目的是什么?

②实验时螺线管中的电流方向为什么要反向?聚焦时电流值有何不同?为什么?

③静电聚焦($B=0$)后,加偏转电压时,荧光屏上呈现的是一条直线而不是一个亮点,为什么?

④加上磁场后磁聚焦时,如何判定偏转板到荧光屏间是一个螺距,而不是两个、三个或更多?

实验19 RLC电路特性的研究

电容、电感元件在交流电路中的阻抗是随着电源频率的改变而变化的。将正弦交流电压加到电阻、电容和电感组成的电路中时,各元件上的电压及相位会随之变化,这称为电路的稳态特性;将一个阶跃电压加到RLC元件组成的电路中时,电路的状态会由一个平衡态转变到另一个平衡态,各元件上的电压会出现有规律的变化,这称为电路的暂态特性。

一、实验目的

①观测RC和RL串联电路的幅频特性和相频特性;
②了解RLC串联、并联电路的相频特性和幅频特性;
③观察和研究RLC电路的串联谐振和并联谐振现象;
④观察RC和RL电路的暂态过程,理解时间常数τ的意义;
⑤观察RLC串联电路的暂态过程及其阻尼振荡规律;
⑥了解和熟悉半波整流和桥式整流电路以及RC低通滤波电路的特性。

二、实验仪器

双踪示波器;低频功率信号源;十进制电阻器2个,SJ-006(10×10 Ω,10×100 Ω);可调电容器1个,SJ-006-C5(0.022 μF,10 μF,100 μF,470 μF);可调电感器1个,SJ-006-L5-1(1 mH,10 mH,50 mH,100 mH);可调电容4个(0.022 μF,10 μF,100 μF,470 μF);电感2个(1 mH,10 mH);开关1个(SJ-001-1-钮子开关);短接桥和连接导线若干(SJ-009,SJ-301,SJ-302);九孔插件方板1块(SJ-010)。

三、实验原理

1. RC串联电路的稳态特性

①RC串联电路如图2-102所示,电阻R、电容C的电压有以下关系式

$$I = \frac{U}{\sqrt{R^2 + \left(\frac{1}{\omega C}\right)^2}} \tag{1}$$

$$U_R = IR \tag{2}$$

$$U_C = \frac{1}{\omega C} \tag{3}$$

$$\varphi = -\arctan\frac{1}{\omega CR} \tag{4}$$

式中,ω为交流电源的角频率;$\omega=2\pi f$,f为交流电的频率;U为交流电源的电压有效值;φ为电流和电源电压的相位差,它与角频率ω的关系如图2-103所示。

可见当ω增加时,I和U_R增加,而U_C减小。当ω很小时$\varphi\to-\frac{\pi}{2}$,ω很大时$\varphi\to 0$。

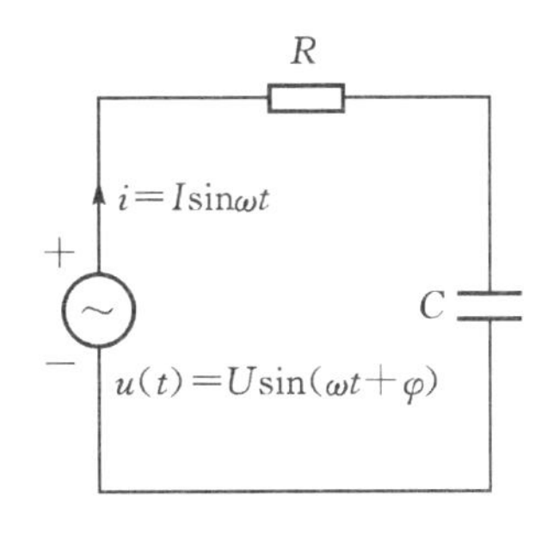

图 2 - 102　RC 串联电路

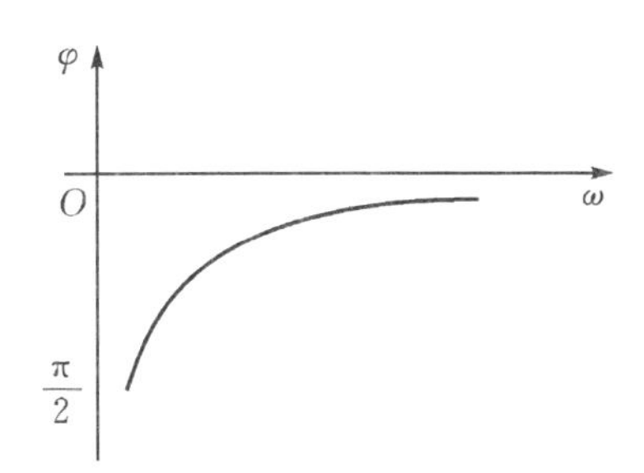

图 2 - 103　RC 串联电路的相频特性

②RC 低通滤波电路如图 2 - 104 所示，其中 U_i 为输入电压，U_o 为输出电压，则有

$$\frac{U_o}{U_i}=\frac{1}{1+j\omega RC} \tag{5}$$

它是一个复数，其模为

$$\left|\frac{U_o}{U_i}\right|=\frac{1}{\sqrt{1+(\omega RC)^2}} \tag{6}$$

设 $\omega_0=\dfrac{1}{RC}$，则由上式可知：

$\omega=0$ 时，$\left|\dfrac{U_o}{U_i}\right|=1$；

$\omega=\omega_0$ 时，$\left|\dfrac{U_o}{U_i}\right|=\dfrac{1}{\sqrt{2}}=0.707$；

$\omega\rightarrow\infty$ 时，$\left|\dfrac{U_o}{U_i}\right|=0$。

可见 $\left|\dfrac{U_o}{U_i}\right|$ 随 ω 的变化而变化，并且当 $\omega<\omega_0$ 时，$\left|\dfrac{U_o}{U_i}\right|$ 变化较小，$\omega>\omega_0$ 时，$\left|\dfrac{U_o}{U_i}\right|$ 明显下降。这就是低通滤波器的工作原理，它使较低频率的信号容易通过，而阻止较高频率的信号通过。

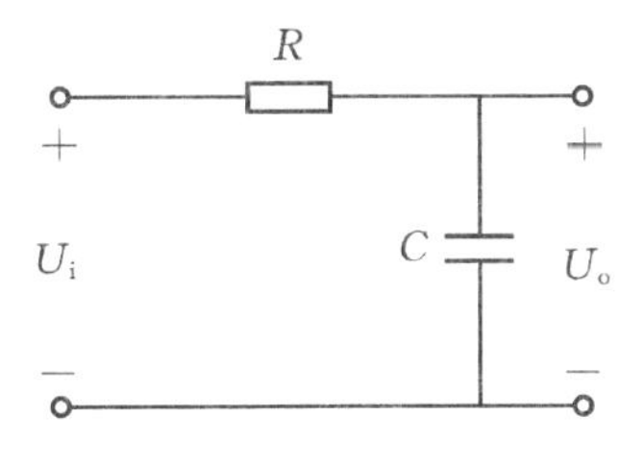

图 2 - 104　RC 低通滤波器

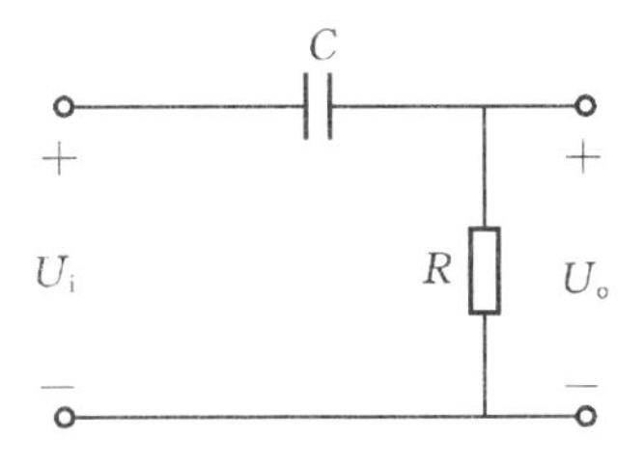

图 2 - 105　RC 高通滤波器

③RC 高通滤波电路的原理如图 2 - 105 所示。根据图 2 - 105 分析可知有：

$$\left|\frac{U_o}{U_i}\right|=\frac{1}{\sqrt{1+\left(\dfrac{1}{\omega RC}\right)^2}} \tag{7}$$

同样令 $\omega_0=\dfrac{1}{RC}$,则:

$\omega=0$ 时,$\left|\dfrac{U_o}{U_i}\right|=\dfrac{1}{\sqrt{2}}=0.707$;

$\omega=\omega_0$ 时,$\left|\dfrac{U_o}{U_i}\right|=0$;

$\omega\to\infty$时,$\left|\dfrac{U_o}{U_i}\right|=1$。

可见该电路的特性与低通滤波电路相反,它对低频信号的衰减较大,而高频信号容易通过,衰减很小,通常称作高通滤波电路。

2. RL 串联电路的稳态特性

RL 串联电路如图 2-106 所示,可见电路中 I、U、U_R、U_L 有以下关系:

$$I=\frac{U}{\sqrt{R^2+(\omega L)^2}} \tag{8}$$

$$U_R=IR,\quad U_L=I\omega L \tag{9}$$

$$\varphi=\arctan\frac{\omega L}{R} \tag{10}$$

可见 RL 电路的幅频特性与 RC 电路相反,ω 增加时,I、U_R 减小,U_L 则增大。它的相频特性见图 2-107。

由图 2-107 可知,ω 很小时 $\varphi\to0$,ω 很大时 $\varphi\to\pi/2$。

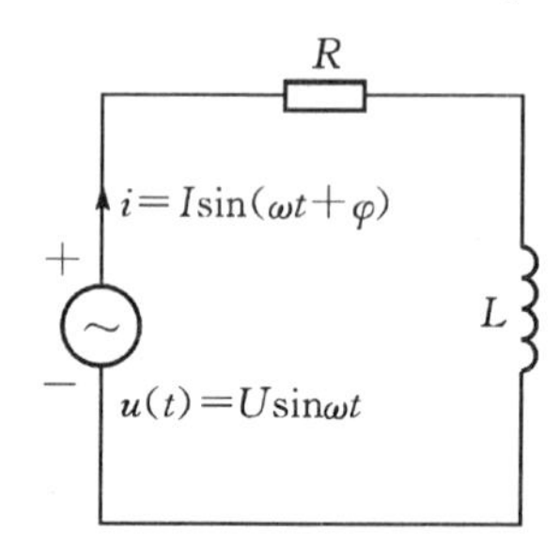

图 2-106 RL 串联电路

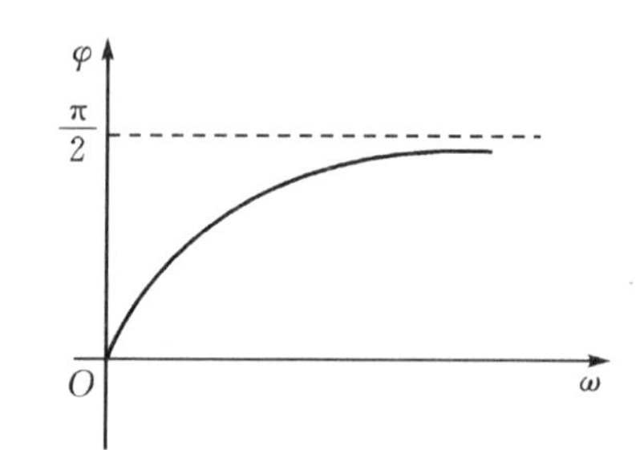

图 2-107 RL 串联电路的相频特性

3. RLC 电路的稳态特性

在电路中如果同时存在电感和电容元件,那么在一定条件下会产生某种特殊状态,能量会在电容和电感元件中产生交换,我们称之为谐振现象。

①RLC 串联电路如图 2-108 所示,电路的总阻抗$|Z|$,电压 U、U_R、和 i 之间有以下关系:

$$|Z|=\sqrt{R^2+\left(\omega L-\frac{1}{\omega C}\right)^2} \tag{11}$$

$$i=\frac{U}{\sqrt{R^2+\left(\omega L-\frac{1}{\omega C}\right)^2}} \tag{12}$$

$$\varphi=\arctan\frac{\omega L-\frac{1}{\omega C}}{R} \tag{13}$$

式中，ω 为角频率，可见以上参数均与 ω 有关，它们与频率的关系称为频响特性，见图 2 - 109，2 - 110，2 - 111。

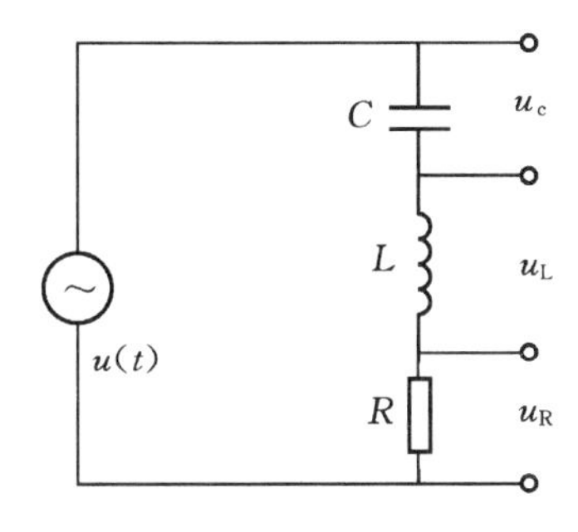

图 2 - 108 RLC 串联电路

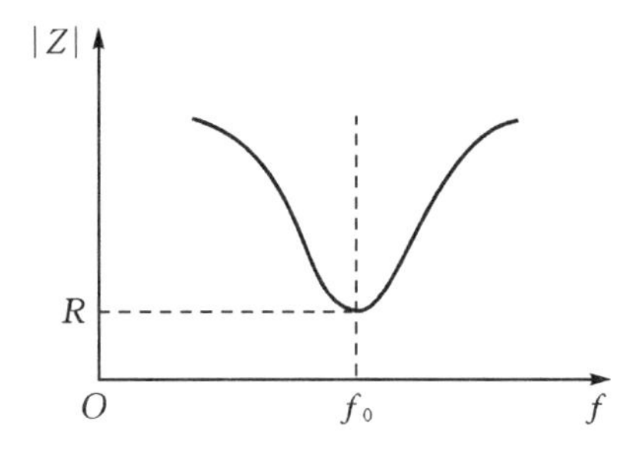

图 2 - 109 RLC 串联电路的阻抗特性

由图可知，在频率 f_0 处阻抗 Z 值最小，且整个电路呈纯电阻性，而电流 i 达到最大值，我们称 f_0 为 RLC 串联电路的谐振频率（ω_0 为谐振角频率）。由图还可知，在 $f_1 \sim f_0 \sim f_2$ 的频率范围内 i 值较大，我们称为通频带。

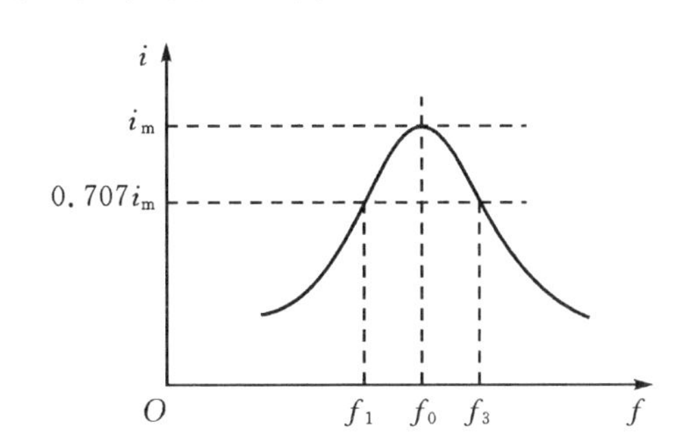

图 2 - 110 RLC 串联电路的幅频特性

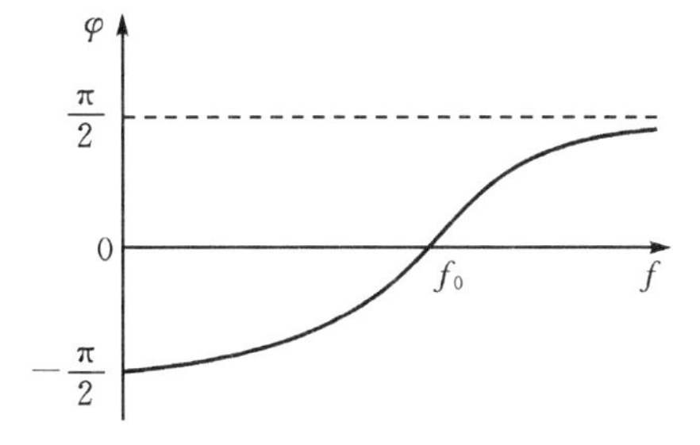

图 2 - 111 RLC 串联电路的相频特性

下面我们推导出 $f_0(\omega_0)$ 和另一个重要的参数品质因数 Q：

当 $\omega L=\dfrac{1}{\omega C}$ 时，从公式(11)、(12)及(13)可知

$$|Z|=R,\quad \varphi=0,\quad i_m=U/R$$

$$\omega=\omega_0=\frac{1}{\sqrt{LC}} \tag{14}$$

这时

$$f=f_0=\frac{1}{2\pi\sqrt{LC}} \tag{15}$$

电感上的电压
$$U_L=i_m|Z_L|=\frac{\omega_0 L}{R}U \tag{16}$$

电容上的电压
$$U_C=i_m|Z_C|=\frac{1}{R\omega_0 C}U \tag{17}$$

U_C 或 U_L 与 U 的比值称为品质因数 Q。

$$Q=\frac{U_L}{U}=\frac{U_C}{U}=\frac{\omega_0 L}{R}=\frac{1}{R\omega_0 C} \tag{18}$$

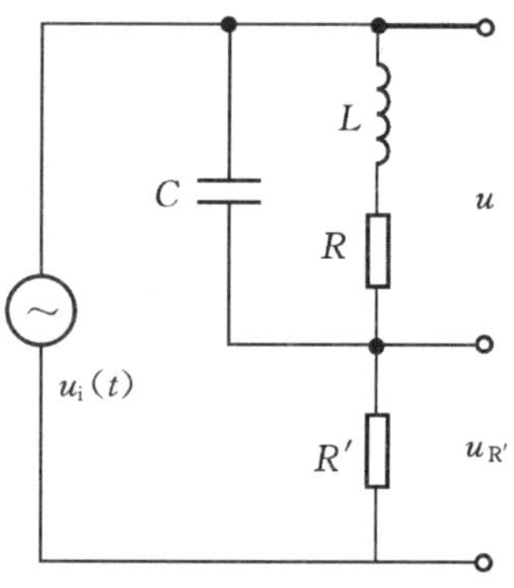

可以证明$\nabla f=\dfrac{f_0}{Q}$,$Q=\dfrac{f_0}{\nabla f}$。

②RLC并联电路如图2-112所示。由图可知

$$|Z|=\sqrt{\frac{R^2+(\omega L)^2}{(1-\omega^2 LC)^2+(\omega RC)^2}} \tag{19}$$

$$\varphi=\arctan\frac{\omega L-\omega C[R^2+(\omega L)^2]}{R} \tag{20}$$

可以求得并联谐振角频率

$$\omega_0=2\pi f_0=\sqrt{\frac{1}{LC}-\left(\frac{R}{L}\right)^2} \tag{21}$$

图2-112 RLC并联电路

可见并联谐振频率与串联谐振频率不相等(当Q值很大时才近似相等)。

图2-113给出了RLC并联电路的阻抗、相位差和电压随频率的变化关系。和RLC串联电路类似,品质因数$Q=\dfrac{\omega_0 L}{R}=\dfrac{1}{R\omega_0 C}$。

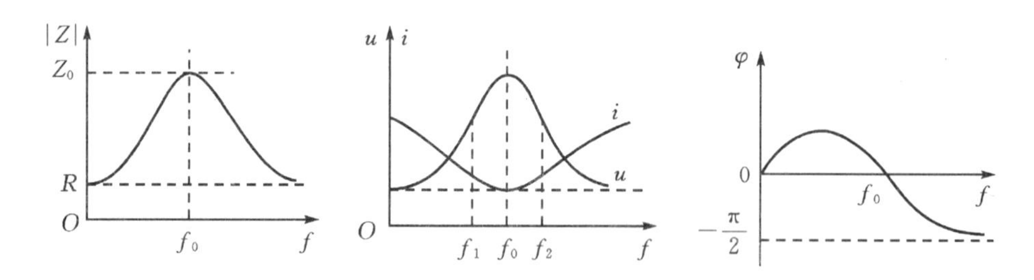

图2-113 RLC并联电路的阻抗特性、幅频特性、相频特性

由以上分析可知RLC串联、并联电路对交流信号具有选频特性,在谐振频率点附近,有较大的信号输出,其它频率的信号被衰减。这在通信领域,高频电路中得到了非常广泛的应用。

4. RC串联电路的暂态特性

电压值从一个值跳变到另一个值称为阶跃电压。

在图2-114所示电路中当开关K合向"1"时,设C中初始电荷为0,则电源E通过电阻R对C充电,充电完成后,把K打向"2",电容通过放电,其充电方程为:

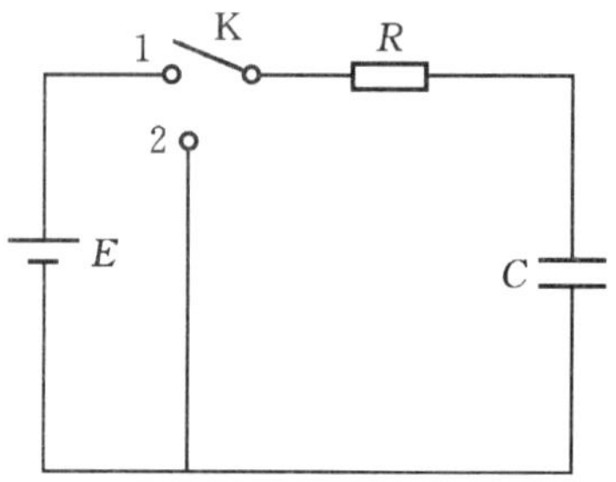

$$\frac{\partial U_C}{\partial t}+\frac{1}{RC}U_C=\frac{E}{RC} \tag{22}$$

放电方程为

$$\frac{\partial U_C}{\partial t}+\frac{1}{RC}U_C=0 \tag{23}$$

图2-114 RC串联电路的暂态特性

可求得充电过程时

$$U_C=E(1-e^{-\frac{t}{RC}}) \tag{24}$$

$$U_R=Ee^{-\frac{t}{RC}} \tag{25}$$

放电过程时

$$U_C = Ee^{-\frac{t}{RC}} \tag{26}$$

$$U_R = -Ee^{-\frac{t}{RC}} \tag{27}$$

由上述公式可知 U_C、U_R 和 i 均按指数规律变化。令 τ=RC，τ 称为 RC 电路的时间常数。τ 值越大，则 U_C 变化越慢，即电容的充电或放电越慢。图 2－115 给出了不同 τ 值的 U_C 变化情况，其中 $\tau_1<\tau_2<\tau_3$。

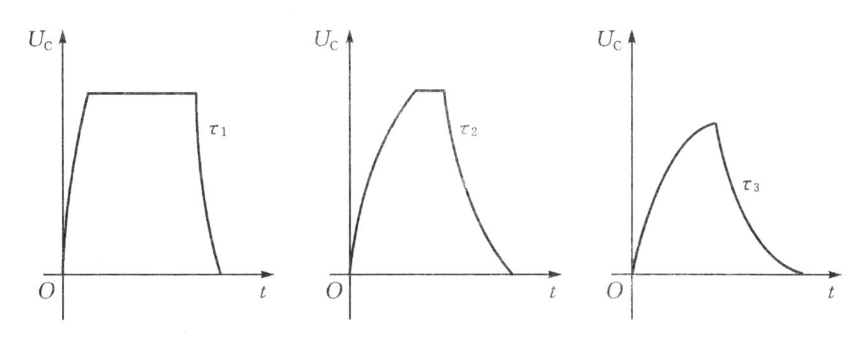

图 2－115　不同 τ 值的 U_C 变化示意图

5. RL 串联电路的暂态过程

在图 2－116 所示的 RL 串联电路中，当 K 打向“1”时，电感中的电流不能突变，K 打向“2”时，电流也不能突变为 0，这两个过程中的电流均有相应的变化过程。类似 RC 串联电路，电路的电流、电压方程为

电流增长过程：

$$U_L = Ee^{-\frac{R}{L}t} \tag{28}$$

$$U_R = E(1-e^{-\frac{R}{L}t}) \tag{29}$$

电流消失过程：

$$U_L = -Ee^{-\frac{R}{L}t} \tag{30}$$

$$U_R = Ee^{-\frac{R}{L}t} \tag{31}$$

其中电路的时间常数 $\tau=\dfrac{L}{R}$。

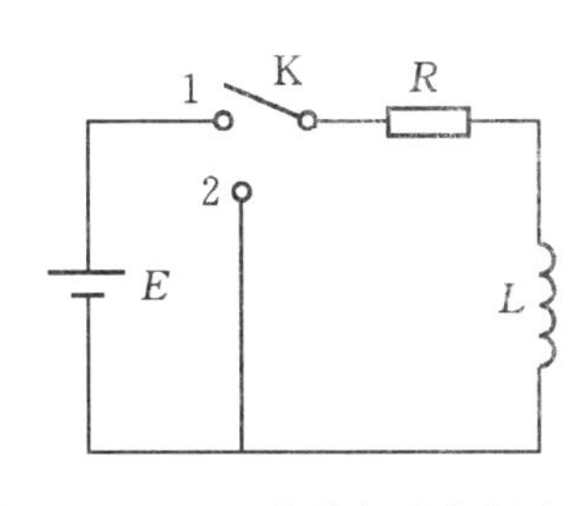

图 2－116　RL 串联电路的暂态过程

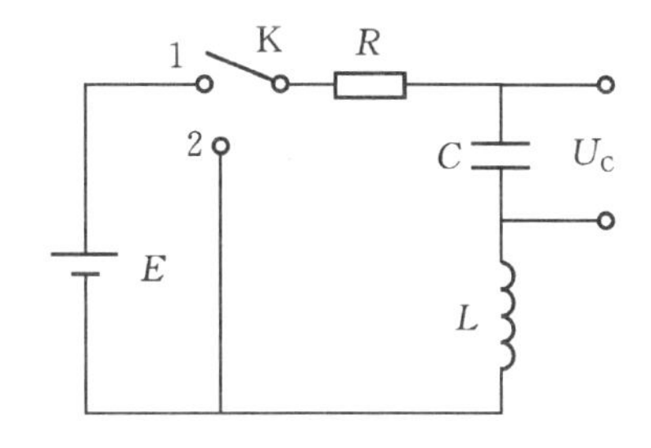

图 2－117　RLC 串联电路的暂态过程

6. RLC 串联电路的暂态过程

在图 2－117 所示的电路中，先将 K 打向“1”，电源 E 对电容 C 充电，充到 U_C 等于 E，待稳

定后再将 K 打向“2”,这称为 RLC 串联电路的放电过程,这的电路方程为

$$LC\frac{\partial^2 U_C}{\partial t^2}+RC\frac{\partial U_C}{\partial t}+U_C=0 \tag{32}$$

初始条件为 $t=0, U_C=E, \frac{\partial U_C}{\partial t}=0$,这时方程的解一般按 R 值的大小可分为三种情况。

①$R<2\sqrt{L/C}$时为欠阻尼,有

$$U_C=\frac{1}{\sqrt{1-\frac{C}{4L}R^2}}Ee^{-\frac{t}{\tau}} \tag{33}$$

式中,$\tau=\frac{2L}{R}, \omega=\frac{1}{\sqrt{LC}}\sqrt{1-\frac{C}{4L}R^2}$。

②$R>2\sqrt{L/C}$时为过阻尼,有

$$U_C=\frac{1}{\sqrt{\frac{C}{4L}R^2-1}}Ee^{-\frac{t}{\tau}}\text{ch}(\omega t+\varphi) \tag{34}$$

式中,$\tau=\frac{2L}{R}, \omega=\frac{1}{\sqrt{LC}}\sqrt{\frac{C}{4L}R^2-1}$。

③$R=2\sqrt{L/C}$时为临界阻尼,有

$$U_C=\left(1+\frac{t}{\tau}\right)Ee^{-\frac{t}{\tau}} \tag{35}$$

图 2-118 为这三种情况下的 U_C 变化曲线,其中 1 为欠阻尼,2 为过阻尼,3 为临界阻尼。

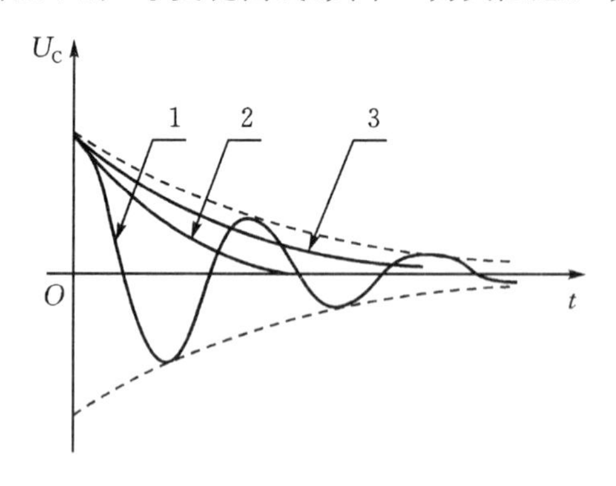

图 2-118 放电时的 U_C 曲线示意图

如果当 $R\ll 2\sqrt{L/C}$时,则曲线 1 的振幅衰减很慢,能量的损耗较小,能够在 L 与 C 之间不断交换,可近似为 LC 电路的自由振荡,这时 $\omega\approx\frac{1}{\sqrt{LC}}=\omega_0$,$\omega_0$ 为 $R=0$ 时 LC 回路的固有频率。

对于充电过程,与放电过程相类似,只是初始条件和最后平衡的位置不同。

图 2-119 给出了充电时不同阻尼的 U_C 变化曲线图。

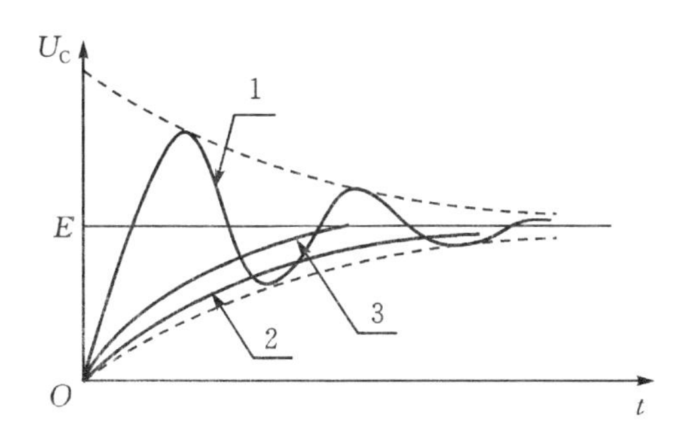

图2-119 充电时的U_C曲线示意图

四、实验内容

对RC、RL、RLC电路的稳态特性的观测采用正弦波。对RLC电路的暂态特性观测可采用直流电源和方波信号，用方波作为测试信号可用普通示波器方便地进行观测；以直流信号做实验时，需要用数字存储示波器才能进行较好的观测。

注意：仪器采用开放式设计，使用时要正确接线，不要短路功率信号源，以防损伤。

1. RC串联电路的稳态特性

①RC串联电路的幅频特性。选择正弦波信号，保持其输出幅度不变，分别用示波器测量不同频率时的U_R、U_C，可取$C=0.022\ \mu F$，$R=1\ k\Omega$，也可根据实际情况自选R、C参数。

用双通道示波器观测时可用一个通道监测信号源电压，另一个通道分别测U_R、U_C，但需注意两通道的接地点应位于线路的同一点，否则会引起部分电路短路。

②RC串联电路的相频特性。将信号源电压U和U_R分别接至示波器的两个通道，可取$C=0.022\ \mu F$，$R=1\ k\Omega$(也可自选)。从低到高调节信号源频率，观察示波器上两个波形的相位变化情况，先可用李萨如图形法观测，并记录不同频率时的相位差。

2. RL串联电路的稳态特性

测量RL串联电路的幅频特性和相频特性与RC串连电路时方法类似，可选$L=10\ mH$，$R=1\ k\Omega$，也可自行确定。

3. RLC串联电路的稳态特性

自选合适的L值、C值和R值，用示波器的两个通道测信号源电压U和电阻电压U_R，必须注意两通道的公共线是相通的，接入电路中应在同一点上，否则会造成短路。

①幅频特性。保持信号源电压U不变(可取$U_{pp}=5\ V$)，根据所选的L、C值，估算谐振频率，以选择合适的正弦波频率范围。从低到高调节频率，当U_R的电压为最大时的频率即为谐振频率，记录下不同频率时的U_R大小。

②相频特性。用示波的双通道观测U的相位差，U_R的相位与电路中电流的相位相同，观测在不同频率下的相位变化，记录下某一频率时的相位差值。

4. RLC并联电路的稳态特性

按图2-112进行连线，注意此时R为电感的内阻，随不同的电感取值而不同，它的值可在相应的电感值下用直流电阻表测量，选取$L=10\ mH$、$C=0.022\ \mu F$、$R'=1\ k\Omega$，也可自行设计选定。注意R'的取值不能过小，否则会由于电路中的总电流变化过大而影响$U_{R'}$的大小。

①LC并联电路的幅频特性。保持信号源的U值幅度不变(可取U_{PP}为2～5 V),测量U和$U_{R'}$的变化情况。注意示波器的公共端接线,防止造成电路短路。

②RLC并联电路的相频特性。用示波器的两个通道,测U与$U_{R'}$的相位变化情况。自行确定电路参数。

5. RC串联电路的暂态特性

如果选择信号源为直流电压,观察单次充电过程要用存储式示波器。我们选择方波作为信号源进行实验,以便用普通示波器进行观测。由于采用了功率信号输出,故应防止短路。

①选择合适的R和C值,根据时间常数τ,选择合适的方波频率,一般要求方波的周期$T>10\tau$,这样能较完整地反映暂态过程,并且选用合适的示波器扫描速度,以完整地显示暂态过程。

②改变R值或C值,观测U_R或U_C的变化规律,记录下不同RC值时的波形情况,并分别测量时间常数τ。

③改变方波频率,观察波形的变化情况,分析相同的τ值在不同频率时的波形变化情况。

6. RL串联电路的暂态过程

选取合适的L与R值,注意R的取值不能过小,因为L存在内阻。如果波形有失真、自激现象,则应重新调整L值与R值进行实验,方法与RC串联电路的暂态特性实验类似。

7. RLC串联电路的暂态特性

①先选择合适的L、C值,根据选定参数,调节R值大小。观察三种阻尼振荡的波形。如果欠阻尼时振荡的周期数较少,则应重新调整L、C值。

②用示波器测量欠阻尼时的振荡周期T和时间常数τ。τ值反映了振荡幅度的衰减速度,从最大幅度衰减到最大幅度的0.368倍处的时间即为τ值。

五、数据处理

①根据测量结果作RC串联电路的幅频特性和相频特性图。

②根据测量结果作RL串联电路的幅频特性和相频特性图。

③分析RC低通滤波电路和RC高通滤波电路的频率特性。

④根据测量结果作RLC串联电路、RLC并联电路的幅频特性和相频特性,并计算电路的Q值。

⑤根据不同的R值、C值和L值,分别作出RC电路和RL电路的暂态响应曲线。

⑥根据不同的R值作出RLC串联电路的暂态响应曲线,分析R值大小对充放电的影响。

⑦根据示波器的波形绘出半波整流和桥式整流的输出电压波形,并讨论滤波电容数值大小的影响。

六、注意事项

①仪器采用开放式设计,使用时要正确接线,不要短路功率信号源,以防损坏。

②电解电容有正负极之分,充电时,不能将电源的正负极接反,更不要超过电容的耐压值。

七、思考题

①归纳当周期为T的方波作用到RC电路上,在$\tau\gg T$、$\tau=\frac{T}{2}$和$\tau\ll T$的情况下,电容上电

压的波形,图示并解释。

②RLC串联电路品质因素 Q 的物理意义是什么?测量 Q 的方法有哪些?

③用电压表测量RC电路暂态过程时,电容两端电压不能达到电动势 E 值,为什么?

④在RC串联电路中,如何测量电容两端电压和电流的相位差?画出电路图。

小 结

电磁学实验是物理实验中最重要的一部分。一是由于其内容丰富,仪器众多;二是因为随着科学技术的发展,物理学科其他分支的物理量及所有工程技术类学科的实验技术都要用到电磁学实验方法,很多量都可以通过传感器转化为电压、电流来测量。

在本节中,实验内容非常丰富,我们学习了线性电阻、非线性电阻的多种测量方法,交直流电压的测量方法,频率、相位、阻抗的测量方法,电磁场的测量方法,还研究了电子束在电磁场中的聚焦和偏转,电子荷质比测定仪就是利用这种原理制作的仪器。学习使用了磁电系电表、数字电表、电桥、示波器、电源等仪器。本节中还学习了很多实验方法,例如补偿法、模拟法、平衡法、示波法等,这些都是电磁学实验最基本的知识,在工程技术领域应用广泛。

2.3 光学、声学物理量的测量与研究

基本知识

光学实验是大学物理实验的一个重要部分,它所使用的仪器,所运用的实验技能,以及对元件和仪器的维护等,均有别于其它物理实验,有其特殊性。因此,在做光学实验以前,了解有关光学元件和仪器的使用、维护要求,基本调节技术和实验中常用的光源等有关知识是十分重要,初学者应认真阅读和学习这些内容。

2.3.1 光学元件和仪器的使用和维护

组成光学仪器的各种光学元件,如透镜、棱镜、反射镜、光栅等,大多数是用光学玻璃制成的,其光学表面都经过研磨和抛光,有些还镀有一层或多层薄膜。光学仪器的机械传动部分也都经过精密加工。所以光学元件和仪器的特点是精密度高、容易损坏,因此在使用和维持上有其特殊要求,使用时一定要注意下列事项:

①使用光学元件和仪器时,要轻拿轻放,勿使它们受到冲击或震动,特别要防止光学元件跌落。暂时不用的或用毕应放在安全的地方或放回原处,不可随便乱放。

②切忌用手触摸元件的光学表面,取用时只能拿磨砂面,即阻止光线通过的毛面,如透镜、光栅的边缘,棱镜的上下面等。

③光学表面如有灰尘,要用洁净的镜头纸或软毛刷轻轻拂去,或用橡皮球吹掉,切勿用嘴吹或用手指抹,以防沾污或损伤抛光表面。

④光学表面如有指印或污痕,应由实验室人员用脱脂棉花和丙酮、乙醇擦拭。所有镀膜面均不能触碰或擦洗。

⑤要避免金属等坚硬物体划伤光学表面,防止任何溶液,尤其是腐蚀性溶液溅到光学表

面上。

⑥光学仪器使用前必须了解操作规程、使用方法和注意事项。调整光学仪器时,要耐心细致,动作要轻。止动螺钉未拧松前,不能用力硬扳,微动装置在使用到极限位置时不可强行转动。严禁盲目及粗鲁操作。

2.3.2 光学系统的基本调节方法

1. 共轴等高调节

在光学系统中,各光学元件的主光轴重合即为共轴。若光学元件均在光具座上,必须使主光轴与光具座导轨表面相平行,即为等高。在光学系统的基本调节中,光学元件的共轴等高调节是最基本的,调节方法如下:

粗调:利用目测判断,将各光学元件和光源的中心调成等高,并使各元件所在平面基本上相互平行且铅直。若各元件在光具座上,可先将它们靠拢,目测调节,使它们的中心连线重合,与导轨表面平行。

细调:利用光学系统本身或借助其它光学元件的成像规律来判断和调节,使得沿光轴移动元件时不发生像的偏移。不同的装置可能有不同的具体调节方法,如自准法、二次成像法等。

2. 消除视差

视差是指观察两个静止物体,当观察者的观察位置发生变化时,一个物体相对于另一个物体的位置有明显的移动。在用米尺测长度及指针式电表读数时都存在视差问题。

光学实验中经常要用目镜中的十字叉丝或标尺准线来测量像的位置和大小。当像平面与十字叉丝不在同一平面上时,就会产生视差。通过调焦使像平面与十字叉丝所在平面相重合,这时眼睛上下左右移动,两者没有相对位移,即视差消除。在光学实验中“消视差”常常是测量读数前必不可少的操作步骤,否则,测量就会引入误差。

2.3.3 物理实验常用光源

通常把自己能够发光的物体称为光源,光源可分为天然光源和人造光源。人造光源又可分为电光源、激光光源和固体发光光源等。其中最常用的是电光源,它是将电能转换为光能的装置,大致可分为两类:*a*. 热辐射光源,它是利用电能将物体加热使其温度升高而发光,例如白炽灯、卤钨灯等。*b*. 气体放电光源,它利用电能使气体或金属蒸气放电而发光,例如日光灯、汞灯、钠灯、氢灯等。

1. 热辐射光源

①白炽灯。它是由钨丝装在抽成真空的玻璃泡内构成。它的光谱是连续光谱,从红外、可见光到少量紫外范围,以近红外成分居多,其光谱成分和光强与灯丝的温度有关。日常用的普通灯炮,除照明外,还可作白色光源。在白炽灯前加滤色片或色玻璃可得到单色光,其单色性决定于滤色片的性能。

②卤钨灯。利用卤素元素和钨的化合物容易挥发的特性制成,主要是碘钨灯和溴钨灯,常用作强光源。在灯泡内充入卤族元素后,蒸发沉积在玻璃壳壁的钨与卤素原子化合,生成卤化钨,卤化钨很快挥发成气体反过来向灯丝扩散。由于灯丝附近温度高,卤化钨分解,钨又重新沉积在钨丝上,形成卤钨循环,所以卤钨灯能获得较高的发光效率,光色和稳定性也较好。

③标准灯泡。一种经过严格设计的特制钨丝灯或卤钨灯,使用前都要经过校准。作为标

准光源的卤钨灯要按规定的电压值(或电流值)和规定的方向使用才能得到正确的结果。

2. 气体放电光源

(1)汞灯

利用汞蒸气弧光放电而发光。因为汞灯在常温下要用很高的电压才能点燃,因此在管内充有辅助气体,如氖、氩等。通电时辅助气体首先被电离而开始放电,使灯管温度升高,随后才产生汞蒸气的弧光放电。弧光放电的伏安特性有负阻现象,因此,需要在电路中接入一定的阻抗以限制电流,否则电流急剧增加会把灯管烧坏,一般在交流 200 V 电源和灯管的电路中串入一个扼流圈用来镇流。不同的汞灯,电流的数值不同,所需镇流器的规格也不同,不能互换。汞灯辐射的紫外线较强,不要直视,以防眼睛受伤。汞灯按其工作时的汞蒸气气压的高低,分为低压(10^5 Pa 以下)、高压(10^5～10^6 Pa)和超高压(10^6 Pa 以上)三种。①低压汞灯:实验室中常用,点燃稳定后发出青紫色光,在可见光和近紫外区产生五条强谱线,波长分别为 579.1 nm、577.0 nm、546.1 nm、435.8 nm 和 404.7 nm。②高压汞灯:它在紫外、可见和近红外光区都有辐射,是光谱分析比较理想的标准光源。③超高压汞灯:因汞的蒸气压很高,原子激发到高能级的概率增大,可见光区域发射的谱线增多,而且光强大增,可作为高亮度光源,比如街上的路灯。

(2)钠灯

钠灯也是热电极弧光放电型光源,点燃后发出桔黄色光。在可见光区有两条波长为 589.0 nm 及 589.6 nm 的黄色强谱线,通常以平均值 589.3 nm 作为钠黄光的标准波长,许多光学参数常以它作为基准,称为 D 线。钠灯是一种较好的单色光源。

钠灯是将金属钠封闭在特种玻璃泡内,并且充以辅助气体氩,发光过程类似汞灯,依灯管的额定功率串入相应的镇流器。钠为难熔金属,冷时蒸气压很低,工作时钠蒸气压约为 0.1 Pa,通电 3～4 分钟后才能正常工作。使用时要注意,不可频繁启动和关闭,熄灭后须待冷却方可再次点燃或搬动,否则会影响使用寿命。

(3)辉光灯

辉光灯也叫做辉光放电管,是一种冷电极气体放电光源,如霓虹灯、辉光指示灯、氦灯、氢灯等。氢灯如图2-120所示,在一根弯曲的与两个大玻璃管相通的毛细管内充以氢气,放电时发出粉红色的光,含有原子光谱和分子光谱,根据需要,采取适当措施可突出一种,实验室常用于氢原子光谱实验。管内氢气约为 10^3 Pa,发出的较强谱线的波长为 656.3 nm、486.1 nm、434.0 nm、410.2 nm 等四条。启辉电压约 5～8 kV,工作电压约 1～1.5 kV,工作电流 8～15 mA,所以要用高压(如霓虹灯)变压器。

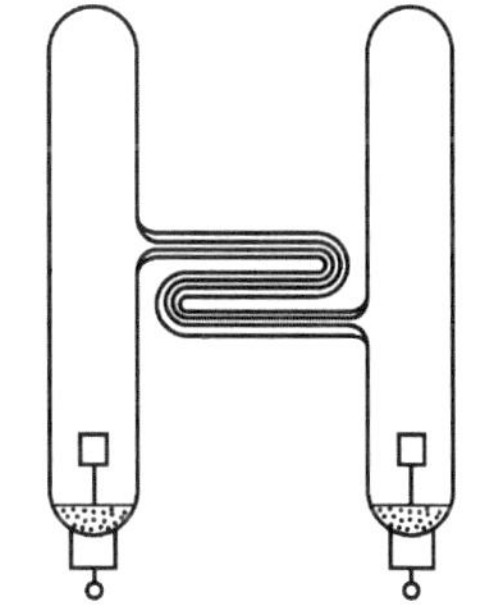

图 2-120 氢放电管

3. 氦氖激光器

激光器是受激辐射而发光的。它具有单色性好、方向性强、功率密度大和空间相干性好等特点,是极好的单色和定向光源。物理实验最常用的是氦氖激光器,它是一种气体激光器,如图 2-121 所示,它由激光管和直流高压电源组成。对直流高压电源的要求与激光管长度和毛细管截面有关,实验室常用管长为 200～300 mm、功率为 2～7 mW 的激光管,它发出波长为 632.8 nm 的橙红色完全偏振光。

激光管两端是多层介质膜片,管体中间有一毛细管,它们组成光学谐振腔。使用时必须保持激光管清洁,点燃时应控制辉光电流的大小,不得超过额定值,也不能低于阈值,否则激光会闪烁或熄灭。激光管的电极不能接反。由于激光管两端加有直流高压(2~8 kV),使用时严防触电。激光发散角小,光能高度集中,所以不能迎着激光束的方向观看,未扩束的激光束会对眼睛造成伤害。

激光器的种类很多,还有氦镉激光器、氩离子激光器、二氧化碳激光器、红宝石激光器、半导体激光器等。

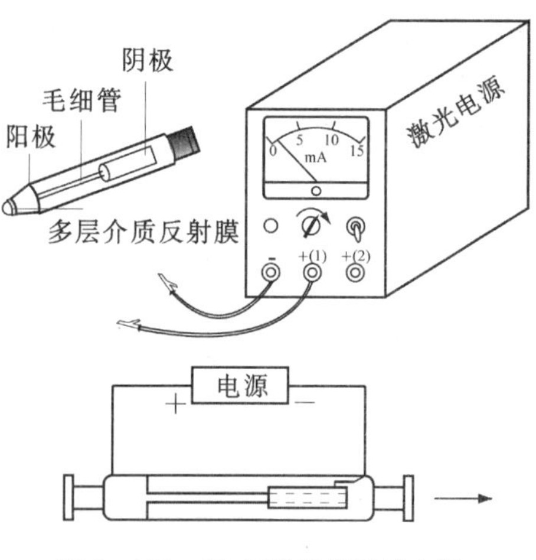

图2-121 氦-氖激光管及其电源

实验20 透镜成像规律的研究

透镜是光学仪器最基本的元件。由于光学仪器的性能和用途不同,也就需要选择不同的透镜。现代精密光学仪器,都是采用多种透镜组成透镜组来满足要求的。因此,在制作或挑选单个透镜时,就要准确测定其各项参数,而最主要的参数就是焦距和像差。厚透镜和透镜组的参数比较复杂,本实验只通过对薄透镜的成像规律的研究来确定其参数,并通过实验学习正确进行光学系统的共轴调节。

一、实验目的

①了解薄透镜的成像规律;

②掌握光学系统的共轴调节;

③测定薄透镜的焦距。

二、仪器用具

光具座,薄透镜,光源,狭缝,观察屏,平面反射镜等。

三、实验原理

1.薄透镜成像公式

透镜是具有两个折射面的简单共轴球面系统,所谓薄透镜,是指它的厚度远比两折射面的曲率半径和焦距小得多的透镜。

在满足薄透镜和近轴光线的条件下,物距u、像距v和焦距f之间的关系为

$$\frac{1}{u}+\frac{1}{v}=\frac{1}{f} \tag{1}$$

这就是薄透镜成像的高斯公式。并且规定u恒取正值;当物和像在透镜异侧时,v为正值,在透镜同侧时,v为负值。对凸透镜f为正值,对凹透镜f为负值。如果已知透镜焦距,根据式

(1)就可求出成像位置和大小,反之也可求出透镜焦距。

2. 凸透镜焦距的测定

凸透镜的成像规律为:像的大小和位置是依照物体离透镜的距离而决定的,当 $u \gg f$ 时,极远处的物体经过透镜在后焦点附近成缩小的倒立实像;当 $u > f$ 时,物体越靠近前焦点,像逐渐远离后焦点且逐渐变大;当 $u = f$ 时,物体位于前焦点,像存在于无穷远处;当 $u < f$ 时,物体位于前焦点以内,像为正立放大的虚像,与物体位于同侧,由于虚像点是光线反方向延长线的交点,因此不能用像屏接收,只能通过透镜观察。测量凸透镜焦距的方法有以下几种。

(1)近似测量

由透镜成像公式可知,当 $u \gg v$(或 f)时,$f \approx v$,因此用此法可以估测出 f 的值。

(2)自准法(平面镜法)

如图 2-122 所示,若物 AB 正好位于透镜 L 的前焦面上,则物上任一点发出的光束经 L 后成为平行光,由平面镜 M 反射后仍为平行光,再经 L 必仍会聚于前焦平面上,得到与原物等大的倒立实像 A′B′。此时,物距就等于透镜的焦距 f,设物体 AB、透镜 L 在光具座上的位置分别为 x_1、x_2,则 $f = |x_2 - x_1|$,此法常用于粗测凸透镜的焦距。

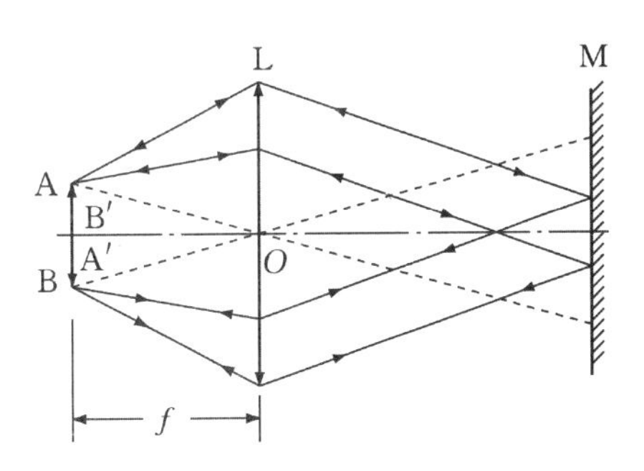

图 2-122　自准法测凸透镜焦距

(3)物距像距法

只要 $u > f$,就可得到一个倒立实像,在光具座上分别测出物体、透镜 L 及像的位置,就可得到 u、v,从而求出 f。那么在测量中,u 究竟取多大时,误差才会最小呢?根据式(1)推导出 f 的相对误差传递公式可知,当 $u = v$ 时,f 的相对误差最小(自己推导),这时,$u = v = 2f$。为消除透镜的光心位置估计不准带来的误差,可以将透镜转 180°再进行测量,取两次测量的平均值。

(4)共轭法(贝塞尔法,位移法)

此方法必须固定物与像屏的间距,设为 s,而物与像屏可以互换,透镜位置与像的大小一一对应,移动透镜可以成两次像,一大一小,这就是物像共轭,根据

$$\frac{1}{u} + \frac{1}{v} = \frac{1}{f}, u + v = s$$

联立求解得

$$u = \frac{s \pm \sqrt{s(s-4f)}}{2} \tag{2}$$

若要 u、v 有实解,必须使 $s > 4f$,其光路如图 2-123 所示。

设透镜两次成像时的位移为 l,则由图 2-123 可看出 $s - l = u_1 + v_2 = 2u_1$,$u_1 = \frac{s-l}{2}$,$v_1 = s - u_1 = \frac{s+l}{2}$,则可求得

$$f = \frac{s^2 - l^2}{4s} \tag{3}$$

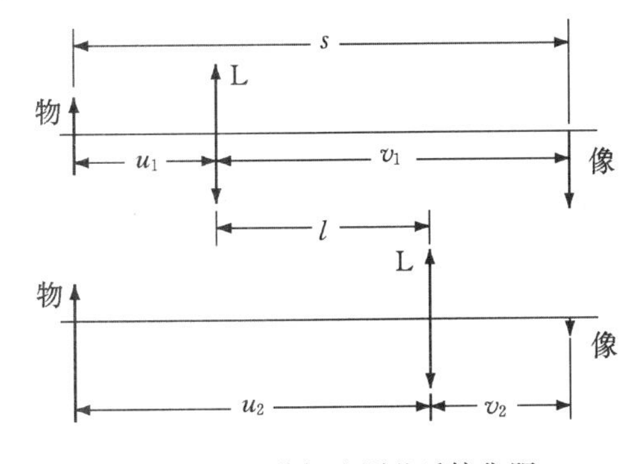

图 2-123　共轭法测凸透镜焦距

由这种方法测 f,只须确定物到像屏的间距 s,以及透镜移动的距离 l,避免了物距像距法估计光心位置不准带来的误差,也不必将透镜转动 180°测量。

3. 凹透镜焦距的测量

凹透镜是发散透镜,无法成实像,因而无法直接测量其焦距,往往采用一凸透镜作辅助透镜来测量。

(1)物距像距法(二次成像法)

如图 2-124 所示,物体 A 经一凸透镜 L_1 成 A′像,放入凹透镜 L_2 后,A′对 L_2 而言是虚物,它又成 A″像,在光具座上分别求出对 L_2 而言的物距 $u=|x_1-x_2|$,像距 $v=-|x_3-x_2|$,就可由式(1)求得 f。

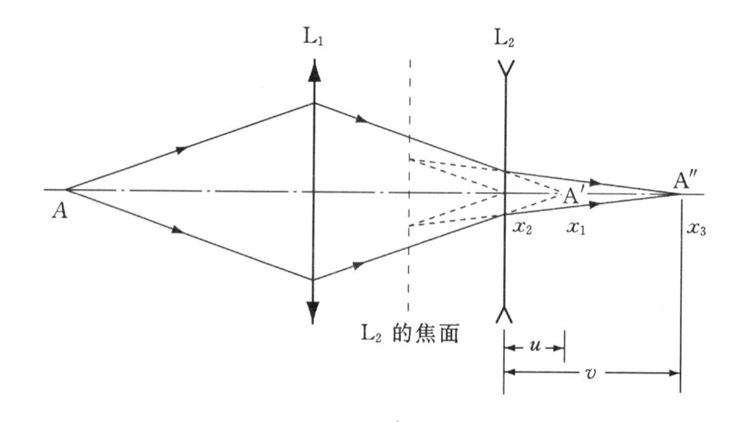

图 2-124 物距像距法测凹透镜焦距

(2)自准法(反射成像法)

如图 2-125 所示,M 为平面反射镜,调节 L_2 的相对位置,直到物屏上出现和物大小相等的倒立实像,记下 L_2 的位置 x_2。再拿掉 L_2 和平面镜,则在某点处成实像(此时物、L_1 不能移动),记下这一点的位置 x_3,则 $f=-|x_3-x_2|$。

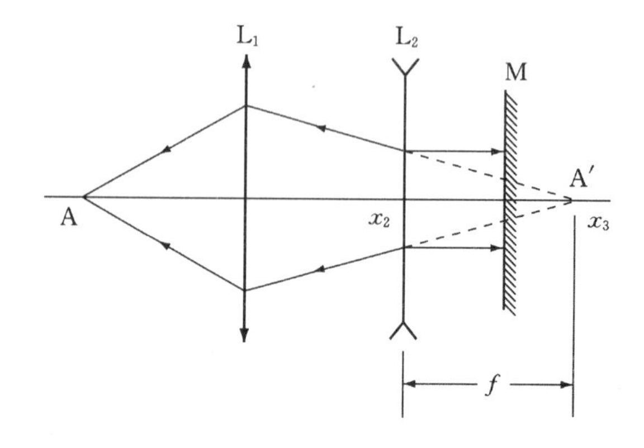

图 2-125 自准法测凹透镜焦距

四、实验内容与步骤

1. 光学系统的共轴调节

构成透镜的两个玻面的中心连线称为透镜的光轴，所有光学元件构成光学系统，而对光学系统进行共轴调节是光学测量的先决条件，也是减小误差，确保实验成功的十分重要的步骤，必须反复、仔细地调节，本实验中还要求光轴与光具座的导轨平行。调节分两步进行：

①粗调。将安装在光具座上的所有光学元件沿导轨靠拢在一起，用眼睛观察，使镜面、屏面等相互平行、中心等高，且与导轨垂直，这样各光学元件的光轴也大致重合。

②细调。对单个透镜，可以采用图 2-123 所示的光路图。在成像的两个位置处把透镜转 180°后，像的位置不变，说明其光轴与导轨平行；若转 180°后像的位置有变动，视其改变方向对透镜进行上下、左右调节，直到透镜转 180°后像的位置不变为止。对于多个透镜组成的光学系统，则应先调节好与一个透镜的共轴，不再变动；再逐个加入其余透镜进行调节，这样调节后，系统的光轴将与最初调好的系统光轴一致。

2. 用自准法测凸透镜焦距

按图 2-122 放置物屏、凸透镜及平面镜，先对光学系统进行共轴调节，然后移动凸透镜，使在物屏上看到一清晰的倒像，如果前后移动平面镜，此像不变，则此时物屏与透镜间距就是透镜的焦距。重复测量 3 次，求平均值。

3. 用共轭法测凸透镜焦距

如图 2-123 所示，使物屏和像屏距离 $s>4f$，固定物屏、像屏，对光学系统进行共轴调节。移动凸透镜，当屏上成清晰放大实像时，记录凸透镜位置 x_1；当屏上成清晰缩小实像时，记录凸透镜位置 x_2，$l=|x_2-x_1|$。由式(3)求出 f，重复测量 3 次，求平均值。

4. 用物距像距法测凹透镜焦距

如图 2-124 所示，调节光学系统共轴。取下凹透镜，用凸透镜成缩小像，记录像的位置 x_1；然后在凸透镜和像屏之间放上凹透镜，向后移动像屏成清晰像，记录凹透镜的位置 x_2 及像屏位置 x_3，由式(1)求出 f。重复测量 3 次，求平均值。

五、数据记录及处理

1. 用自准法测凸透镜焦距

物屏位置 $x_0=$________ cm

次　数	透镜位置 x_1/cm	$f_i=\|x_1-x_0\|$/cm	$\Delta f=\|f_i-\overline{f}\|$/cm
1			
2			
3			
平　　均		$\overline{f}=$	标准偏差 $s_{\overline{f}}=$

$f=\overline{f}\pm s_{\overline{f}}=$________ cm，　　$E_f=$________ %

2. 用共轭法测凸透镜焦距

物屏位置 $x_0=$________ cm，像屏位置 $x_3=$________ cm，$s=|x_3-x_0|=$________ cm

次数	透镜位置/cm		透镜位移/cm	$\Delta l=\lvert l_i-\bar{l}\rvert$/cm	f/cm
	x_1	x_2	$l_i=\lvert x_2-x_1\rvert$		
1					
2					
3					
平均					$\bar{f}, s_{\bar{f}}$

$f=\bar{f}\pm s_{\bar{f}}=$________ cm，　$E_f=$________ %，要求推导出 s_f 计算公式

3. 用物距像距法测凹透镜焦距

透镜所成实像位置 $x_1=$________ cm

次数	x_2/cm	x_3/cm	$u=\lvert x_1-x_2\rvert$/cm	$v=-\lvert x_3-x_2\rvert$/cm	f/cm
1					
2					
3					
平均					$\bar{f}, s_{\bar{f}}$

$f=\bar{f}\pm s_{\bar{f}}=$________ cm，　$E_f=$________ %，要求推导出 s_f 计算公式

六、注意事项

①透镜不可用手摸、嘴吹，如果不洁，请用镜头纸擦拭。

②光具座上标尺读数有顺有倒，记录读数时，只记对应数值，不考虑倒顺关系，计算时取绝对值。

七、思考题

①用共轭法测凸透镜的焦距时，为什么物像之间的距离 s 一定要选择 $s>4f$？

②在测量凹透镜焦距时，凸透镜起什么作用？

③如果用不同的滤光片加在光源前面，那么所测得的某一透镜的焦距是否一样？

④如果进行单凸透镜成像的共轴调节时，放大像和缩小像的中心在像屏上重合，是否意味着共轴？为什么？

八、实际应用及相关设计性实验

①用不同的滤光片加在光源前面，使光源发出不同波长的光，测量某一透镜的焦距，并讨论所得结果。

②激光束的发散角很小，在应用时常需扩束。现有 He - Ne 激光器一台，一个短焦凸透镜，一个长焦凸透镜，试安排光路，对 He - Ne 激光束进行扩束，准直为平行光，并测量扩束后平行光的直径。

③透镜的色差是由于玻璃对不同波长的光折射率不同而引起的，如图 2 - 126 所示，色差 H 的大小常以红色像 A′与紫色像 A″至透镜距离之差表示，即 $H=s''-s'$。试按照物距像距法测凸透镜焦距的光路测量透镜的色差。

④透镜的球差是由于透镜的焦距对透镜的各部分不同而引起的，如图 2－127 所示，常以近轴光线的像点和边缘光线的像点至透镜距离之差表示，即 $Q=|s'-s'''|$。试按照物距像距法测凸透镜焦距的光路来测量球差。注意先用光阑遮住透镜边缘部分，让近轴光线成像，然后用光阑遮住透镜中心部分，让边缘光线成像。

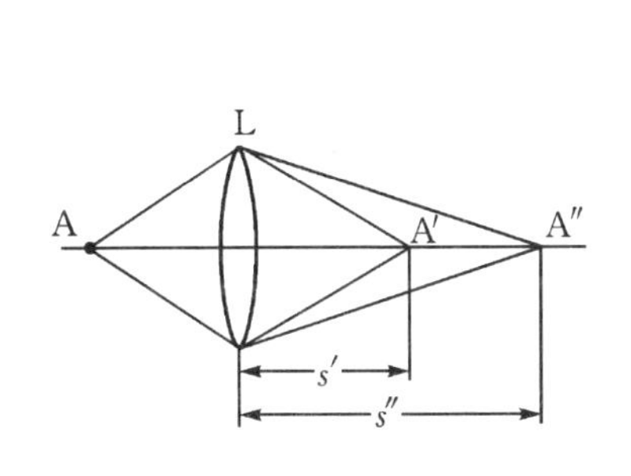

图 2－126　透镜的色差

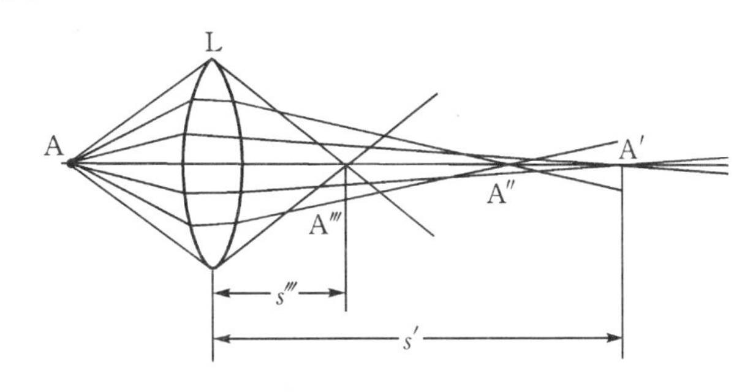

图 2－127　透镜的球差

⑤在物与透镜之间加一挡光片，挡光片就会挡住一部分光线，而使像的亮度有所减弱，可以用光电池来检测像的亮度，以此来反映挡光片挡住多少物发出的光线。如图 2－128 所示，用此光路来检验像的亮度与挡光片深入程度的关系。

⑥如图 2－129 所示，某物发出的光线经一凹面镜 M 反射后，会在其曲率中心 O 点成像，利用这一原理可粗测任一透镜的两个玻面的曲率半径，但由于透镜材料折射率的影响，所测结果与真实值有一定差别。

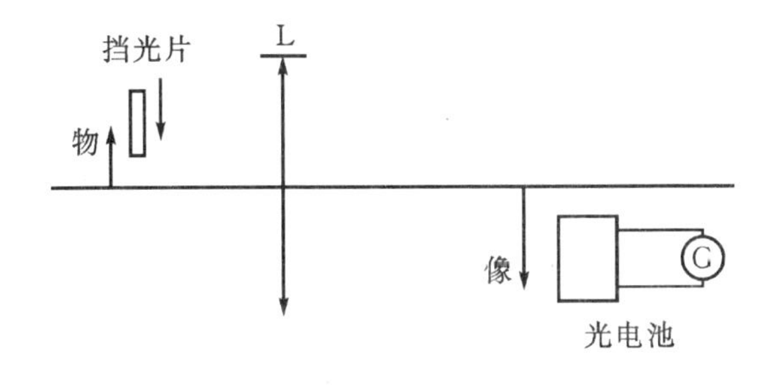

图 2－128　挡光实验

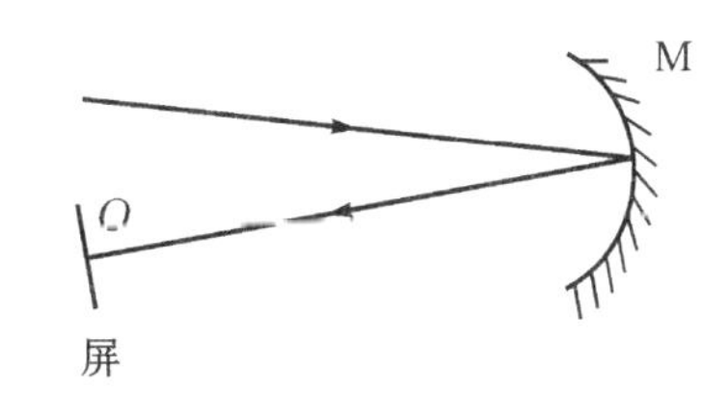

图 2－129　粗测透镜玻面曲率半径

⑦用透镜成像法测定狭缝宽度。所给仪器用具有：钠光灯，光具座（不允许用上面的标尺读数），滑座，薄凸透镜（$f\approx16$ cm），狭缝，测微目镜。要求：画出光路图，推出测量公式，进行测量并求出狭缝宽度。

实验 21　分光计的调整和折射率的测定

折射率是物质的重要光学参数。光通过透明物质（固体、液体或气体）时，会在不同媒质的分界面处发生反射和折射。日光通过棱镜要发生色散现象，分解为红、橙、黄、绿、青、蓝、紫等色光。从发光本质知道，光的频率由发光体所决定，数值恒定不变，而光速和波长则因光与所通过的媒质相互作用而会改变。折射率 n 可以表征光速的变化，它等于光在真空中的传播速

度 c 和在媒质中的传播速度 v 的比值,即 $n=c/v$。色散就是因为不同频率的光在棱镜中的传播速度不同,折射率不同,导致复色光按不同的折射角偏转。用分光计准确测量某些有关角度,就可以确定物质对各色光的折射率。通常所说的物质的折射率,是对钠黄光(波长 $\lambda=589.3\ \text{nm}$)而言的。

分光计是一种准确测量光线偏转角度的光学仪器,如测量反射角、折射角和衍射角等。通过有关角度的测量可以确定材料的折射率、色散率和光波波长等。分光计、单色仪和摄谱仪等光学仪器在结构上有许多相似之处,掌握分光计的调整和使用是学习操作光学仪器的一项基本训练。光学测量仪器一般比较精密,操作使用都必须严格地按规程进行。

一、实验目的

①了解分光计的结构,熟悉分光计的调整和作用;

②使用分光计测定三棱镜的顶角和最小偏向角,从而确定棱镜玻璃的折射率。

二、仪器用具

分光计,汞灯,玻璃三棱镜,平行平面镜。

三、实验原理

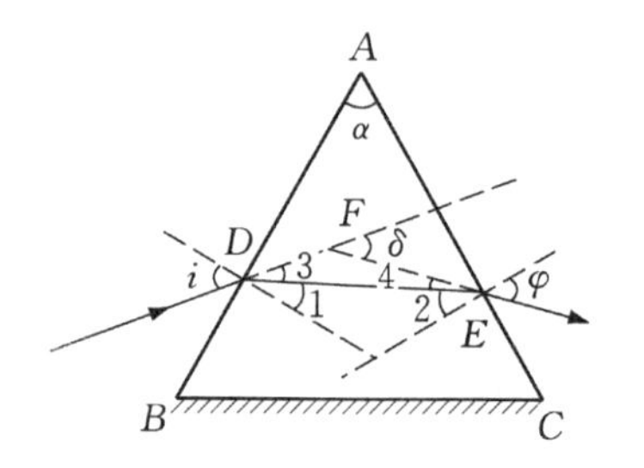

图 2-130 任意入射角时棱镜的折射(俯视图)

图 2-130 中的等边三角形表示三棱镜的主截面。主截面与折射面垂直。折射面 AB 和 AC 是透光的光学表面,其夹角 α 称为三棱镜的顶角。棱脊 A 所对的底面 BC 通常为毛玻璃面。设一束单色平行光入射到三棱镜的 AB 面上,i 和 φ 分别表示入射角和出射角,出射线和入射线之间的夹角 δ 称为偏向角。根据图2-130中的几何关系,$\delta=\angle 3+\angle 4=(i-\angle 1)+(\varphi-\angle 2)$,又因 $\alpha=\angle 1+\angle 2$(为什么?),故有

$$\delta = i+\varphi-\alpha \tag{1}$$

对于给定的棱镜,顶角 α 是固定的,所以 δ 是 i 和 φ 的函数,但 φ 又是 i 的函数,因此,归根到底 δ 只是 i 的函数。对 δ 求导,并令 $\frac{\mathrm{d}\delta}{\mathrm{d}i}=0$,可得 δ 的极小值对应的 i。计算可得(请读者自行推导),当 δ 为极小值时,$i=\varphi$(如图 2-131 所示),代入式(1)得

$$\delta_{\min} = 2i-\alpha$$

即

$$i = \frac{1}{2}(\delta_{\min}+\alpha) \tag{2}$$

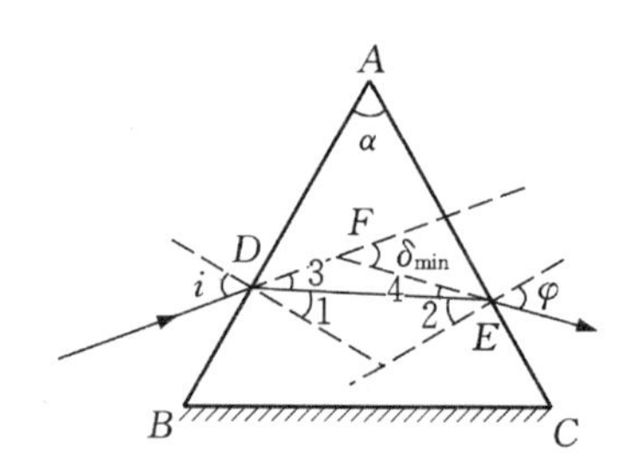

图 2-131 最小偏向角时棱镜的折射(俯视图)

当 $i=\varphi$ 时,$\angle 1=\angle 2$,于是 $\alpha=2\angle 1$

即

$$\angle 1 = \frac{1}{2}\alpha \tag{3}$$

所以,玻璃三棱镜对单色光的折射率为

$$n=\frac{\sin i}{\sin\angle 1}=\frac{\sin\frac{1}{2}(\delta_{\min}+\alpha)}{\sin\frac{1}{2}\alpha}$$

这样，只要用分光计测出三棱镜的顶角 α 和最小偏向角 $\delta_{\min}$，即可求得三棱镜对单色光的折射率。这就是用最小偏向角法测定三棱镜折射率的原理。

四、分光计的结构及调整

常用的 JJY 型分光计的结构如图 2－132 所示。分光计一般由望远镜、平行光管、载物台、读数装置和底座五部分组成。分光计的下部是三脚底座，其中心的竖轴称为分光计的旋转主轴，轴上装有可绕轴转动的望远镜、载物台、刻度圆环和游标盘，在一个底脚的立柱上装有平行光管。望远镜由物镜、分划板和目镜等组成。常用的目镜有“阿贝”游标盘的旋转轴线应与分光计中心轴线重合，但在制造时难免存在一些误差，为了消除刻度圆环与分光计中心轴线之间的偏心差，在游标盘同一直径的两端各设置一个角游标，角游标的读法见附。

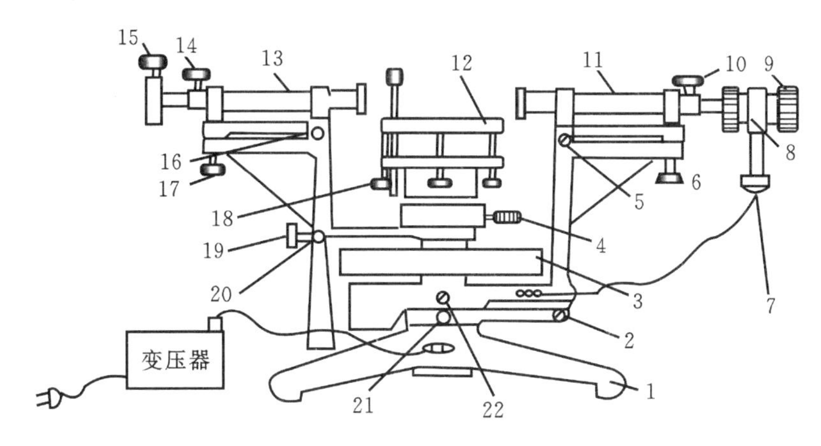

图 2－132　JJY 型分光计结构图

1—三脚底座；2—望远镜微调螺钉；3—刻度圆环；4—载物台紧固螺钉；5—望远镜光轴水平向调节螺钉；6—望远镜光轴倾斜度调节螺钉；7—光源小灯(在内部)；8—分划板(在内部)；9—目镜调焦轮；10—目镜筒紧固螺钉；11—望远镜筒；12—载物平台；13—平行光管筒；14—狭缝装置紧固螺钉；15—狭缝宽度调节螺钉；16—平形光管光轴水平向调节螺钉；17—平行光管光轴倾斜度调节螺钉；18—载物台调节螺钉(三个)；19—游标盘紧固螺钉；20—游标盘微调螺钉；21—望远镜紧固螺钉(在背面)；22—刻度圆环紧固螺钉

为了正确测量棱镜的顶角和最小偏向角，分光计平行光管光轴(即入射平行光线)和望远镜光轴(即出射平行光线)都应与刻度盘面和载物台面(即棱镜主截面)严格平行，即都应严格垂直于旋转主轴。因此，分光计在使用前必须进行严格调整，具体步骤如下：

①目测粗调。通过调节望远镜和平行光管的倾斜度调节螺钉和载物台下的三个调节螺钉，目视观察，使它们大致垂直于旋转主轴。

目镜和“高斯”目镜两种，JJY 型分光计用的是“阿贝”目镜，其望远镜的结构如图 2－133 所示。小灯发出的光通过绿色滤光片后，经直角三棱镜反射，转向 90°，将分划板下部照亮，因此在分划板下方可见一绿色亮框。分划板上有三个十字刻线，下部有一个小十字，当绿光透过分划板和物镜，再从外置的平面镜反射回来时，从目镜中可以看到一个绿十字。分划板与目镜及物镜间的距离可以调节。望远镜用来观察和确定光线行进方向。平行光管由狭缝、消色差透镜组构成,狭缝装置可沿光轴移动和转动,缝宽和狭缝与透镜组间的距离可以调节。平行光管的作用是产生平行光。载物台可以绕中心轴旋转和沿轴升降,平台下方有三个螺钉,用来调节载物台的高度和水平。载物台用来放置光学元件。读数装置由刻度圆环和游标盘组成,都可绕中心轴转动,刻度圆环分为360°,最小分度为半度(30′),半度以下用角游标读数,游标分为30个小格,每小格为29′,因此最小读数为1′。平行光管和望远镜的光轴应与分光计中心轴线正交,望远镜、载物台、刻度圆环、②用自准直法调整望远镜聚焦于无限远处。接通电源,点亮目镜下方的小灯,缓慢旋转目镜调焦轮,即调整目镜与分划板间的距离,直到从目镜中观察分划板上的十字线最清楚为止,这时分划板已处于目镜的焦平面上,下方绿色亮框中的十字也清晰可见。将平行平面镜(它的两面可认为是非常平行的)放于载物台的中央,使镜面前正对一个螺钉,如图2-134(a)中的a螺钉。也可按图(b)放置。转动载物台或望远镜,使望远镜光轴与镜面法线在水平面内有一小角度,眼睛置于望远镜旁,高度大致与望远镜光轴相同,观察从平面镜反射的望远镜中的绿色亮十字像,调节载物台调平螺钉a和望远镜倾斜度螺钉6,使亮十字像处在望远镜光轴水平面附近。然后转动载物台或望远镜,使望远镜光轴与平面镜镜面垂直,即可从目镜中观察到亮十字的像,若像不清晰,松开目镜筒紧固螺钉,前后移动目镜筒,即调整物镜与分划板间的距离,使亮十字像清晰。眼睛上下左右移动,若观察到亮十字像相对于分划板十字有位移,这叫有视差,应微微前后移动目镜筒,直

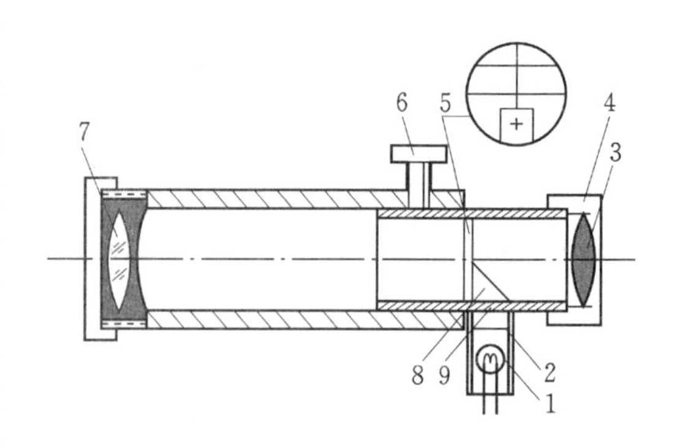

图2-133　望远镜的结构示意图

1—小灯;2—滤色片;3—目镜;4—目镜调焦轮;5—十字分划板;6—紧固螺钉;7—物镜;8—直角棱镜;9—目镜筒

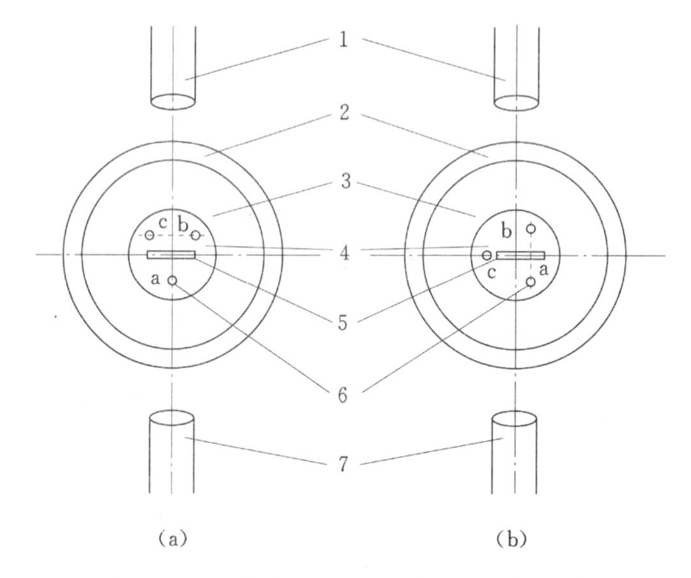

图2-134　载物台上放置平行平面镜的位置图

1—平形光管;2—刻度圆环;3—游标盘;4—载物台;5—平形平面镜;6—调平螺钉;7—望远镜

到无视差为止。这时分划板也位于物镜的焦平面上。拧紧目镜筒紧固螺钉。

自准直法也称平面镜法。按透镜成像原理，如果发光体位于透镜的焦平面上，则通过透镜后就成为平行光束，如果用与主光轴垂直的平面镜将此平行光束反射回来，则通过透镜又成像于焦平面上(试画出光路图)。通过上述调节，分划板同时位于目镜和物镜的焦平面上，望远镜已聚焦于无限远处，适合观察平行光。

③调整望远镜光轴与旋转主轴严格垂直。转动望远镜可使亮十字像与分划板上方十字的竖线重合，用"各减一半"调法可使亮十字像与分划板上方十字的横线重合，即根据亮十字像与分划板上方十字的垂直距离，调节 a 使亮十字像移近一半距离而靠近分划板上方十字，再调 6 使亮十字像与分划板上方的十字(不是中心十字，为什么?)重合。将载物台或游标盘转过 180°，即使平面镜另一面对准望远镜，仍用转动望远镜和"减半"调法使亮十字像与分划板上方的十字重合。若观察不到亮十字像，仍稍微转动望远镜，使其光轴与平面镜法线在水平面内有一夹角，从望远镜旁观察平面镜中的亮十字像，调节 a 和 6，使其靠近光轴平面。再使望远镜垂直平面镜，亮十字即可进入望远镜视野。用"减半"调法，只要经过几次调节，就可使平面镜两个面反射回来的亮十字像都与分划板上方十字重合得很好，这时望远镜光轴已与旋转主轴严格垂直。用上述逐次逼近的方法是迅速调好分光计的关键。此后，望远镜光轴倾斜度调节螺钉 6 切记不要再动，以保持望远镜光轴与旋转主轴相垂直的状态。

④调分划板十字线成水平、垂直状态。左右微微转动载物台，观察亮十字像的横线与分划板上方十字的横线是否始终重合，若不始终重合，说明分划板方位不正。松开目镜筒紧固螺钉，稍微旋转目镜筒(不能前后移动，以免破坏望远镜的聚焦状态)，直到左右转动载物台时，亮十字像的横线与分划板上方十字的横线始终重合为止。拧紧目镜筒紧固螺钉，从载物台上取下平行平面镜。

⑤调整平行光管。接通汞灯电源，将平行光管狭缝旋开，望远镜旋转到对准平行光管的位置，拧松狭缝装置的紧固螺钉，前后移动狭缝装置，使从调好的望远镜中观察到最清晰的狭缝像，此时狭缝已处于平行光管透镜组的焦平面上。调狭缝像为宽为 1 mm 左右。然后转动狭缝成水平状态，并调节平行光管光轴倾斜度调节螺钉。使狭缝像的中心线与分划板中间十字的横线重合，这时平行光管的光轴即与旋转主轴垂直。再将狭缝转为竖直方向，调节平行光管光轴水平向调节螺钉或转动望远镜，使狭缝像的中心线与分划板的竖线重合。再微微前后移动狭缝，使狭缝像与分划板竖线无视差地重合，这样，光源照亮狭缝的光通过平行光管即成为平行光。最后拧紧狭缝装置紧固螺钉。关断汞灯电源。至此，分光计已调整到正常使用状态。

五、实验内容

①按分光计的调整步骤，调节分光计至正常使用状态。

②调节三棱镜的主截面与分光计的旋转主轴垂直，即将载物台调水平。

如图 2－135(a)所示，将三棱镜平置于载物台上，使底面正对 a 螺钉[也可按图 2－135(b)放置]。转动载物台，使 AB 面对准望远镜，通过调节载物台的 c 螺钉，使 AB 面反射回的亮十字像与分划板上方黑十字重合。(注意：此时不能再调望远镜的螺钉 6，否则前功尽弃!)若当望远镜光轴垂直于 AB 面时，从目镜中观察不到亮十字像，则可将平行平面镜紧靠在 AB 面上(注意勿碰动三棱镜)，仍在望远镜旁观察镜面中的亮十字像，调 c 使像靠近光轴平面，再将望远镜转至垂直于镜面，亮十字即可进入视野，然后拿下平行平面镜，从 AB 面也可观察到亮十字像,但较暗淡。同样,将 AB 面正对望远镜,调 b 使亮、黑两十字重合。再转至 AB 面,观察是否仍重合,若不重合,重复前述调节,如此反复进行几次,直到 AB 面和 AC 面均严格垂直于望远镜光轴为止。

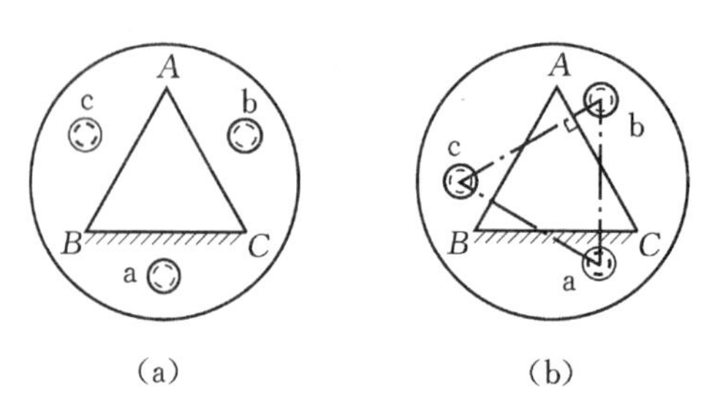

图 2-135 三棱镜在载物台上的位置(俯视图)

③测三棱镜顶角 α。

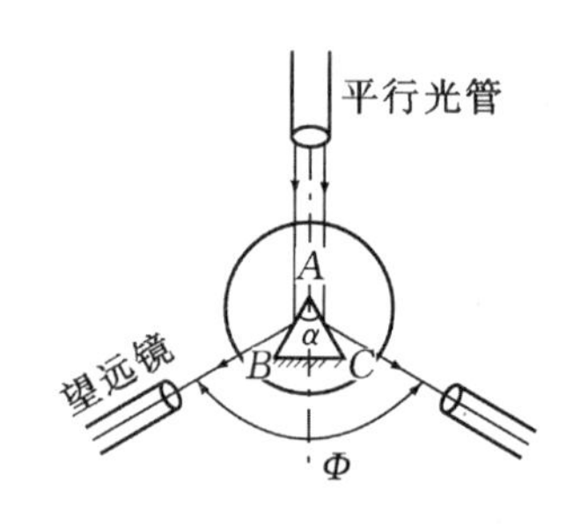

图 2-136 反射法测量棱镜的顶角

顶角的测量方法有反射法和自准法。自准法不需要光源(如汞灯),也不使用平行光管,是利用阿贝自准直望远镜测量的。反射法的光路如图 2-136 所示。将三棱镜置于载物台上,顶角 α 对准平等光管,棱脊 A 靠近并盖住载物台中心,即棱镜离平行光管远些(为什么?)。调游标盘左(A)、右(B)二游标位于平行光管左右两侧。拧紧游标盘、载物台及刻度环紧固螺钉,松开望远镜紧固螺钉,使载物台及游标盘不动,刻度环同望远镜一起转动。点亮汞灯,由平行光管射出的平行光照在三棱镜的两光学表面上,测出两反射光线的角位置即可得到 α。

将望远镜向右侧旋转,使望远镜中的黑竖线靠近狭缝像的中心,紧固望远镜,用望远镜微调螺钉仔细调节,使两者很好地重合,用游标盘上左右两个游标分别读取角位置 θ_A^+、θ_B^+;再将望远镜转至左侧,作同样的调节,读取角位置 θ_A^-、θ_B^-,则

$$\Phi_A = \theta_A^- - \theta_A^+, \qquad \Phi_B = \theta_B^- - \theta_B^+$$

$$\Phi = \frac{\Phi_A + \Phi_B}{2}$$

由图 2-136 的几何关系,可以证明

$$\Phi = 2\alpha$$

故

$$\alpha = \frac{\Phi}{2} = \frac{\Phi_A + \Phi_B}{4}$$

④测最小偏向角 $\delta_{\min}$。

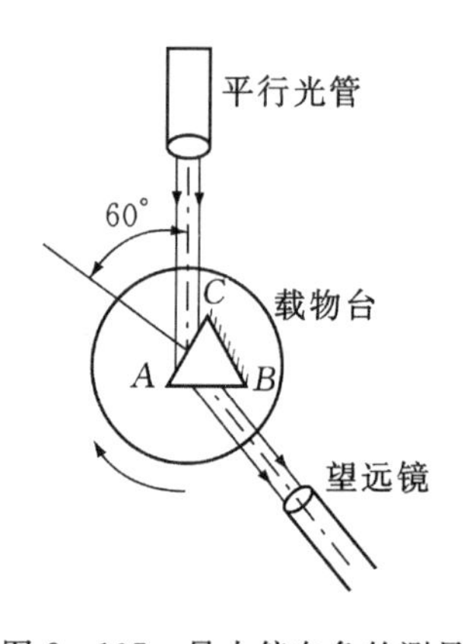

图 2-137 最小偏向角的测量

汞灯发出的谱线在可见光范围有紫、蓝、绿、黄等数条,因三棱镜对不同波长的光折射率不同,所以最小偏向角也不同。如图 2-137 所示,将三棱镜放于载物台上,使 AC 面的法线与平行光管光轴约成 60°角,即 $i \approx 60°$,旋转望远镜至图示位置附近就可以观察到一条条单色的狭缝(谱线),这就是棱镜光谱。这里只测量棱镜对绿光的折射率。

松开载物台紧固螺钉，如图示箭头方向缓慢转动载物台，使 i 减小，偏向角 δ 也随之减小，这时谱线向左移动，用望远镜黑竖线对准绿谱线，继续顺时针旋转载物台，使望远镜黑竖线跟踪对准绿谱线，当载物台转至某一位置时，可看到谱线将反向移动，谱线移动方向发生逆转时的偏向角就是最小偏向角。利用游标盘微调螺钉，使分划板黑竖线对准刚好停在最小偏向角位置的绿谱线中心，用左右两个游标测出这时的角位置 θ_A 和 θ_B。从载物台上取下三棱镜，转动望远镜，对准平行光管，微调望远镜使分划板上黑竖线与狭缝像的中心线重合，测出角位置 θ_A^0 和 θ_B^0，则

$$\delta_{Am} = \theta_A^0 - \theta_A, \qquad \delta_{Bm} = \theta_B^0 - \theta_B$$

$$\delta_{\min} = \frac{1}{2}(\delta_{Am} + \delta_{Bm})$$

六、数据记录与处理

①数据记录表格。

表 1　三棱镜顶角 α 的测量

游标	分光计读数				$\Phi_A = \theta_A^- - \theta_A^+$	$\Phi_B = \theta_B^- - \theta_B^+$	$\Phi = \frac{\Phi_A + \Phi_B}{2}$	$\alpha = \frac{\Phi}{2}$
	望远镜在右边时		望远镜在左边时					
左	θ_A^+		θ_A^-					
右	θ_B^+		θ_B^-					

表 2　绿光最小偏向角 $\delta_{\min}$ 的测量

游标	分光计读数				$\delta_{Am} = \theta_A^0 - \theta_A$	$\delta_{Bm} = \theta_B^0 - \theta_B$	$\delta_{\min} = \frac{\delta_{Am} + \delta_{Bm}}{2}$
	谱线逆转时		入射光方向				
左	θ_A		θ_A^0				
右	θ_B		θ_B^0				

②计算三棱镜的顶角 α。

③计算三棱镜对绿光的最小偏向角 $\delta_{\min}$ 和折射率 n。

注：玻璃三棱镜的折射率是随波长变化的函数，因此在计算折射率后，应标出入射光的波长，汞灯的绿光谱线波长见附录二。

七、注意事项

①不要用手触摸光学元件的光学表面。

②分光计上的各个螺钉在未搞清其作用前，不要随意扭动。

③当发现分光计的某些部件不能转动时，不可用力硬扳，以免损坏。

④汞灯的紫外光较强，不可直视，以免损伤眼睛。

八、思考题

①在调整望远镜时，为什么要消除视差？

②试画出自准法测量三棱镜顶角的光路图，说明其测量方法。

③用分光计测量角度时,如果刻度环上的"0"点越过游标上的"0"刻线,从角位置的读数计算角度(末初读数之差)时应如何进行?

④由图2-136的几何关系,试证明顶角$\alpha=\Phi/2$。

九、拓展实验

1.任意偏向角法测折射率

如图2-130,当一束单色光以入射角i照射已知顶角为α的三棱镜时,若测量出此时入射角i与偏向角δ,利用折射定律及几何关系,可以推导出计算三棱镜折射率的公式为

$$n=\frac{1}{\sin\alpha}\sqrt{\sin^2(\delta+\alpha-i)+\sin^2 i+2\sin(\delta+\alpha-i)\cos\alpha\cdot\sin i}$$

利用此法可以消除原实验中对最小偏向角临界位置判断不准而引入的误差,缺点是计算比较繁琐。

2.利用极限法测量固体折射率

如图2-138所示,①按本实验要求调节分光计至正常使用状态。②放上已知顶角为α的三棱镜,调节望远镜与三棱镜二个侧面正交。③点亮钠光灯,在光源前加上毛玻璃。④先用眼睛靠近三棱镜AC面寻找"半影视场",再调节望远镜分划板十字线与半影分界线重合,记录此时角度值θ_1。⑤转动望远镜,找到棱镜AC面的法线,记录此时角度值θ_2。⑥利用公式$n=\sqrt{1+\left[\frac{\sin(\theta_2-\theta_1)+\cos\alpha}{\sin\alpha}\right]^2}$可计算出三棱镜材料的折射率。

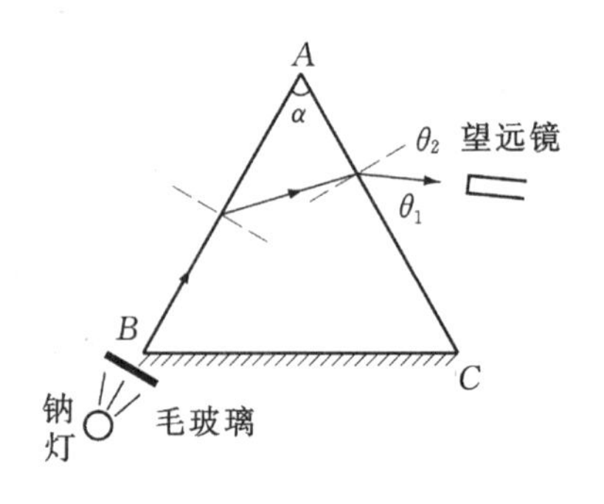

图2-138 极限法则n原理图

利用极限法测量折射率的光源应为散射光,并保证有入射光平行于棱镜AB面入射进入三棱镜,而不应使用经平行光管产生的平行光。

3.测量透明液体的折射率

将待测液体盛在样品池(形状规则的透明小盒)中,利用偏向角法即可测出待测液体的折射率。

4.其它方法

如果给分光计目镜配置光电接收装置,就可以测量一些分光光谱的相对光强。

对分光计稍加改进,如在平行光管及望远镜筒上加上偏振片及旋转角度测量装置,就可以进行薄膜厚度的测量。

总之,分光计的用途非常广泛,与其它仪器相配合,可以进行许多方面的测量工作,所以熟悉和掌握分光计的调节和使用,对以后的科研工作会有很大帮助。

附:角游标

角游标的原理与直线游标的原理是一样的。有的分光计如JJY型分光计,刻度盘的最小分度为30′,游标盘是在14°30′(29个刻度盘分度)范围内分成30等分,即每一等分为29′,与刻度盘最小分度差1′,这就是角游标的分度值,也就是最小读数。有的分光计刻度盘的最小分度为20′,角游标在13°(39个刻度盘分度)范围内分成40等分,即每一等分为19′30″,与刻度盘最小分度差30″,这就是角游标最小读数或分度值。与直线游标类似,可以写出角游标的

普遍公式

$$\beta_n \cdot n = \beta_l (n-1)$$

式中，β_l 和 β_n 分别表示刻度盘和游标的分度值（以角量表示）；n 为游标的分度数，游标的总弧长等于刻度盘（$n-1$）个分度弧长。刻度盘与游标分度的差值为

$$\beta_l = \beta_n = \frac{\beta_l}{n}$$

使用角游标读数时要注意，角度是以度、分和秒表示的，不是十进制！另外，在读数和计算角度的过程中还注意两点：

①读数时，不要漏读半度（30′），如图 2-139 的读数是 150°46′，而不是 150°16′。

②在测量角位置的过程中，注意游标 0 线是否经过刻度盘的 360°刻度线（亦即 0 刻度线），如果经过 360°刻度线，计算角度（末初读数之差）时，要考虑末读数＋360°的问题。

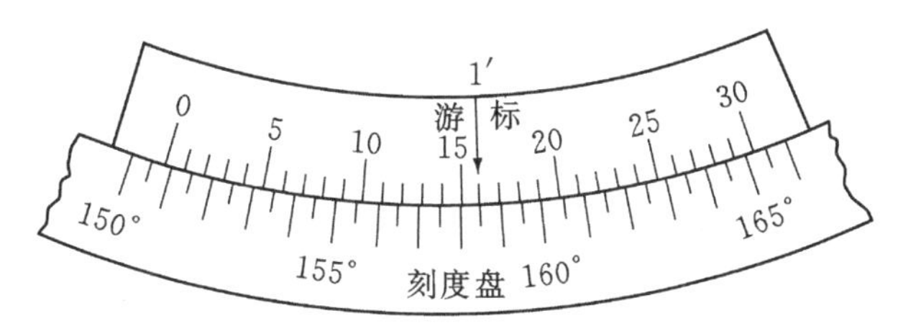

图 2-139　角游标读数示例

角游标分度值非常小，直接用眼睛进行读数比较困难，一般用放大镜放大。

实验 22　用阿贝折射仪测量折射率

阿贝折射仪是利用全反射原理来测量光学样品折射率的一种专用仪器。通过测量透明、半透明液体或固体的折射率 n_D 及平均色散 n_F-n_C（又称中部色散），可以了解物质的光学性能、纯度、浓度及色散的大小。同时，该仪器利用糖溶液浓度与折射率的关系可测量出该溶液中糖量浓度的百分数。在利用阿贝折射仪测量样品折射率时，不需要单色光源，使用普通白光光源就能进行，因而使用方便，操作简单，测量速度快。它不仅在光学测量及光学仪器生产中经常使用，而且在其它工业部门如石油、食品、日用化工等行业中也得到了广泛地应用。

一、实验目的

①了解阿贝折射仪的测量原理；
②利用阿贝折射仪测量透明固体和液体的折射率；
③测量糖溶液的折射率及糖量浓度。

二、实验仪器和用具

2W 型阿贝折射仪，标准玻璃块，溴代萘，待测样品，待测糖溶液等。

三、实验原理

阿贝折射仪是根据全反射原理设计的，有透射（掠入射法）和反射（全反射法）两种使用

方法。

1. 全反射原理

如图 2-140 所示,由几何光学原理可知,当光线从折射率大的介质(光密介质)进入折射率小的介质(光疏介质)时,改变入射光线的入射角可以使出射光线折射角为 90°(如光线 1 所示),此时的光线入射角称为全反射临界角,如 i_0。

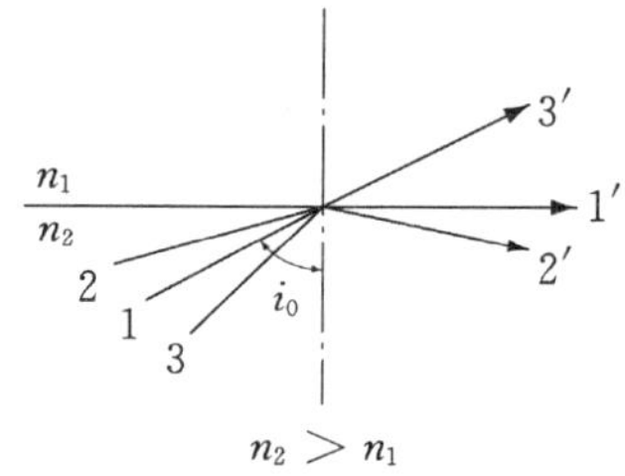

$$i_0 = \arcsin(n_1/n_2) \tag{1}$$

图 2-140 全反射原理图

阿贝折射仪就是基于这种思想而设计制造的,同时也限定了待测物质的折射率一定要小于仪器中折射棱镜的折射率。

2. 测量原理

如图 2-141 所示,一束光沿 S 方向入射待测样品,由于待测样品折射率小于折射棱镜折射率,光线折射,折射角为 i_0,折射光线经棱镜 BC 面出射。注意,因为待测样品的折射率不同,所以折射角 i_0 也不同,折射率大的样品(一般为固体),出射光线 EF 通常在 BC 面法线逆时针方向,而折射率较小的样品(一般为液体)。出射光线 $E'F'$ 通常在 BC 面法线的顺时针方向。由折射定律

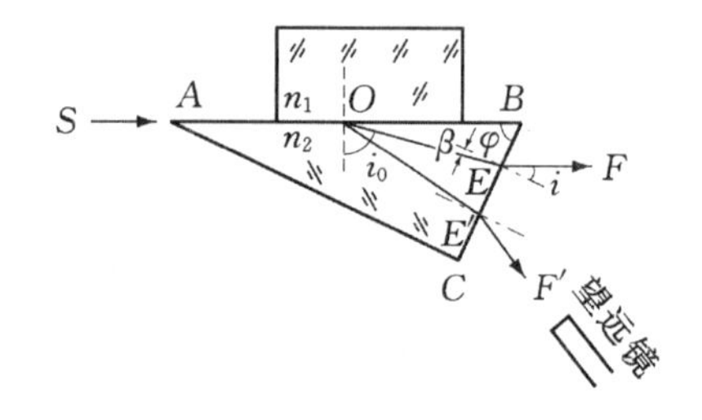

图 2-141 阿贝折射仪测量原理图

$$n_2 \sin\beta = \sin i$$

$$n_2 \sin i_0 = n_1$$

由几何关系 $i_0 = \varphi \pm \beta$

可得出

$$n_1 = \sin\varphi \sqrt{n_2^2 - \sin^2 i} \mp \cos\varphi \cdot \sin i \tag{2}$$

由于折射棱镜是专门加工制作的,所以 φ 角的大小及折射率 n_2 已知。阿贝折射仪在制作时已将不同的 i 值换算成了与之相对应的 n 值。实验中,转动棱镜来改变 i 值大小,利用望远镜在 BC 面观察。当棱镜转到一定位置时,可以看到视场一半暗一半亮,称作“半影现场”,明暗分界处即为临界角位置,并可从读数盘上直接读出待测样品的折射率。

3. 光线透过待测样品的测量方法——透射法

如图 2-142(a)所示,当一束含有不同方向光线的漫反射光照射待测样品时,光线 1 的入射角对于折射棱镜而言为 90°,光线沿全反射临界角 i_0 折射并经 BC 面出射,出射角为 i。而

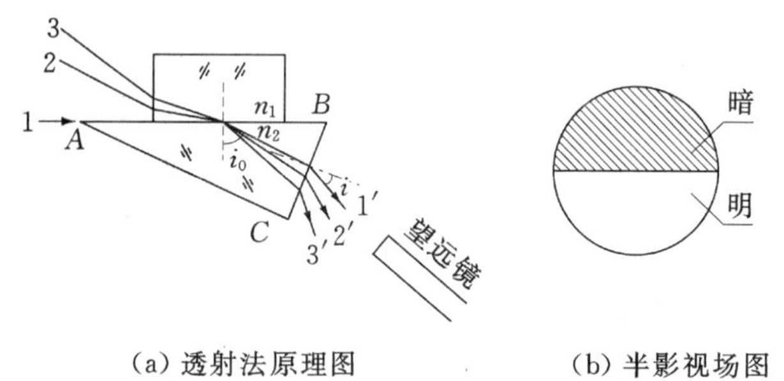

(a) 透射法原理图 (b) 半影视场图

图 2-142 透射法原理及半影视场

光线 2、3 的入射角小于 90°，可知经 BC 面的出射角将大于 i，所以在 1′的上方没有光线出射，出射光都在 1′下方，这样在望远镜中可看到如图2－142(b)的半影视场。

透射法通常用来测量透明固体及液体的折射率，并要求固体待测样品必须有两个相邻且互相垂直的平面，这两个平面必须经过抛光。

4. 光线不透过待测样品的测量方法——全反射法

如图 2－143(a)所示，当漫反射光线经棱镜 AC 面照射在待测样品表面时，光线反射并经

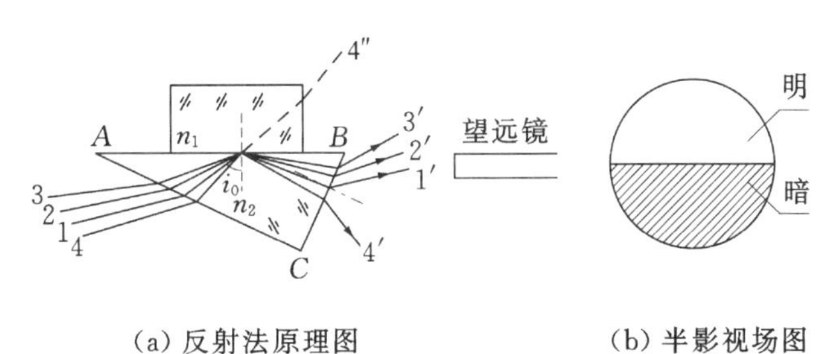

(a) 反射法原理图　　(b) 半影视场图

图 2－143　反射法原理及半影视场

BC 面被望远镜接收，设光线 1 照射样品的入射角为全反射时的临界角 i_0，光线 2、3 的入射角大于 i_0，光线全部反射，而光线 4 的入射角小于 i_0，于是一部分光折射如 4″，一部分光线反射并经 BC 面出射如 4′，这样在望远镜中可看到如图 2－143(b)的半影视场，明暗分布恰与透射法相反，但明暗差别不如透射法显著。

全反射法通常用来测量半透明固体及液体的折射率，并要求固体待测样品与折射棱镜相接触的一个表面必须经过抛光。

四、仪器结构

阿贝折射仪的光学系统由望远系统及读数系统两部分组成，见图 2－144。

望远系统：在图 2－145 中，光线由反射镜 1 进入进光棱镜 2 及折射棱镜 3，被测样品放在 2、3 之间，经阿米西棱镜 4 抵消由折射棱镜及被测样品所产生的色散。由物镜 5 将明暗分界线成像于分划板 6 上，最后被目镜 7 放大后成像于观察者眼中。

读数系统：光线由小反射镜 14 经过毛玻璃片 13 照亮玻璃度盘 12，经转向棱镜 11 及物镜 10 将刻度成像于分划板 9 上，最后被目镜 8 放大后成像于观察者眼中。

从望远镜筒及读数镜筒中可以看到如图 2－146 的视场。

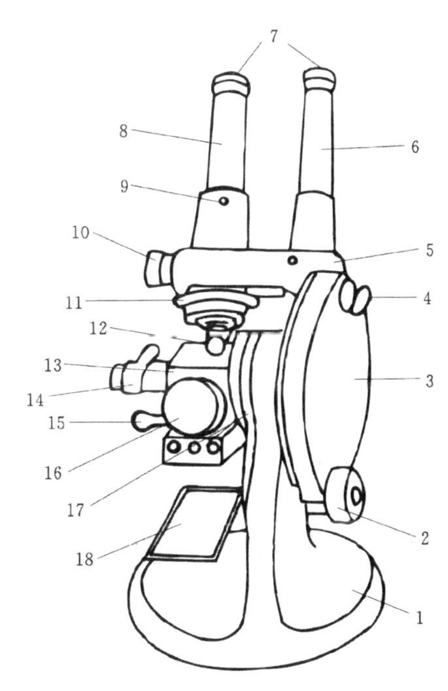

图 2－144　阿贝折射仪外形结构图

1—底座；2—棱镜转动手轮；3—圆盘组(内有玻璃度盘)；4—小反射镜；5—支架；6—读数镜筒；7—目镜；8—望远镜筒；9—示值调节螺钉；10—阿米西棱镜手轮；11—色散值刻度圈；12—棱镜锁紧手柄；13—棱镜组；14—温度计座；15—恒温器接头；16—保护罩；17—主轴；18—反射镜

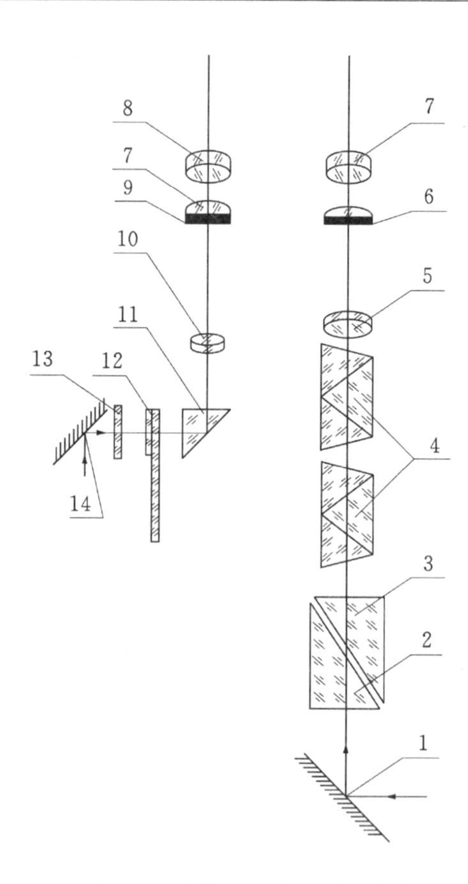

图 2-145 阿贝折射仪光学系统图

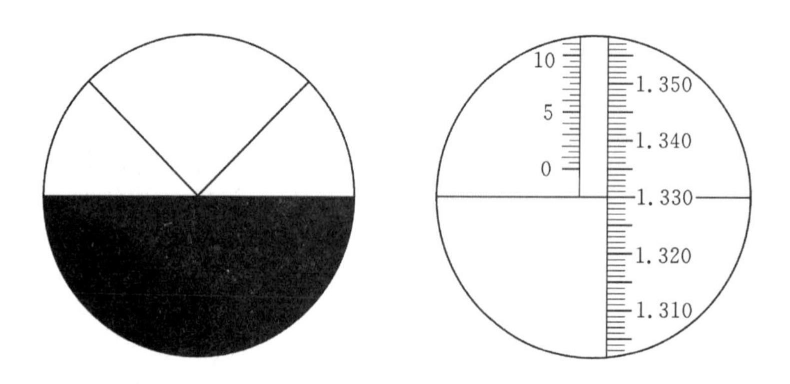

图 2-146 望远镜筒及读数镜筒中的视场

五、实验内容与步骤

1. 校准仪器

向标准玻璃块的抛光面加一滴溴代萘并紧贴在阿贝折射仪的折射棱镜上，当读数镜筒内指示标准玻璃块上所标 n_D 值时，观察望远镜内明暗分界线是否在 X 形分划线之交点处，若有偏离，则用方孔调节扳手转动示值调节螺钉 9，将明暗分界线调整至 X 形线交点处。校准完毕后，螺钉9不允许再动。

2.测量玻璃的折射率

将待测玻璃涂上溴代萘并贴在阿贝折射仪的折射棱镜上，调整光线入射方向，转动棱镜手轮2调整半影视场，使明暗分界线与望远镜叉线交点重合，若视场中有色彩时，转动消色差手轮（阿米西棱镜手轮）10使明暗分界线清晰，从读数镜筒中读数即可得到结果。

3.测量蒸馏水、无水乙醇的折射率

将蒸馏水或乙醇用滴管加在进光棱镜磨砂面上，拧紧折射棱镜锁紧手柄12，其余步骤同玻璃折射率的测量（若被测液体为易挥发物，则在测量过程中可用针管在折射棱镜侧面的小孔内加以补充）。测量液体折射率时需调节反射镜18。

4.测量糖溶液的折射率及含糖浓度

具体操作与步骤3相同，此时从读数镜筒视场左侧指示值读出的数值即为糖溶液含糖浓度的百分数。

六、数据记录及处理

①设计表格并将数据填入表格内。

②每种样品各测量三次（液体另取样品），并估算误差。

七、注意事项

①被测玻璃样品需加工成小的长方体，以 $10\times20\times5\ mm^3$ 左右为佳，其中两个大致成直角的相邻表面必须经过抛光。

②测量中，被测固体样品和折射棱镜之间应加上少许折射液如溴代萘，折射液不易过多，否则在两接触面之间形成一楔形液体层，影响测量准确度。

③测量完毕要用脱脂棉或擦镜纸将两接触面上的残余液体擦抹干净，并保持清洁、干燥。

④严禁油手或汗手触及光学元件抛光面、折射棱镜磨砂面及镜头。

八、几点说明

①阿贝折射仪的阿米西棱镜组是由两组色散棱镜组成，每组是由两块折射率较低的冕牌玻璃三棱镜与一块折射率较高的火石玻璃三棱镜胶合而成，如图2-147，这种棱镜的最大特点就是D光通过棱镜时方向不变，C光谱线与F光谱线由于棱镜的色散作用分离在D光两侧。当在望远镜视场中看到彩色时，转动阿米西棱镜组手轮10，以改变两色散棱镜组沿旋转轴所成角度，直至在望远镜中观察到明显无色散的明暗分界线。换言之，最终测得的样品折射率是对D光（$\lambda=589.28$ nm）的折射率 n_D。

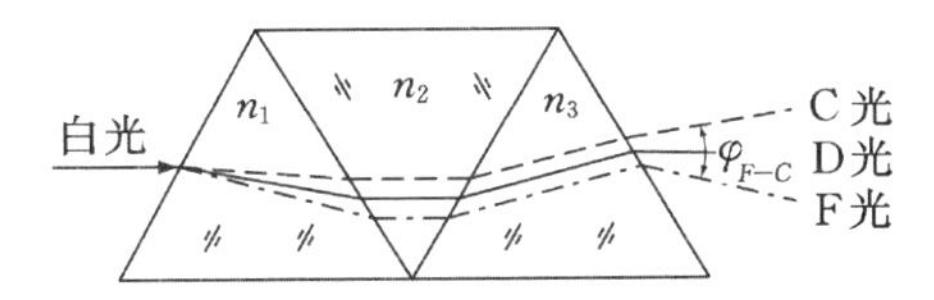

图2-147　阿米西棱镜的组成

②阿贝折射仪的读数格值为 1×10^{-3}，考虑其它因素，本实验测量准确度为 3×10^{-4} 左右。

③2W 型阿贝折射仪的测量范围为 $n_D=1.300\sim1.700$。

④若需测量不同温度时的折射率,可将温度计旋入温度计座内,接上恒温器,把恒温器温度调节到所需测量温度,稳定 10 min 后即可测量。

九、思考题

①阿贝折射仪使用什么光源?所测得的折射率是对哪条谱线的折射率?为什么?

②为何会出现半影视场?

③试分析本实验测量误差的主要来源。

④测量半透明固体折射率时的进光面在何处?试画出光路图。

十、拓展实验

如果给定的量具和用具是:盛液体的烧杯,圆形泡沫板,大头针,毫米刻度尺,待测液体。请设计测定液体折射率的方案,画出测量原理图,推导出测量公式,进行测量并算出结果。

附:一、折射率的其它测量方法

1. 最小偏向角法

见本书实验 20,该法测量准确度高,被测折射率的大小不受限制,不需要已知折射率的标准试件。但被测材料要制成技术条件要求高的棱镜,不便快速测量。

2. V 形棱镜法

如图 2-148,利用入射光 S 经 V 形棱镜及待测棱镜各表面折射后经 DC 面出射,出射角为 θ,并已知 V 形棱镜折射率 n_0,那么可推算出待测棱镜折射率 n 为

$$n=\left[n_0^2\pm\sin\theta(n_0^2-\sin^2\theta)^{\frac{1}{2}}\right]^{\frac{1}{2}}$$

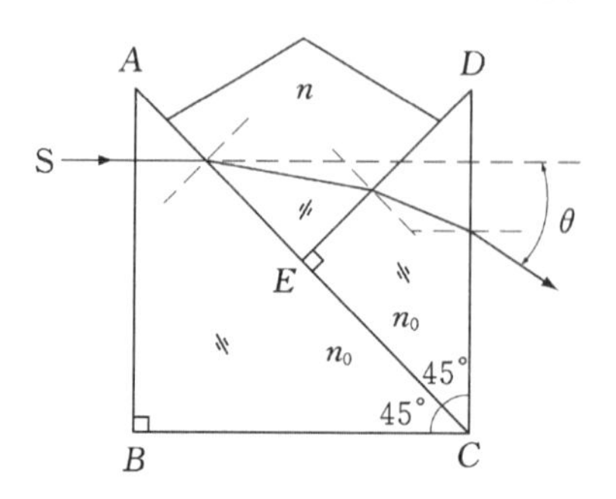

图 2-148 V 形棱镜法原理图

若人眼迎向入射光方向时,出射光相对于入射光线方向为逆时针方向时,θ 取正号,反之取负号,具体判别可利用专用测量仪器——V 形棱镜折光仪上的度盘读数来区分,当 $n>n_0$ 时,θ 角的刻度范围是 0°～30°,取正号;当 $n<n_0$ 时,θ 角的刻度范围是 330°～360°,取负号。

若待测棱镜角度近似为直角时,应在接触面间加入折射率与待测棱镜折射率相同的折射液。若此时不知待测棱镜折射率,先任选折射液,测出待测样品折射率后,根据测量结果再选配折射液,最后准确测量出待测样品折射率。一般情况下,利用该原理可以保证测量准确度不低于 2.5×10^{-5}。

3. 自准直法

如图 2-149，三棱镜 AC 面镀反射膜或贴一片面形精度较高的反射镜以增加反射光强，当入射光经 AB 面折射并经 AC 面反射后又沿原路返回时，棱镜折射率 n 为

$$n = \sin\theta / \sin\alpha$$

式中，α 为三棱镜顶角。

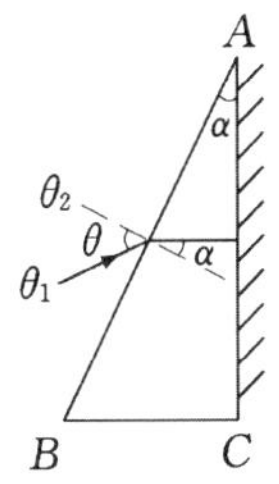

图 2-149　自准直法原理图

具体步骤：①调整分光计到正常工作状态；②将待测棱镜置于载物台上，转动望远镜或载物台，利用望远镜自身发出的亮十字来寻找并调整经 AC 面反射回的亮十字像与分划板上方十字线重合，记录此时游标读数 θ_1；③转动望远镜或载物台，调整经 AB 面反射回的亮十字像与分划板上方十字线重合，记录此时游标读数 θ_2，得到 $\theta = |\theta_1 - \theta_2|$，若已知棱镜顶角 α，就可以得出待测棱镜的折射率。

测量时应注意：望远镜中小灯前应加滤光片，保证测量结果为相对于波长 λ 的折射率；被测样品顶角不易过大，应小于 30°。本方法与最小偏向角法原理相似，其测量准确度也基本一致。

除以上所述方法外，还有其它测量方法，但均建立在前面几种主要基本测量原理之上，只要熟悉以上几种基本原理，理解其它测量方法并不困难。

二、色散的测量

对于一块光学玻璃而言，其折射率随波长的变化而变化，即 $n = f(\lambda)$，通常把这种特性称为色散，色散和折射率一样，也是光学玻璃的重要特征常数。

平均色散（中部色散）公式为

$$n_F - n_C = A + B\sigma$$

式中，A、B、σ 的值可由测得的 n_D 及色散值刻度圈上的读数 Z 值，经查表并修正计算得出。

例　测得某光学玻璃折射率 $n_D = 1.5736$，$Z = 42.5$。首先根据测得的 $n_D = 1.5736$ 查附表 1，可知当 $n_D = 1.5700$ 时：

$A = 0.02326$，当 $\Delta n = 0.001$ 时，A 之差数（$\times 10^{-6}$）为 3；

$B = 0.01865$，当 $\Delta n = 0.001$ 时，B 之差数（$\times 10^{-6}$）为 -53；

修正：$A = 0.02326 + 3 \times \dfrac{1.5736 - 1.5700}{0.001} \times 10^{-6} = 0.02327$；

$B = 0.01865 + (-53) \times \dfrac{1.5736 - 1.5700}{0.001} \times 10^{-6} = 0.01846$。

同理，对 σ 值进行修正，因 $Z = 42.5 > 30$，故修正后的 σ 取负值。

根据 $Z = 42.5$ 查表知，当 $Z = 42$ 时：

$\sigma = 0.588$，当 $\Delta Z = 0.1$ 时，σ 之差数（$\times 10^{-4}$）为 41；

修正：$\sigma = -(0.588 + 41 \times \dfrac{42.5 - 42}{0.1} \times 10^{-4}) = -0.6085$；

最后求得 $n_F - n_C = A + B\sigma = 0.01204$。

附表1　2W型阿贝折射仪色散表

计算按公式 $n_F - n_C = A + B\sigma$

所有补偿器之读数 Z,小于30时在表上数值(σ)前取+号,大于30时取-号

n_D	A	当 $\Delta n=0.001$ 时 A 之差数 $\times(10^6)$	B	当 $\Delta n=0.001$ 时 B 之差数 $\times(10^6)$	Z	σ	当 $\Delta Z=0.1$ 时 σ 之差数 $\times(10^{-4})$	Z
1.300	0.02352	−3	0.02735	−16	0	1.000	−1	60
1.310	0.02349	−4	0.02719	−18	1	0.999	4	59
1.320	0.02345	−3	0.02701	−19	2	0.995	7	58
1.330	0.02342	−3	0.02682	−19	3	0.988	10	57
1.340	0.02339	−3	0.02663	−21	4	0.978	12	56
1.350	0.02336	−2	0.02642	−22	5	0.966	15	55
1.360	0.02334	−3	0.02620	−23	6	0.951	17	54
1.370	0.02331	−2	0.02597	−24	7	0.934	20	53
1.380	0.02329	−3	0.02573	−26	8	0.914	23	52
1.390	0.02326	−2	0.02547	−26	9	0.891	25	51
1.400	0.02324	−2	0.02521	−28	10	0.866	27	50
1.410	0.02322	−1	0.02493	−28	11	0.839	30	49
1.420	0.02321	−2	0.02465	−30	12	0.809	32	48
1.430	0.02319	−1	0.02435	−32	13	0.777	34	47
1.440	0.02318	−1	0.02403	−32	14	0.743	36	46
1.450	0.02317	−1	0.02371	−34	15	0.707	38	45
1.460	0.02316	0	0.02337	−35	16	0.669	40	44
1.470	0.02316	−1	0.02302	−37	17	0.629	41	43
1.480	0.02315	0	0.02265	−38	18	0.588	43	42
1.490	0.02315	0	0.02227	−39	19	0.545	45	41
1.500	0.02315	1	0.02188	−41	20	0.500	46	40
1.510	0.02316	1	0.02147	−43	21	0.454	47	39
1.520	0.02317	1	0.02104	−44	22	0.407	49	38
1.530	0.02318	1	0.02060	−46	23	0.358	49	37
1.540	0.02319	2	0.02014	−48	24	0.309	50	36
1.550	0.02321	2	0.01966	−49	25	0.259	51	35
1.560	0.02323	3	0.01917	−52	26	0.208	52	34
1.570	0.02326	3	0.01865	−53	27	0.156	52	33
1.580	0.02329	3	0.01812	−56	28	0.104	52	32
1.590	0.02332	5	0.01756	−58	29	0.052	52	31
1.600	0.02337	4	0.01698	−61	30	0.000		30
1.610	0.02341	6	0.01637	−63				
1.620	0.02347	6	0.01574	−67				
1.630	0.02353	7	0.01507	−69				
1.640	0.02360	8	0.01438	−73				
1.650	0.02368	9	0.01365	−77				
1.660	0.02377	10	0.01288	−81				
1.670	0.02387	12	0.01207	−87				
1.680	0.02399	14	0.01120	−92				
1.690	0.02413	16	0.01028	−99				
1.700	0.02429		0.00929					

注:折射棱镜色散角 $\Phi=58°$,阿米西棱镜最大角色散 $2K=144.9'$,折射棱镜的折射率 $n_D=1.75479$,折射棱镜的相对色散 $n_F-n_C=0.027300$

附表 2　常用谱线的波长和产生这些谱线的元素

谱线符号	波长/nm	元　素	谱线符号	波长/nm	元　素
i	365.01	汞(Hg)	*D	589.28	钠(Na)
*h	404.66	汞(Hg)	C′	643.85	镉(Cd)
*g	435.84	汞(Hg)	*C	656.27	氢(H)
F′	479.99	镉(Cd)	r	706.52	氦(He)
*F	486.13	氢(H)	*A′	766.50	钾(K)
*e	546.07	汞(Hg)	S	852.11	铯(Cs)
d	587.56	氦(He)	t	1013.98	汞(Hg)

注:带 * 号是我国光学玻璃标准所规定的 7 种谱线

实验 23　等厚干涉及其应用

光的干涉是最重要的光学现象之一,在对光的本质的认识过程中,它为光的波动性提供了有力的实验证据。早在 1675 年牛顿在制作天文望远镜时,偶然将一个望远镜的物镜放在一个平玻璃上,发现了牛顿环这一干涉现象。日常生活中也能见到诸如肥皂泡呈现的五颜六色,雨后路面上油膜的多彩图样等光的干涉现象,这都可以用光的波动理论加以解释。要产生光的干涉现象,两束光必须满足频率相同、振动方向相同和相位差固定的相干条件。因此,实验中可将同一光源发出的光分成两束,经过空间不同的路径,再会合在一起而产生干涉。具体又有分波阵面法和分振幅法两种类型的干涉,杨氏双缝干涉等实验属于前者,而薄膜等厚干涉属于后者。在实际应用中,等厚干涉用途较广,一直是高精度的光学表面加工中,检验零件表面光洁度和平直度的主要手段;还可以精密测量薄膜厚度和微小角度;测量曲面的曲率半径;研究零件的内应力分布;测定样品的膨胀系数等。

一、实验目的

①观察等厚干涉现象,了解等厚干涉的原理和特点;
②学习用牛顿环测量透镜曲率半径及用劈尖干涉测量薄片厚度的方法;
③正确使用测量显微镜,学习用逐差法处理数据。

二、仪器用具

牛顿环装置,劈尖装置,测量显微镜,钠光灯。

三、实验原理

等厚干涉属于分振幅法产生的干涉现象,它定域在薄膜的上表面。设波长为 λ 的光线 1 垂直入射于厚度为 e 的空气薄膜上(见图 2-150),它分别在上表面 A 和下表现 B 处依次反射,产生反射光线 2 和 $2'$,这两束反射光在相遇时会发生干涉。我们现在考虑两者的光程差与薄膜厚度的关系。

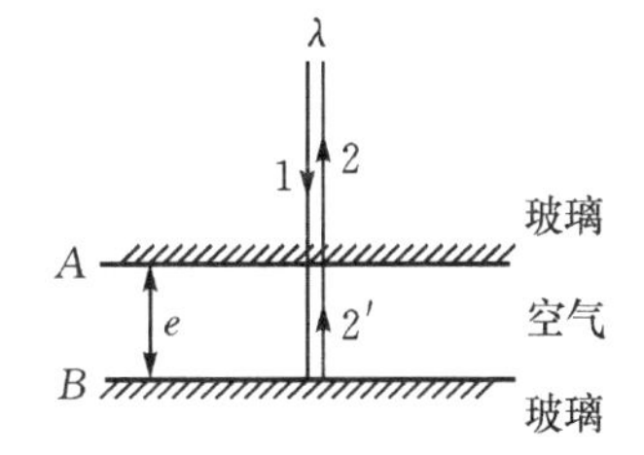

图 2-150　薄膜等厚干涉的形成

显然光线2′比光线2多经过了一段距离$2e$。此外,由于两者反射情况不同,前者是从光疏媒质(空气)射向光密媒质(玻璃)时在界面上被反射,发生半波损失;而后者是从光密媒质射向光疏媒质时被反射,没有半波损失,故光程差δ还应增加半个波长$\frac{\lambda}{2}$,即

$$\delta = 2e + \frac{\lambda}{2}$$

根据干涉条件,当光程差为半波长的偶数倍时互相加强,为半波长的奇数倍时互相抵消,因此

$$\delta = 2e + \frac{\lambda}{2} = \begin{cases} 2k\,\dfrac{\lambda}{2}, & k = 1,2,3,\cdots \text{时为明条纹} \\ (2k+1)\,\dfrac{\lambda}{2}, & k = 0,1,2,\cdots \text{时为暗条纹} \end{cases} \tag{1}$$

由式(1)可以看出,光程差取决于产生反射光的薄膜厚度e,同一条干涉条纹所对应的空气薄膜厚度相同,故称为等厚干涉。

1. 牛顿环

将一块曲率半径R很大的平凸透镜的凸面放在一块光学平板玻璃上,在透镜的凸面和平板玻璃间形成一层空气薄膜,其厚度从中心接触点到边缘逐渐增加。当以波长为λ的平行单色光垂直入射时,入射光将在平凸透镜的下表面和平板玻璃的上表面反射,反射光在空气薄膜的上表面处相互干涉。因此,在显微镜下观察到的干涉条纹,是一簇以接触点为圆心的明暗交替的同心圆环,其中心处为一暗斑,离中心越远圆环分布越密,这种干涉图样称为牛顿环,如图2-151(b)所示。

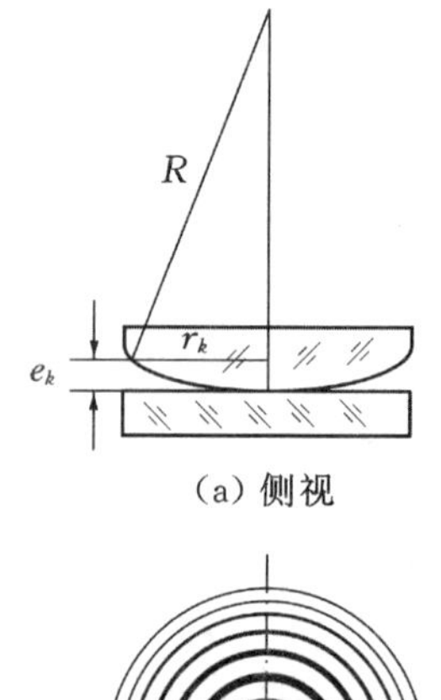

(a) 侧视

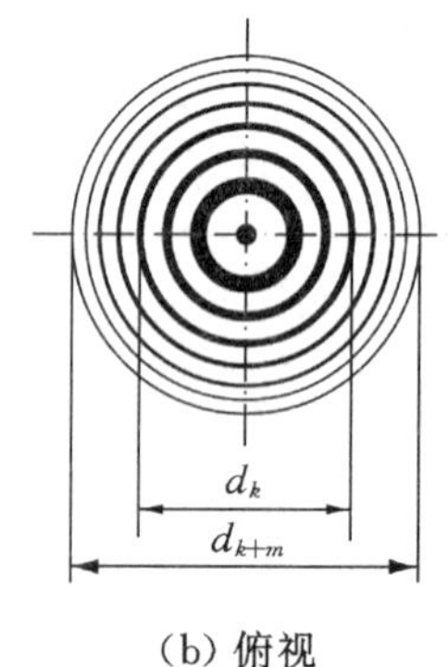

(b) 俯视

图2-151 用牛顿环测量曲率半径示意图

用r_k表示第k级暗环的半径,e_k表示该级暗环处对应的空气隙的厚度,它们之间的关系,可由图2-151(a)中的直角三角形得到

$$r_k^2 = R^2 - (R - e_k)^2 = 2Re_k - e_k^2 \tag{2}$$

由于$R \gg e_k$,则$e_k^2 \ll 2Re_k$,可以将e_k^2略去,再把暗环形成条件式(1)代入式(2),得

$$r_k^2 = kR\lambda \qquad k = 0,1,2,\cdots \tag{3}$$

由此式就可以在波长λ已知的情况下,通过测量暗环半径r_k来测量曲率半径R了。

在理想情况下,牛顿环中心处为一暗点,这是因为这里空气隙厚度为零,反射时又存在半波损失,使得光程差$\delta = \frac{\lambda}{2}$,满足$k=0$时的暗纹条件。但实际观察牛顿环时会发现,牛顿环中心不是一点,而是一个不很清晰的暗斑或亮斑。暗斑是因为透镜与平板玻璃接触时,由于压力引起弹性变形,使接触处为一圆面。亮斑是因两者之间可能有微小灰尘存在,接触不紧密,从而引起附加的光程差。这样就不能用式(3)来直接计算R了,但可以通过取两个暗环半径的平方差来消除附加光程差带来的系统误差,由式(3)可推得

$$R=\frac{r_{k+m}^2-r_k^2}{m\lambda}$$

式中，r_{k+m}、r_k 分别为第 $k+m$ 级、第 k 级暗环的半径。又因暗环中心不易确定，造成暗环半径测不准，故改测直径 d_{k+m}、d_k，则透镜曲率半径

$$R=\frac{d_{k+m}^2-d_k^2}{4m\lambda} \tag{4}$$

式中，m 为选定的两暗环的级数差，它是很容易确定的，这样我们就可以由式(4)准确求得 R 了。

2. 劈尖干涉

将两块平板光学玻璃叠放在一起，在一端夹入一薄片或细丝，则在两玻璃板间形成一劈尖形空气隙。当用波长为 λ 的单色光垂直照射时，和牛顿环一样，在劈尖薄膜上下两表面反射的两束光发生干涉，在显微镜下可以观察到一簇平行于劈棱的明暗相间的等间距干涉条纹，两光学平面接触处所对应的条纹是暗条纹，如图2-152(b)所示。所用薄片的厚度非常小，两平板玻璃的交角 α 也极小，图中为了直观把厚度夸大了。

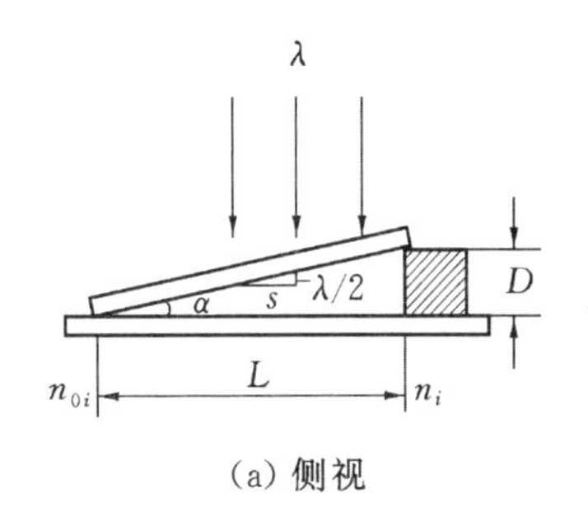

(a) 侧视

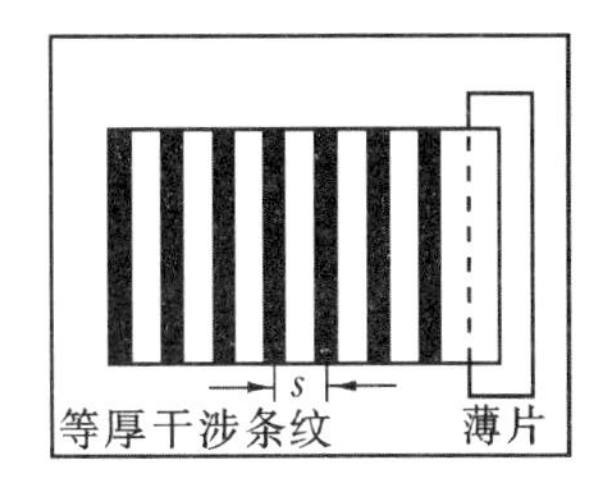

(b) 俯视

图 2-152　用劈尖干涉测量厚度示意图

从式(1)可以得出，第 k 级暗纹处的空气隙厚度 $e_k=k\frac{\lambda}{2}$，假如夹薄片后劈尖正好呈现 N 级暗条纹，显然，薄片厚度为

$$D=N\frac{\lambda}{2} \tag{5}$$

如果 N 级暗条纹与薄片边缘还有一段距离，则 N 不一定是整数，可估计到十分位来计算 D。

若用 s 表示相邻两暗纹间的距离，用 L 表示劈尖的长度，已知相邻两暗纹所对应的空气隙厚度差为 $e_{k+1}-e_k=\frac{\lambda}{2}$，则有

$$\alpha\approx\tan\alpha=\frac{\lambda/2}{s}=\frac{D}{L}$$

薄片厚度为

$$D=\frac{L}{s}\cdot\frac{\lambda}{2} \tag{6}$$

由式(5)和式(6)可见，如果数出空气劈尖上的总条纹数 $N+1$ 或测出劈尖长度 L 和相邻暗纹间的距离 s，都可以由已知光源的波长 λ 测定薄片厚度(或细丝直径)D。

四、实验内容

1. 测量平凸透镜的曲率半径 R

测量前先调整好测量显微镜(参阅实验 2 附)，使十字叉丝清晰，且分别与 X、Y 轴大致平行，然后将目镜固紧。用钠光灯作为单色光源，波长 $\lambda=589.3$ nm。将牛顿环装置放在测量显微镜载物台上，轻轻转动镜筒上的反光玻璃片 M，使它对准光源的方向，且倾角约 45°，这时显微镜中视场较明亮，如图 2-153 所示。显微镜本身的反光镜不用，应转向一边，以免其反射光影响测量。显微镜筒先调至靠近牛顿环装置，然后用眼睛通过目镜观察，从下向上轻轻转动显微镜调焦手轮进行聚焦，直到观察到清晰的一簇同心圆条纹为止。再调整牛顿环装置的位置，

使得移动载物台时,需测的牛顿环均能在显微镜视场内出现。显微镜的叉丝应调节成其中一根叉丝与载物台移动方向严格垂直(如何判定?),测量时应使这根叉丝与干涉环纹对准来读数。在中心圆斑左侧选定某一牛顿环为第 6 级,顺次向左数至第 16 级,然后倒回来使叉丝垂直线对准第 15 级暗环,开始逐条读取位置读数,直到第 6 级。继续向右移动载物台,经过中心圆斑后,直至右侧选定的第 6 级暗环又开始读数,逐条测到第 15 级为止。读数时,使载物台朝一个方向运动的目的是为了避免螺距差。

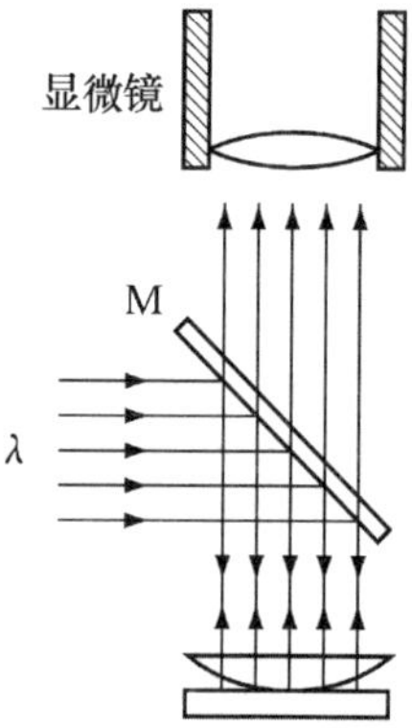

图 2-153 用显微镜观测牛顿环示意图

2. 测量金属箔的厚度 D

将图 2-153 中的牛顿环装置从载物台上取下,换上劈尖装置,同时调整 45°反光玻璃片和显微镜焦距,观察到清晰的平行直条纹。再调整劈尖干涉装置的位置和方向,使得移动载物台时,劈尖上所有干涉条纹都能在目镜中显现,且干涉条纹与十字叉丝的垂直线平行。转动 X 轴测微鼓轮,进行测量读数。数出劈尖长度上暗纹总级数;测三次劈尖长度;为了提高暗纹间距 s 的测量准确度,用逐差法求 s,采用多次测量,每隔 10 条暗纹读一次数,直到第 80 条。

五、数据记录及处理

将测量的读数分别记入表 1 和表 2,并用逐差法分别计算牛顿环直径的平方差 $\bar{u}$ 和劈尖干涉的暗纹间距 $\bar{s}$,填入表中。

表 1 平凸透镜曲率半径 R 的测量

级数 k	读数/mm		d_k |末−初|/mm	d_k^2/mm^2	$u_k=d_{k+5}^2-d_k^2/\text{mm}^2$	
	初(左)	末(右)				
15					u_{10}	
14					u_9	
13					u_8	
12					u_7	
11					u_6	
10						
9						
8					$\bar{u}=\sum_{i=6}^{10}u_i/5=$	
7						
6						

用式(4)计算 R,估算平均值 $\bar{u}$ 的标准偏差 $s_{\bar{u}}$,波长 λ 不计误差,求出 s_R 和 E_R,用 $R=\bar{R}\pm$

s_R 的形式表示测量结果。

表 2　金属箔厚度 D 的测量

<table>
<tr><td colspan="9">劈尖暗纹级数 $N=$</td></tr>
<tr><td>k</td><td>读数 n_k/mm</td><td colspan="6">$l_k=\|n_{k+40}-n_k\|$/mm</td><td>$\bar{s}=\bar{l}/40$/mm</td></tr>
<tr><td>0</td><td></td><td>l_{10}</td><td colspan="5"></td><td rowspan="5"></td></tr>
<tr><td>10</td><td></td><td>l_{20}</td><td colspan="5"></td></tr>
<tr><td>20</td><td></td><td>l_{30}</td><td colspan="5"></td></tr>
<tr><td>30</td><td></td><td>l_{40}</td><td colspan="5"></td></tr>
<tr><td>40</td><td></td><td>$\bar{l}$</td><td colspan="5"></td></tr>
<tr><td>50</td><td></td><td colspan="6">$L_i=\|n_i-n_{0i}\|$/mm</td><td>$\bar{L}$/mm</td></tr>
<tr><td>60</td><td></td><td>n_{01}</td><td></td><td>n_1</td><td></td><td>L_1</td><td></td><td rowspan="3"></td></tr>
<tr><td>70</td><td></td><td>n_{02}</td><td></td><td>n_2</td><td></td><td>L_2</td><td></td></tr>
<tr><td>80</td><td></td><td>n_{03}</td><td></td><td>n_3</td><td></td><td>L_3</td><td></td></tr>
</table>

用式(5)计算 D 值,不计算误差。再用式(6)计算 D 值,并估算平均值 $\bar{l}$ 和 $\bar{L}$ 的标准偏差 $s_{\bar{l}}$ 和 $s_{\bar{L}}$ 及其相对误差 $E_{\bar{l}}$ 和 $E_{\bar{L}}$,然后求出 s_D 和 E_D,并以 $D=\bar{D}\pm s_D$ 的形式表示测量结果。

六、注意事项

①45°反光玻璃片的方位要放正确,应使钠光反射后垂直照射在牛顿环或劈尖上,而不是直接将钠光反射到显微镜中。

②为了避免螺纹间隙产生的测量误差,每次测量中,测微鼓轮只能朝一个方向转动,中途不可倒转(如果转过了头,怎么办?)。

③对牛顿环进行测量时,注意干涉环中心两边的对应级数不能数错。

七、思考题

①在牛顿环实验中,如果平板玻璃上有微小的凸起,将导致牛顿环发生畸变。试问该处的牛顿环将局部内凹还是外凸?为什么?

②如果牛顿环中心是个亮斑,分析一下是什么原因造成的?对 R 的测量有无影响?试证明之。

③为什么牛顿环离中心越远,条纹越密?

④透射光的牛顿环是怎样形成的?如何观察?它和反射光的牛顿环在明暗上有何区别?为什么?

⑤为什么说测量显微镜测出的是牛顿环的直径,而不是显微镜内牛顿环放大像的直径?如果改变显微镜的放大倍数,是否会影响测量结果?

⑥用白光作为光源,能否观察到牛顿环和劈尖干涉条纹?为什么?

⑦在劈尖干涉实验中,干涉条纹虽是相互平行的直条纹,但彼此间距不等,这是什么原因引起的?如果干涉条纹看起来仍是直的但彼此不平行,这又是什么原因所致?

八、实际应用

1. 测量二氧化硅膜厚

在制造半导体器件时,常需要准确测量硅片上 SiO_2 薄膜的厚度,可以用等厚干涉的方法来进行这种测量,为此把 SiO_2 薄膜磨掉或腐蚀掉一部分,使它成为图 2-154 所示的劈尖形状。用波长为 λ 的单色光垂直照射到所形成的 SiO_2 劈尖上,在显微镜下数出干涉条纹的数目 m(准确到小数),已知 SiO_2 的折射率为 n,则 SiO_2 膜厚为

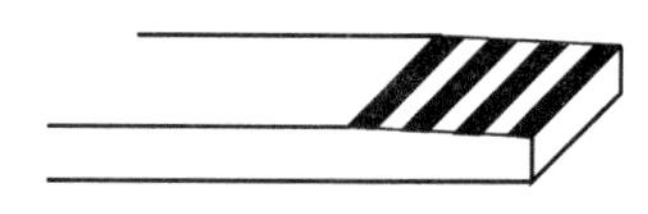

图 2-154 SiO_2 膜厚测量

$$h = m \cdot (e_{k+1} - e_k) = m \frac{\lambda}{2n}$$

2. 样板检验法

在光学车间里,广泛利用样板检测正在加工中的光学零件表面的完善程度,方法如下:在被检验的表面上盖上同一曲率半径的样板,凸面盖以凹面样板,凹面盖以凸面样板,平面盖以平晶,样板标准面与被检验面之间形成空气薄层,于是观察到干涉条纹。根据干涉条纹的形状可以判断被检表面偏离标准面的程度。

当样板和被检表面有严格的相同形状时,样板和被检表面间形成均厚的空气层,在白光照明条件下产生一片均匀的颜色。此时若在边上(A 点)轻轻压一下样板,那么所观察到的干涉条纹将改变形状,根据干涉条纹的形状可以判断被检表面的形状。图 2-155 是用平面样板检验一个表面是否为平面的情形。图 2-155(a)表示被检表面仍是严格的平面;图 2-155(b)表示被检表面是规则的球面,此时干涉条纹是圆环或圆弧;图 2-155(c)表示被检表面是柱面,呈现不等距的直条纹(平行于柱面母线);图 2-155(d)表示被检表面偏离了规则的球面,干涉条纹偏离圆弧。

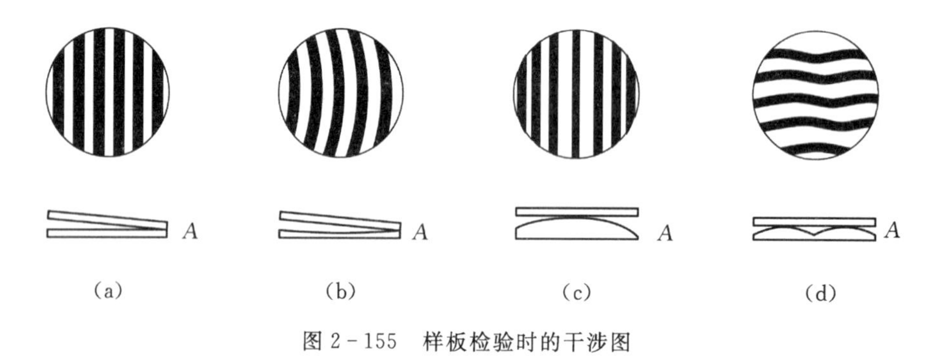

图 2-155 样板检验时的干涉图

实验 24 单缝及多种元件衍射的光强分布

光的衍射现象是光的波动性的一种表现。当光在传播过程中遇到障碍物,如不透明物体的边缘、小孔、细线、狭缝等时,一部分光会绕过障碍物偏离直线而进入几何阴影区,并在屏幕上出现光强不均匀分布的现象,叫做光的衍射。研究光的衍射不仅有助于进一步加深对光的波动性的理解,同时还有助于进一步学习近代光学实验技术,如光谱分析、晶体结构分析、全息

照相、光信息处理等。衍射使光强在空间重新分布，利用硅光电池等光电路器件测量光强的相对分布是一种常用的光强分布测量方法。

一、实验目的

①观察单缝、双缝、多缝、双孔、光栅等衍射现象，加深对衍射理论的理解；
②掌握单缝衍射光强的测量方法，测绘相对光强分布曲线并求出单缝宽度；
③掌握双缝衍射光强的测量方法，测绘光强分布曲线。

二、仪器与用具

激光器，导轨式光强分布测试仪，数字式检流计，可调单缝，小孔狭缝板，光栅板，一维光强测量装置等。

三、实验原理

衍射是光的重要特性之一。衍射通常分为两类：一类是满足衍射屏离光源或接收屏的距离为有限远的衍射，称为菲涅耳衍射；另一类是满足衍射屏与光源和接收屏的距离都是无限远的衍射，也就是照射到衍射屏上的入射光和离开衍射屏的衍射光都是平行光的衍射，称为夫琅和费衍射。

1. 夫琅和费单缝衍射的条件

夫琅和费衍射的特点是：只用简单的计算就可以得出准确的结果。但要求单缝距光源和接收屏均为无限远或相当于无限远。实际中很难实现，只能用下面两种方法来实现所要求的条件。

(1)“焦面接收”装置

把光源 S 置于凸透镜 L_1 的前焦面上，接收屏 P 置于凸透镜 L_2 的后焦面上，如图 2－156 所示。由几何光学可知，光源 S 和接收屏 P 相当于距衍射屏 P 无限远。

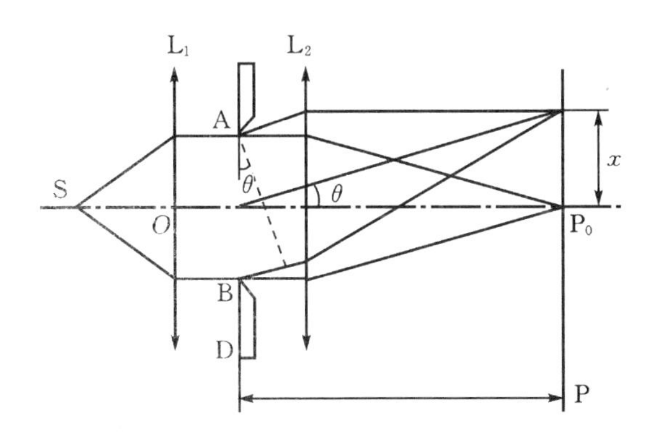

图 2－156　“焦面接收”装置

(2)“远场接收”装置

用氦氖激光器作光源，则由于激光束的方向性好，能量集中，且缝的宽度 b 一般很小，这样就可以不用透镜 L_1，若观察屏(接收器)距离狭缝也较远(即 D 远大于 b)则透镜 L_2 也可以不用，这样夫琅和费单缝衍射装置就简化为图2-157所示。

设衍射角θ很小，则$\theta \approx \sin\theta \approx x/D$。

2. 夫琅和费单缝衍射的光强分布

根据惠更斯-菲涅耳原理可以推出，当入射光波长为λ，单缝宽度为b时，单缝夫琅和费衍射的光强分布为

$$I = I_0 \sin^2 u/u^2 \tag{1}$$

式中
$$u = \pi b \sin\theta/\lambda$$

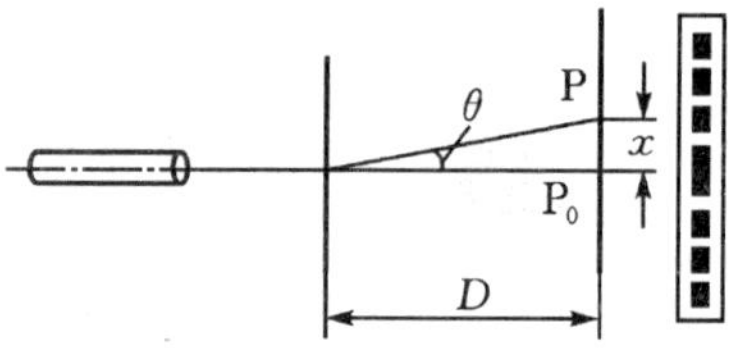

图2-157　“远场接收”装置

当$\theta=0$时，$I=I_0$，光强具有最大值，称为中央主极大。在其他条件不变的情况下，中央主极大I_0与缝宽b的平方成正比，相对光强分布曲线如图2-158所示。

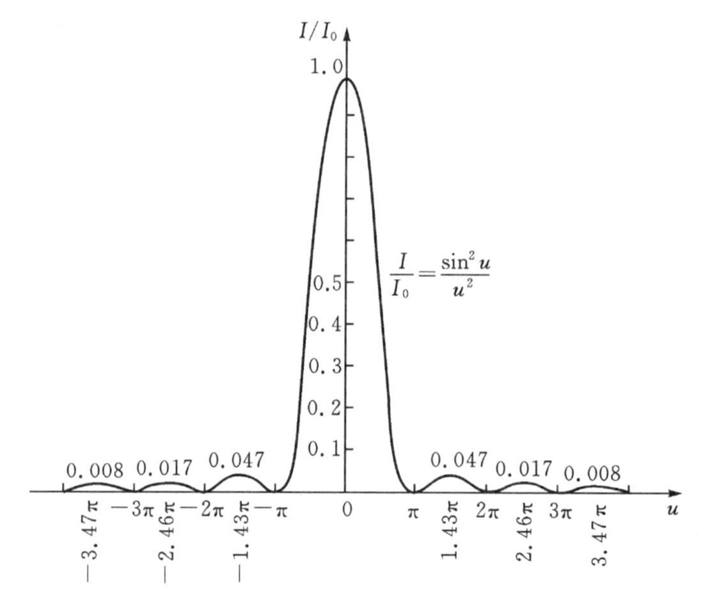

图2-158　单缝衍射相对光强分布曲线

当$\sin\theta = k\lambda/b (k=\pm1, \pm2, \cdots)$时，$I=0$，即出现暗条纹，与此对应的位置为暗条纹中心，由于$\theta$很小，故有

$$\theta = k\lambda/b \tag{2}$$

由式(2)可以得出下列结论：

①衍射角θ与缝宽b成反比关系，缝加宽时，衍射角减小，各级条纹向中央收缩，反之，各级条纹向两侧发散；当缝宽足够大($b \gg \lambda$)时，衍射现象不明显，可看成直线传播。

②中央亮纹的宽度由$k=\pm1$的两个暗条纹的衍射角所确定，即中央亮纹的角宽度为$\Delta\theta = 2\lambda/b$。

③两侧任意两相邻暗条纹间的衍射角的差值$\Delta\theta = \lambda/b$，即暗条纹是以P_0点为中心、等间隔左右对称分布的。

④位于两侧两相邻暗条纹之间的是各级亮条纹，它们的宽度是中央亮条纹宽度的一半。这些亮条纹的光强最大值称为次极大，这些次极大的位置为

$$\theta \approx \sin\theta = \pm 1.43\lambda/b, \pm 2.46\lambda/b, \pm 3.47\lambda/b, \cdots$$

它们的相对光强为

$$I/I_0 = 0.047, 0.017, 0.008, \cdots$$

由式(2)和衍射角 $\theta \approx \sin\theta \approx x/D$ 得

$$b = k\lambda/\theta = k\lambda D/x_k \tag{3}$$

式(3)可用来测定狭缝宽度。

3. 夫琅和费双缝衍射原理

双缝衍射的实验装置如图 2-159 所示，双缝透光的缝宽度为 b，不透光的挡板宽度为 a，入射光波为 λ，双缝间距为 $d=a+b$。

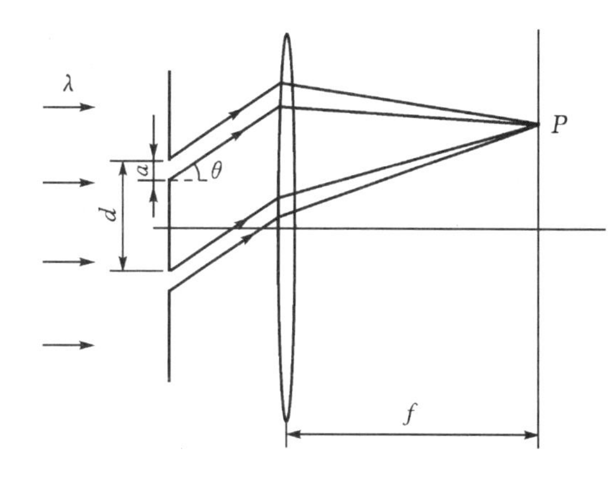

图 2-159 双缝衍射装置

可以证明，双缝衍射的光强分布为

$$I = I_0 \left(\frac{\sin u}{u}\right)^2 4\cos^2 \frac{\Delta\phi}{2} \tag{4}$$

式中，$u=\pi b\sin\theta/\lambda$；$\Delta\phi=\frac{2\pi}{\lambda}d\sin\theta$。

由式(4)可知：当缝宽 b 不变，而减小双缝间隔，即 d 减小时，中央最大包络线的宽度不变，最大包络线内分裂条纹的间距变大，在最大包络线内看到的亮细条纹数目减少并变粗。此时双缝衍射向单缝衍射过渡，双缝干涉因子 $\cos^2\frac{\Delta\phi}{2}$ 逐渐趋向于1，作用消失，双缝衍射光强分布变成了单缝衍射光强分布，如图 2-160 所示。

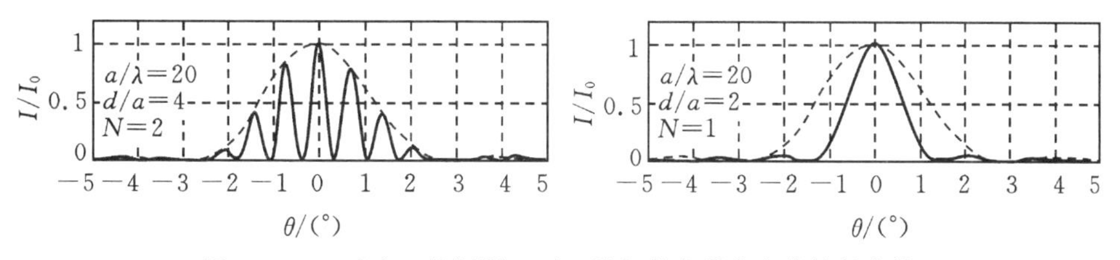

图 2-160 减小双缝间距 d 时双缝衍射光强分布曲线的变化

四、实验内容

1. 调整光路

实验装置如图 2-161 所示。打开激光电源，用激光扩速装置，将激光调为很细的激光束，调整激光光强(不刺眼为准)，调整仪器同轴等高，即用小孔屏的小孔调整激光光路，使光源、小孔和光电转换器在同一水平线上，激光垂直照射在单缝平面上，激光器与接收装置放在导轨的两个顶端(接收屏与单缝之间的距离 D 大于 1 m)，激光器与检流计预热 15 min。

图 2-161 单缝衍射装置

2. 观察单缝衍射现象

改变单缝宽度及接收屏与单缝之间的距离，观察总结衍射条纹的变化及各级明纹的光强变化。

3. 测量单缝衍射条纹的相对光强分布

①本实验用硅光电池作为光电探测器件测量光的强度，把光信号变成电信号，用检流计测量光电流的大小，光电流正比于光强。

②调节单缝宽度，使接收屏上中央明纹的宽度为10 mm左右。

③移开接收屏，使衍射光直接照射到硅光电池上，硅光电池已封装好，中央亮纹的中心对准接收缝，调节激光强度使中央亮纹的最大光强在800×10^{-8} A到1000×10^{-8} A之间，然后从一侧衍射条纹的第三级暗纹的中心位置开始，同方向转动鼓轮，中途不要改变转动方向。每移动0.5 mm或1 mm，读取一次检流计读数，一直测到另一侧的第三个暗纹中心。

④测量单缝与硅光电池之间的距离D。

4. 观察双缝、单丝、单孔、双孔、多孔、光栅衍射现象

略。

5. 测量双缝衍射条纹的相对光强分布

①放置光栅板，观察双缝衍射条纹。

②分别测量缝间距$d=0.20$ mm和$d=0.10$ mm的双缝衍射的光强，从一侧衍射条纹的第三级暗纹的中心位置开始，同方向转动鼓轮，中途不要改变转动方向。每移动0.5 mm或1 mm，读取一次检流计读数，一直测到另一侧的第三个暗纹中心。

五、数据处理

①自己设计表格，记录数据。

②将所测得的I值做归一化处理，即将所测的数据对中央主极大取相对比值I/I_0(称为相对光强)，并在直角坐标纸上绘出I/I_0-X单缝、双缝衍射的相对光强分布曲线。

③由单缝衍射相对光强分布曲线图中查出各极次极大的相对光强值，分别与理论值进行比较。

④由单缝衍射相对光强分布曲线各级暗纹的位置x_k分别计算出单缝的宽度b，并求其平均值。

六、注意事项

①关掉激光电源，测出本底电流，修正数据。

②光源、狭缝和光电转换器要在同一水平线上。

③在测量过程中，读数鼓轮要单方向转动避免螺距差。

七、思考题

①若测出的衍射图样对中央主极大左右不对和是什么原因造成的？怎样调整实验装置才能纠正？

②用两台输出光强不同的同类激光器作单缝衍射的光源，单缝衍射图样及相对光强分布有无区别？为什么？

③若用白光作光源，可以观察到什么样的衍射图样？

实验 25 用光栅测量光波波长

光栅是在一块透明板上刻有大量等宽度、等间隔的平行刻痕的光学元件，在每条刻痕处，光射到它上面向各个方向散射而不透光，光只能从刻痕间狭缝中通过。因此，可以把光栅看成一组数目很多、排列紧密、均匀而又平行的狭缝，这种根据多缝衍射原理制成的衍射光栅，能够产生间距较宽的匀排光谱，从而将复色光分解成光谱，是一种重要的分光元件。光栅不仅适用于可见光波，还能用于红外和紫外光波，常被用来准确地测定光波波长及进行光谱分析。以衍射光栅为色散元件组成的单色仪和摄像仪是物质光谱分析的基本仪器，光栅衍射原理也是晶体 X 射线结构分析、近代频谱分析和光学信息处理的基础。通常光栅可用金刚石刀在玻璃片上刻制，也可复制或用全息照相等方法制成，精制的光栅在一厘米内可有一万条以上刻痕，因此，它具有较高的分辨率。光栅分为透射式和反射式两类，在结构上又分平面光栅、阶梯光栅和凹面光栅几种。本实验用的是透射式平面全息光栅。

一、实验目的

①进一步熟悉分光计的调整和使用；

②观察光栅衍射光谱，测量汞灯谱线的波长。

二、仪器用具

分光计，光栅，汞灯，平行平面镜。

三、实验原理

当一束平行光照射在光栅上时，光栅中每条狭缝都将产生衍射，透过各个狭缝的光波间还要发生干涉，所以光栅衍射条纹是两者效果的总和。设光栅刻痕宽度为 a，透明狭缝宽度为 b，相邻两缝的距离 $d=a+b$，称为光栅常数，它是光栅的基本参数之一。当平行光束与光栅法线成角度 i 入射到光栅平面时，光栅后面的衍射光束通过透镜会聚在焦平面上，就会形成一组亮暗相间的衍射条纹。如图2-162所示，设某一方向的衍射光线的衍射角为 θ，从 A 点作 AC 垂直于入射线 CB，作 AD 垂直于衍射线 BD，则相邻两光线的光程差为

$$\Delta = CB + BD = d(\sin i + \sin\theta)$$

当此光程差等于入射光波长 λ 的整数倍时，多光束干涉使光振动加强，则在 F 处产生一亮线，光栅衍射亮条纹的条件为

$$d(\sin i + \sin\theta) = k\lambda \quad k = 0, \pm 1, \pm 2, \cdots \tag{1}$$

式中，λ 为单色光波长；k 是亮条纹级数，衍射光线在光栅平面法线左侧时，θ 为正值，在法线右侧时，θ 为负值（见图2-162）。式(1)称为光栅方程，它是研究光栅衍射的重要公式。

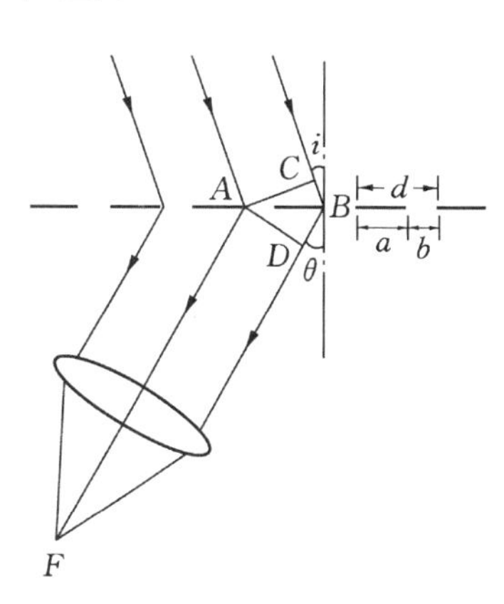

图 2-162 光栅衍射示意图

为了方便通常都是在平行光垂直入射的情况下来进行实验的，此时 $i=0$，光栅方程变为

$$d\sin\theta = k\lambda \quad k = 0, \pm 1, \pm 2, \cdots \tag{2}$$

由式(2)可看出，若入射光为复色光，$k=0$ 时，必有 $\theta=0$，各种波长的零级亮纹均重叠在一起，那么零级亮纹仍是复色的。k 为其它值时，不同波长的同级亮纹将有不同的衍射角 θ，因此，在透镜焦平面上将出现按波长次序排列的彩色谱线，称为光栅光谱。与 $k=\pm 1$ 相对应的谱线分别为正一级谱线和负一级谱线，类似地还有二级、三级等谱线。由此可见，光栅具有将入射光分解成按波长排列的光谱的功能，所以它是一种分光元件，用它可以作成光栅光谱仪或摄谱仪，这些仪器是不可缺少的现代分析仪器。

光栅衍射条纹与单缝衍射条纹相比，其主要特点是：亮条纹很亮很细，各级亮纹之间有较暗的背景，因此，光栅具有更高的分辨率，且光栅常数越小，角分辨率越高。

本实验所用光源为汞灯，它能发出波长不连续的可见光，其光栅光谱将出现与各波长相对应的线状光谱，如图 2-163 所示。若光栅常数 d 已知(实验室在每块光栅上标有 $1/d$ 数值，即每厘米的狭缝条数)，选取 $k=\pm 1$，用分光计测出各谱线的衍射角 θ，利用式(2)就可以求出各谱线对应的光波波长 λ。

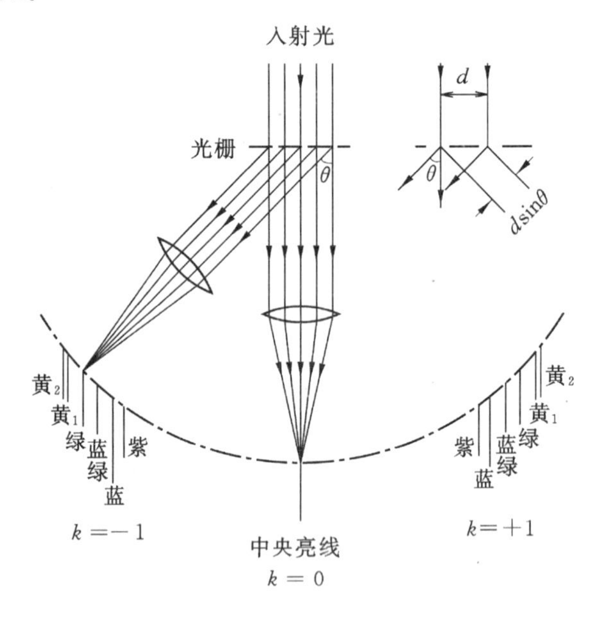

图 2-163 汞灯的光栅衍射光谱

四、实验内容

①按要求认真调整分光计(参阅实验 21 分光计的结构及调整)，使其处于正常使用状态。

②光栅的调整。在测量之前，要使平行光管产生的平行光垂直照射于光栅平面，且光栅的刻痕与分光计旋转主轴平行。具体做法是：用汞灯照亮平行光管狭缝，转动望远镜对准平行光管，使望远镜中黑十字的竖线与狭缝像重合。按图2-164把光栅直立在载物台上，光栅平面应垂直于底面 a、c 螺钉的连线，用望远镜观察光栅平面反射回来的亮十字，再轻微转动载物台，并调节载物台下 a 或 c 螺钉，使亮十字像与分划板上方黑十字重合，此时与望远镜同轴的平行光管的光轴自然也垂直于光栅平面了。

转动望远镜，观察汞灯的衍射谱线，中央为白色亮线($k=0$)，左右两边均可看到较强的几条彩色谱线，它们是汞的特征谱线。若发现两侧的谱线不等高，一侧偏上，一侧偏下，说明光栅刻痕与分光计旋转主轴不平行，可调节螺钉 b 使两侧谱线等高。但调节 b 可能会影响光栅平面与平行光管的垂直，应再用前述的方法（自准法）进行复查，直到两个要求都满足。

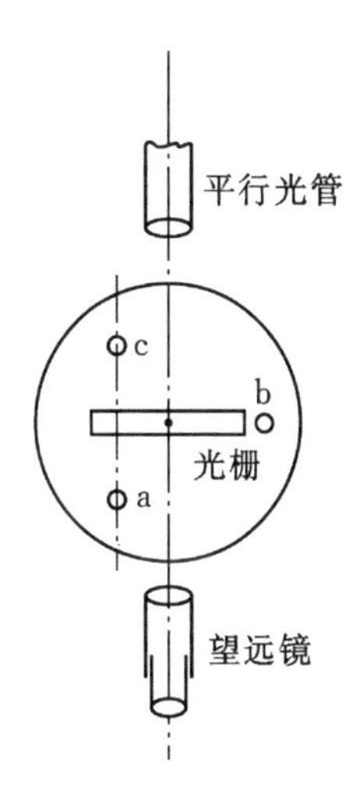

图 2-164　光栅在载物台上的位置

③测量谱线的衍射角。调节狭缝宽度适中，使汞光谱中两条紧靠的黄谱线能分开。选将望远镜转至右侧，测量 $k=+1$ 级各谱线的角位置，从左、右两侧游标读数，分别记为 θ_A^{+1}、θ_B^{+1}。然后将望远镜转至左侧，测出 $k=-1$ 级各谱线的角位置，读数记为 θ_A^{-1}、θ_B^{-1}。同一游标的读数相减，$\theta_A^{-1}-\theta_A^{+1}=2\theta_A$，$\theta_B^{-1}-\theta_B^{+1}=2\theta_B$，由于分光计偏心差的存在，衍射角 θ_A 和 θ_B 有差异，一个偏大，一个偏小，求其平均值 $\theta=\frac{\theta_A+\theta_B}{2}$，便消除了偏心差，所以，各谱线的衍射角为

$$\theta=\frac{\theta_A^{-1}-\theta_A^{+1}+\theta_B^{-1}-\theta_B^{+1}}{4} \tag{3}$$

测量时，从最右端的黄$_2$光开始，依次测黄$_1$光、绿光、……，直到最左端的黄$_2$光。对绿光重复测量三次。

五、数据记录及处理

汞灯谱线波长的测量

谱线级数 $k=\pm1$，光栅常数 $d=$

谱线	游标	分光计读数		$\theta=\frac{\theta_A^{-1}-\theta_A^{+1}+\theta_B^{-1}-\theta_B^{+1}}{4}$	测量值 λ/nm	标准波长 λ/nm	对 λ_0 的百分误差/(%)
		θ^{+1}（右）	θ^{-1}（左）				
黄$_2$光	A						
	B						
黄$_1$光	A						
	B						
绿光	A						
				$\theta_1=$			
	B			$\theta_2=$　$\bar{\theta}=$			
				$\theta_3=$			
蓝绿光	A						
	B						
蓝光	A						
	B						
紫光	A						
	B						

已知分光计的仪器额定误差为 $1'=2.91\times10^{-4}$ rad，d 值的相对误差为 0.1%，根据式(2)

光栅方程推导相对误差 $E_\lambda=\dfrac{\Delta\lambda}{\lambda}$ 的表示式,求出测量绿光波长的相对误差,说明误差的性质。

六、注意事项

①光栅是较精密的光学元件,必须轻拿轻放,不要用手触摸光栅表面,以免弄脏或损坏。若有污迹,可用镜头纸轻拭。

②汞灯的紫外光较强,不要直视,以免伤害眼睛。

③测量衍射角 θ 时,为使望远镜中十字叉丝竖线对准各谱线,必须使用望远镜微调螺钉。测量时,要防止其它光源干扰。

七、思考题

①试设计已知波长测定光栅常数的实验方案,并推导误差计算公式。

②为什么要调整光栅平面与平行光管光轴相垂直?如果不垂直,能够测定谱线的波长吗?说明理由。

③如果用氦灯作光源,已知氦黄光的波长 $\lambda=587.6$ nm,所用光栅每厘米有5000条刻痕,试计算该谱线一、二级的衍射角。

附

1.光栅的分辨本领

分辨本领 R 定义为两条刚能被分开的谱线的平均波长 λ 与这两条谱线的波长差 $\delta\lambda$ 之比,即

$$R=\lambda/\delta\lambda$$

根据瑞利判据,所谓刚能被分开的谱线可规定为,其中一条谱线的主极大正好落在另一条谱线的第一级极小上,由此可推得

$$R=kN \tag{4}$$

式中,N 为光栅的总刻线数;k 为谱线的级数。因为级数 k 不会太高,所以光栅的分辨本领主要决定于狭缝数目 N,为了达到高分辨率,人们制造出刻线很多的光栅。

例如,每 mm 有1200条刻线的光栅,若其宽度为5 cm,则在由它产生的第一级光栅光谱中,光栅的分辨本领 $R=\lambda/\delta\lambda=1\times50\times1200=6\times10^4$,对于 $\lambda=600.0$ nm 的红光,这个数值表示,光栅所能分辨的最靠近的两谱线的波长差为 $\delta\lambda=\dfrac{\lambda}{6\times10^4}=0.01$ nm。因此,光栅较之棱镜具有更高的分辨本领,现代光谱仪均用光栅作为色散元件。

2.光栅的角色散率

角色散率定义为同一级两条谱线衍射角之差 $\delta\theta$ 与其波长差 $\delta\lambda$ 之比,即 $\dfrac{\delta\theta}{\delta\lambda}$,它可由光栅方程(2)对 λ 微分而得

$$\frac{\mathrm{d}\theta}{\mathrm{d}\lambda}=\frac{\delta\theta}{\delta\lambda}=\frac{k}{d\cos\theta} \tag{5}$$

角色散率是光栅、棱镜等分光元件的重要参数,它还可理解为单位波长间隔内,两单色入射光所产生的衍射角间距的量度。由式(5)可知,d 越小,角色散率越大,即单位长度光栅的缝数越多,其角色散率越大。此外,在不同的光谱级内,角色散率也不同,k 越大,角色散率也越大。

实验 26　光的偏振和旋光

光的偏振现象是波动光学中的一种重要现象，它的发现证实了光是横波，即光的振动方向垂直于它的传播方向。光的偏振现象早在 1809 年就由马吕斯在实验中发现，光的电磁理论建立后，光的横波性才得以完满地解释。光的偏振性质使人们对光的传播规律有了新的认识，它在光学计量、光弹技术、薄膜技术等领域有着重要的应用。

一、实验目的

①了解产生和检验偏振光的原理和方法，以及各种波片的作用；
②了解旋光仪的结构原理，用旋光仪观察光的偏振现象和旋光效应；
③用旋光仪测量蔗糖的旋光率和浓度。

二、仪器用具

钠灯，导轨及滑块，偏振片，$\lambda/2$ 波片，$\lambda/4$ 波片，平面玻璃片，旋光仪，蔗糖溶液等。

三、实验原理

1. 偏振光的概念和基本规律

(1)偏振光的种类

光波是一种电磁波，根据电磁学理论，光波的电矢量 $\boldsymbol{E}$、磁矢量 $\boldsymbol{H}$ 和光的传播方向三者相互垂直，所以光是横波。通常人们用电矢量 $\boldsymbol{E}$ 代表光的振动方向，而电矢量 $\boldsymbol{E}$ 和光的传播方向所构成的平面称为光波的振动面。

普通光源发出的光是由于大量原子或分子的自发辐射所产生的，其电矢量 $\boldsymbol{E}$ 可取与传播方向垂直的任何方向，且各方向的振幅可认为完全相同，这种光称为自然光。电矢量的振动方向始终沿某一确定方向的光，称为线偏振光，又称平面偏振光。介于自然光和线偏振光之间的情况，若电矢量在各个方向都振动，但在某个固定方向占相对优势，这种光称为部分偏振光。电矢量的末端在垂直于光传播方向的任一平面内做椭圆(或圆)运动的光，称为椭圆(或圆)偏振光。各种偏振光的电矢量 $\boldsymbol{E}$ 如图 2－165 所示，注意光的传播方向垂直于纸面。

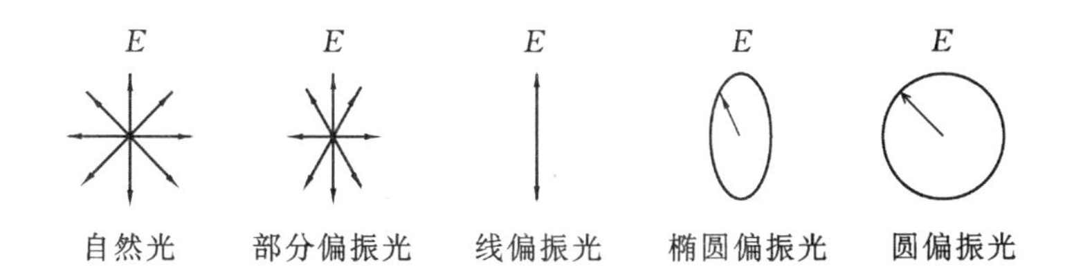

图 2－165　偏振光的种类

(2)偏振片、波片和偏振光的产生

通常的光源都是自然光，要研究光的偏振性质，必须采用一些物理方法将自然光变成偏振光，这一转变过程称为起偏，获得线偏振光的器件称为起偏器。起偏器的种类很多，有利用光的反射和折射起偏的玻璃片堆，利用晶体的双折射特性起偏的尼科耳棱镜，以及利用晶体的二向色性起偏的各类偏振片。

某些人造有机化合物晶体具有二向色性，用这些材料制成的偏振片，能吸收某一方向振动的光，与此方向垂直振动的光则能通过，从而获得线偏振光。由于人造偏振片可做成很大面积，从而可获得较大的偏振光束，加之价格低廉，使用方便，故得到广泛的应用，但透过偏振片的偏振光有偏振不纯的缺点。

椭圆偏振光、圆偏振光可用波片来产生，将双折射晶体切割成光轴与表面平行的晶片，就制成了波片。当波长为 λ 的线偏振光垂直入射到厚度为 d 的波片上时，线偏振光在此波片中分解成 o 光和 e 光，二者的电矢量 $\boldsymbol{E}$ 分别垂直于和平行于光轴(见图 2-166)，它们的传播方向相同，但在波片中的传播速度 v_o、v_e 却不同。因此，折射率 $n_o=c/v_o$、$n_e=c/v_e$ 是不同的，于是，通过波片后，o 光和 e 光产生的相位差 $\Delta\Phi$ 和光程差 δ 分别为

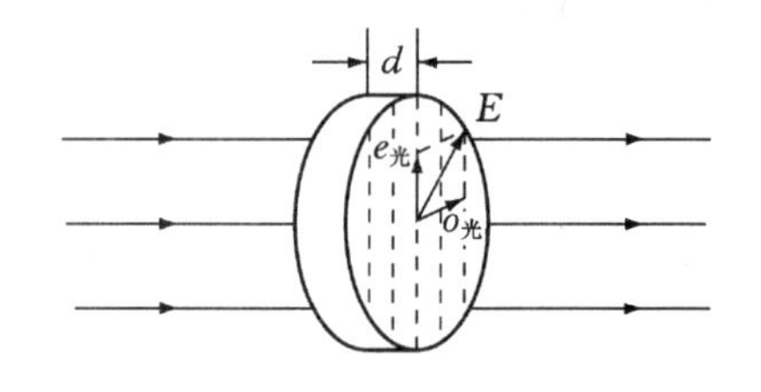

图 2-166　线偏振光在波片中的传播

$$\Delta\Phi=\frac{2\pi}{\lambda}(n_o-n_e)d,\quad \delta=(n_o-n_e)d$$

不同名称的波片，是因为其厚度不同，也就对应不同的相位差 $\Delta\Phi$ 和光程差 δ，详见表 1。

表 1　各种波长及其 $\Delta\Phi$、δ

波片名称	$\Delta\Phi=\frac{2\pi}{\lambda}(n_o-n_e)d$	$\delta=(n_o-n_e)d$
$\frac{\lambda}{4}$波片	$(2k+1)\frac{\pi}{2}$　$(k=0,1,2,3,\cdots)$	$(2k+1)\frac{\lambda}{4}$
$\frac{\lambda}{2}$波片	$(2k+1)\pi$　$(k=0,1,2,3,\cdots)$	$(2k+1)\frac{\lambda}{2}$
全波片	$2k\pi$　$(k=1,2,3,\cdots)$	$k\lambda$

从波片透射出来的 o 光和 e 光，是两束同频率、不同振动方向、相位差 $\Delta\Phi$ 固定的线偏振光，它们将会恢复合成在一起，则透射光将呈现不同的偏振状态，下面分几种情况作一讨论(见图 2-167)。

①自然光通过任何波片后，透射光仍是自然光。

②线偏振光通过全波片后，透射光仍是线偏振光。

③线偏振光以任意角 α 通过$\frac{\lambda}{2}$波片后，透射光仍是线偏振光，但振动平面转过 2α 角。α 角是入射线偏振光的振动平面与波片光轴的夹角。

④线偏振光以 α 角通过$\frac{\lambda}{4}$波片后，透射光一般为椭圆偏振光，但当 $\alpha=0$ 或$\frac{\pi}{2}$时，透射光仍是线偏振光；当 $\alpha=\frac{\pi}{4}$时，透射光是圆偏振光。

⑤圆偏振光通过$\frac{\lambda}{4}$波片后，透射光为线偏振光。

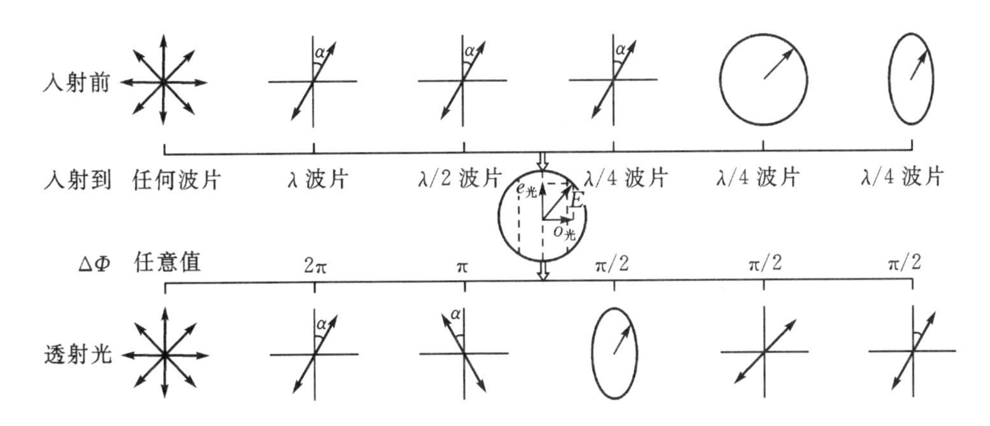

图 2-167　各种偏振光通过波片后偏振状态的变化

⑥椭圆偏振光入射到$\frac{\lambda}{4}$波片上时，若椭圆主轴与波片光轴一致，则透射光为线偏振光；其它情况，透射光仍是椭圆偏振光。

以上结论可用电振动合成的理论推导出（参阅实验 16 原理部分），并在实验中得到验证。

(3)偏振光的检验

鉴别偏振光的偏振状态的过程称为检偏，检偏装置称为检偏器。实际上检偏器和起偏器是通用的，例如把偏振片用于起偏就是起偏器，用于检偏就是检偏器。

线偏振光通过检偏器后，透射光的发光强度遵守马吕斯定律。设强度为 I_0 的线偏振光垂直入射到一个理想的偏振片（检偏器）上，如图 2-168 所示，则透射光的光强为（不计光吸收）

$$I = I_0 \cos^2\alpha$$

式中，α 为线偏振光的振动方向与偏振片偏振化方向之间的夹角。

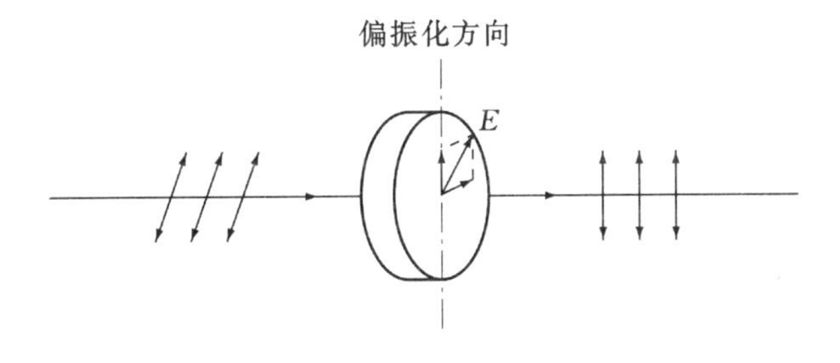

图 2-168　线偏振光通过检偏器示意图

由于入射光有五种可能性，即自然光、线偏振光、部分偏振光、椭圆偏振光和圆偏振光，单用一个偏振片可以将线偏振光区分出来，但无法区别圆偏振光和自然光，也无法区别椭圆偏振光和部分偏振光，因此必须再用一个$\frac{\lambda}{4}$波片使偏振状态发生变化，以区别光的性质。把偏振片和$\frac{\lambda}{4}$波片结合起来，检验偏振光的步骤和结果通过表 2 加以说明。

2. 旋光现象

线偏振光在通过某些晶体（如石英）和一些含有不对称碳原子的物质溶液（如蔗糖溶液）

时，其振动面将旋转一定的角度 Φ，这种现象称为旋光现象，旋角 Φ 称为物质的旋光度。旋光性可分为左旋和右旋两种，迎着光线观察时左旋物质使振动面沿着逆时针方向旋转，右旋物质则相反。

表 2 偏振光的检验

第一步	令入射光通过偏振片Ⅰ，改变偏振片Ⅰ的透光方向，观察透射光强的变化。			
现象	有消光	强度无变化		强度有变化，但无消光	
结论	线偏振	自然光或圆偏振		部分偏振或椭圆偏振	
第二步		(a)令入射光依次通过 $\frac{\lambda}{4}$ 波片和偏振片Ⅱ，改变偏振片Ⅱ的透光方向，观察透射光强变化		(b)同(a)，只是 $\frac{\lambda}{4}$ 波片的光轴方向必须与偏振片Ⅰ产生的光强极大或极小的透光方向重合	
现象		有消光	无消光	有消光	无消光
结论		圆偏振	自然光	椭圆偏振	部分偏振

实验证明，溶液的旋光度可表示为

$$\Phi = \alpha Cl \tag{1}$$

式中，C 表示溶液所含物质的浓度(单位：g/cm^3)；l 表示偏振光通过液柱的长度(单位：dm)；α 称为物质的旋光率，它的数值表示偏振光通过单位长度(1 dm)、单位浓度(1 g/cm^3)溶液后偏振面转过的角度。实验表明，同一旋光物质对不同波长的光有不同的旋光率，这种现象称为旋光色散，在一定温度下，$\alpha \propto \frac{1}{\lambda^2}$。本实验在溶液浓度 C 已知的情况下，通过测量旋光度 Φ，并利用式(1)求出溶液的旋光率 α，其原理如图 2-169 所示。

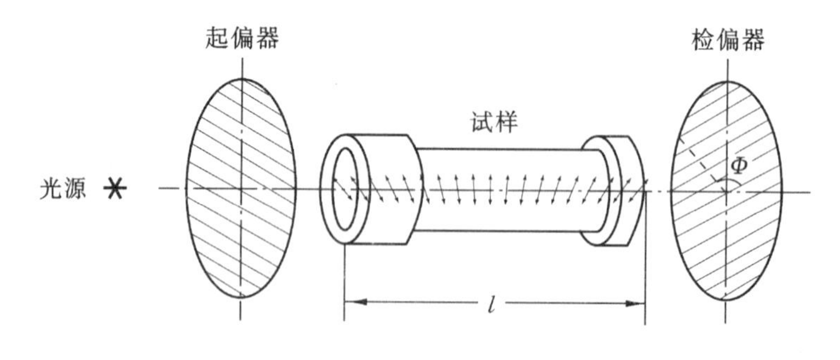

图 2-169 观测偏振光的振动面旋转的实验原理图

四、WXG-4 型圆盘旋光仪的结构原理及使用

旋光仪是用来测量物质旋光度的装置，其结构如图 2-170 所示。测量时，先将旋光仪中起偏镜和检偏镜的偏振轴调到正交位置，这时在目镜中看到最暗的视场，然后装上内盛某种旋光物质溶液的测试管，使起偏后的单色光的振动面发生旋转，将有部分光线通过检偏镜而使视场变亮，这时，转动检偏镜使视场重新达到最暗，检偏镜转过的角度就等于待测溶液的旋光度。

由于人眼很难准确地判断视场是否最暗，因此采用半荫式结构，用比较视场中两相邻光束

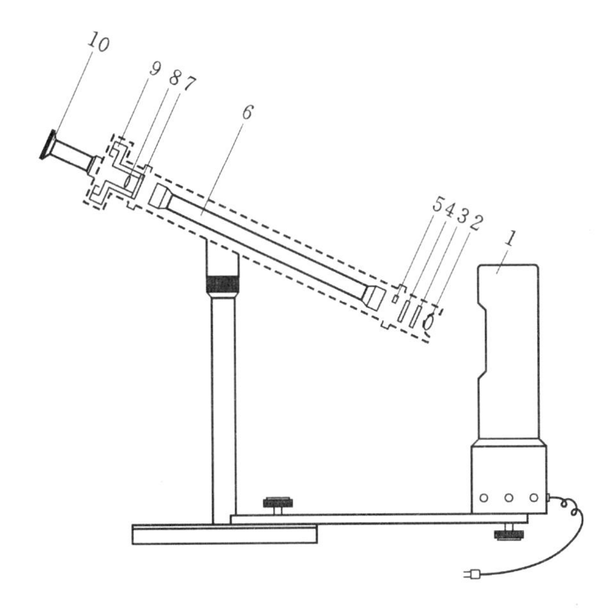

图 2-170　WXG-4 型圆盘旋光仪结构示意图

1—光源；2—会聚透镜；3—滤色片；4—起偏镜；5—石英片；
6—测试管；7—检偏镜；8—望远镜物镜；9—刻度盘；10—望远镜目镜

的强度是否相同来确定旋光度，如图 2-171 所示。在起偏镜后再加一石英半波片，它和起偏镜的一部分在视场中重叠，可将视场分为三部分。半波片的光轴平行于自身表面，并与起偏镜的偏振轴成一角度 θ(约几度)。由光源发出的光经过起偏镜后变成线偏振光，其中一部分再经过石英半波片，其振动面相对于入射光的振动面转动了 2θ，所以进入测试管的两束偏振光的电矢量 $\boldsymbol{E}$ 和 $\boldsymbol{E}'$ 呈 2θ 的夹角，如图 2-172 所示。当图中检偏器的偏振轴 OA 位于不同方向时，由于夹角 β、β' 的变化，$\boldsymbol{E}$ 和 $\boldsymbol{E}'$ 在该轴的分量 OA 和 OA' 的大小将发生变化。从目镜中见到的视场将出现亮暗的交替变化(图 2-172 下半部)，图中列出了四种显著不同的情况。

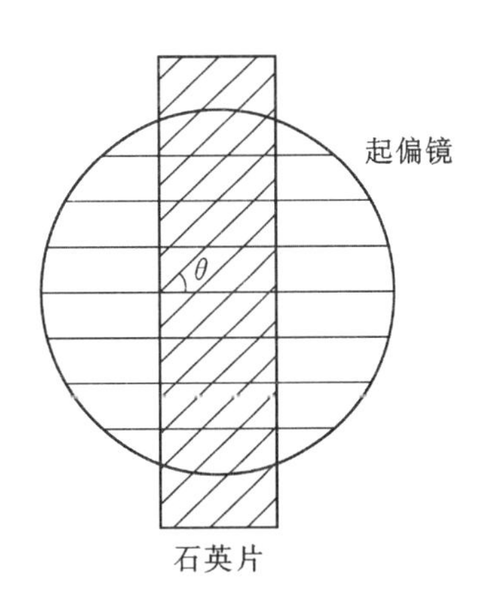

图 2-171　三分视场

(a)$\beta'>\beta$，$OA>OA'$，视场中半波片对应的部分(中间)为暗区，与起偏镜对应的部分(两侧)为亮区，视场被分为清晰的三部分，当 $\beta'=\frac{\pi}{2}$ 时，亮暗反差最大。

(b)$\beta=\beta'$，$OA=OA'$，视场中三部分界线消失，亮度相等，但较暗。

(c)$\beta>\beta'$，$OA'>OA$，视场中间部分为亮区，两侧为暗区。$\beta=\frac{\pi}{2}$ 时，反差最大。

(d)$\beta=\beta'$，$OA=OA'$，视场中三部分界线消失，亮度相等，此时较亮。

因为在不太亮的情况下，人眼辨别亮度变化的能力最强，所以常取图 2-172(b)所示的视场作为参考视场，对应旋光仪刻度盘(与检偏镜连动)上的零点。将装有待测溶液的测试管装到旋光仪上后，由于溶液具有旋光性，使光的振动面转过了一个角度 Φ，视场亮度便发生变化，

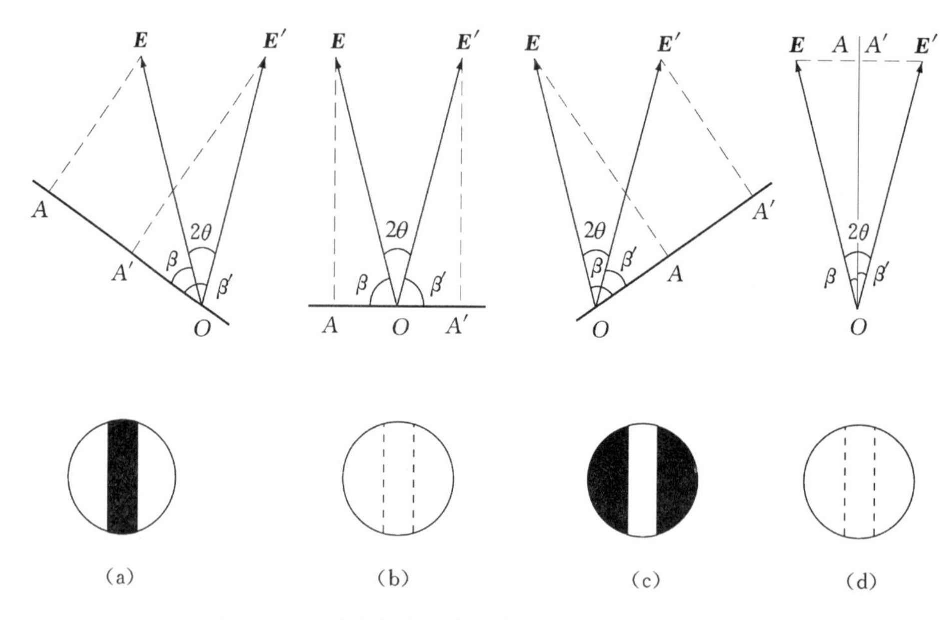

图 2-172 转动检偏镜时,目镜中视场的亮暗变化图

转动检偏镜,使视场仍旧回到图 2-172(b)所示的状态,这个转角的数值可从刻度盘上读出,即为被测溶液的旋光度。根据检偏镜的转动方向可判别该溶液是左旋还是右旋物质。

五、实验内容

1. 偏振光的产生和检验

(1)起偏和检偏

①观察平行自然光(钠光)分别通过偏振片、$\frac{\lambda}{2}$波片、$\frac{\lambda}{4}$波片的情况。

②先让自然光依次通过偏振片 P_1(起偏)、P_2(检偏),旋转 P_2,观察透射光的光强变化。

③在 P_1、P_2 之间加入$\frac{\lambda}{2}$波片,观察线偏振光通过$\frac{\lambda}{2}$波片的情况。

(2)圆偏振光和椭圆偏振光的产生和检验

①在 P_1、P_2 之间加上$\frac{\lambda}{4}$波片,研究线偏振光透过$\frac{\lambda}{4}$波片后的偏振状态。旋转$\frac{\lambda}{4}$波片,观察和记录所看到的圆偏振光和椭圆偏振光,并解释之。

②利用两块$\frac{\lambda}{4}$波片,设计检验自然光、线偏振光、圆偏振光和椭圆偏振光的方法。

自拟表格,详细记录所观察到的现象,进行分析和讨论。

2. 用旋光仪测量蔗糖溶液的旋光率和浓度

①校正检偏镜零点。先取出测试管,点亮钠灯,调节目镜,使能清楚看到视场三部分的分界线,转动检偏镜,使视场与图 2-172(b)相同,记下刻度盘上的零点读数,重复校正。旋光仪上的双游标的读数和数据处理方法与分光计类同。

②把盛有已知浓度的糖溶液的测试管装到旋光仪上,测量旋光度 Φ。在不同浓度 C 下作同样的测量,在坐标纸上作 $\Phi-C$ 曲线,并由图纸求出旋光率 α。

③测量未知浓度的糖溶液的旋光度，由图纸查出其浓度。

六、注意事项

糖溶液应装满测试管，不能留有较大的气泡，小心保护测试管两端的玻璃片。装好液体后，要将玻璃片外面擦干净，不致影响透光。

七、思考题

①偏振片、$\frac{\lambda}{4}$波片和旋光物质有什么区别？

②为什么自然光通过任何波片后，透射光仍是自然光？

③实验室里有偏振片、$\frac{\lambda}{4}$波片和$\frac{\lambda}{2}$波片各一块，因为它们外形相仿而被弄混了，如何利用一个光源把它们区分开来？

④旋光仪有什么实用价值？

八、实际应用

用光弹效应观测应力分布

透明的各向同性材料，如玻璃、塑料、环氧树脂等，在通常情况下都不具有双折射性质，在机械应力作用下则显示出光学上的各向异性，产生双折射现象，这就是光弹效应。

把被检测的透明材料放到正交的起偏器和检偏器之间，沿某一方向（例如 Y 方向）施加压力或拉力，则该样品会形成 Y 方向的光轴，表现出与晶体类似的双折射效应，受力越大，双折射效应越明显，如果以白光入射，经过样品后，o 光和 e 光会产生一定相位差，o 光和 e 光再经过检偏器后将产生干涉，由于样品内各处应力不相等，接收屏上将出现色彩绚丽的干涉条纹，样品内的应力分布改变，彩色干涉条纹也随之改变。根据干涉条纹的分布，就可判断样品内部应力的分布状态。一般来说，应力集中的地方，干涉条纹细而且密集。

光弹效应是研究大型建筑结构、机器零部件在工作状态下，内部应力分布和变化的有效方法。把待分析的机械构件用透明材料如有机玻璃做成模型，并按实际使用时的受力情况对模型施力，于是在各受力部分产生相应的双折射，再用上述方法观察干涉条纹，确定应力分布情况，这种方法在工程技术中有着广泛的应用，已发展成专门学科。

实验 27　迈克耳逊干涉光路的构建与测量

迈克耳逊干涉仪是一种利用分振幅法实现双光束干涉的仪器。它可以观察许多干涉现象，能够较精密地测量微小长度或长度的微小变化，同时它又是许多近代干涉仪的基础，如“激光比长仪”“双频激光比长仪”“激光测振仪”等。迈克耳逊曾用它做了三个著名实验：迈克耳逊-莫雷实验，分析光谱的精细结构，用光波波长标定米标准原器。这三个实验为物理学的发展作出了重大贡献，尤其迈克耳逊-莫雷实验否定了“以太”的存在，为相对论的提出奠定了极其重要的实验基础。

本实验用分束镜，反射镜等，在全息台上构建迈克耳逊干涉光路，观察其等倾干涉图。

一、实验目的

①组装并调节迈克耳逊干涉光路，观察点光源产生的非定域干涉条纹；
②观察干涉条纹反衬度随光程差的变化，了解光源相干长度的意义；
③检查防震实验台的稳定性。

二、实验仪器

氦氖激光器及支架，分光板及夹具，反光镜及反光镜架，激光扩束镜，投影屏及支架等。

三、实验原理

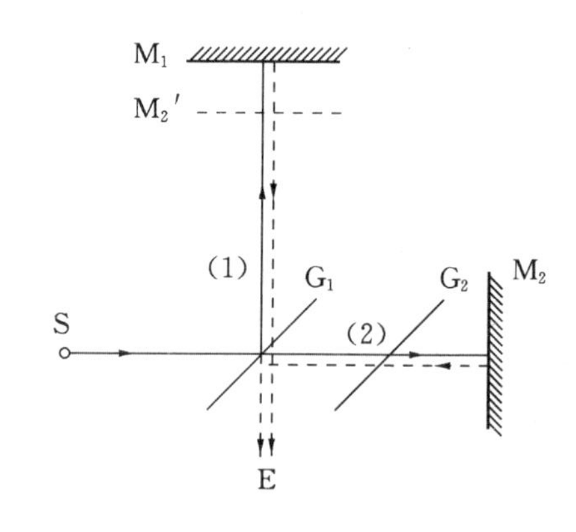

图 2-173 迈克耳逊干涉仪光路图

迈克耳逊干涉仪原理如图 2-173 所示，由两平面反射镜 M_1、M_2，光源 S 和观察点 E(或接收屏)组成。M_1、M_2 相互垂直，M_2 是固定的，M_1 可沿导轨作精密移动。G_1、G_2 是两块材料相同，薄厚均匀相等的平形玻璃片。G_1 的一个表面上镀有半透明的薄银层或铝层，形成半反半透膜，可使入射光分成强度基本相同的两束光，称 G_1 为分光板。G_2 与 G_1 平行，以保证两束光在玻璃中所走的光程完全相等且与入射光的波长无关，保证仪器能够观察单、复色光的干涉。G_2 作为补偿光程作用，故称之为补偿板。G_1、G_2 与平面镜 M_1、M_2 成 45°角。

本实验中使用的光源为氦氖激光器，为了方便调节，本实验将 G_2 补偿板去掉，光路如图 2-174所示。

如图 2-174 所示，一束光入射到 BS 上，被 BS 分为反射光和透射光，这两束光分别经 M_1 和 M_2 反射后又原路返回，在分光板后表面分别被透射和反射，于 E 处相遇后成为相干光，可以产生干涉现象。

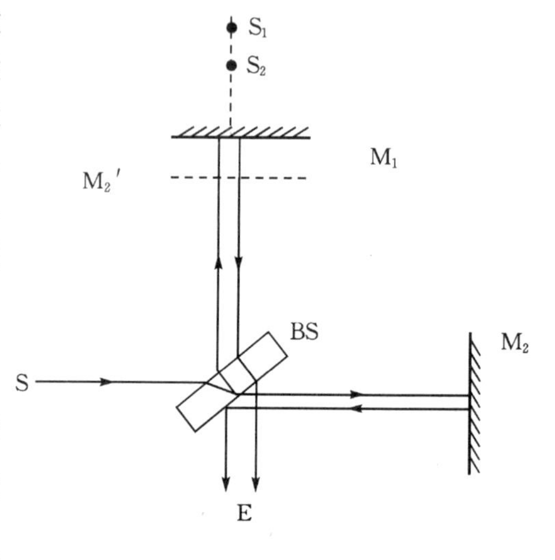

图 2-174 迈克耳逊干涉光路图

图 2-174 中 M'_2 为 M_2 在 BS 上反射的虚像。S_1、S_2 则分别为光源 S 在 M_1 和 M'_2 中的虚像。屏上的干涉条纹可以看作为 S_1、S_2 虚光源发出的球面波干涉的结果。当 M'_2 平行于 M_1 时，屏上出现圆形等倾干涉条纹，圆的中心在 S_1、S_2 连线上。中心点 P 的光强取决于 S_1 和 S_2 之间距离 d，即

$$I(\mathrm{P}) = A + B\cos\frac{2\pi d}{\lambda}$$

当 $d=k\lambda$ 时(k 为整数)，中心出现亮点；当 $d=(2k+1)\dfrac{\lambda}{2}$时，中心出现暗点。圆形条纹的精细和疏密程度与 d 有关，当 d 减小时，圆条纹显得疏而粗；d 增大时，条纹变得细而密。

如果将 M_1(或 M_2)转一小角度,则 M_1 和 M_2' 不再平行。屏幕上干涉条纹不再是圆形的封闭曲线,而变成弧线或接近直线(实际上是双曲线或椭圆的一部分)。

干涉条纹的反衬度定义为

$$\gamma=\frac{I_{\max}-I_{\min}}{I_{\max}+I_{\min}}$$

当光源不是单色光时,干涉条纹的反衬度与光程差有关。

氦氖激光的单色性虽然相当好,但还是有一定的波长分布。多纵模的氦氖激光器的中心波长 λ_0 为 632.8 nm,$\Delta\lambda=0.0018$ nm,如图 2-175 所示。定义相干长度为

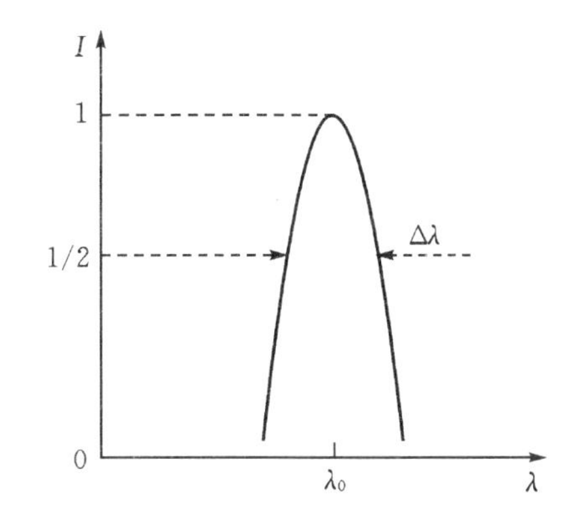

图 2-175 氦氖激光光强随波长分布图

$$L_{\max}=\frac{\lambda_0^2}{\Delta\lambda}=25\ \text{cm}$$

迈克耳逊干涉仪中,来自光源的光束经 BS 分为两束,这两束光经不同的光程 L_1 和 L_2 又在 BS 合成一束,两束光的光程差为 $\Delta L=L_1-L_2$。

理论上可以证明,当 ΔL 很小时,干涉条纹反衬度很大。当 ΔL 增大,干涉条纹反衬度降低。当 ΔL 接近 $L_{\max}$时,反衬度就比较弱了。当 $\Delta L\geqslant L_{\max}$时则可能完全看不到干涉条纹。

四、实验内容及步骤

1. 光路的调节

按光路原理图(图 2-174)搭建光路(取下激光器激光出口处的扩束镜)。

①调节激光器下的调平螺钉,使光束平行于台面。可用直尺分别测量激光器出光口处、M_1 和 M_2 处光点的高度,仔细调节调平螺钉使之等高即可。

②调节分束镜(BS)、反射镜(M_1、M_2)的高度,使光点处在镜面的中心部分。

③调节分束镜(BS)的角度大致为 45°(将反射光点调到激光器出光口处)、调节反射镜(M_1、M_2)背面的螺钉,使镜面的法线大致平行于台面。

④调节 M_1 或 M_2 的位置,使 M_1、M_2 距 BS 基本等距(等光程时 $L_1=L_2+0.5$ cm)。

⑤进一步调节各螺钉,使在光屏上能观察到两组光点并使两束光点完全重合。

2. 观察等倾干涉条纹

①在激光器出光口上装上扩束镜并适当转动透镜的方向,使光屏上能观察到较大的光斑,这时在光屏上能观察到一组同心圆的干涉条纹。

②如果观察不到干涉条纹,再仔细调节 M_1 和 M_2 背面的螺钉,直到在屏幕上看到条纹并使干涉圆环中心在光屏中心部分为止。

③慢慢调节螺旋测微器改变 M_2 的位置,增加或减小 M_2 与 BS 的距离,观察条纹的变化情况(条纹的形状、粗细、紧密度和清晰程度等)。

3. 评定平台的防震性能

轻轻敲击台面或在附近地面上跳动、走动、说话等,从条纹变动的幅度及衰减速度来评定

实验室环境的干扰情况和平台的防震性能。

4.估计其相干长度

观察条纹反衬度(即清晰程度)随光程差的变化。移动 M_1(或 M_2)以改变一束光的光程,可观察到干涉条纹的清晰程度在降低,当肉眼看到条纹消失时,测量 M_1、M_2 距 BS 的长度 L_1、L_2,求出光程差,计算光源的相干长度 $L=2\times$光程差。

五、思考题

①在观察等倾干涉条纹时,条纹从中心"冒出",说明 M_1 和 M_2' 的间距是变大了还是减小了?条纹"缩进"中心又如何?

②调节等倾干涉条纹时,若眼睛由左向右平移看条纹"冒出",由右向左平移看条纹"缩进"去,此时 M_1 和 M_2' 位置成什么关系?

实验 28 声速的测定

在弹性介质中,频率从 20 Hz 到 20 kHz 的振动所引起的机械波称为声波,高于 20 kHz 的波称为超声波,超声波的频率范围为 $2\times10^4\sim5\times10^8$ Hz 之间。超声波的传播速度就是声波的速度。超声波具有波长短、易于定向发射等优点,常被用作声速测量中的波源。

声学是研究各种媒质中声波的产生、传播、接收和作用等问题的一门学科。传播声波的媒质有三种不同状态,一般称为气体、液体和固体,因此形成相应的分支学科,分别称为空气声学、水声学和超声学,其中空气声学涉及人们的听觉,因此,与人们的文化生活和社会活动关系非常密切。由于声波在不同的媒质及其不同状态下传播时,有着不同的传播特性,利用这些特性可以研究和测量各种媒质的物理性质和状态。例如,弹性模量、硬度、粘度、温度、厚度、料位等。特别是频率较高的超声波与物质内部某些微观结构有相互作用,如超声波与金属、半导体、超导体中的电子等相互作用,故可用于物质结构的研究。

由于超声波在固体和液体中传播时衰减小,因此传播距离相应要远些,一般称为穿透性强;同时超声波频率高,波长短,因此固体中辐射的声场具有方向性强,并且传播过程中遇到障碍物时能够反射等特点,可以用于探测金属和非金属材料内部的缺陷位置、大小和性质。这就是应用相当广泛的无损检测技术之一——超声检测。同样原理推广应用于人体上,可以从体外来检查体内的某些疾病、器官动态或生理变化。

一、实验目的

①了解超声波的产生、发射和接收方法;

②用驻波法、行波法和时差法测量声速。

二、实验仪器

SV-DH 系列声速测定仪,示波器,声速测定仪信号源。

三、实验原理

声波在空气中的传播速度可表示为

$$v = \sqrt{\frac{\gamma RT}{M}} \tag{1}$$

式中，γ 是空气比定压热容和比定容热容之比（$\gamma=\frac{C_P}{C_V}$）；R 是普适气体常数；M 是气体的摩尔质量；T 是热力学温度。从式(1)可以看出，温度是影响空气中声速的主要因素。如果忽略空气中的水蒸气和其它夹杂物的影响，在 0 ℃（$T_0=273.15$ K）时的声速为

$$v_0 = \sqrt{\frac{\gamma R t_0}{M}} = 331.45 \text{ m/s}$$

在 t ℃时空气中的声速可以表示为

$$v_t = v_0 \sqrt{1 + \frac{t}{273.15}} \tag{2}$$

由波动理论知道，波的频率 f、波速 v 和波长 λ 之间有以下关系

$$v = f\lambda \tag{3}$$

所以只要知道频率和波长就可以求出波速。

本实验用低频信号发生器控制换能器，故信号发生器的输出频率就是声波的频率。而声波的波长可以用驻波法（共振干涉法）、行波法（相位比较法）来进行测量。

1. 驻波法（共振干涉法）测量波长

如图 2-176，由声源 S_1 发出的平面波沿 x 方向传播，经前方平面 S_2 反射后，入射波和反

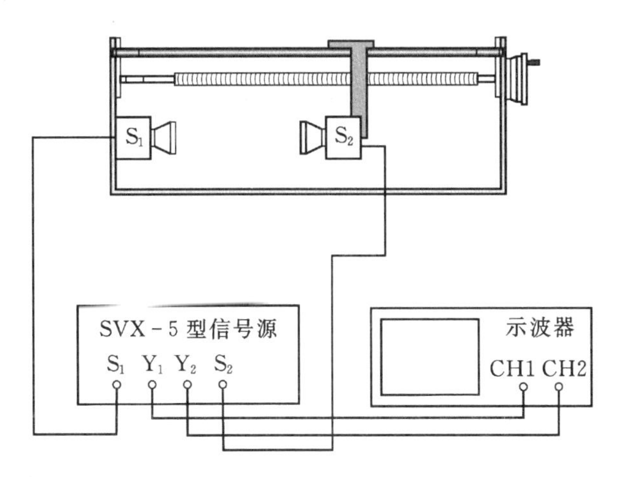

图 2-176　实验装置与接线图

射波叠加，在一定条件下形成驻波。它们的波动方程分别为

$$y_1 = A\cos 2\pi\left(ft - \frac{x}{\lambda}\right) \tag{4}$$

$$y_2 = A\cos 2\pi\left(ft + \frac{x}{\lambda}\right) \tag{5}$$

$$y = y_1 + y_2 = 2A\cos 2\pi \frac{x}{\lambda} \times \cos 2\pi ft$$

当 $\left|\cos 2\pi \frac{x}{\lambda}\right| = 1$ 时，合成波中满足此条件的各点振幅最大，称为波腹，即 $x = \pm n\frac{\lambda}{2}$（$n=$

0,1,2,3,…)处就是各波腹的位置,相邻两波腹的距离为半波长($\frac{\lambda}{2}$)。同理可求出各波节的位置,$x=\pm(2n+1)\frac{\lambda}{4}(n=0,1,2,3,\cdots)$。相邻两波节的距离也是半波长。

2. 行波法(相位比较法)测量波长

发射换能器 S_1 发出的超声波通过介质到达接收器 S_2,在任一时刻,S_1 与 S_2 处的波有一相位差 φ,其关系为

$$\varphi = 2\pi \frac{l}{\lambda} \tag{6}$$

当 S_1 和 S_2 之间的距离 l 每改变一个波长,相位差就改变 2π。

将两信号进行叠加,观察合成图形的变化,当调节 l 使图形由开始位置变化到下一开始位置时,相位变化了 2π,l 变化了一个波长。如图 2－177。

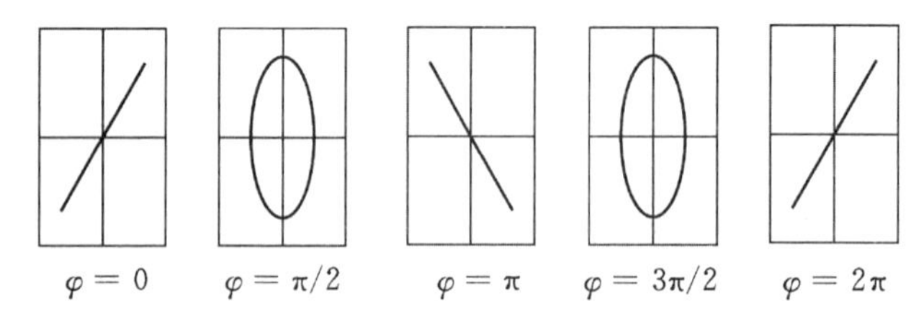

图 2－177　李萨如图形与两垂直简谐运动的相位差

3. 时差法测量波速

连续波经过脉冲调制后由发射换能器发射至被测介质中,经时间 t 时,到达 l 距离处的接收换能器。波速由公式 $v=\frac{l}{t}$ 得出。

利用时间显示窗口显示出波从 S_1 传到 S_2 的时间 t,从千分尺上读出 S_1 和 S_2 间的距离 l,即可计算出波速。

四、实验内容及步骤

①按图 2－176 连接好仪器,仪器在使用之前,开机预热 10 分钟,自动工作在连续波方式,选择的介质为空气,观察 S_1 与 S_2 是否平行。

②测量信号源的输出频率 f_0。将示波器调整为 $y-t$ 工作模式,观察到正弦信号的波形,使 S_1 到 S_2 间距离约为 5 cm,调节信号源发射强度旋钮,使输出的正弦波幅度适中,调节信号频率旋钮,从最小开始调起,同时观察输出波形,直到信号幅度最大,信号源左下角指示灯亮。这时信号发生器的输出频率就是本系统的谐振频率。测量 3 次谐振频率,求出平均值及误差。

③用共振干涉法测量波长和声速。

沿固定方向缓慢移动 S_2,观察示波器上正弦信号的变化情况,选择一个信号最大位置(波腹位置)处开始读数,记录每次信号最大位置 x_i,取 $i=10$,用逐差法求出声波波长和误差。利用谐振频率 f_0 计算出声波波速及误差。注意:当 S_1 及 S_2 的间距比较远时,接收到的信号将有所衰减。

记录实验室室温 T:将测得值 v 与用式(2)所得值进行比较,求出相对误差,对结果进行讨论。

④用相位比较法测量波长和声速。

将示波器调至信号合成状态，即 $X-Y$ 工作方式。观察示波器出现的李萨如图形（比如 $\varphi=0$），缓慢移动 S_2，当重复出现图 2-177 中的某一图形时，说明相位变化了 2π，即 S_1 与 S_2 之间移动了一个波长。继续沿同一方向移动 S_2，测量 10 个周期，用逐差法处理数据，求出波长、声速及误差，并与式(2)所得值进行比较，对结果进行讨论。

⑤用时差法测量声速（此步骤与示波器无关）。

将测试方式设置为脉冲波，调节 S_1 与 S_2 之间距离至大于等于 50 mm，这是因为两者间距太近或太远时，信号干扰太多。固定 S_1，记录 S_2 的 L_1、t_1，再移动 S_2 至某一位置，记录 L_1、t_2。若此时时间显示窗口数字变化较大，可通过调节接收增益来稳定。连续测量 10 组 L_i、t_i 用逐差法计算波速 v 及误差。注意时间 t 应等间隔增加。

采用时差法测量比较准确，不会因为目测信号的大小或李萨如图形是否相同而产生误差。

在测量固体或液体中的声速时，由于固体杂质或液体气泡等因素的影响，最好选用时差法。

五、注意事项

①测量声波在固体中的传播速度时，要注意固体材料棒与传感器之间的良好接触，必要时在接触面间均匀涂抹硅脂。

②测量液体声速时，注意液体要覆盖住传感器，但不得与实验装置的移动轴和测长装置接触，以免损伤仪器，倒出液体时也应小心。

六、思考题

准确测量谐振频率的目的是什么？

小　结

光学测量技术在现代科学技术中占有十分重要的地位，因而光学实验在物理实验中也占有很重要的地位。实验所使用的仪器、所运用的实验技能以及对仪器的维护等均有特殊之处。几何光学是光学仪器设计的基础，其理论早已成熟，且仍然在现代科技中发挥着重大作用。例如，超大口径的透镜，在天文学研究领域起着其他类型天文望远镜无法替代的作用。在卫星上装有超大口径透镜的哈勃太空望远镜，已向地球传回遥远处星体的清晰图片，令人叹为观止。我国紫金山天文台一直使用大口径透镜，在天文学研究中屡报佳音。

本节中的几何光学实验，对焦距、角度、折射率等进行了测量，用到了透镜、棱镜、平面镜等光学元件，并熟悉了望远镜、显微镜、分光计等基本仪器的调节与使用。波动光学中的干涉衍射现象、光谱分析技术早已被广泛应用于现代精密计量和物质结构研究中。全息照相以激光的干涉衍射为基础，迅速发展成为全息技术新学科，并在干涉计量、无损检测、信息存储、信息读取、防伪技术及国防领域中得到了极其广泛的应用。光的偏振现象是光的波动性的又一表现，它进一步说明光是横波，利用光的偏振效应，可以研究光波在各项异性介质中的双折射现象，并进行有关物理量的测量，旋光仪正是利用光的偏振来测量溶液的浓度和杂质含量的。本节的声学实验，测量了超声波在空气中的传播速度，了解了超声波的产生和接收。超声波的应用可参看下一章的介绍。

第3章　综合物理实验

在序言中已经提到，物理学和物理实验的发展是人类科学技术发展的基础。物理学本身已经发展了若干分支学科，这些学科既独立又交叉，而且物理学科与其他学科也都有交叉，这些交叉越来越多，越来越紧密，因而综合与近代物理实验也成为物理实验课程的重要组成部分。这部分实验原理、内容、方法、仪器和技术，都涉及两个甚至多个学科，综合性强、知识面广、仪器先进。这些实验原理和方法的应用领域非常广泛，学生通过这部分的学习，应熟悉和掌握有关的实验方法、综合性的技术，进一步提高运用物理学知识分析、解决问题的能力，培养创新能力。

实验29　光电效应及普朗克常数的测定

当光束射到某些金属表面上时，会有电子从金属表面逸出，这种现象称为“光电效应”。1887年赫兹(H. Hertz)在验证电磁波存在时意外发现了光电效应现象，它所反映的实验事实是经典电磁理论无法完满解释的。1905年爱因斯坦(A. Einstein)把普朗克(M. Planck)提出的幅射能量不连续的观点引入光辐射，提出了光量子的概念，成功地解释了光电效应现象。1916年密立根(R. Millikan)以精确的光电效应实验证实了爱因斯坦光电效应方程的正确性，并测定了普朗克常数。光电效应是近代物理学的基础实验之一，在量子理论的发展史上，它有着特殊的意义。对光电效应现象的研究，使人们进一步认识到光的波粒二象性的本质，促进了光的量子理论的建立和近代物理学的发展。光电效应已经被广泛地应用于工农业生产、科研和国防等各领域，特别是根据光电效应制成的各种光电器件在现代技术中(如光学信号、夜视器材、电视、有声电影、自动控制与自动计量等方面)有着广泛的应用，光电功能材料也越来越受人们的青睐。

一、实验目的

①了解光电效应的基本规律，加深对光量子论的认识和理解；
②了解光电管的结构和性能，并测定其基本特性曲线；
③验证爱因斯坦光电效应方程，测定普朗克常数；
④学习用作图法和线性拟合法处理数据。

二、实验仪器

ZKY-GD-3光电效应实验仪。仪器由汞灯及电源、滤色片、光阑、光电管、测试仪(含光电管电源和微电流放大器)构成。仪器结构如图3-1所示。

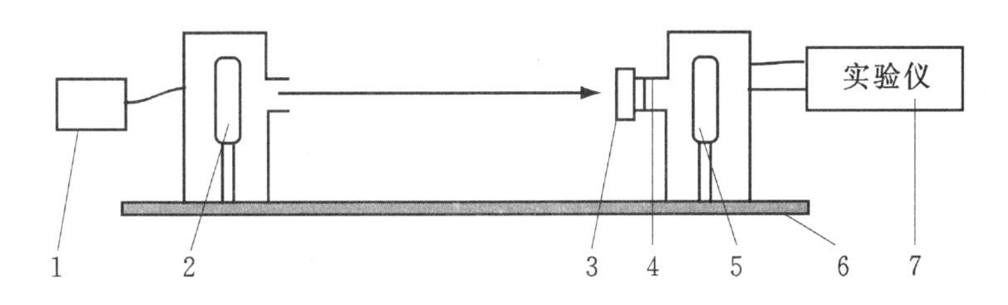

图 3-1　仪器结构示意图

1、2—电源及汞灯:可用谱线 365.0 nm,404.7 nm,435.8 nm,546.1 nm,577.0 nm,579 nm;

3—滤色片:5 片,透射波长 365.0 nm,404.7 nm,435.8 nm,546.1 nm,577.0 nm;

4—光阑:3 片,直径 2 mm,4 mm,8 mm;

5—光电管:光谱响应范围 320～700 nm,暗电流 $I \leqslant 2\times10^{-12}$ A(-2 V$\leqslant U_{AK} \leqslant$0 V);

6—底座、光电管电源:2 挡,-2～$+2$ V,-2～$+30$ V,三位半数显,稳定度≤0.1%;

7—微电流放大器:6 挡,10^{-8}～10^{-13} A,分辨率 10^{-14} A,三位半数显,稳定度≤0.2%;

三、实验装置和原理

1. 光电效应及其规律

在一定频率的光的照射下,电子从金属(或金属化合物)表面逸出的现象称为光电效应,所逸出的电子称为光电子。研究光电效应的实验装置电路图如图 3-2 所示。在一抽成高真空的容器内装有阴极 K 和阳极 A,阴极 K 为金属板。当单色光通过石英窗口照射到金属板 K 上时,金属板便释放出光电子。如果在 A、K 两端加上电势差 U,则光电子在加速电场作用下飞向阳极,形成回路中的光电流。光电流的强弱由微电流测试仪 G 读出。实验结果表明光电效应有如下规律:

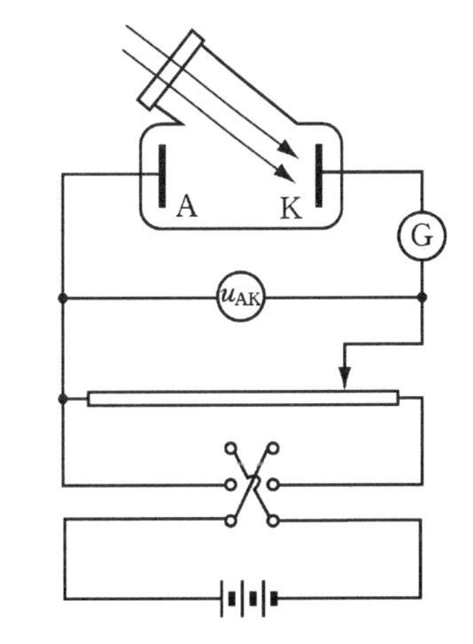

图 3-2　仪器结构示意图

①只有当入射光频率大于某一定值时,才会有光电子产生,若光的频率低于这个值,则无论光强度多大,照射时间多长,都不会有光电子产生。即光电效应存在一个频率阈值 ν_0,称为截止频率。

②光电子的多少与光的强度有关,即饱和光电流 I_H 与入射光的光强成正比。图 3-3 所示,I-U 曲线称为光电管伏安特性曲线。

③光电子的动能($\frac{1}{2}mv^2$)与入射光的频率 ν 成正比,与光强无关。实验中反映初动能大小的是截止电势差 U_a。如果降低加速电势差的量值,光电流 I 也随之减少。当电势差 U 减小到零并逐渐变负时($U=U_A-U_K$ 为负值,即 A、K 间加反向电压),光电流 I 一般并不等于零,这表明从金属板 A 逸出的电子具有初动能,尽管有电场阻碍它运动,仍有部分电子能到达阳极 A,反向电势差绝对值越大,光电流越小。当反向电势差达到某一值时,光电流便降为零。此时电势差的绝对值 U_a 叫做截止电势差。截止电势差的存在,表明光电子从金属表面逸出时的初速有最大值 v_m,也就是光电子的初动能具有一定的限度,它等于

$$\frac{1}{2}mv_{\mathrm{m}}^{2}=eU_{\mathrm{a}} \tag{1}$$

式中,e 和 m 为电子的电荷量和质量。以不同频率 ν 的光照射时,U_a-ν 关系曲线为一直线,如图 3-4 所示。

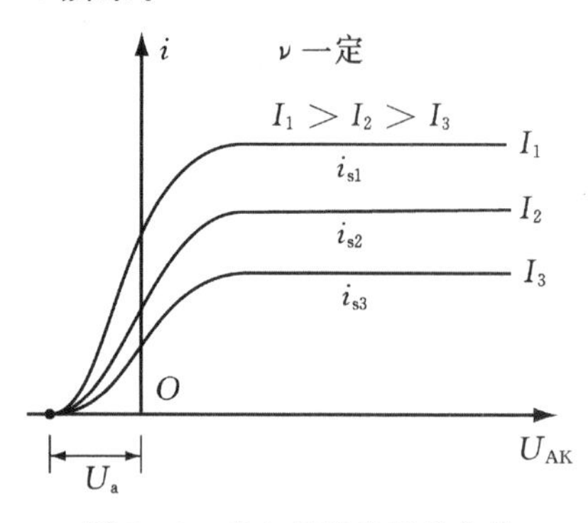

图 3-3 光电管伏安特性曲线

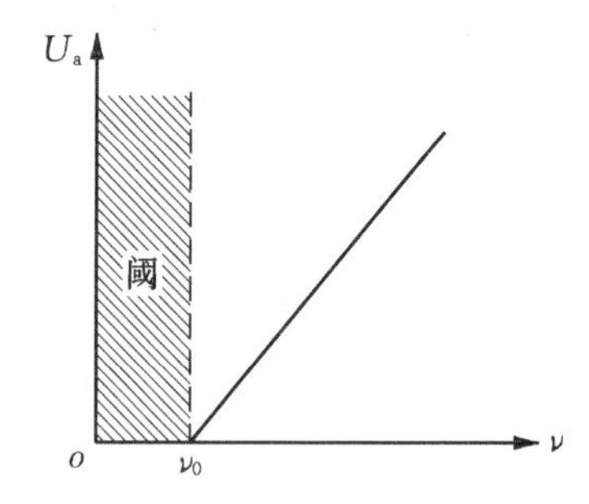

图 3-4 截止电压与入射光频率的关系图线

④光电效应是瞬时效应,一经光线照射,立刻产生光电子。

光电子效应的这些实验规律,用经典的电磁波理论是无法解释的。

2. 光子理论爱因斯坦光电效应方程

1905 年爱因斯坦依照普朗克的量子假设,提出了光子的概念。他认为光是一种微粒——光子;频率为 ν 的光子具有能量 $\varepsilon=h\nu$,h 为普朗克常量。根据这一理论,当金属中的电子吸收一个频率为 ν 的光子时,便获得这光子的全部能量 $h\nu$,如果这能量大于电子摆脱金属表面的约束所需要的逸出功 W,电子就会从金属中逸出。按照能量守恒原理有

$$h\nu=\frac{1}{2}mv_{\mathrm{m}}^{2}+W \tag{2}$$

上式称为爱因斯坦光电效应方程,其中 m 和 v_{m} 是光电子的质量和最大速度;$\frac{1}{2}mv_{\mathrm{m}}^{2}$ 是光电子逸出表面后所具有的最大动能。它说明光子能量 $h\nu$ 小于 W 时,电子不能逸出金属表面,因而没有光电效应产生;产生光电效应的入射光最低频率 $\nu_0=W/h$,称为光电效应的截止效率(又称红限)。不同的金属材料有不同的逸出功,因而 ν_0 也是不同的。

实验时,测出不同频率的光入射时的截止电势差 U_{a} 后,作 U_{a}-ν 曲线,U_{a} 与 ν 成线性关系

$$eU_{\mathrm{a}}=\frac{1}{2}mv_{\mathrm{m}}^{2}=h\nu-W$$

而由

$$\nu_0=W/h$$

即得

$$U_{\mathrm{a}}=\frac{h}{e}(\nu-\nu_0) \tag{3}$$

从直线斜率可求出普朗克常数 h,由直线的截距可求得截止频率 ν_0。

3. 光电管

光电管是利用光电效应制成的能将光信号转化为电信号的光电器件。在一个真空的玻璃泡内装有两个电极,一个是阳极 A,另一个是光电阴极 K,如图 3-5 所示。光电阴极是附在玻璃泡内壁的一个薄层(有的附在玻璃泡内的半圆形金属片的内侧),此薄层由具有表面光电效应的材料制成(常用锑铯金属化和物)。在阴极的前面,装有金属丝制成的单根(或圈成一个小

环)的阳极。阴极受到光线照射的时候便发射电子，电子在外场的作用下向阳极运动形成光电流。

除真空式光电管以外，还有一种充气式的光电管。它的构造和真空式的完全相同，所不同的仅仅是在真空的玻璃泡内充入少量的惰性气体，如氩气等。当光电阴极被光线照射时便发射电子，发射的电子在趋向阳极的途中撞击惰性气体的分子，使气体游离成正离子、负离子以及电子。撞击出的负离子、电子以及阴极发射的电子共同被阳极吸收，因此阳极的总电流便增大了，故充气式光电管比真空式光电管有较高的灵敏度。

(1)光电管的伏安特性

当以一定频率和强度的光照射光电管时，光电流随两极间电压变化的特性称为光电管的伏安特性，其曲线如图3-3所示。图中光电流随阳极电压的增加而增大，但当阳极电压增大到某一值后，光电流不再增加，此时的光电流叫做饱和光电流 I_H，饱和光电流相当于所有被激发出来的电子全部到达阳极。实验表明，饱和光电流和入射光的光通量成正比，因此用不同强度的光照射阴极K时，可得到不同的伏安特性曲线。

(2)光电管的光电特性

当照射光电管的光的频率和两极间电压一定时，饱和光电流 I_H 随照射光强度 E 变化的特性称为光电管的光电特性，而照射光的强度与光阑孔径的平方成正比。对于真空式光电管，其曲线呈线性关系，如图3-6所示。

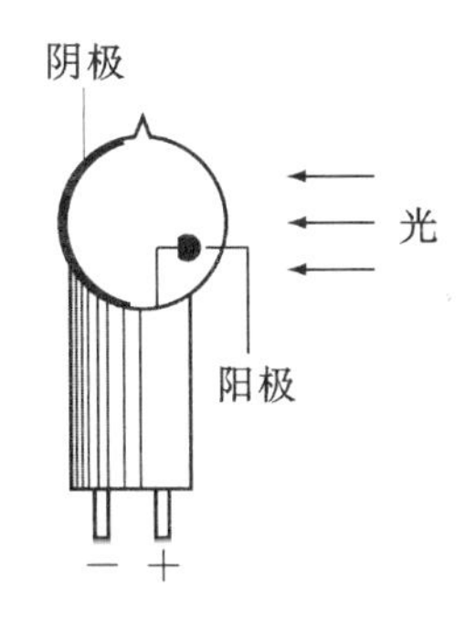

图3-5　真空光电管结构简图

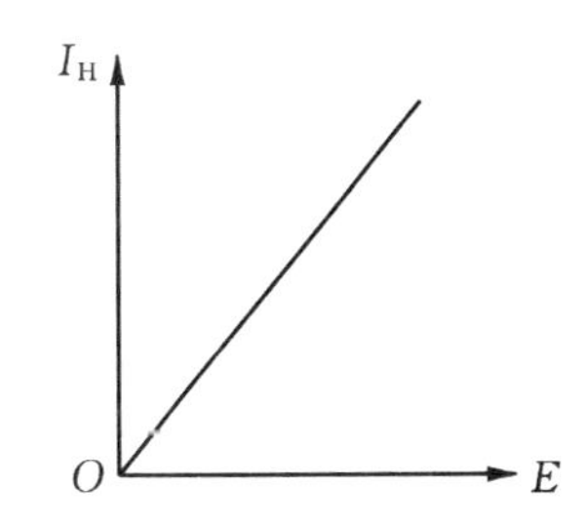

图3-6　光电管的光电特性曲线

四、实验内容

1. 实验准备

将测试仪与汞灯电源接通，预热10分钟。

把汞灯及光电管暗盒遮光盖盖上，将汞灯暗盒光输出口对准光电管暗盒光输入口，调整光电管与汞灯的距离为约30 cm，并保持不变。

将“电流量程”选择开关置于所选挡位，仪器在充分预热后，进行测试前调零，旋转“调零”旋钮使电流指示为000.0。

2. 测量光电管的伏安特性

电流表量程 $\times 10^{-10}$ A，分别测量下述两个条件下光电管的 $I-U$ 特性：光阑直径 $d=4$ mm，$\lambda=546$ nm；$d=2$ mm，$\lambda=546$ nm。电压范围为：$-2\sim30$ V，每隔2 V测量数据，在同一坐标系中做两条相应的 $I-U$ 曲线，并进行对比。

3.测量光电管的光电特性

电流表量程$\times 10^{-11}$ A,$\lambda=577$ nm,$U_a=25$ V。测量$d=2$ mm,4 mm,8 mm时的I_H,作I_H-d^2图线。

4.测量普朗克常数

电流表量程$\times 10^{-13}$ A,$d=4$ mm,测量$\lambda=365,405,436,546,577$ nm时的截止电压U_a,测量时在$-2\sim+2$ V调节电压,记录使光电流$I=0$的电压即U_a,作$|U_a|-\nu$图线,并求h。

五、数据处理

①设计数据记录表格,记录实验数据。

②用作图法作出光电管的伏安特性曲线,在同一坐标系中做出两条不同光照强度下的伏安特性曲线。

③做出饱和光电流I_H随照度变化的光电特性图线(即I_H-d^2图)。

④在坐标纸上做出截止电压随照射光频率变化的图线。求出直线的斜率K,由直线斜率与普朗克常数的关系$K=\frac{h}{e}$,求出普朗克常数h,并与公认值比较,计算相对百分误差。

六、注意事项

①滤色片是精密光学元件,使用时应避免污染,切勿用手触摸以保证其良好的透光性;

②更换滤色片时必须先将光源出光孔遮住,实验完毕应及时用遮光罩盖住光电管暗盒的进光窗口,避免强光直射阴极。

七、思考题

①了解光电管的伏安特性及光电特性有何意义?

②从截止电压U_a与入射光频率ν的关系曲线中,能确定阴极材料的逸出功吗?

③如果某种材料的逸出功为2.0 eV,用它做成光电管阴极时能探测的波长红限(截止波长)是多少?

实验30 霍尔效应及螺线管磁场的测定

1879年,美国霍普金斯大学研究生霍尔,在研究载流导体在场中受力的性质时发现了一种电磁现象,即当一电流垂直于外磁场方向而流过导体时,在垂直于电流和磁场的方向导体的两侧会产生一电势差,这种现象称为霍尔效应,所产生的电势差被称为霍尔电势。半个多世纪后,人们发现半导体也有霍尔效应,而且比金属强得多。现在人们利用霍尔效应制成测量磁场的磁传感器,广泛用于电磁测量、非电量检测、电动控制和计算装置等方面。在电流体中的霍尔效应也是目前正在研究中的"磁流体发电"的理论基础。

在磁场、磁路等磁现象的研究和应用中,霍尔效应及其元件是不可缺少的,利用它观测磁场直观、干扰小、灵敏度高。

一、实验目的

①了解产生霍尔效应的物理过程及用其测量磁场的原理和方法;

②验证霍尔电势与霍尔控制电流的线性关系；

③验证霍尔电势与励磁电流的线性关系

④利用霍尔效应测量螺线管磁场分布；

⑤学习用“霍尔交换测量法”消除负效应产生的系统误差。

二、仪器用具

ZKY-LS螺线管磁场实验仪一台，ZKY-H/L霍尔效应螺线管磁场测试仪一台，导线若干。

三、实验原理

1. 霍尔效应

如图3－7所示，一个由N型半导体材料制成的霍尔元件，其四个侧面各焊有一个电极1、2、3、4。沿左右两个侧面通以电流I，电流密度为J，则电子将沿负I方向以速度v_e运动，此电子将受到垂直方向磁场B的洛伦兹力F_m作用，造成电子在霍尔元件上侧积累，从而形成了沿上下方向的电场E_H，形成了霍尔电势U_H。

如果半导体所在范围内，磁感应强度B是均匀的，则霍尔电场也是均匀的，大小为

$$E_H = \frac{U_H}{L} \tag{1}$$

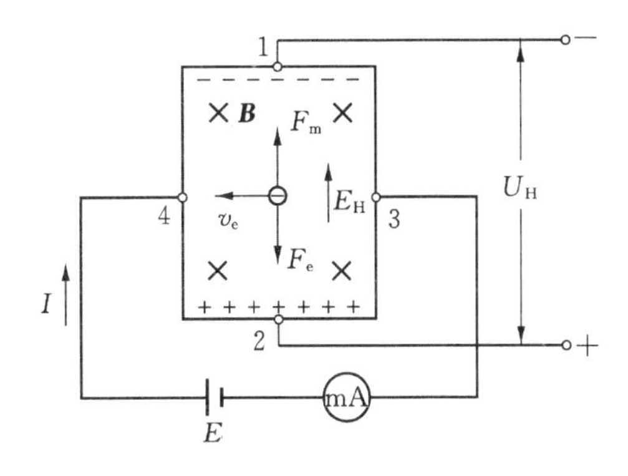

图3－7　霍尔效应原理

霍尔效应是由于运动电荷在磁场中受到洛伦兹力的作用而产生的，放在磁场中的霍尔元件通以电流I后，产生洛伦兹力F_m，而霍尔电场使电子受到一与洛伦兹力F_m相反的电场力F_e，将阻止电子继续迁移，随着电荷积累的增加，霍尔电场的电场力也增大，当达到一定程度时，F_m与F_e大小相等，电荷积累达到动态平衡，形成稳定的霍尔电势，这时根据$F_m = F_e$有

$$ev_eB = eE_H \tag{2}$$

将式(1)代入得

$$U_H = v_eBL \tag{3}$$

式(3)中L为矩形半导体的宽，U_H、L容易测量，但电子速度v_e难测，为此将v_e变成与I有关的参数。根据欧姆定律电流密度$J = nev_e$，n为载流子的浓度，得$I = JLd = nev_eLd$，d为半导体薄片的厚度($d = 0.3 \times 10^{-3}$ m)，故有

$$v_e = \frac{I}{neLd} \tag{4}$$

将式(4)代入式(3)，得

$$U_H = \frac{1}{ne}\frac{IB}{d}$$

令$R_H = \dfrac{1}{ne}$，则有

$$U_H = R_H \frac{IB}{d} \tag{5}$$

式中,R_H 是由半导体本身电子迁移率决定的物理常数,称为霍尔系数,通常定义 $K_H = R_H/d$,称 K_H 为霍尔元件的灵敏度,这时式(5)可写为

$$U_H = K_H IB \tag{6}$$

K_H 的单位为 mV/(mA·T),它的大小与材料的性质及薄片的尺寸有关,对一定的霍尔元件是一常数,本实验仪器中的霍尔元件材料为硅。对测量磁场而言,K_H 越大越好,因此,常用半导体材料制成测量磁场的霍尔传感器。

2. 不等势电势差

如图 3-8 所示,当霍尔元件通电时,在内部形成等势面,在电极 1、2 间往往存在一定电势差 U_0,此电势差称为不等势电势差。

虽然从理论上讲霍尔元件在无磁场作用时($B=0$),$U_H=0$,但实际情况用数字电势表测量时并不为零,这是半导体材料结晶不均匀、负效应及各电极不对称等引起的电势差,该电势差称为剩余电势。

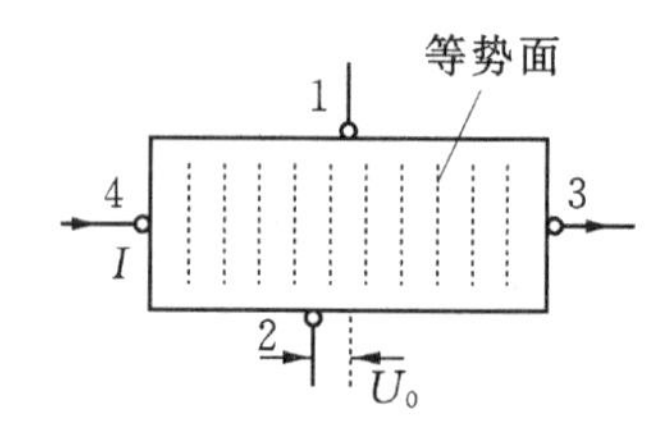

图 3-8 不等势电势差 U

为了消除不等势电势 U_0,实验中常用换向法(异号法),即取电流和磁场的 4 种工作状态,测出结果,求其平均值。在图 3-8 中,设所示电流 I 和磁场的方向为正方向,则此时不等势电势 U_0 也为正,下面的讨论,凡与图示方向相反的均为负方向。4 种工作状态测量的情况表示如下:

①$+I,+B,+U_0$,测得 1、2 端电势为

$$U_1 = U_H + U_0 \tag{7a}$$

②$-I,+B,-U_0$,测得 1、2 端电势为

$$U_2 = -U_H - U_0 \tag{7b}$$

③$+I,-B,+U_0$,测得 1、2 端电势为

$$U_3 = -U_H + U_0 \tag{7c}$$

④$-I,-B,-U_0$,测得 1、2 端电势为

$$U_4 = U_H - U_0 \tag{7d}$$

由以上四个式子,可得霍尔电势为

$$U_H = \frac{1}{4}(U_1 - U_2 - U_3 + U_4) \tag{8}$$

可见,通过四种工作状态的换测,不等势电势被消除了,同时温差引起的附加电势也可以消除。式(8)中的 U_1、U_2、U_3、U_4 分别为每一工作状态时所测得的电势值,其中 U_2 和 U_3 本身就是负电势。因此式(8)可改写为

$$U_H = \frac{1}{4}(U_1 + |U_2| + |U_3| + U_4) \tag{9}$$

3. 螺线管磁场

由描述电流产生磁场的毕奥-沙伐尔定律,经计算可得出通电螺线管内部轴线上某点的磁感应强度为

$$B = \frac{\mu_0}{2} nI(\cos\beta_2 - \cos\beta_1) \tag{10}$$

式中，$\mu_0 = 4\pi \times 10^{-7}$ H/m 为真空中的磁导率；n 为螺线管单位长度的匝数；I 为电流强度；β_1 和 β_2 分别表示该点到螺线管两端的连线与轴线之间的夹角，如图 3 - 9 所示。

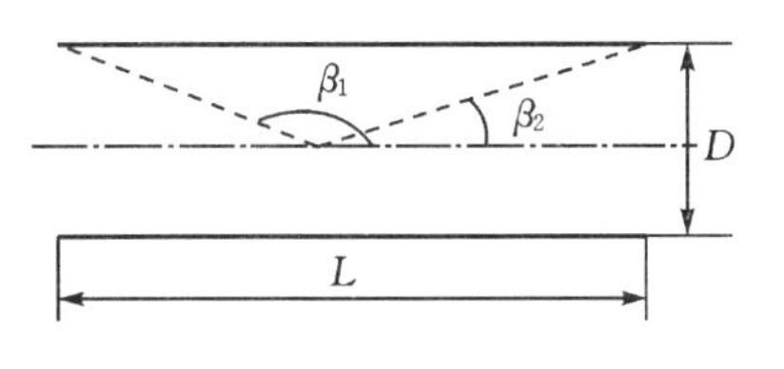

图 3 - 9　螺线管磁场

在螺线管轴线中央，$-\cos\beta_1 = \cos\beta_2 = L/(L^2 + D^2)^{1/2}$，式(10)可表示为

$$B = \mu_0 nI \frac{L}{\sqrt{L^2 + D^2}} = \frac{\mu_0 N I_M}{\sqrt{L^2 + D^2}} \tag{11}$$

式中，N 为螺线管的总匝数。

如果螺线管为“无限长”，即螺线管的长度较管的直径为很大时，式(10)中的 $\beta_1 \to \pi, \beta_2 \to 0$，所以

$$B = \mu_0 nI \tag{12}$$

这一结果说明，任何绕得很紧密的长直螺线管内部沿轴线的磁场是匀强的，由安培环路定律易于证明，无限长螺线管内部非轴线处的磁感应强度也由式(12)描述。

在无限长螺线管轴线的端口处 $\beta_1 = \pi/2, \beta_2 \to 0$，磁感应强度

$$B = \mu_0 nI/2 \tag{13}$$

为中心处的一半。

四、仪器装置

如图 3 - 10 所示，霍尔元件处于霍尔筒中间位置(刻度尺上标有“■”处)，霍尔筒在螺线管内轴向滑动，滑动范围大于 300 mm。霍尔元件的基本参数用铭牌标明，实验计算时可参考使用。

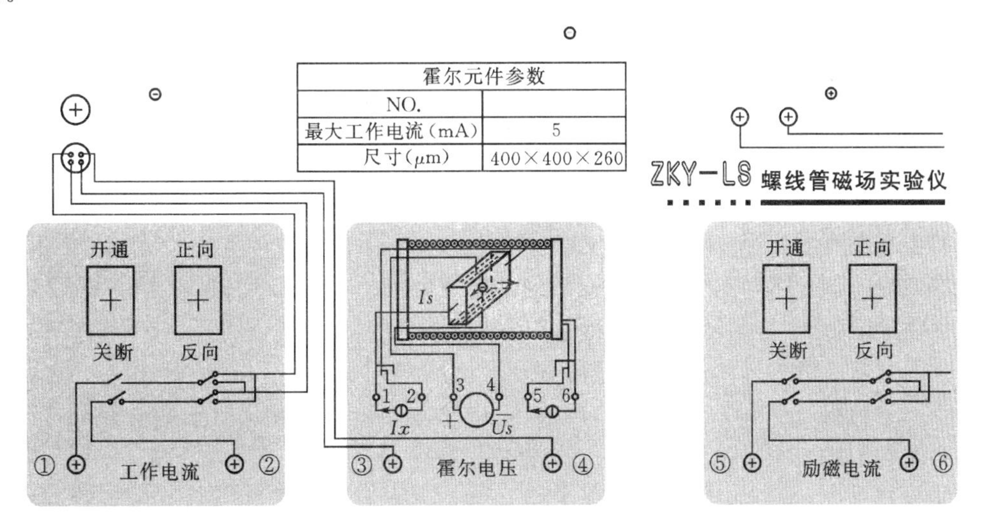

图 3 - 10　ZKY-LS 螺线管实验仪面板图(图中未含螺线管和霍尔筒)

两个正、反开关分别对螺线管电流 I_M，工作电流 I_{CH} 进行通断和换向控制，可进行实验误

差消除。其显示灵敏度可用面板右边的“L”“H”按钮调节,四位数码管显示输入电压值。

五、实验内容及步骤

1. 仪器的连接与预热

将霍尔片接线接头插入仪器面板的对应插座上,如图 3-10,3-11 所示。

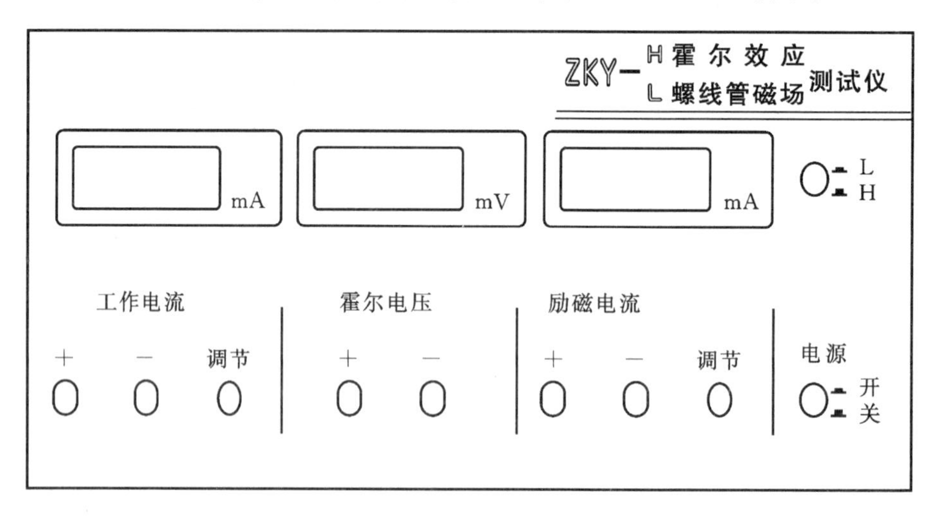

图 3-11 ZKY-H/L 面板示意图

将 ZKY-LS 上工作电流输入端用连接线接 ZKY-H/L“工作电流”座(红黑各自对应,下同)。

将 ZKY-LS 上霍尔电压输出端用连接线接 ZKY-H/L“霍尔电压”座。

将 ZKY-LS 上励磁电流输入端用鱼叉线接 ZKY-H/L“励磁电流”接线柱。

2. 验证 U_H-I_{CH} 的线性关系

①调节霍尔元件,使其处于螺线管中心位置。

②调节励磁电流 $I_M=600$ mA,霍尔控制电流 $I_{CH}=1.00,2.00,\cdots,10.00$ mA,依次改变励磁电流 I_M 和霍尔控制电流 I_{CH} 的方向,记录霍尔电势的数据(见数据表 1)。

3. 验证 U_H-I_M 的线性关系

①调节霍尔元件,使其处于螺线管中心位置。

②调节霍尔控制电流 $I_{CH}=6.00$ mA,励磁电流 $I_M=100,200,\cdots,1000$ mA,依次改变励磁电流 I_M 和霍尔控制电流 I_{CH} 方向,记录霍尔电势数据(见数据表 2)。根据公式(6)应绘出 U_H-B 关系曲线,由于 I_M 和 B 是线性关系所以只要绘出 U_H-I_M 即可。

4. 计算霍尔元件的灵敏度 K_H

由于 K_H 与载流子浓度 n 成反比,根据(6)式,可由 U_H-I_{CH} 求出直线的斜率及 B(B 从公式(11)中求得),即可求得 K_H,进而可计算载流子浓度 n。

5. 测量螺线管中磁感应强度 B 的大小及分布情况

调节霍尔控制电流 $I_{CH}=5.00$ mA,励磁电流 $I_M=800$ mA。

①先将霍尔筒从左侧缓慢移出,至刻度尺的“0”点刚好处于螺线管支架边沿,记录此时对应的 U_H 值(依次改变励磁电流 I_M 和霍尔控制电流 I_{CH} 方向),然后再将霍尔筒逐渐移出并记

录相应位置的 U_H 于表 3 中。

②再将霍尔筒从右侧缓慢移出，重复步骤①。

已知 U_H，K_H 及 I_{CH} 值，由式(6)计算出各点的磁感应强度，并绘出 B-X 图，显示螺线管内 B 的分布状态。

六、数据记录及处理

表 1　测量霍尔电流与霍尔电势的关系

$I_M = 600$ mA

I_{CH}/mA（工作电流）	U_1/mV $+B, +I_{CH}$	U_2/mV $+B, -I_{CH}$	U_3/mV $-B, +I_{CH}$	U_4/mV $-B, -I_{CH}$	$U_H = (\|U_1\| + \|U_2\| + \|U_3\| + \|U_4\|)/4$ /mV
1.00					
2.00					
3.00					
4.00					
5.00					
6.00					
7.00					
8.00					
9.00					
10.00					

表 2　测量励磁电流与霍尔电势的关系

$I_{CH} = 6.00$ mA

I_M/mA（励磁电流）	U_1/mV $+B, +I_{CH}$	U_2/mV $+B, -I_{CH}$	U_3/mV $-B, +I_{CH}$	U_4/mV $-B, -I_{CH}$	$U_H = (\|U_1\| + \|U_2\| + \|U_3\| + \|U_4\|)/4$ /mV
100					
200					
300					
400					
500					
600					
700					
800					
900					
1000					

表3 测量 B-X 关系

$I_M=800$ mA $I_{CH}=5.00$ mA

X /mm	U_1/mV $+B,+I_{CH}$		U_2/mV $+B,-I_{CH}$		U_3/mV $-B,+I_{CH}$		U_4/mV $-B,-I_{CH}$		$U_H=\frac{\lvert U_1\rvert+\lvert U_2\rvert+\lvert U_3\rvert+\lvert U_4\rvert}{4}$ /mV		B /mT	
	左侧	右侧	左侧	右侧	左侧	右侧	左侧	右侧	左侧	右侧	左侧	右侧
0												
30												
60												
90												
110												
130												
150												
160												
170												
180												
190												

数据处理

①根据表1,绘出 U_H - I_{CH} 关系曲线,验证其线性关系。

②根据表2,绘出 U_H - I_M 关系曲线,验证其线性关系。

③计算霍尔元件的灵敏度 K_H 及载流子浓度 n。

④根据表3,绘出 B-X 图,显示螺线管内 B 的分布状态。

七、注意事项

①磁霍尔筒的滑动未限定,请在实验要求范围内滑动,取出或超出要求将损坏连接线。

②为了不使螺线管过热而受到损害,或影响测量精度,除在短时间内读取有关数据时通以励磁电流 I 外,其余时间必须断开励磁电流开关。

八、思考题

①为什么霍尔效应在半导体材料中更为显著?

②若磁场 B 的方向与霍尔元件的法线方向不一致,对实验结果有何影响?

③霍尔系数 R_H 与半导体中载流子类型有何关系?

实验31 声光效应

光通过某一受到超声波扰动的介质时,会发生衍射现象,这种现象称为声光效应。利用声光效应可制成声光器件,如声光调制器、声光偏转器和可调谐滤光器等。声光效应还可用于控制激光束的频率、方向和强度等方面。在激光技术、光信号处理和集成光通信技术等方面有着重要的应用。

一、实验目的

①了解声光效应的原理；
②测量声光器件的衍射效率和带宽；
③利用声光效应测量声波在介质中的传播速度。

二、实验仪器

He－Ne 激光器，声光器件，CCD 光强分布测量仪，高频功率信号源，示波器，频率计。

三、实验原理

当超声波在介质中传播时，将引起介质的弹性应变，其密度做时间上和空间上的周期性变化，并且导致介质的折射率也发生相应的变化。当光束通过有超声波的介质后就会产生衍射现象，这就是声光效应。有超声波传播的介质如同一个相位光栅。

光被弹性声波衍射有两种类型，当超声波频率较高时，产生布拉格(Bragg)型衍射；当超声波频率较低时，产生拉曼-奈斯(Raman-Nath)型衍射。

Bragg 衍射相当于体光栅情况，而 Raman-Nath 衍射相当于薄光栅情况。两种光栅情况，如图 3－12 所示。由于光波速度大于声波速度(约 10^5 倍)，所以在光波通过的时间内，介质在空间上的周期变化可看成是固定的。对于 Bragg 衍射，入射光束相对于超声波面以 θ 角斜入射时，入射光满足 Bragg 条件

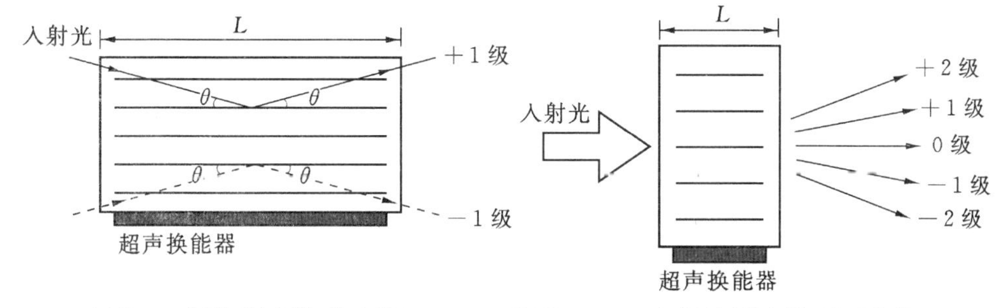

(a) Bragg 衍射(厚光栅、体光栅)　(b) Raman-Nath 衍射(薄光栅、平面光栅)

图 3－12　声光效应示意图

$$2\lambda_s \sin\theta = \frac{\lambda}{n} \tag{1}$$

式中，λ 为光波的波长；λ_s 为声波的波长；固体介质的折射率为 n。Bragg 衍射光只存在 1 级。当声波为声行波时，只有＋1 级或－1 级衍射光，如图 3－13 所示。当声波为声驻波时，±1 级衍射光同时存在，而且衍射效率极高。只要超声功率足够高，Bragg 衍射效率可达到 100%。所以实用的声光器件一般都采用 Bragg 衍射。而对于 Raman-Nath 衍射，满足条件

$$\sin\theta = \pm m \frac{\lambda}{\lambda_s} \tag{2}$$

时出现衍射极大。式中 m 为衍射级数。

Raman-Nath 衍射效率低于 Bragg 衍射效率。其中 1 级衍射的光衍射效率 I_1/I_0 最大不

超过35%,但这种衍射没有Bragg条件限制,所以对入射角要求不严格,调整方便。

对于Bragg衍射,当Bragg角θ很小时,衍射光相对于入射光的偏转角φ为

$$\varphi = 2\theta \approx \frac{\lambda}{\lambda_s} = \frac{\lambda_0}{nv_s} f_s \tag{3}$$

式中,v_s为超声波的波速;f_s为超声波的频率。在Bragg衍射下,一级衍射的光衍射效率为

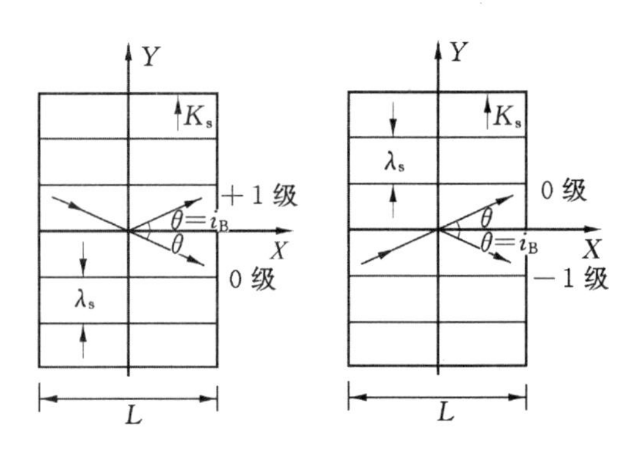

图3-13 Bragg衍射

$$\eta = \sin^2\left[\frac{\pi}{\lambda_0}\sqrt{\frac{M_2 L P_s}{2H}}\right] \tag{4}$$

式中,P_s为超声波的功率,L和H为超声换能器的长和宽,M_2为反映声光介质本身性质的常数。

以上讨论的是超声行波衍射的情况,实际上,介质中也可能出现超声驻波衍射的情况。超声驻波对光的衍射也产生Raman-Nath衍射和Bragg衍射,而且各衍射光的方向的方位角和超声波的频率的关系与超声行波的情况相同。

由式(3)和式(4)可以看出,采用Bragg衍射,通过改变超声波的频率和功率,可分别实现对激光束方向的控制和强度的调制。

本实验利用的"远场接收"的衍射装置如图3-14所示。

1. 声光器件

本实验采用的声光器件中的声光介质为钼酸铅。吸声材料的作用是吸收通过介质传播到端面的超声波以建立超声行波。压电换能器又称超声发生器,是由铌酸锂压电晶体制成。它的作用是将高频功率信号源的电功率转换成声功率,并在声光介质中建立超声场。

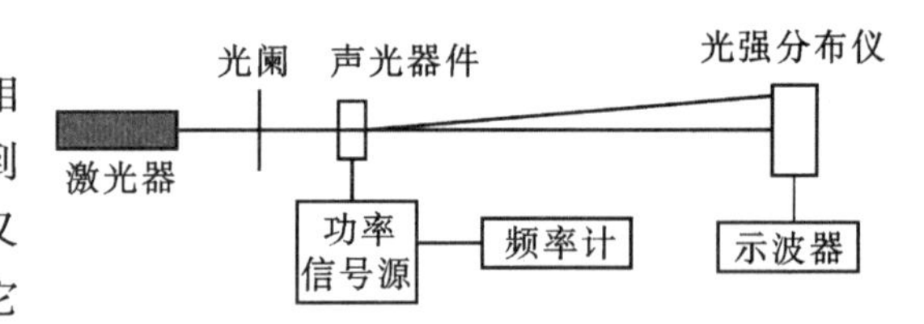

图3-14 声光衍射的实验装置图

声光器件有一个衍射效率最大的工作频率,此频率称为声光器件的中心频率f_{co},对于其他频率的超声波,其衍射效率将降低。一般认为衍射效率(或衍射光的相对光强)下降3 dB(即衍射效率降到最大值的$\frac{1}{\sqrt{2}}$)时两频率间的间隔为声光器件的带宽。

2. 高频功率信号源

S02000功率信号源的频率范围为80~120 MHz,最大输出功率1W。面板上的毫安表读数作功率指示用,读数值×10等于毫瓦数。

3. CCD光强分布测量仪

LM601 CCD光强分布测量仪是线阵CCD器件,它可在同一时刻显示、测量各级衍射光的相对光强分布,不受光源强度跳变、漂移的影响。对于衍射角度的测量有很高的精度。

四、实验内容

1. 观察超声衍射现象

按图3-14布置光路,调整激光器使光束经光阑后通过声光器件,观察Raman-Nath衍射

和 Bragg 衍射，比较两种衍射的实验条件和特点。

2. 测量介质中超声波的声速

在 Bragg 衍射下，测量衍射光相对于入射光的偏转角 φ 与超声波频率(即电信号频率) f_s 的关系曲线，并计算声速 v_s。

注：由于实验采用的声光器件性能不够完善，Bragg 衍射不是理想的，可能会出现高级次衍射光等现象。所以，在调节 Bragg 衍射时，使 1 级衍射光最强即可。

3. 测量声光器件的带宽和中心频率

在 Bragg 衍射下，固定超声波功率，测量衍射光相对于零级衍射光相对强度与超声波频率的关系曲线，并定出声光器件的带宽和中心频率。

将超声波频率固定在中心频率上，测出衍射光强与超声波功率的关系曲线。

五、思考题

①超声衍射有哪些特点？超声光栅与平面光栅有何异同？

②Raman-Nath 衍射和 Bragg 衍射的实验条件和特点是什么？

实验 32　铁磁性材料居里温度的测定

铁磁性物质的磁特性随温度的变化而改变。当温度上升到某一值时，铁磁性材料就由铁磁状态转变为顺磁状态，即失掉铁磁性物质的特性而转变为顺磁性物质，这个温度称之为居里温度，以 T_C 表示。居里温度是磁性材料的本征参数之一，它仅与材料的化学成分和晶体结构有关，几乎与晶粒的大小、取向以及应力分布等因素无关，因此又称它为结构不灵敏参数。测定铁磁材料的居里温度不仅对磁性材料、磁性器件的研究和研制，而且对工程技术的应用都具有十分重要的意义。

一、实验目的

①初步了解铁磁物质由铁磁性转变为顺磁性的微观机理；

②学习用居里温度测试仪测定居里温度的原理和方法；

③测定铁磁样品的居里温度。

二、仪器用具

居里温度测试仪，样品示波器。

三、实验原理

1. 基本理论

在铁磁物质中，相邻原子间存在着非常强的交互耦合作用，这个相互作用促使相邻原子的磁矩平行排列起来，形成一个自发磁化达到饱和状态的区域，这个区域的体积约为 $10^{-8}\,m^3$ 称为磁畴。在没有外磁场作用时，不同磁畴的取向各不相同，如图 3 - 15 所示。因此，对整个铁磁物质来说，任何宏观区域的平均磁矩为零，铁磁物质不显示磁性。当有外磁场作用时，不同磁畴的取向趋于外磁场的方向，任何宏观区域的平均磁矩不再为零，且随着外磁场的增大而增大。当外磁场增大到一定值时,所有磁畴沿外磁场方向整齐排列,如图3-16所示。任何宏观区域的平均磁矩达到最大值,铁磁物质显示出很强的磁性,我们说铁磁物质被磁化了。铁磁物质的磁导率 μ 远远大于顺磁物质的磁导率。

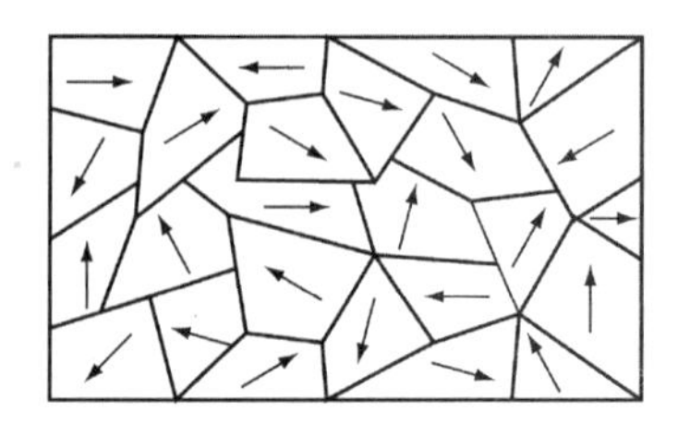

图3-15 无外磁场作用的磁畴

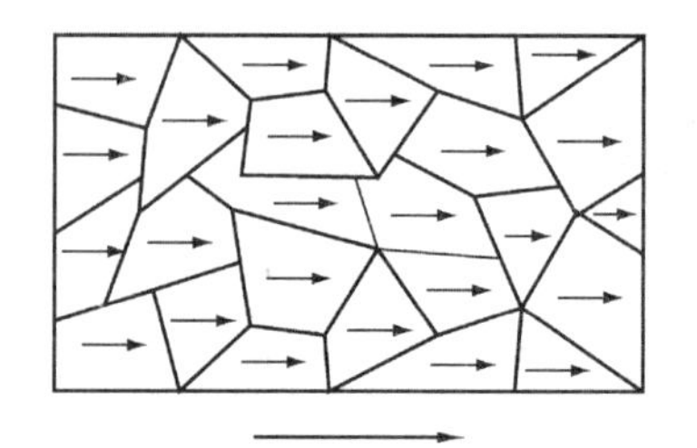

图3-16 在外磁场作用下的磁畴

铁磁物质被磁化后具有很强的磁性,但这种强磁性是与温度有关的。随着铁磁物质温度的升高,金属点阵热运动的加剧会影响磁畴磁矩的有序排列。但在未达到一定温度时,热运动不足以破坏磁畴磁矩基本的平行排列,此时任何宏观区域的平均磁矩仍不为零,物质仍具有磁性,只是平均磁矩随温度升高而减小。而当与 kT(k 是玻耳兹曼常数,T 是热力学温度)成正比的热运动足以破坏磁畴磁矩的整齐排列时,磁畴被瓦解,平均磁矩降为零,铁磁物质的磁性消失而转变为顺磁物质,与磁畴相联系的一系列铁磁性质(如高磁导率、磁滞回线、磁致伸缩等)全部消失,相应的铁磁物质的磁导率转化为顺磁物质的磁导率。与铁磁性消失时所对应的温度即为居里温度。任何区域的平均磁矩称为自发磁化强度,用 M_s 表示。

2. 测量装置及原理

由居里温度的定义知,任何可测定 M_s 或可判断铁磁性消失的带有温控的装置都可用来测量居里温度。要测定铁磁材料的居里温度,从测量原理来讲,其测定装置必须具备4个条件:提供使样品磁化的磁场,改变铁磁物质温度的温控装置,判断铁磁物质磁性是否消失的判断装置,测量铁磁物质磁性消失时所对应温度的测温装置。

JLD-Ⅱ居里温度测试仪是通过图3-17所示的系统装置来实现以上4个功能的。

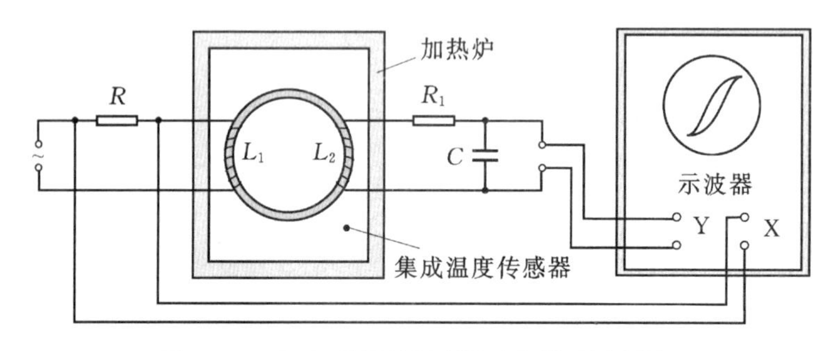

图3-17 JLD-Ⅱ居里温度测试仪测试原理图

待测样品为一环形铁磁材料,其上绕有两个线圈 L_1 和 L_2,其中 L_1 为励磁线圈,给其中通一交变电流,提供使环形样品磁化的磁场。将绕有线圈的环形样品置于温度可控的加热炉中以改变样品的温度。将集成温度传感器置于样品旁边以测定样品的温度。

本装置可通过两种途径判断样品铁磁性的消失。

(1)通过观察样品的磁滞回线是否消失来判断

铁磁物质最大的特点是当它被外磁场磁化时，其磁感应强度 $\boldsymbol{B}$ 和磁场强度 $\boldsymbol{H}$ 的关系不是线性的，也不是单值的，而且磁化的情况还与它以前的磁化历史有关，即其 $\boldsymbol{B}$ - $\boldsymbol{H}$ 曲线为一闭合曲线，称为磁滞回线，如图 3 - 18 所示。当铁磁性消失时，相应的磁滞回线也就消失了。因此，测出对应于磁滞回线消失时的温度，就测得了居里温度。

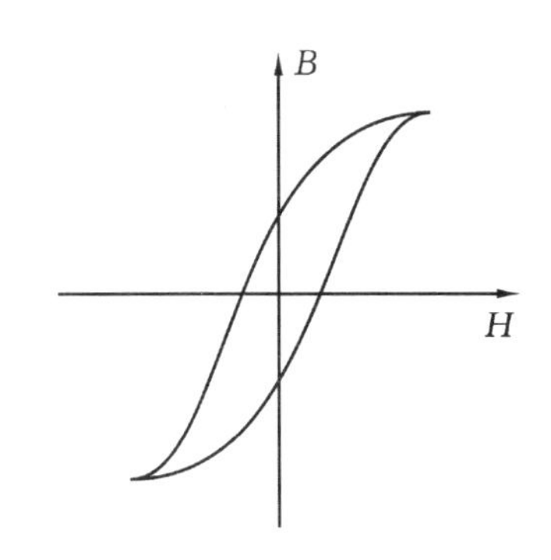

图 3 - 18　铁磁物质的磁滞回线

为了获得样品的磁滞回线，可在励磁线圈回路中串联一个采样电阻 R。由于样品中的磁场强度 H 正比于励磁线圈中通过的电流 I，而电阻 R 两端的电压 U 也正比于电流 I，因此可用 U 代表磁场强度 H，将其放大后送入示波器的 X 轴。样品上的线圈 L_2 中会产生感应电动势，由法拉第电磁感应定律知，感应电动势 ε 的大小为

$$\varepsilon = -\frac{\mathrm{d}\varphi}{\mathrm{d}t} = -k\frac{\mathrm{d}B}{\mathrm{d}t} \tag{1}$$

式中，k 为比例系数，与线圈的匝数和截面积有关。将式(1)积分得

$$B = -\frac{1}{k}\int \varepsilon \mathrm{d}t \tag{2}$$

可见，样品的磁感应强度 B 与 L_2 上的感应电动势的积分成正比。因此，将 L_2 上感应电动势经过 R_1C 积分电路积分并加以放大处理后送入示波器的 Y 轴，这样在示波器的荧光屏上即可观察到样品的磁滞回线(示波器用 $X-Y$ 工作方式)。

(2)通过测定磁感应强度随温度变化的曲线来推断

一般自发磁化强度 M_s 与饱和磁化强度 M(不随外磁场变化时的磁化强度)很接近，可用饱和磁化强度近似代替自发磁化强度，并根据饱和磁化强度随温度变化的特性来判断居里温度。用 JLD Ⅱ装置无法直接测定 M，但由电磁学理论知道，当铁磁性物质的温度达到居里温度时，其 M-T 的变化曲线与 B-T 曲线很相似，因此在测量精度要求不高的情况下，可通过测定 B-T 曲线来推断居里温度。即测出感应电动势的积分值 ε' 随温度 T 变化的曲线，并在其斜率最大处作切线，切线与横坐标(温度)轴的交点即为样品的居里温度。

四、实验内容

1. 通过测定磁滞回线消失时的温度测定居里温度

①用连线将加热炉与电源箱前面板上的“加热炉”插孔相连接；将铁磁材料样品与电源箱前面板上的“样品”插孔用专用线连接起来，并把样品放入加热炉；将温度传感器、降温风扇的接插件与接在电源箱前面板上的“传感器”接插件对应相接；将电源箱前面板上的“B 输出”、“H 输出”分别与示波器上的 Y 输入、X 输入用专用线相连接。

②将“升温-降温”开关打向“降温”。接通电源箱前面板上的电源开关，将电源箱前面板上的“H 调节”旋钮调大些，适当调节示波器，其荧光屏上就显示出了磁滞回线。

③关闭加热炉上的两风门(旋钮方向和加热炉的轴线方向垂直)，将“测量-设置”开关打向“设置”，适当设定炉温。

④将“测量-设置”开关打向“测量”,将“升温-降温”开关打向“升温”,这时炉子开始升温,在此过程中注意观察示波器上的磁滞回线,记下磁滞回线消失时数显表显示的温度值,即测得了居里温度。

⑤将“升温-降温”开关打向“降温”,并打开加热炉上的两风门,使加热炉降温。

2.测量感应电动势的积分值随温度变化的关系

①根据步骤1所测得的居里温度值来设置炉温,其设定值应比步骤1所测得的 T_C 值高20℃左右。

②将“测量-设置”开关打向“测量”,“升温-降温”开关打向“升温”,这时炉子开始升温,同时在数据记录表格中记下温度和对应的感应电动势积分值。

五、数据表格及处理

表1 磁滞回线消失时所对应的温度值

样品编号						
T_C/℃						

表2 感应电动势积分值 ε' 及其对应的温度值 T

ε'/mV										
T/℃										

用坐标纸画出 ε'-T 曲线,并在其斜率最大处作切线,切线与横坐标(温度)轴的交点即为样品的居里温度。

六、注意事项

①测量样品的居里温度时,一定要让炉温从低温开始升高,即每次要让加热炉降温后再放入样品,这样可避免由于样品和温度传感器响应时间的不同而引起的居里温度每次测量值的不同。

②在测80℃以上的样品时,温度很高,小心烫伤。

七、思考题

通过测定感应电动势的积分值随温度变化的曲线来推断居里温度时,为什么要由曲线上斜率最大处的切线与温度轴的交点来确定 T_C,而不是由曲线与温度轴的交点来确定 T_C?

实验33 金属电子逸出功与荷质比的测定

从固体物理学的金属电子理论知道,金属中电子的能量是量子化的,且服从泡利(Pauli)不相容原理,其传导电子的能量分布遵循费米-狄拉克分布。在通常温度下,由于金属表面与外界之间存在着势垒,所以从能量角度看,金属中的电子是在一个势阱中运动,势阱的深度为 E_b,在0 K时,电子所具有的最大能量为 E_f,E_f 称为费米能量,这时电子逸出金属表面至少需要从外界得到的能量为 $E_0=E_b-E_f=e\varphi$,称为金属电子的逸出功。实验中常用理查森直线法测定金属电子的逸出功。

电子荷质比 e/m 是描述电子性质的重要物理量，它证明了原子是可以分割的。本实验是用磁控法来测电子荷质比的。

一、实验目的

①了解热电子发射的基本规律，验证肖特基效应；

②学习用理查森直线法处理数据，测量电子逸出电位；

③了解磁控原理，利用磁控法测定荷质比。

二、仪器用具

LB－MEP 金属电子综合实验仪。

三、实验原理

1. 金属逸出功

(1)热电子发射

如图3－19所示，用钨丝作阴极的理想二极管，通以电流加热，并在阳极和阴极间加上正向电压(阳极为高电势)时，在外电路中就有电流通过。电流的大小主要与灯丝温度及金属逸出功的大小有关，灯丝温度越高或者金属逸出功越小，电流就越大。根据费米-狄拉克分布可以导出热电子发射遵守的理查森-杜西曼(Richardson-Dushman)公式

$$I = AST^2 \exp(-\frac{e\varphi}{kT}) \tag{1}$$

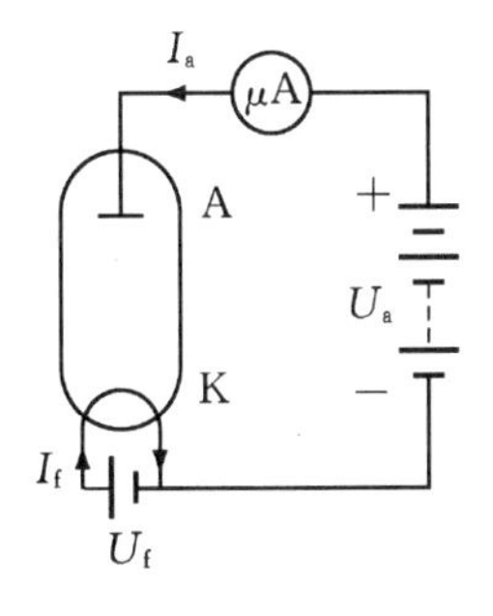

图3－19 热电子发射原理电路图

式中，I 为热电子发射的电流强度；A 为与阴极材料有关的系统；S 为阴极的有效发射面积；k 为玻耳兹曼常数，$k=1.381\times10^{-23}$ J/K；T 为热阴极灯丝的热力学温度；$e\varphi$ 为逸出功，又称功函数。

从式(1)可知，只要测出 I、A、S、T 的值，就可以计算出阴极材料的电子逸出功，但是直接测定 A、S 这两个量比较困难。在实际测量中常用理查森直线法，它可以避开 A、S 的测量，即不必求出 A、S 的具体数值，直接由发射电流 I 和灯丝温度 T 确定逸出功的值。这是一种实验和数据处理的巧妙方法，非常有用。

由式(1)得

$$\frac{I}{T^2} = AS\exp(-\frac{e\varphi}{kT})$$

两边取常用对数

$$\lg\frac{I}{T^2} = \lg AS - \frac{e\varphi}{2.303k}\cdot\frac{1}{T} \tag{2}$$

从式(2)可以看出，$\lg\frac{I}{T^2}$ 与 $\frac{1}{T}$ 成线性关系。因此，如果测得一组灯丝温度及其对应的发射电流的数据，以 $\lg\frac{I}{T^2}$ 为纵坐标，$\frac{1}{T}$ 为横坐标作图，从所得直线的斜率即可求出该金属的逸出功 $e\varphi$

或逸出电位 φ。

要使阴极发射的热电子连续不断地飞向阳极,形成阳极电流 I_a,就必须在阳极与阴极之间外加一个加速电场 E_a,但 E_a 的存在相当于使新的势垒高度比无外电场时降低了,这导致更多的电子逸出金属,因而使发射电流增大,这种外电场产生的电子发射效应称为肖特基效应。阴极发射电流 I_a 与阴极表面加速电场 E_a 的关系为

$$I_a = I\exp\left(\frac{\sqrt{e^3 E_a}}{kT}\right) \tag{3}$$

式中,I_a 和 I 分别表示加速电场为 E_a 和零时的发射电流。

为了方便,一般将阴极和阳极制成共轴圆柱体,在忽略接触电势差等影响的条件下,阴极表面附近加速电场的场强为

$$E_a = \frac{U_a}{r_1 \ln \frac{r_2}{r_1}} \tag{4}$$

式中,r_1、r_2 分别为阴极及阳极圆柱面的半径,U_a 为加速电压。

将式(4)代入式(3)取对数得

$$\lg I_a = \lg I + \frac{\sqrt{e^3}}{2.303kT} \cdot \frac{1}{\sqrt{r_1 \ln \frac{r_2}{r_1}}} \cdot \sqrt{U_a} \tag{5}$$

式(5)表明,对于一定尺寸的直热式真空二极管,r_1、r_2 一定,在阴极的温度 T 一定时,$\lg I_a$ 与 $\sqrt{U_a}$ 也成线性关系,$\lg I_a - \sqrt{U_a}$ 直线的延长线与纵轴的交点,即截距为 $\lg I$,由此即可得到在一定温度下,加速电场为零时的热电子发射(饱和)电流 I。这样就可消除 E_a 对发射电流的影响。

综上所述,要测定某金属材料的逸出功,可将该材料制成理想二极管的阴极,测定阴极温度 T、阳极电压 U_a 和发射电流 I_a,用作图法得到零场电流 I 后,即可求出逸出功或逸出电位。

(2)理想(标准)二极管

理想二极管也称标准二极管,是一种进行了严格设计的理想器件。这种真实二极管采用直热式结构,如图 3-20 所示。为便于进行分析,电极的几何形状一般设计成同轴圆柱形系统,待测逸出功的材料做成阴极,呈直线形,其发射面限制在温度均匀的一段长度内。为保持灯丝电流稳定,用直流恒流电源供电。阳极为圆筒状,并可近似地把电极看成是无限长的圆柱,即无边缘效应。为了避免阴极 K 两端温度较低和电场不均匀,在阳极 A 两端各装一个圆筒形保护电极 B,并在玻璃管内相连后再引出管外,B 与 A 绝缘,因此,保护电极虽与阳极加相同的电压,但其电流并不包括在被测热电子发射电流中。在阳极中部开有一个小孔,通过小孔可以看到阴极,以便用光学高温计测量阴极温度。

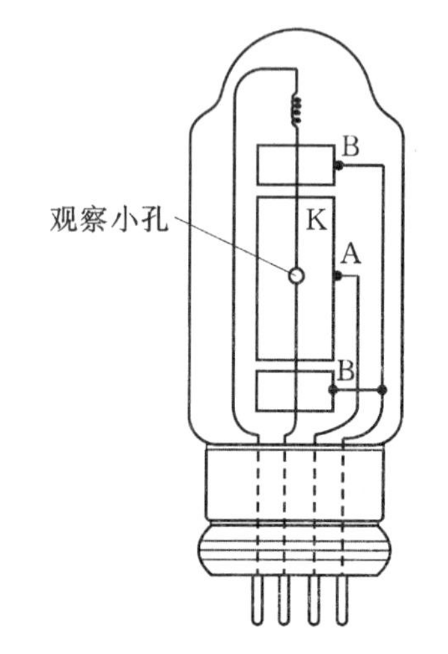

图 3-20 理想二极管结构图

(3)灯丝温度的测量

灯丝温度 T 对发射电流 I 的影响很大,因此准确测量灯丝温度对于减小测量误差十分重

要。灯丝温度一般取2000 K左右，常用光学高温计进行测量。

若不测量灯丝温度，可以根据灯丝真实温度与灯丝电流的关系，由灯丝电流确定灯丝温度。钨丝的真实温度与加热电流的对应关系如表1所示。

表1　灯丝电流与温度的关系

灯丝电流/A	0.600	0.625	0.650	0.675	0.700	0.725	0.750
灯丝温度/10^3 K	1.88	1.92	1.96	2.00	2.04	2.08	2.12

2.磁控法测电子荷质比

在理想二极管中，阴极和阳极为一同轴圆柱系统。当阳极加有正电压时，从阴极发射的电子流受电场的作用将做径向运动，如图3-21(a)所示。如果在理想二极管外面套一个通电励磁线圈，则原来沿径向运动的电子在轴向磁场作用下，运动轨迹将发生弯曲，如图3-21(b)所示。若进一步加强磁场(加大线圈的励磁电流)使电子流运动如图3-21(c)所示，这时电子运动到阳极附近，电子所受到的洛伦兹力减去电场力后的合力恰好等于电子沿阳极内壁圆周运

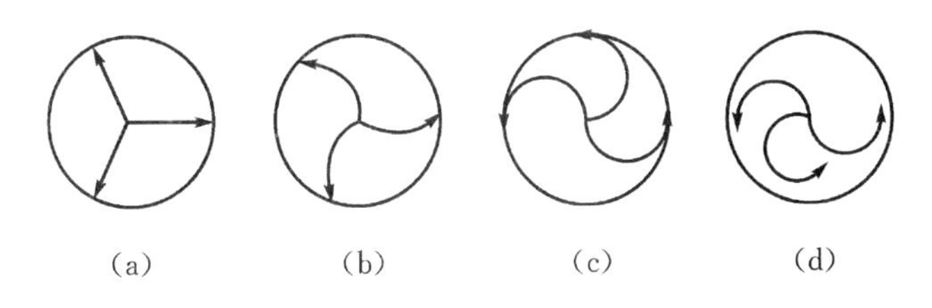

图3-21　磁场增加时电子运动轨迹

动的向心力，因此电子流运动的轨迹也将沿阳极内壁作圆周运动，此时称为“临界状态”。若进一步增强磁场，电子运动的圆半径就会减小，以致电子根本无法靠拢阳极，就会造成阳极电流“断流”，如图3-21(d)所示。但在实际情况中，由于从阴极发射的电子按费米统计有一个能量分布范围，不同能量的电子因速度不同，在磁场中的运动半径也是各不相同的，在轴向磁场逐步增强的过程中，速率较小的电子因做圆周运动的半径较小，首先进入临界状态，然后是速率较大的电子，依次逐步进入临界状态。另外，由于理想二极管在制造时也不能保证阴极和阳极完全同轴，阴极各部分发出的电子与阳极的距离也不尽相同。所以随着轴向磁场的增强，阳极电流有一个逐步降低的过程。只有当外界磁场很强、绝大多数电子的圆周运动半径都很小时，阳极电流才几乎“断流”。这种利用磁场控制阳极电流的过程称为“磁控”，在微波通信和自动控制等方面有广泛的应用。

在一定的阳极电压下，阳极电流I_a与励磁电流I_s的关系如图3-22所示。其中I_a在开始阶段几乎不发生改变，对应图3-21(a)、(b)的情况；随着励磁电流I_s的逐渐增加，I_a的变化曲率达到最大，对应于图3-21(c)的情况；之后，随着I_s的加大，I_s逐步减小，最后几乎降到0。在图3-22的I_a-I_s曲线上取阳极电流最大值I_{a0}约1/4高度的点作为阳极电流变化的临界点Q，临界点Q只是个统计的概念，实际上不同速率运动的电子的临界点是不同的。

以下定量分析外界磁场对阳极电流的磁控条件：在单电子近似情况下，从阴极发射出的、质量为m的电子动能应由阳极加速电场能eU_a和灯丝加热后电子“热运动”所具能量W两部分构成，所以有

$$\frac{1}{2}mv^2 = eU_a + W \tag{6}$$

电子在磁场 B 的作用下作半径为 R 的圆周运动,应满足

$$m\frac{v^2}{R} = evB \tag{7}$$

而通电励磁线圈中心处的磁感强度

$$B = \frac{\mu_0 NI_s}{2(r_2 - r_1)}\ln\frac{r_2 + \sqrt{r_2^2 + L^2}}{r_1 + \sqrt{r_1^2 + L^2}} = K'I_s \tag{8}$$

与励磁电流 I_s 成正比,式中,r_1 为线圈的内半径;r_2 为线圈的外半径;L 为线圈半长度;K'为比例分数。

由(6)、(7)和(8)式可得

$$\frac{U_a + W/e}{I_s^2} = \frac{e}{m}\cdot\frac{R^2}{2}\cdot K'^2 \tag{9}$$

若设阳极内半径为 a,而阴极(灯丝)半径忽略不计,则当多数电子都处于临界状态时,与临界点 Q 对应的励磁线圈的电流 I_s 称为临界电流 I_C,而此时 $R=a/2$,阳极电压 U_a 与 I_C 的关系可写为

$$\frac{U_a + W/e}{I_C^2} = \frac{e}{m}\cdot\frac{a^2}{8}\cdot K'^2 = K \tag{10}$$

显然,U_a 与 $I_C{}^2$ 成线性关系。

用同一个理想二极管,在不同的 U_a 下,就有不同的阳极电流与励磁电流变化曲线(如3-22所示),因而就有不同的 I_C 值与之对应。再将测得的 $U_a - I_C{}^2$ 数据组用图解法或最小二乘法求得斜率 K,如果 $U_a - I_C{}^2$ 的关系确为线性关系,则上述电子束在径向电场和轴向磁场中的运动规律即可得到验证。

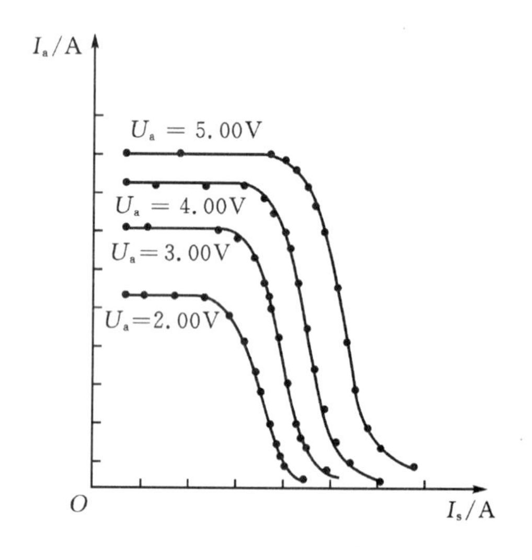

图 3-22 $I_a - I_s$ 曲线

本实验用励磁线圈参数:线圈的内半径 $r_1 =$ 24.0 mm、外半径 $r_2 =$ 36.0 mm,线圈半长度 $L=$ 18.0 mm,匝数 $N=$ 800,真空中的磁导率 $\mu_0 = 4\pi\times10^{-7}$ H/m,若励磁线圈通过的电流为 I_C,则其中心处产生的磁感强度为

$$B = \frac{\mu_0 NI_C}{2(r_2 - r_1)}\ln\frac{r_2 + \sqrt{r_2^2 + L^2}}{r_1 + \sqrt{r_1^2 + L^2}}$$
$$= 1.445\times10^{-2}I_C$$

这样,公式(8)或(10)中,$K' = 1.445\times10^{-2}$,将求得的 K 值、理想二极管的阳极内半径 a(半径 $a=$ 4.0 mm)等,代入(10),即可求得电子的荷质比 e/m。

四、实验仪器

实验仪面板如图3-23所示,在仪器内设有经过12位A/D转换的计算机接口,通过计算机接口处理,运行“逸出功”和“荷质比”两套实验软件,在计算机屏幕上将所测得的电流、电压

等变化曲线实时显示，并对实验数据进行拟合处理和结果分析，同时可对采取的数据进行图形保存、误差分析及实验结果打印等。有关计算机采集及数据处理的方法请参阅说明书。测量线路原理如图 3-24 所示。

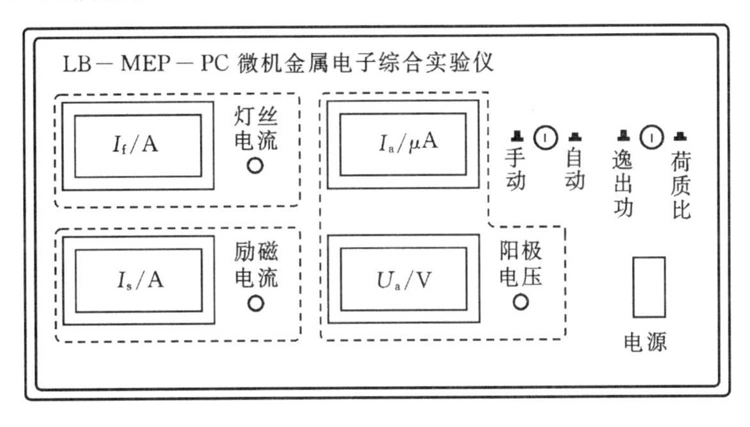

图 3-23 实验仪面板图

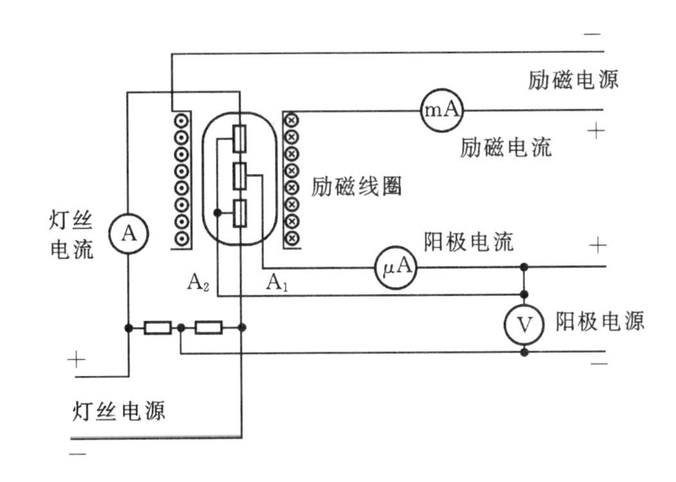

图 3-24 测量线路原理图

五、实验内容与方法

1. 电子逸出功的测定

①功能选择键分别选择“逸出功”和“手动”，将灯丝加热电流设定在某一数值(例如 0.600 A)保持不变，预热 2 分钟。

②测量不同加速电压 U_a 下的阴极发射电流 I_a(见表 2)。

③将灯丝加热电流以 0.025 A 间隔逐渐增大，每变化一次都重复步骤②，直至达到0.750 A。每调一次灯丝电流，要略等片刻，待稳定后再测量。

表2 不同阳极加速电压 U_a 和灯丝电流下的阴极发射电流 $I_a(\mu A)$

灯丝电流/A \ $I_a/\mu A$ \ U_a/V	16.0	25.0	36.0	49.0	64.0	81.0	100.0
0.600							
0.625							
0.650							
0.675							
0.700							
0.725							
0.750							

数据处理：

①在不同 T 时，作 $\lg I_a-\sqrt{U_a}$ 图线，求出截距 $\lg I_a$，即可得到不同灯丝温度 T 时的零场热电子发射电流(在同一坐标轴内作出7条直线，见表3)。

表3 不同 T 时，$\lg I_a-\sqrt{U_a}$ 的关系

$T/(10^3 K)$ \ $\lg I_a$ \ $\sqrt{U_a}$	4.0	5.0	6.0	7.0	8.0	9.0	10.0

②由 $\lg I_a$ 和 T 值，作出 $\lg \frac{I_a}{T^2}-\frac{1}{T}$ 图线(见表4)，根据式(2)从直线斜率求出金属钨的逸出功 $W_0=e\varphi$，并与理论值比较，求百分误差。金属钨的逸出功理论值为4.54 eV。

表4 $\lg(I_a/T^2)-1/T$ 的关系

灯丝温度 $T/(10^3 K)$	1.96	2.00	2.04	2.08	2.12	2.16	2.20
$\lg I_a$							
$\lg(I_a/T^2)$							
$1/T$							

2. 电子荷质比的测定

①将功能选择键“荷质比”按下。

②将灯丝电源调至0.750 A，将阳极电压设为某值，例如10.0 V，励磁电流 I_s 从0.100 A

开始测量,在逐渐增加 I_s 的同时观察阳极电流 I_a,当阳极电流 I_a 开始下降时,开始记录数据:励磁电流 I_s 每间隔 0.010 A 记录一次数据,直到 I_a 降到零为止(见表 5)。

表 5　不同阳极加速电压 U_a(V)和励磁电流 I_s(A)下的阳极电流 I_a(μA)

$U_a=10$ V	I_s/A	0.100						
	I_a/μA							
$U_a=15$ V	I_s/A	0.100						
	I_a/μA							
$U_a=20$ V	I_s/A	0.100						
	I_a/μA							
$U_a=25$ V	I_s/A	0.100						
	I_a/μA							
$U_a=30$ V	I_s/A	0.100						
	I_a/μA							

③依次改变阳极电压为 15.0 V,20.0 V,25.0 V,30.0 V 等,每变化一次都重复步骤②。

数据处理:

①根据所测数据在同一坐标平面内作出 5 条 I_a-I_s 曲线,在曲线上分别取阳极电流最大值 I_{amax} 的 1/4 高度的点作为阳极电流变化的临界点 Q,对应的得出 5 个不同阳极电压下的临界电流 I_C 值。

②作出 $U_a-I_C^2$ 图线(呈线性关系),求出斜率 K,代入公式(10),即可求出荷质比,并与理论值(见附录二)比较,求出百分误差。

实验 34　太阳能电池性能的研究

目前能源的重要性越来越被人们所重视,由于煤、石油、天然气等主要能源的人量消耗,能源危机已经成为世界性的问题。为了可持续性发展,人们大量开发了诸如风能、水能等清洁能源,其中以太阳能电池作为绿色能源的开发前景较大。本实验旨在提高学生对太阳能电池基本特性的认识、学习和研究。

一、实验目的

①了解太阳能电池的工作原理及性能;

②学习太阳能电池性能的测量与研究方法。

二、实验仪器

LB-SC 太阳能电池实验仪、太阳能电池板、连线若干、60W 白炽灯、挡板。

三、实验原理

太阳能电池又叫光伏电池,它能把外界的光转为电信号或电能。实际上这种太阳能电池是由大面积的 pn 结形成的,即在 n 型硅片上扩散硼而形成 p 型层,并用电极引线把 p 型和 n

型层引出,形成正负电极。为防止表面反射光,提高转换效率,通常在器件受光面上进行氧化,形成二氧化硅保护膜。

短路电流和开路电压是太阳能电池的两个非常重要的工作状态,它们分别对应于负载电阻 $R_L=0$ 和 $R_L=\infty$的情况。在黑暗状态下太阳能电池在电路中就如同二极管。本实验要测量出太阳能电池在光照状态下的短路电流 I_{SC}和开路电压 U_{OC},最大输出功率 P_m 和填充因子 FF,以及在黑暗状态下的伏安特性。在 $U=0$ 情况下,当太阳能电池外接负载电阻为 R_L 时,其输出电压和电流均随 R_L 变化而变化。只有当 R_L 取某一定值时输出功率才能达到最大值 P_m,即所谓最佳匹配阻值 $R_L=R_{LB}$,而 R_{LB}则取决于太阳能电池的内阻 $R_i=\dfrac{U_{OC}}{I_{SC}}$。由于 U_{OC}和 I_{SC}均随光照强度的增强而增大,所不同的是 U_{OC}与光强的对数成正比,I_{SC}与光强(在弱光下)成正比,所以 R_i 亦随光强度变化而变化。U_{OC}、I_{SC}和 R_i 都是太阳能电池的重要参数。最大输出功率 P_m 与 U_{OC}和 I_{SC}乘积之比,可用下式表示

$$FF=\frac{P_m}{U_{OC}I_{SC}} \tag{1}$$

式中,FF 是表征太阳能电池性能优劣的指标,称为填充因子,填充因子一般取0.5～0.8。黑暗状态下的太阳能电池工作如图 3-25 所示。此时加在它上面的正向偏压 U 与通过的电流 I 之间关系式为

$$I=I_0(e^{\beta U}-1) \tag{2}$$

式中,I_0 和 β 是常数;I_0 为太阳能电池反向饱和电流;$\beta=\dfrac{k_BT}{e}=1.38\times10^{-23}\times300/1.602\times10^{-19}=2.6\times10^{-2}\ V^{-1}$。

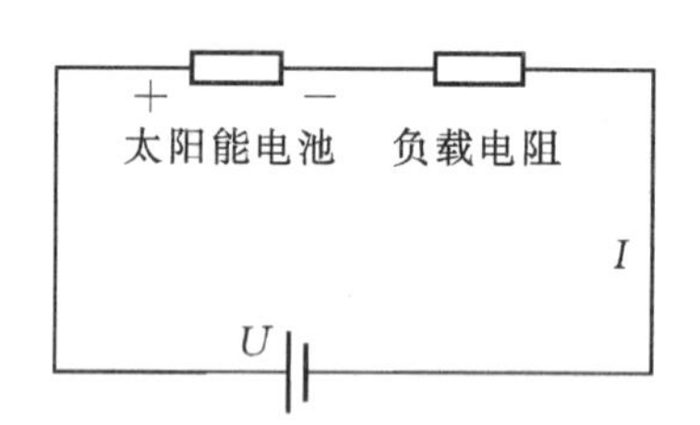

图 3-25 黑暗状态下的太阳能电池工作原理图

在光照状态下,如果设想太阳能电池是由一个理想电流源、一个理想二极管、一个并联电阻 R_{sh}与一个电阻 R_s 所组成,那么太阳能电池的工作原理如图 3-26 所示。

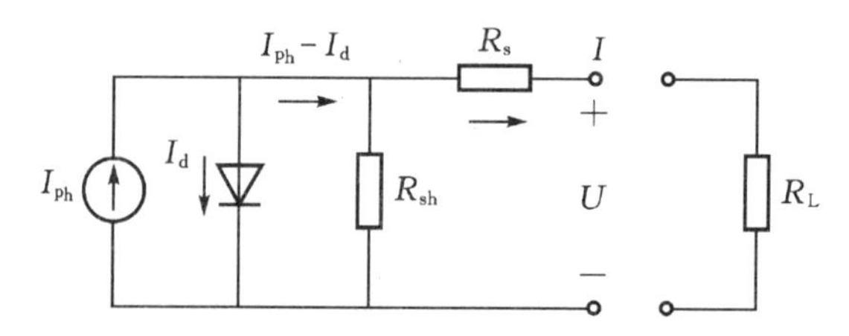

图 3-26 光照状态下太阳能电池的工作原理图

图 3-26 中 I_{ph}为太阳能电池在光照时该等效电源输出电流,I_d 为光照时,通过太阳能电池内部二极管的电流。由基尔霍夫定律得

$$IR_s+U-(I_{ph}-I_d-I)R_{sh}=0 \tag{3}$$

式中，I 为太阳能电池的输出电流；U 为输出电压。由(3)式可得

$$I\left(1+\frac{R_s}{R_{sh}}\right)=I_{ph}-\frac{U}{R_{sh}}-I_d \tag{4}$$

假设 $R_{sh}=\infty$ 和 $R_s=0$ 太阳能电池可简化为图 3-27 所示。

这里，$I=I_{ph}-I_d=I_{ph}-I_0(e^{\beta U}-1)$；

在短路时，$U=0$，$I_{ph}=I_{SC}$；

而在开路时，$I=0$，$I_{SC}-I_0(e^{\beta U_{oc}}-1)=0$；

可以得到：

$$U_{OC}=\frac{1}{\beta}\ln\left(\frac{I_{SC}}{I_0}+1\right) \tag{5}$$

式(5)即为在 $R_{sh}=\infty$ 和 $R_s=0$ 的情况下，太阳能电池的开路电压 U_{OC} 和短路电流 I_{SC} 的关系式。其中 U_{OC} 为开路电压，I_{SC} 为短路电流。

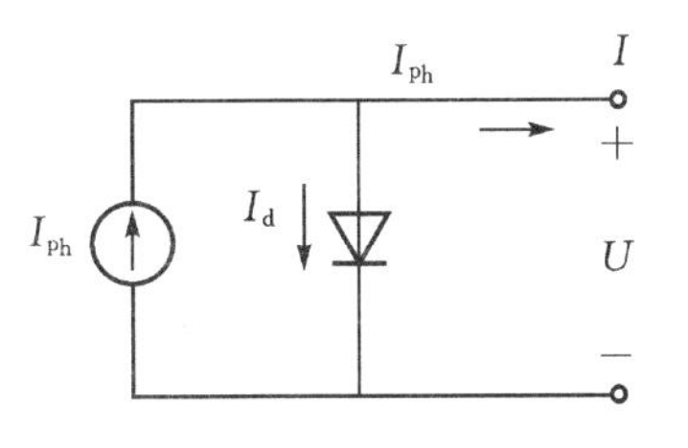

图 3-27 太阳能电池简化原理图

四、实验装置

①本实验仪器采用立式结构，以防止横置光源对其他学生的影响；

②光源采用白炽灯，光强 5 挡可调，更换方便；

③太阳能电池板 4 块：其中单晶硅太阳能电池、多晶硅太阳能电池各 2 块；

④太阳能电池开路电压最大 5 V，短路电流最大 80 mA，负载电阻 10 kΩ 可调，加载电压 0～5 V 可调；

⑤太阳能电池板俯仰可调，可模拟阳光在不同照射角度下对太阳能电池板吸收功率的影响。

五、实验内容和步骤

1. 在光照状态下太阳能电池的短路电流 I_{SC}、开路电压 U_{OC}、最大输出功率 P_m、最佳负载及填充因子 FF 的测量

①打开电机箱电源，取下太阳能电池上的遮光板，将控制白炽灯电源的“开灯/关灯”开关置于“开灯”，并把“亮度调节”旋钮调到最小；

②将太阳能电池的插头用线连接到电机箱的相同颜色插头上(注意连接插头时要连接同一块电池板的两个插头)，将“明暗状态开关”拨到“明状态”，加载电压调到 0 V，“负载调节”(负载电阻)旋钮逆时针调到最小，此时电流表上有电流显示，这是外界光产生的光电流；

③此时将灯源亮度调到Ⅳ挡，调节负载电阻，测量 U_{OC}，I_{SC}。负载电阻由最小逐渐调到最大，可以看见光电流及负载电压的变化，每调一次电阻值，都要记录下负载的电压和电流，直到电压在相邻两次到三次调电阻时都保持不变化为止(保持稳定)，这说明太阳能电池已经达到其开路状态。

2. 太阳能电池的短路电流 I_{SC}、开路电压 U_{OC} 与相对光强关系的测量

把“负载调节”旋钮(负载电阻)调到最小，逐步调低白炽灯光强度(旋转“亮度调节”旋钮)，每调节一次，把负载电阻调到最大，记录下此时的开路电压，然后把负载电阻调到零，记录下此时的短路电流。依照此法做几次，直到光强很弱，光电流小到可以近似为零为止。

3. 不同角度光照下的太阳能电池板的开路电压、短路电流的测量

将灯源亮度调到Ⅳ挡，调节太阳能电池板的俯仰，每调节一次记录太阳能电池板的开路电压及短路电流。比较不同照射角度对太阳能电池板输出的影响，太阳能电池输出可根据开路电压、短路电流及填充因子计算得到，绘制 $\varphi-P_m$ 图。

4. 太阳能电池板的串联并联特性的研究

(1)串联

将两个太阳能电池对应的红黑插座用插线串联起来(用插线将左边的太阳能电池的黑插座连到右边太阳能电池的红插座上，并将剩余的两个插座与机箱上对应颜色的插座连接起来)，此时重复光照状态下的测试实验，观察在最大照明状态下单个太阳能电池板的开路电压、短路电流与串联时的区别，并思考实际开路电压与理论上的不同之处。注意串联光电池应该是同一种类的。

(2)并联

将每个太阳能电池对应的红黑插座用插线并联起来(用插线将左边的太阳能电池的插座连到右边太阳能电池相同颜色的插座上，将太阳能板上的插座与机箱上对应颜色的插座连接起来)，此时重复光照状态下的测试实验，观察在最大照明状态下单个太阳能电池板的开路电压、短路电流与并联时的区别，并思考实际短路电流与理论上的不同之处。注意并联光电池应该是同一种类的。

5. 太阳能电池的伏安特性曲线的研究

没有光照的情况下，太阳能电池作为一个二极管器件。测量在正向偏压的情况下，太阳能电池的伏安特性曲线。

关闭白炽灯，用遮光板将太阳能电池完全盖住，将“明暗状态开关”拨到“暗状态”，这时太阳能电池处于全暗状态，并把可调电阻调到最大(阻值根据“明状态”的计算结果得到)，此时负载电压 U_2 是负载电阻两端电压，太阳能电池两端电压 U 等于加载电压 U_1 减去负载电压 U_2。此时太阳能电池如同一个二极管在工作，给它加正向偏压，由 0 V 到 4 V，并记录下太阳能电池负载电阻以及太阳能电池的正向偏压的变化。

六、数据表格及数据处理

1. 太阳能电池填充因子的测量

本底光电流 I_0=________ mA(光强度为零时的光电流)；

短路电流 I_{SC}=________ mA；开路电压 U_{OC}=________ V。

表1 不同负载电阻时的负载电压和光电流的测量

负载电压 U/V	光电流 I/mA	负载电阻/kΩ $R=U/I$	功率 P/mW $P=IU$
⋮	⋮	⋮	⋮

注：测量10组以上数据，光强调到80%(Ⅳ)挡上。

绘制 $R-P$ 曲线，求出 P_m。

2. 太阳能电池的短路电流 I_{SC}、开路电压 U_{OC} 与相对光强关系的测量

表 2 光强比与开路电压、短路电流的测量

光强比值 a	I_{SC}/mA	U_{OC}/V
10%		
20%(Ⅰ)		
30%		
40%(Ⅱ)		
50%		
60%(Ⅲ)		
70%		
80%(Ⅳ)		
90%		

绘制 a-I_{SC}、a-U_{OC}、I_{SC}-U_{OC} 曲线。

3. 不同角度光照下的太阳能电池板的开路电压、短路电流的测量

表 3 不同俯仰角时的开路电压、短路电流的测量

角度 ϕ/(°)	U_{OC}/V	I_{SC}/mA	输出功率/mW $P_m=FF\times I_{SC}\times U_{OC}$
10			
20			
30			
40			
50			

绘制 ϕ-P_m 曲线。

4. 太阳能电池串并联的测量(选做)

表 4 太阳能电池串并联时电压、电流的测量

	1 号多晶	2 号多晶	3 号单晶	4 号单晶	多晶串联	多晶并联	单晶串联	单晶并联
开路电压/V								
短路电流/mA								

5. 太阳能电池的伏安特性曲线的测量

表5 正向偏压时,太阳能电池电压与电流的测量

加载电压 U_1	0.00									…
负载电压 U_2	0.00									…
两端电压 $U=\lvert U_1\rvert-\lvert U_2\rvert$	0.00									…
通过电流 I/mA	0.00									…

绘制太阳能电池的伏安特性 U-I 曲线。

七、注意事项

①红黑线的串并联过程中,需要将红线或黑线插入需要连接的线头中间的插孔。

②白炽灯带高压,拆卸时需将电源关闭,不要带电插拔电源机箱后方的航空插头。

八、思考题

①光电探测器的响应与投射到探测器上的光强有无关系?

②硅光电池的输出与入射光照射瞬间有无滞后现象?能否用实验验证?

③透过滤色片的光是否都是单色光?光源的光谱分布不同,由同一块滤色片过滤的透射光是否都相同?

实验35 密立根油滴法测电子电荷

密立根油滴实验是物理学发展史上一个很重要的实验,1906—1917年密立根(R. A. Millikan)用了11年时间终于测出单个电子电荷值。这个实验最先证明了任何带电物体所带的电荷量都是某一个最小电荷——电子电荷(基本电荷)——的整数倍,证实了基本电荷的存在,明确了电荷的不连续性(电荷的量子性)。密立根油滴实验设计巧妙,方法简便,测量结果准确,被公认为实验物理学的光辉典范。

一、实验目的

①验证电荷的量子性;

②测定电子的电荷值;

③学会作统计直方图。

二、仪器用具

密立根油滴仪,喷雾器,气压计等。

三、实验原理

通过测定油滴所带的电量，从而确定电子电荷，可以用平衡测量法，也可以用动态测量法。下面介绍平衡测量法的原理。

在图 3-28 中给水平放置的平行极板加上电压，如果带电油滴在这个电场中运动，就会受到电场力、重力、空气浮力和黏滞阻力 4 个力的作用。若调节两极板间的电压 U，使油滴受力平衡后静止不动，即油滴运动速度为零，这时，黏滞阻力为零，油滴受到的电场力＝重力－空气浮力，其数学表达式为

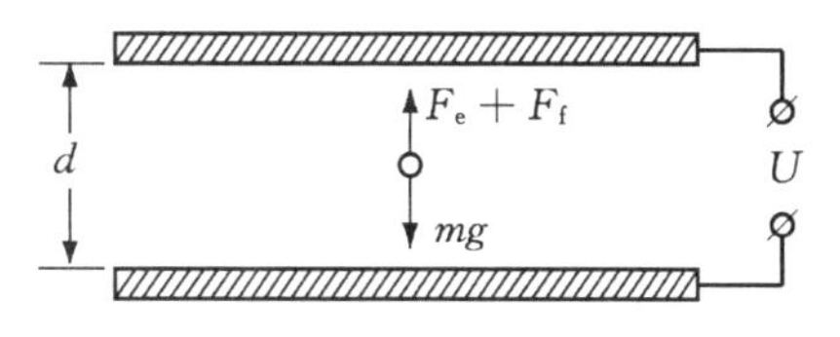

图 3-28　带电油滴在平行极板间静止时的受力情况

$$F_e = mg - F_f \tag{1}$$

式中

$$\begin{cases} F_e = QE = Q\dfrac{U}{d} \\ mg = \dfrac{4}{3}\pi r^3 \rho_{油} g \\ F_f = \dfrac{4}{3}\pi r^3 \rho_{空} g \end{cases} \tag{2}$$

将式(2)代入式(1)中，可得

$$Q\frac{U}{d} = \frac{4}{3}\pi r^3 g(\rho_{油} - \rho_{空})$$

或写成

$$Q\frac{U}{d} = \frac{4}{3}\pi r^3 g\rho \tag{3}$$

式中，U 为平衡电压(即油滴受力平衡时的电压)；d 为平行极板的间距；r 为球形油滴的半径；g 为重力加速度；$\rho_{油}$、$\rho_{空}$ 分别为油滴及空气的密度，$\rho = \rho_{油} - \rho_{空}$。由式(3)可见，只需将 U、d、r、g、ρ 等量测出来，就可以算出油滴的带电量 Q 值。上述物理量中，油滴半径不易直接测量，只能用间接测量的方法。

当处于平行极板间的油滴受力平衡而静止不动时，去掉平行极板的电压，这时，极板间没有电场，油滴在重力作用下迅速下降。根据斯托克斯定律，油滴在连续介质中运动时，所受的黏滞阻力与其运动速度 v 成正比，即

$$F_v = 6\pi\eta r v$$

当油滴的运动速度增大到一定值时，油滴受力达到平衡，将以匀速率 v 下降，此时空气黏滞阻力＝重力－空气浮力，即

$$F_v = mg - F_f$$

可得

$$6\pi\eta r v = \frac{4}{3}\pi r^3 g\rho \tag{4}$$

式中，η 为空气的黏度；v 称为终极速率，可由油滴匀速下落的距离 s(即通过分划板上测微尺的格数×0.25 mm/格)及下落时间 t 来确定，即

$$v = s/t \tag{5}$$

故由式(4)、(5)可得油滴的半径为

$$r = \sqrt{\frac{9\eta v}{2\rho g}} = \sqrt{\frac{9\eta s}{2\rho g t}} \tag{6}$$

由于油滴很小,它的半径与空气分子的平均自由程(约 $10^{-6} \sim 10^{-7}$ m)很接近。因此,空气相对于油滴来讲,已不能看成是连续介质,要引用斯托克斯定律,则必须对空气的黏度 η 进行修正。修正后的空气黏度 η' 为

$$\eta' = \frac{\eta}{1 + \frac{b}{rP}} \tag{7}$$

式中,b 为修正常量;P 为大气压强,由式(6)及式(7)得

$$r = \sqrt{\frac{9\eta}{2\rho g} \frac{s}{t} \frac{1}{(1 + \frac{b}{rP})}} \tag{8}$$

由式(3)及式(8)可得

$$Q = \frac{18\pi\eta^{\frac{3}{2}}}{\sqrt{2\rho g}} \cdot \frac{d}{U}\left(\frac{s/t}{1 + \frac{b}{rP}}\right)^{\frac{3}{2}} \tag{9}$$

式(8)根号中仍包含油滴的半径 r,但因它处于修正项中,不需要十分精确,因此可用式(6)计算油滴的半径 r,代入式(9)即可计算出带电量 Q。式中的 η、d、ρ、g、s、b 等量由实验室给出,平衡电压 U、下落时间 t 及大气压强 P 由实验测得。

平衡测量法原理简单,现象直观,但需调整平衡电压。动态法在原理和数据处理方面要繁琐一些,但它不需调整平衡电压,这里不再介绍。实际上平衡法是动态法的一个特殊情况,当调节极间电压 U 使油滴受力达到平衡,即是平衡测量法。

四、实验装置及内容

密立根油滴仪面板如图 3-30 所示。它的核心部分是油滴盒,其结构如图3-29所示。油滴盒由两块经过精磨的平行上、下电极板中间垫以圆环状绝缘圈组成,平行极板间距离为 d。油滴盒放在有机玻璃防风罩中。上极板中央有一个直径为 0.4 mm 的小圆孔,油滴从油雾室经油雾孔从上极板小圆孔落入平行极板中。实验时,要求平行极板水平放置,使电场力与重力平行,为此,油滴仪上装有调平螺钉和水准泡。

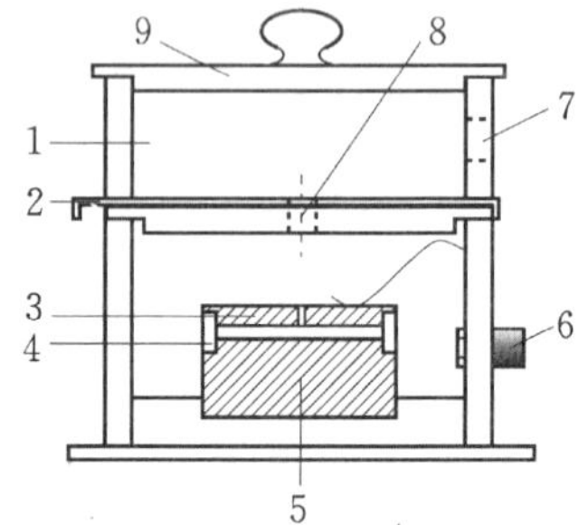

图 3-29　油滴盒结构图

1—油雾室;2—油雾孔开关;3—上电极;4—绝缘圆环;5—下电极;6—电极;7—喷雾口;8—油雾孔;9—油雾室盖

将功能开关置于"平衡"位置时(见图3-30),0~500 V连续可调的直流电压加到平行极板上,提供使油滴静止的平衡电压,此电压由数字电压表显示。电压极性按钮可改变上、下极板的带电极性,以便使符号不同的电荷平衡。按钮弹起时,上电极为正,下电极为负,反之则相反。将功能开关置于"提升"位置时,0~300 V连续可调的直流电压叠加到平衡电压上,以便使平衡后的油滴能移到所需位置。升降电压与平衡电压叠加在一起由

数字电压表显示。功能开关置于“测量”(0 V)时无电压加到极板上。显微物镜、CCD、监视器及数字秒表用来观察和测量油滴运动情况。显微物镜置于防风罩前,通过绝缘圆环上的观察孔观察平行极板间成像于 CCD 的感光面上的油滴,CCD 输出的视频信号送到监视器以便于观测油滴运动的情况。数字秒表用来测量油滴下降预定距离所需的时间。

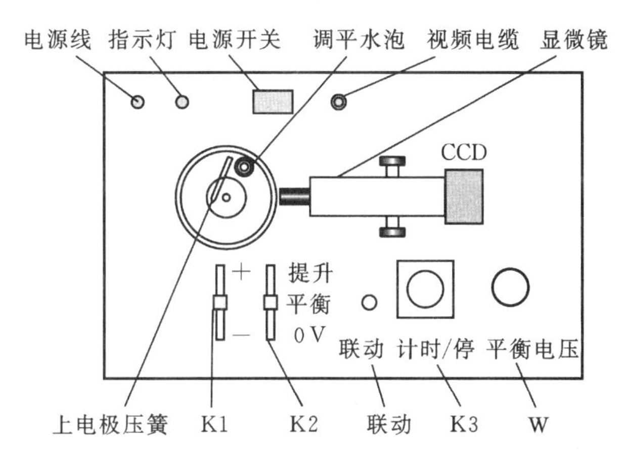

图 3 - 30　密立根油滴仪面板

实验步骤:

①打开电源开关,整机预热 10 分钟。

②调节油滴仪底部的调平螺钉,使气泡水平仪中的气泡处于中央。

③将极性开关打向“+”,将功能开关置于“平衡”位置,联动开关置于开的位置,调节“平衡电压”旋钮使其在 200～300 V 之间。

④用力挤压油雾喷雾器,使其对油雾室喷一次油,显微镜调焦后就可在监视器上看到大量油滴在下落。

⑤先将功能开关置于“0 V”位置,观察各油滴下落的大概速度,从中选一个运动缓慢的油滴作为测量对象,再扳回“平衡”位置,仔细调节“平衡电压”旋钮,使该油滴静止不动。这时平衡电压显示在监视器屏幕上。

⑥将功能开关置于“提升”位置,使显示器上静止不动的油滴运动到最上方刻线,然后将功能开关置于“平衡”位置,让油滴停留几秒钟。

⑦将功能开关置于“0 V”位置,待油滴下落至最下方刻线时,功能开关扳回至“平衡”位置,此时屏幕上显示的时间即为油滴下落 2.00 mm 所需的时间。

⑧用福丁气压计测出实验时的大气压强 P 值。

五、数据表格及数据处理

1. 数据记录表格

$\eta=1.83\times10^{-5}$ kg/(m·s)； $\rho=980$ kg/m^3； $g=9.80$ m/s^2；
$d=5.00\times10^{-3}$ m； $b=8.23\times10^{-5}$ hPa·m； $s=2.00\times10^{-3}$ m；
$P=$ hPa

油滴	1	2	3	4	5	6	7	8	9	10
平衡电压 U/V										
油滴下落时间 t/s										
油滴带电量 $Q_i/(10^{-19}\mathrm{C})$										

由于每个油滴所带电量是随机的，所以为了验证电荷的量子性和测定基本电荷，需要大量的原始数据并做科学的数据处理才能获得正确的结果，但一位同学在一次教学时间内所测得的原始数据较少，故可将几位同学所测得的原始数据合起来用(至少需要40个原始数据)。

2.数据处理

①编程计算Q值并将其按大小顺序排列：采用所测得的原始数据，根据式(6)和式(9)编制计算油滴带电量Q_i，以及将Q_i按从小到大的次序排列的程序，并上机进行计算。

②验证电荷的量子性并求电子电荷值。通常根据实验所测得的大量的Q值，验证电荷的量子性，求电子电荷值的数据处理方法有两种：

a.统计方法。对大量Q的测量值做统计分布直方图。把计算所得到的由小到大的一系列Q值，按各个等间隔(δQ取0.10×10^{-19} C)区间内(例如$1.50\times10^{-19}\sim1.59\times10^{-19}$ C，$1.60\times10^{-19}\sim1.69\times10^{-19}$ C，…，$3.20\times10^{-19}\sim3.29\times10^{-19}$ C，…)出现的次数(或油滴数)n，在毫米方格纸上画出测量值Q的统计直方图，如图3-31所示。

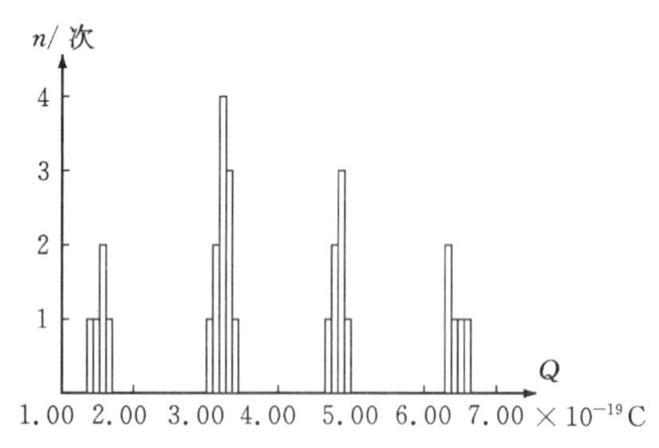

图3-31 Q值的统计直方图

n—在$\delta Q=10^{-20}$ C范围内出现的测量次数

如果统计直方图为不连续状态，并且各个峰值或峰值之间的差值所对应的Q值近似为各个相邻峰值之间差值所对应Q值的平均值的整数倍，就验证了电荷的量子性。而电子电荷的值可用逐差法求出，即

$$\bar{e}=\frac{1}{k^2}\sum_{i=1}^{k}[Q(i+k)-Q(i)] \tag{10}$$

式中，$Q(i)$为统计直方图中第i个峰的峰值所对应的Q值，峰的总数为$2k$。

b.最大公约数法。对大量的测量值Q求最大公约数，这个最大公约数就是基本电荷。但对初次实验者,测量误差一般较大,求出最大公约数往往比较困难。通常可用“倒过来验证”的方法处理数据,即用公认的电子电荷值 $e_{公认}=1.60\times10^{-19}$ C,除实验时第 i 次测得的电量值 Q_i,得到一个接近于某一整数的数值,对该数值取整数,得到油滴所带的基本电荷数 n_i,再用 n_i 除 Q_i 值即得与第 i 次测量对应的电子电荷值 e_i。所有 m 次测量所得的电子电荷的平均值 $\bar{e}$,即为实验测得的电子电荷值,即

$$n_i=\left.\frac{Q_i}{e_{公认}}\right|_{取整}=\left.\frac{Q_i}{1.60\times10^{-19}}\right|_{取整} \tag{11}$$

$$e_i=\frac{Q_i}{n_i} \tag{12}$$

$$\bar{e}=\frac{1}{m}\sum_{i=1}^{m}e_i \tag{13}$$

③将实验所测得的电子电荷值与公认值 $e_{公认}$ 比较,求出相对百分误差。

六、注意事项

①用喷雾器喷油时,不要多次挤压喷雾器,以免油雾太多,堵住油滴盒上极板的小圆孔。

②在找寻油滴作为测量目标时,不要选择过大或过小的油滴,应取亮度适中、大小适中的油滴;平衡电压和下落时间不要太小,平衡电压在 100 V 以上,下落2.00 mm的时间大于 16 s 为宜。

七、思考题

①在实验过程中,平行极板加上某一电压值,有些油滴向上运动,有些油滴向下运动,且运动越来越快,还有些油滴运动状况与未加电压时一样,这是什么原因?

②实验前,若不用水准泡对平行极板调水平,而是在不水平的状态下做实验行吗?为什么?

③如果实验时看到大批油滴进入油滴盒,正准备调电压,油滴却逐渐变模糊,最后很快消失了,你能说明原因吗?

实验 36　一维 PSD 位移传感器原理及其应用

位置敏感器件(Position Sensitive Detector,PSD)是一种对接收器光点位置敏感的光电器件。它与 CCD 电荷耦合器件不同,属于非离散型器件,在精密尺寸测量元件中,其性能、价格介于 CCD 与其它光电阵列器件之间。近年来,由于半导体激光器的迅速发展,使 PSD 的光源在性能、体积上得到了很好的改善,促进了 PSD 器件广泛的实用研究。PSD 器件响应速度快,位置分辨率高,输出与光强度无关,仅仅与光点位置有关,其独特的工作方式在精密尺寸测量、三维空间位置、机器人定位系统中都有应用。PSD 可分为一维 PSD 和二维 PSD。

一、实验目的

①了解一维 PSD 位置传感器的工作原理及其特性;

②了解并掌握 PSD 位置传感器测量位移的方法。

二、仪器用具

PSD传感器实验仪,PSD位移系统,连接线及电源线等。

三、实验原理

PSD为具有pin二极管的三层结构的平板半导体硅片。其断面结构如图3-32所示,表面层掺杂为p型半导体层,作为感光面,在其两边各有一信号输出电极;底层为掺杂的n型半导体,作为公共电极加反偏电压;p型和n型之间是高阻本征半导体i层。

p-i-n结构的特点是i层的耗尽层较宽、结电容很小,当光点入射到PSD的p型层表面时,在相应的入射光位置处就产生电荷(光生载流子),光生载流子几乎全部在耗尽层产生,没有扩散分量的电流,由于横向电势的存在,电荷就沿着p型层定向流动产生光生电流I_0,由两个输出电极输出,从而在两个输出电极上分别得到光电流I_1和I_2,显然$I_0=I_1+I_2$,这两个电流大小都与入射光点到各电极之间的距离有关,而I_1和I_2的分流关系则取决于入射光点到两个输出电极间的等效电阻。假设PSD表面分流层的电阻是均匀的,则PSD可简化为图3-33所示的电位器模型,其中,R_1、R_2为入射光点位置到两个输出电极间的等效电阻,显然R_1、R_2正比于光点到两个输出电极间的距离。

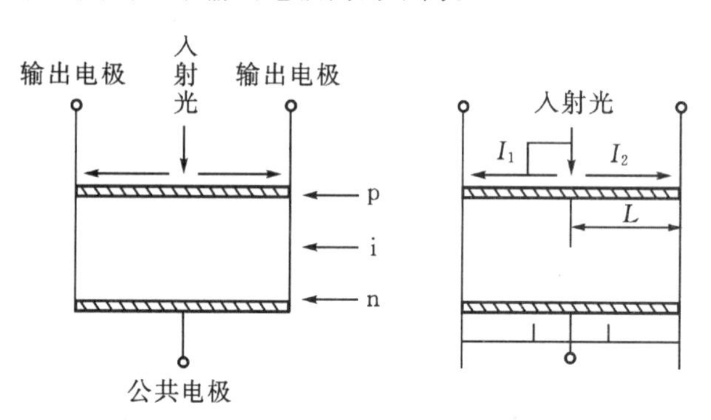

图3-32 PSD断面结构

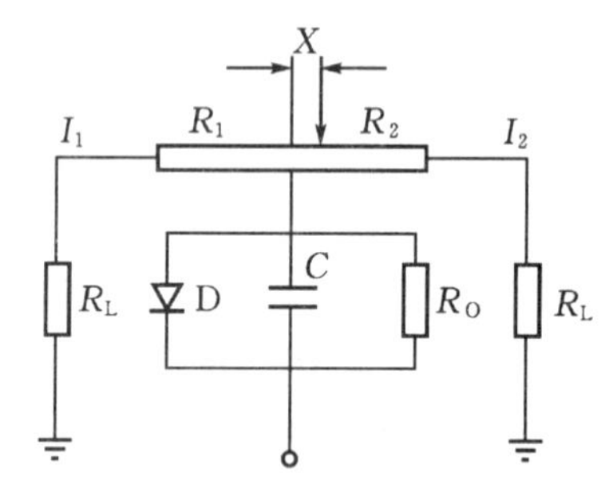

图3-33 等效电路图

根据

$$\frac{I_1}{I_2}=\frac{R_2}{R_1}=\frac{L-X}{L+X} \tag{1}$$

$$I_0=I_1+I_2 \tag{2}$$

可得

$$I_1=\frac{I_0(L-X)}{2L} \tag{3}$$

$$I_2=\frac{I_0(L+X)}{2L} \tag{4}$$

$$X=\frac{L(I_2-I_1)}{I_0} \tag{5}$$

当入射光恒定时,I_0恒定,则X与I_2-I_1成线性关系,与入射光点强度无关。通过适当地处理电路,就可以获得光点位置的输出信号,其中,L为PSD长度的一半,X为入射光点与PSD正中间零位点距离。

四、实验步骤及内容

1. 一维 PSD 光学系统组装调试实验

①将面板上的激光器输出端“L＋”“L－”按颜色用导线对应连接至 PSD 位移装置上(激光器端,圆形器件)。将面板上的 PSD 输入端“PSDI1”“Vref”“PSDI2”按颜色用导线连接至 PSD 位移装置上(探测器端,长方形器件)。

②将 PSD 传感器实验单元电路连接起来,即 V_{o1} 与 V_{i1} 接,V_{o2} 与 V_{i2} 接,V_{o4} 与 V_{i5} 接,V_{o5} 与 V_{i6} 接,将电压表输入端用导线接到实验模板的 V_{o7} 和“⊥”上。

③打开电源,实验模板开始工作。调整升降杆和测微头固定螺母,转动测微头使激光光点在 PSD 受光面上的位置能够从一端移向另一端,最后将光点定位在 PSD 受光面上的正中间位置(目测)。

④调节补偿调零旋钮,使电压表显示值为 0。调节增益旋钮,转动测微头使光点移动到 PSD 受光面一端,调节输出幅度调整旋钮(即增益调节旋钮),使电压表显示值在－3V～＋3V 变化。

⑤关闭电源。

2. 激光器驱动实验

激光器工作在恒功状态,即激光器输出光功率恒定,恒功原理框图如图 3－34 所示。该电路在测量应用中最大的优点就是可以防止光功率变化导致测量结果不准确。(注意:激光器和探测器实际为一体化设计)

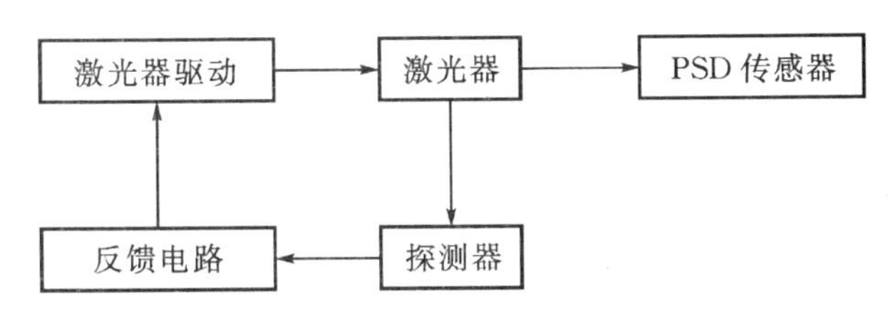

图 3－34 恒功原理框图

通过探测器对激光器输出光强度监测,经过反馈电路对输出光进行调整,从而使激光器输出光功率恒定。

3. PSD 特性测试实验

①将面板上的激光器输出端“L＋”“L－”按颜色用导线对应连接至 PSD 位移装置上(激光器端)。将面板上的 PSD 输入端“PSDI1”“Vref”“PSDI2”按颜色用导线连接至 PSD 位移装置上(探测器端)。

②将 PSD 传感器实验单元电路连接起来,即 V_{o1} 与 V_{i1} 接,V_{o2} 与 V_{i2} 接,V_{o3} 与 V_{i5} 接,V_{o5} 与 V_{i6} 接,将电压表输入端用导线接到实验模板的 V_{o7} 和“⊥”上。

③打开电源,实验模板开始工作。调整升降杆和测微头固定螺母,转动测微头使激光光点在 PSD 受光面上的位置能够从一端移向另一端。

④观察电压表显示结果。

⑤对结果进行分析。

4.PSD输出信号处理及误差补偿实验

①将面板上的激光器输出端"L+""L-"按颜色用导线连接至PSD位移装置上。将面板上的PSD输入端"PSDI1""Vref""PSDI2"按颜色用导线连接至PSD位移装置上。

②将PSD传感器实验单元电路连接起来,即V_{o1}与V_{i1}接,V_{o2}与V_{i2}接,V_{o4}与V_{i5}接,V_{o5}与V_{i6}接,将电压表输入端用导线接到实验模板的V_{o7}和"⊥"上。

③打开电源,实验模板开始工作。调整升降杆和测微头固定螺母,转动测微头使激光光点在PSD受光面上的位置能够从一端移向另一端,最后将光点定位在PSD受光面上的正中间位置(目测),调节零点调整旋钮,使电压表显示值为0。转动测微头使光点移动到PSD某一固定位置,调节输出幅度调整旋钮,使电压表显示值为一固定值。

④断开V_{o1}与V_{i1}、V_{o2}与V_{i2}和电压表的连,用电压表测量V_{o1}和V_{o2}的电压值,即为PSD两路输出电流经过I/V变化的处理结果。

⑤连接V_{o1}与V_{i1}、V_{o2}与V_{i2},断开V_{o4}与V_{i5}的连接,用电压表测量V_{o3}、V_{o4}的值,分析V_{o3}、V_{o4}分别和V_{o1}、V_{o2}的关系。

⑥连接V_{o3}与V_{i5},断开V_{o5}与V_{i6},调节增益调整旋钮,用电压表观察V_{o5}电压变化。

⑦连接V_{o5}与V_{i6},调节补偿调零旋钮,用电压表观察V_{o7}电压变化。分析误差补偿原理。

5.PSD测位移原理实验及实验误差测量

①将面板上的激光器输出端"L+""L-"按颜色用导线连接至PSD位移装置上。将面板上的PSD输入端"PSDI1""Vref""PSDI2"按颜色用导线连接至PSD位移装置上。

②将PSD传感器实验单元电路连接起来,即V_{o1}与V_{i1}接,V_{o2}与V_{i2}接,V_{o4}与V_{i5}接,V_{o5}与V_{i6}接,将电压表输入端用导线接到实验模板的V_{o7}和"⊥"上。

③打开电源,实验模板开始工作。调整升降杆和测微头固定螺母,转动测微头使激光光点在PSD受光面上的位置能够从一端移向另一端,最后将光点定位在PSD受光面上的正中间位置(目测),调节零点调整旋钮,使电压表显示值为0。转动测微头使光点移动到PSD受光面一端,调节输出幅度调整旋钮,使电压表显示值为3V或-3V左右。

④从PSD一端开始旋转测微头,使光点移动,取$\Delta X=0.5$ mm,即转动测微头一转。读取电压表显示值,填入表1,画出位移-电压特性曲线。

表1 PSD传感器位移值与输出电压值

位移量/mm	0.00	0.50	1.00	1.50	2.00	2.50	3.00	3.50
输出电压/V								
位移量/mm	4.00	4.50	5.00	5.50	6.00	6.50	7.00	7.50
输出电压/V								

⑤根据表1所列的数据,用作图法做出位移-电压特性曲线,并计算其斜率。

五、注意事项

①激光器输出光不得对准人眼,以免造成伤害。

②激光器为静电敏感元件,因此操作者不要用手直接接触激光器引脚以及与引脚连接的任何测试点和线路,以免损坏激光器。

③不得扳动面板上的元器件，以免造成电路损坏，导致实验仪不能正常工作。

六、实验思考题

①试分析一维 PSD 的工作原理。
②用一维 PSD 测量位移的主要误差有哪些？怎样减小这些误差？
③为何 PSD 器件的输出与光强度无关？

七、实验测试点说明

①“L＋”“L－”为 PSD 位移装置激光器提供电源；
②“PSDI1”“Vref”“PSDI2”为 PSD 位移装置的 PSD 传感器引入端，按顺序连接；
③“V_{o1}”“V_{o2}”分别为 PSD 两路 I/V 变化输出端；
④“V_{o3}”“V_{o4}”分别为加、减法器输出端；
⑤“V_{o7}”“⊥”为输出电压检测点，接主机箱电压表。

实验 37　弗兰克-赫兹实验

根据光谱分析等建立起来的玻尔原子结构模型指出：原子的核外电子只能量子化地长存于各稳定能态 $E_n(n=1,2,\cdots,)$，它只能选择性地吸收外界给予的量子化的能量差值(E_n-E_k)，从而处于被激发的状态；或电子从激发态选择性地释放量子化的能量 $E_n-E_k=h\nu_{nk}$，回到能量较低的状态，同时放出频率为 ν_{nk} 的光子。其中 h 为普朗克常数。

1914 年，德国科学家弗兰克(J. Franck)和赫兹(G. Hertz)用慢电子与稀薄气体原子碰撞的方法，使原子从低能级激发到高能级。并通过对电子与原子碰撞时能量交换的研究，直接证明了原子内部能量的量子化。弗兰克和赫兹的这项工作获得了 1925 年度的诺贝尔物理学奖。

弗兰克-赫兹实验仪重复了上述电子轰击原子的过程，通过具有一定能量的电了与原了相碰撞进行能量交换，使原子从低能级跃迁到高能级，直接观测到原子内部能量发生跃变时，吸收或发射的能量为某一定值，从而证明了原子能级的存在及玻尔理论的正确性。

一、实验目的

①通过测氩原子第一激发电位，了解弗兰克和赫兹在研究原子内部能量量子化方面所采用的实验方法；
②了解电子和原子碰撞和能量交换过程的微观图像。

二、实验仪器

FH—1A　弗兰克-赫兹实验仪、示波器等。

三、实验原理

图 3－35 是充氩四极弗兰克-赫兹实验原理图。电子与原子的碰撞过程可以用以下方程描述：

$$\frac{1}{2}m_e v^2 + \frac{1}{2}MV^2 = \frac{1}{2}m_e v'^2 + \frac{1}{2}MV'^2 + \Delta E \tag{1}$$

式中,m_e 为原子质量;M 为电子质量;v 为电子碰撞前的速度;v'为电子碰撞后的速度;V 为原子碰撞前的速度;V'为原子碰撞后的速度;ΔE 为原子碰撞后内能的变化量。

按照玻尔原子能级理论:

$$\begin{aligned} \Delta E &= 0 & \text{弹性碰撞} \\ \Delta E &= E_1 - E_0 & \text{非弹性碰撞} \end{aligned} \tag{2}$$

式中:E_0 为原子基态能量;E_1 为原子第一激发态能量。

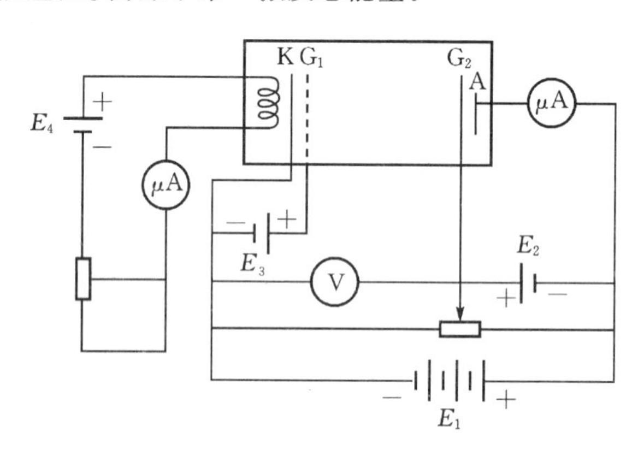

图 3-35 弗兰克-赫兹实验原理图

电子碰撞前的动能 $\frac{1}{2}m_e v^2 < E_1 - E_0$ 时,电子与原子的碰撞为完全弹性碰撞,$\Delta E = 0$,原子仍然停留在基态。电子只有在加速电场的作用下碰撞前获得的动能 $\frac{1}{2}m_e v^2 \geqslant E_1 - E_0$,才能使电子产生非弹性碰撞,获得某一值($E_1 - E_0$)的内能,从基态跃迁到第一激发态,调整加速电场的强度,电子与原子由弹性碰撞到非弹性碰撞的变化过程将在电流上显现出来。Franck-Hertz 管(F-H 管)即是为此目的而专门设计的。

在充入氩气的 F-H 管中(如图 1 所示),阴极 K 被灯丝加热发射电子,第一栅极(G_1)与阴极 K 之间的电压 V_{G_1K}约为 1.5 V,其作用是消除空间电荷对阴极 K 的影响。当灯丝加热时,热阴极 K 发射的电子在阴极 K 与第二栅极(G_2)之间正电压形成的加速电场作用下被加速而取得越来越大的动能,并与 G_2K 空间分布的气体氩原子发生如(1)式所描述的碰撞而进行能量交换。第二栅极(G_2)和 A 极之间的电压称为拒斥电压,其作用是使能量损失较大的电子无法达到 A 极。

阴极 K 发射的电子经第一栅极(G_1)选择后部分电子进入 G_1G_2 空间,这些电子在加速下与氩原子发生碰撞。初始阶段,V_{G_2K}较低,电子动能较小,在运动过程中与氩原子发生弹性碰撞,不损失能量。碰撞后到达第二栅极(G_2)的电子具有动能 $1/2m_e v'^2$,穿过 G_2 后将受到 V_{G_2K}形成的减速电场的作用。只有动能 $1/2m_e v'^2$ 大于 eV_{G_2A}的电子才能到达阳极 A,形成阳极电流 I_A,这样,I_A 将随着 V_{G_2K}的增加而增大,如图 3-36 所示 $I_A - V_{G_2K}$曲线 Oa 段。

当 V_{G_2K}达到氩原子的第一激发电位 13.1 V 时,电子与氩原子在第二栅极附近产生非弹性碰撞,电子把从加速电场中获得的全部能量传给氩原子,使氩原子从较低能级的基态跃迁到较高能级的第一激发态。而电子本身由于把全部能量给了氩原子，即使能穿过第二栅极也不能克服 V_{G_2A}形成的减速电场的拒斥作用而被折回到第二栅极，所以阳极电流将显著减少，随着 V_{G_2A}的继续增加，产生非弹性碰撞的电子越来越多，I_A 将越来越小，如图 3-36 曲线 ab 段所示，直到在 b 点形成 I_A 的谷值。

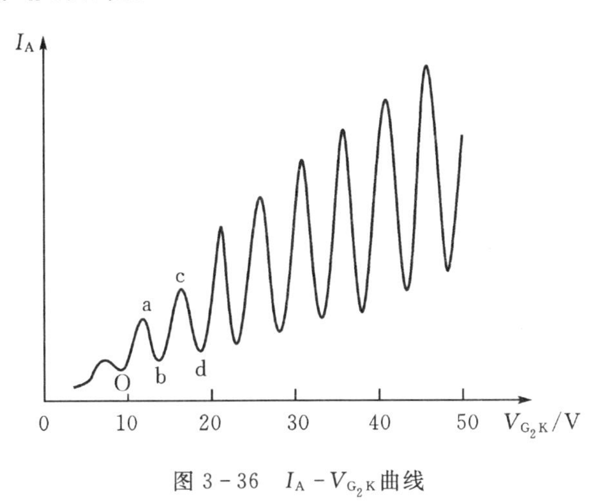

图 3-36　$I_A-V_{G_2K}$曲线

b 点以后继续增加 V_{G_2K}，电子在 G_2K 空间与氩原子碰撞后到达 G_2 时的动能足以克服 V_{G_2A}加速电场的拒斥作用而到达阳极 A，形成阳极电流 I_A，与 Oa 段类似，形成图 3-36 曲线 bc 段。

直到 V_{G_2K}为 2 倍氩原子的第一激发电位时，电子在 G_2K 空间会因第二次非弹性碰撞而失去能量，因此又引起第二次阳极电流 I_A 的下降，如图 3-36 曲线 cd 段，依此类推，I_A 随着 V_{G_2K}的增加而呈周期性地变化。相邻两峰(或谷)，对应的 V_{G_2K}的值之差即为氩原子的第一激发电位值。

四、实验仪面板说明

FH—1A 弗兰克-赫兹实验仪面板布置如图 3-37 所示。其中：

①是 I_A 的量程切换开关，分 4 挡：1 μA/100 nA/10 nA/1 nA。

②是电流表，指示 I_A 的电流

$$I_A=I_A \text{ 的量程切换开关①指示值} \times \text{电流表②读数}/100$$

例如：①指示 100 nA，本电流表的读数 10，则 $I_A=100\ \text{nA}\times 10/100=10\ \text{nA}$。

③是电压表，与电压指示切换开关⑨配合使用，可分别指示 V_H，V_{G_1K}，V_{G_2A}，V_{G_2K}。指示 V_H，V_{G_1K}，V_{G_2A}，满量程为 19.99 V，指示 V_{G_2K}满量程为 199.9 V。

④是带灯自锁按键电源开关，仪器接入 AC220V 电压后，按下此开关，红灯亮，表示接通电源；红灯灭，表示电源断开，关机。

⑤是 V_{G_2K}输出端口，接至示波器或其他记录设备 X 轴输入端口，此端口输入电平为 V_{G_2K}的 1/10。

⑥是自动/手动切换开关。按下为“自动”，与快速/慢速切换开关⑦及 V_{G_2K}调节按钮⑬配合使用，可选择电压扫描速度及范围；弹出则为“手动”位置，与⑬配合使用，手动选择电压扫描范围。

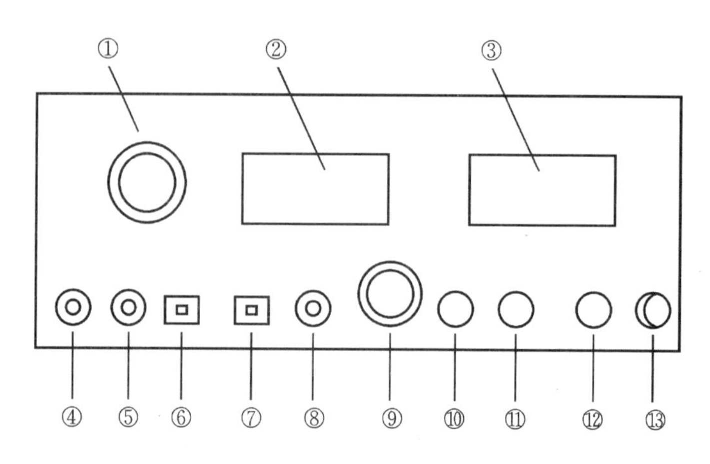

图 3-37 FH—1A 弗兰克-赫兹实验仪面板布置图

⑦是快速/慢速切换开关，用于选择电压扫描速度，按下为“快速”位置，弹出为“慢速”位置。只有⑥选择在“自动”位置，此开关才有作用。

⑧是 I_A 输出端口，接至示波器或其他记录设备 Y 轴输入端口。

⑨是电压指示切换开关，与电压表③配合使用，可分别指示 V_H，V_{G_1K}，V_{G_2A}，V_{G_2K}。

⑩是灯丝电压 V_H 调节按钮，调节范围 3～6.3 V，不可过高或过低，调节过程要缓慢，边调节边观察图 3-36 所示的 $I_A-V_{G_2K}$ 曲线变化，不可出现波形上端切顶的现象，否则应降低灯丝的电压 V_H。

⑪是 V_{G_1K} 调节按钮，调节范围 1.3～5 V，开始调到 1.7 V 左右，待图 3-36 所示 $I_A-V_{G_2K}$ 曲线出现 6 个以上的峰值时，分别进行 V_{G_2K} 和 V_{G_1K} 调节，使从左至右，曲线的 I_A 谷值逐个抬高。

⑫是 V_{G_2A} 调节旋钮，调节范围 1.3～15 V，开始调至 8 V 左右，待图 3-36 $I_A-V_{G_2K}$ 曲线出现 6 个以上的峰值时，分别进行 V_{G_1K} 和 V_{G_2A} 调节，使从左至右，曲线的 I_A 谷值逐个抬高。

⑬是 V_{G_2K} 调节旋钮，自动/手动切换开关⑥置于“手动”时调节范围 1～100 V，置于“自动”时，调解范围 0～80 V。

五、实验内容及仪器调试步骤

1. 熟悉弗兰克-赫兹实验仪各开关按钮的作用及示波器的使用方法。

2. 不要急于按下电源开关④，应先将⑩—⑬四个电压调节旋钮逆时针旋到底，并把 I_A 量程切换开关①置于“$\times 10^{-7}$ (100 nA)”，V_{G_2K} 输出端口⑤和 I_A 输出端口⑧分别用带 Q9 连接头的电缆连接至示波器或其他设备 X 轴输入端口和 Y 轴输入端口。

3. 如果输出端口⑤和⑧连接的是示波器，自动/手动切换开关⑥置于“自动”，快速/慢速切换开关⑦置于“快速”，否则切换开关⑦置于“慢速”。

4. 按下电源开关④，接通仪器电源，配合使用电压指示切换开关⑨调节电压调节旋钮⑩，使 V_H 约为 5 V(数值不可太小，以免逸出电子数量少、能量低)，并重复操作依次调节电压调节旋钮⑪和⑫，分别使 V_{G_1K} 约为 1.7 V，V_{G_2A} 约为 8 V(数值过高易使拒斥电压过高，能量损失较大的电子无法到达 A 极)。

5. 逐渐调节⑬，改变电压 V_{G_2K}，调节示波器 X 和 Y 轴各相关旋钮，使波形正向，清晰稳定，无重叠，并要求 X 轴满屏显示，Y 轴幅度适中。

6. 再次调节电压调节旋钮⑩—⑬，使波形如图 3－36 所示的 $I_A - V_{G_2K}$ 曲线，并保证可观察到 6 个以上的 I_A 峰值(或谷值)，且峰谷幅度适中，无上端切顶现象，从左至右，I_A 各谷值逐个抬高。

7. 测量示波器上所示波形图中相邻 I_A 谷值(或峰值)所对应的 V_{G_2K} 之差(即显示屏上相邻谷值或峰值的水平距离)求出氩原子的第一激发电位。

8. 选择手动、慢速测量(此内容可以不使用示波器)，使 V_{G_2K} 从最小开始，每间隔 2 V 逐渐增大至约 95 V 在随着 V_{G_2K} 值的改变 I_A 剧烈变化时，应该减少采样点之间的电压值间距，使所采样的点值能够尽量反映出电流与电压的波形曲线轮廓，在极值点附近进行密集采样。记录 I_A 与 V_{G_2K} 值，测量至少包括 6 个峰值(5 个谷值)，按记录数据画出图形。

9. 改变 V_{G_2A} 或 V_{G_1K} 一个变量的参数，重复该实验，并将两曲线画在同一坐示系下。

10. 根据图形计算出相邻 I_A 谷值(或峰值)所对应的 V_{G_2K} 之差(求出 6 个峰值之间的 5 个 V_{G_2K} 之差，再求取平均值，以使测量结果更精确)，求出氩原子的第一激发电位。

六、注意事项

1. 调节 V_{G_2K} 和 V_H 时应注意，V_{G_2K} 和 V_H 过大会导致氩原子电离而形成正离子，而正离子到达阳极会使阳极电流 I_A 突然骤增，直至将 F－H 管烧毁。所以一旦发现 I_A 为负值或正值超过 10 μA，应迅速关机，5 分钟以后再重新开机使用。

注意，由于原子电离后的自持放电是自发的，此时将 V_{G_2K} 和 V_H 调至零都将无济于事。

2. 每个 F－H 管的参数各不相同，尤其是灯丝电压，使用每一台仪器都要按调试步骤认真地进行操作。

3. 图 3－36$I_A - V_{G_2K}$ 曲线的变化对调节 V_H 的反应较慢，所以，调节 V_H 一定要缓慢进行，不可操之过急。峰谷幅度过低，增加 V_H，一旦出现波形上端切顶则适当降低 V_H，或者增大反向电压 V_{G_2A}，以使峰顶值有所下降，从而可以观测到完整的波形。还有一个方法就是选择尽量大的量程，也可以得到完整的波形图。需要说明的一点是，降低峰值不会改变峰值之间的间距，也就是说不会影响实验结果的测量。

4. 在 V_{G_2K} 保持不变的情况下，对应的各挡位电流不是线性变换的，这是由于本底电流的存在而引起的，在两个 V_{G_2K} 采样电压之间，电流的变化量在各挡位之间是相同的。

七、思考题

①为什么常用电子来研究原子的特性？

②F－H 管内所充的原子有何要求？除用氩原子外还能用其他原子吗？试举例说明。

③在不对实验装置做大的改动的情况下，如何测量原子高能级的激发电位或电离电位？

实验 38　用双光栅测量微弱振动

1842 年多普勒(Doppler)提出，当波源和观察者彼此接近时，接收到的频率变高；而当波源和观察者彼此相离开时，接收到的频率变低。这种现象在电磁波和机械波中都存在。即当波源和观察者之间存在相对运动时,观察者所接收到的频率不等于波源振动频率,这种现象称为多普勒效应。而当光源与接收器之间有相对运动时,接收器感受到的光波频率不等于光源频率,这就是光学的多普勒效应或电磁波的多普勒效应。该效应已经在科学技术以及医学的许多领域得到应用。

本实验用激光多普勒效应测量微弱振动。它是一种精密的光电系统,使用了多种光电转换和处理技术,是综合性很强的实验。

一、实验目的

①熟悉一种利用光的多普勒频移形成光拍的原理精确测量微弱振动位移的方法;
②作出外力驱动音叉时的谐振曲线。

二、实验仪器

双光栅微弱振动测量仪,双踪示波器。

三、实验原理

1. 位相光栅的多普勒频移

所谓的位相材料是指那些只有空间位相结构,而透明度一样的透明材料,如生物切片、油膜、热塑,以及声光偏转池等。它们只改变入射光的相位,而不影响其振幅。位相光栅就是用这样的材料制作的光栅。

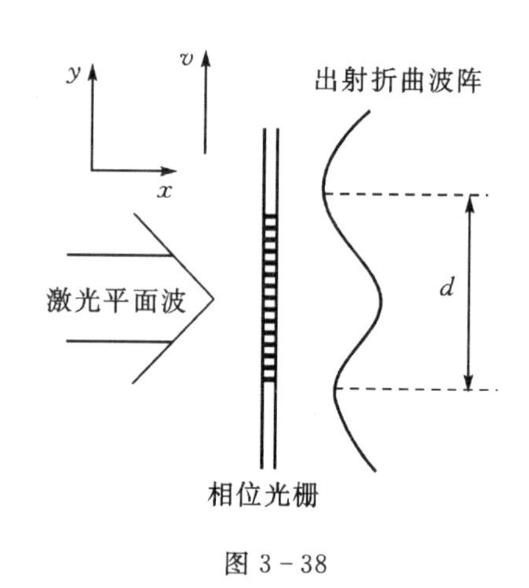

图 3-38

当激光平面波垂直入射到位相光栅时,由于位相光栅上不同的光密和光疏媒质部分对光波的位相延迟作用,使入射的平面波在出射时变成折曲波阵面,如图3-38所示,由于衍射干涉作用,在远场我们可以用大家熟知的光栅方程来表示

$$d\sin\theta = n\lambda \tag{1}$$

式中,d 为光栅常数;θ 为衍射角;λ 为光波波长。

然而,如果由于光栅在 y 方向以速度 v 移动,则出射波阵面也以速度 v 在 y 方向移动。从而在不同时刻,对应于同一级的衍射光线,它的波阵面上的点,在 y 方向上也有一个 vt 的位移量,如图 3-39 所示。这个位移量对应于光波位相的变化量为 $\Delta\Phi(t)$,有

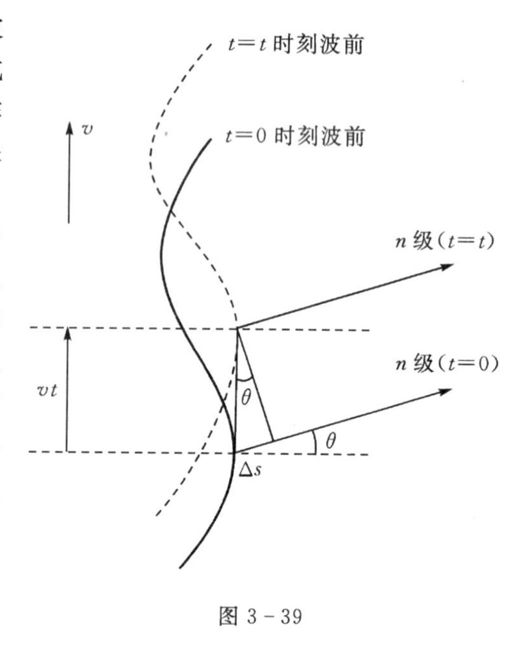

图 3-39

$$\Delta\Phi(t) = \frac{2\pi}{\lambda} \cdot \Delta s = \frac{2\pi}{\lambda} vt\sin\theta \tag{2}$$

将式(1)带入式(2)有

$$\Delta\Phi(t) = \frac{2\pi}{\lambda}vt\,\frac{n\lambda}{d} = n2\pi\,\frac{v}{d}t = n\omega_{d}t \tag{3}$$

式中：$\omega_d = 2\pi\,\frac{v}{d}$。

把光波写成如下形式

$$E = E_0\exp[\mathrm{i}(\omega_0 t + \Delta\Phi(t))] = \exp[\mathrm{i}(\omega_0 + n\omega_d)t] \tag{4}$$

显然可见，移动的位相光栅的 n 级衍射光波，相对于静止的位相光栅有一个大小

$$\omega_a = \omega_0 + n\omega_d \tag{5}$$

的多普勒频率，如图 3-40 所示。

2. 光拍的获得与检测

光波的频率甚高，为了要从光频 ω_0 中检测出多普勒频移，必须采用"拍"的方法。也就是要把已频移的和未频移的光束相互平行叠加，以形成光拍。本实验形成光拍的方法是采用两片完全相同的光栅平行紧贴，一片(B)静止，另一片(A)相对移动。激光通过双光栅后形成的衍射光，即为两个光束的平行叠加。如图 3-41 所示，光栅 A 以速度 v_A 移动，起频移作用，而光栅 B 静止不动，只起衍射作用，所以通过双光栅后出射的衍射光包含了两种以上不同频率而又相互平行的光。由于双光栅紧贴，激光束具有一定的宽度，故该光束能平行叠加，这样直接而又简单地形成了光拍。当此光拍信号进入光电检测器，由于检测器的平方律检波性质，其输出光电流可由如下所述关系求得

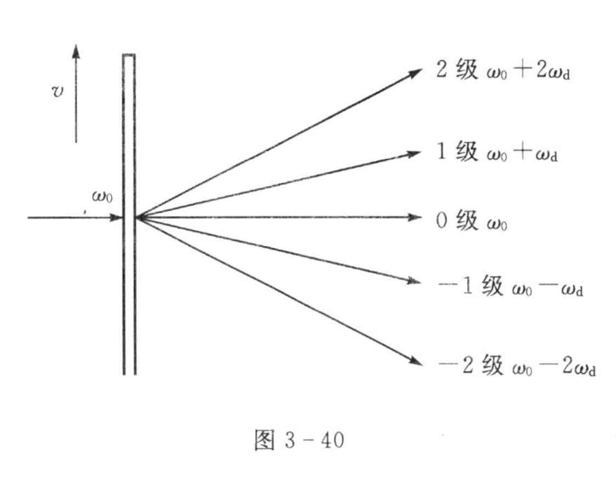

图 3-40

光束 1：$E_1 = E_{10}\cos(\omega_0 t + \varphi_1)$

光束 2：$E_2 = E_{20}\cos[(\omega_0 + \omega_d)t + \varphi_2]$　　（取 $n = 1$）

光电流：$I = \xi(E_1 + E_2)^2$　　（ξ 为光电转换常数）

$$\begin{aligned} &= \xi\{E_{10}^2\cos^2(\omega_0 t + \varphi_1) + E_{20}^2\cos^2[(\omega_0 + \omega_d)t + \varphi_2] \\ &\quad + E_{10}E_{20}\cos^2[(\omega_0 + \omega_d - \omega_0)t + (\varphi_2 - \varphi_1)] \\ &\quad + E_{10}E_{20}\cos^2[(\omega_0 + \omega_0 - \omega_d)t + (\varphi_2 + \varphi_1)]\} \end{aligned} \tag{6}$$

因为光波 ω_0 甚高，光电检测器不能检测，所以在(6)式中只有第三项拍频信号

$$i_s = \xi\{E_{10}E_{20}\cos^2[\omega_d t + (\varphi_2 - \varphi_1)]\}$$

能被光电检测器检测出来。

光电检测器所能测到的光拍信号的频率为

$$F_{拍} = \frac{\omega_d}{2\pi} = \frac{v_A}{d} = v_A n_\theta \tag{7}$$

式中，$n_\theta = \frac{1}{d}$ 为光栅常数，本实验中 $n_\theta = 100$ 条/毫米。

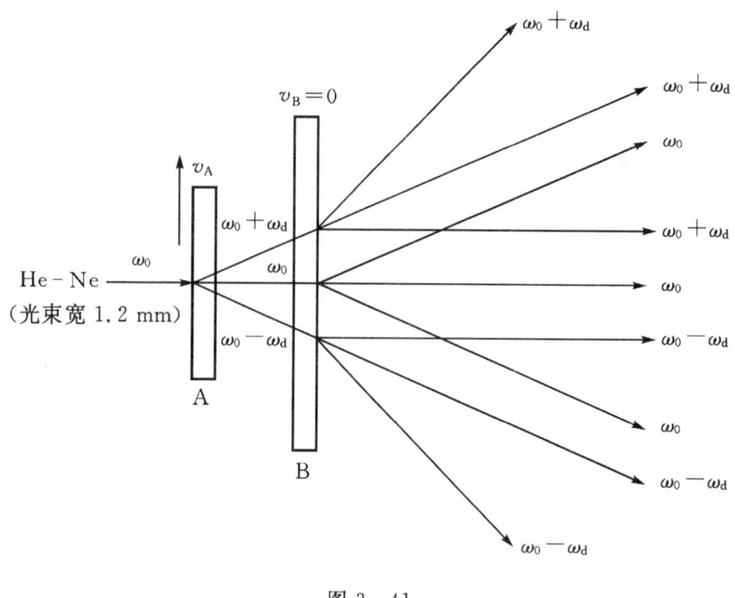

图 3-41

3. 微弱振动位移量的测量

从式(7)可知,$F_{拍}$与ω_0无关,且当光栅常数n_θ确定时,与光栅移动速度v_A成正比。如果把光栅粘到音叉上,则v_A是周期性变化的,所以光拍信号的频率$F_{拍}$也是随时间变化的,微弱振动的位移振幅为

$$A=\int_0^{\frac{T}{2}}v(t)\mathrm{d}t=\frac{1}{2}\int_0^{\frac{T}{2}}\frac{F_{拍}(t)}{n_\theta}\mathrm{d}t=\frac{1}{2n_\theta}\int_0^{\frac{T}{2}}F_{拍}(t)\mathrm{d}t$$

式中,T为音叉振动周期。$\int_0^{\frac{T}{2}}F_{拍}(t)\mathrm{d}t$可以直接在示波器的荧光屏上计算光拍波形数而得到,因为$\int_0^{\frac{T}{2}}F_{拍}(t)\mathrm{d}t$表示$T/2$内的波的个数,不足一个完整波形,需要在波群的两端,按反正弦函数折算为波形的分数部分,即

$$波形数=整数波形数+\frac{\arcsin a}{360^\circ}+\frac{\arcsin b}{360^\circ}$$

式中,a,b为波群的首尾幅度和该处完整波形的振幅之比。(波群指$T/2$内的波形,分数波形数包括满1/2个波形为0.5,满1/4个波形为0.25。)

四、实验仪器介绍

双光栅微弱振动测量仪面板结构如图3-42所示。

实验装置原理图如图3-43所示。

本仪器技术指标。测量精度:5 μm;分辨率:1 μm;激光器:$\lambda=635$ nm,0~3 mW;音叉:谐振频率500 Hz左右。

五、实验内容及步骤

①将双踪示波器的CH1、CH2、"外触发"分别接到双光栅微弱振动测量仪的Y1、Y2和X

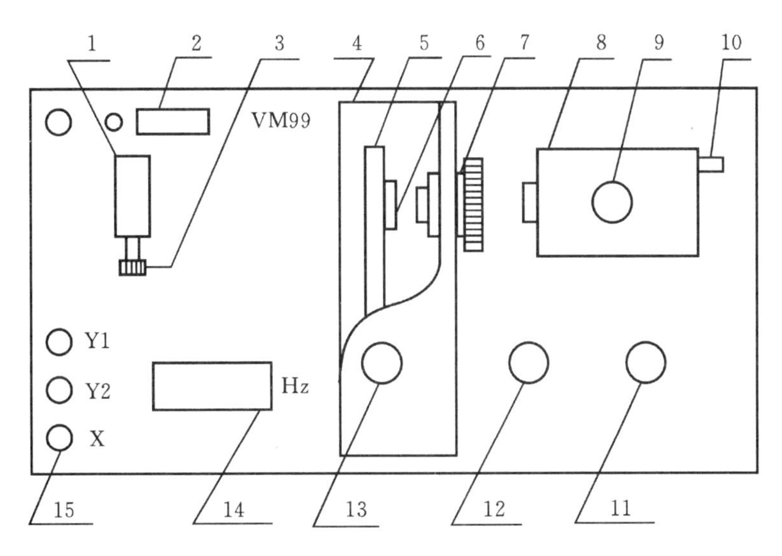

图 3-42

1—光电池座，顶部有光电池盒，盒前方一小孔光阑；2—电源开关；3—光电池升降手轮；4—音叉座；5—音叉；6—粘于音叉上的光栅(动光栅)；7—静光栅架；8—半导体激光器；9—锁紧手轮；10—激光器输出功率调节；11—信号发生器输出功率调节；12—信号发生器频率调节；13—驱动音叉用耳机；14—频率显示；15—信号输出；Y1—拍频信号；Y2—音叉驱动信号；X—示波器提供“外触发”扫描信号，使得示波器显示的波形稳定

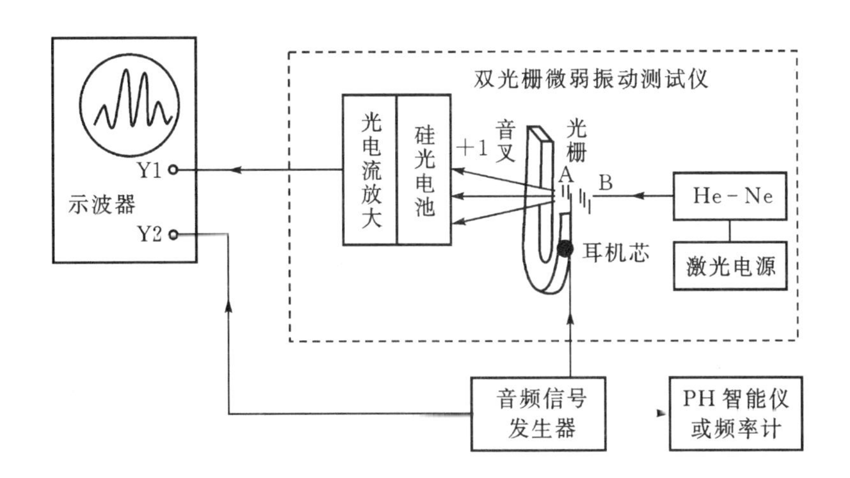

图 3-43

输出上；

②小心取下“静光栅架”(注意保护光栅)，稍稍松开激光器顶部的紧锁手轮，小心地上下左右调节激光器，让激光光束通过静止光栅的中心孔；调节光电池架手轮，让某一级衍射光正好落入光电池的小孔内。

③小心装上“静光栅架”，并使其尽可能与动光栅接近，但不可相碰；将一扇观察屏放于光电池架处，慢慢转动光栅架，仔细观察、调节，使得两个光束尽可能重合。去掉观察屏，轻轻敲击音叉，调节示波器，配合调节激光器输出功率，这时应该能看到拍频波，如图 3-44 所示。

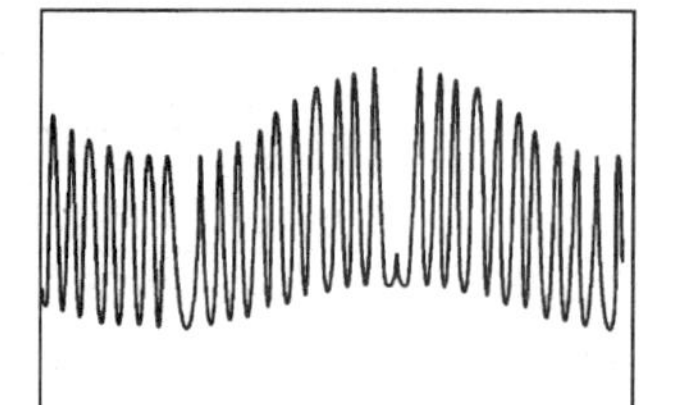
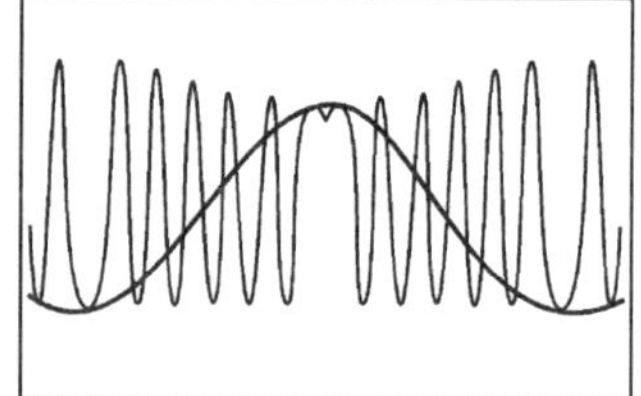

图3-44 实验现象参考图

④将"功率"旋钮调至6—7附近,再调节"频率"旋钮(500 Hz附近),使音叉谐振。调节时用手轻轻地按音叉顶部,找出音叉的固有频率。如果音叉谐振太强烈,将"功率"旋钮调小,使示波器上看到的$T/2$内光拍的波数为10～20个为宜。

⑤固定"功率"旋钮位置,调节"频率"旋钮,作出音叉的频率-振幅曲线(即外力驱动音叉时的谐振曲线)。

⑥保持"功率"不变,改变音叉的有效质量,研究谐振曲线的变化趋势,并说明原因。

六、思考题

①如何判断动光栅与静光栅的刻痕已经平行?

②作外力驱动音叉谐振曲线时,为什么要固定信号的功率?

③本实验测量方法有何优点?测量微振动位移的灵敏度是多少?

实验39 光学全息照相

光学全息照相是利用光波的干涉现象,以干涉条纹的形式,把被摄物表面光波的振幅和相位信息记录下来,它是记录光波全部信息的一种有效手段。这种物理思想早在1948年伽柏(D. Gabor)即已提出,但直到1960年,随着激光器的出现,获得了单色性和相干性极好的光源,才使光学全息照相技术的研究和应用得到迅速的发展。光学全息照相在精密计量、无损检测、遥感测控、信息存储和处理、生物医学等方面的应用日益广泛。另外还相应出现了微波全息、X光全息和超声全息等新技术,全息技术已发展成为近代科学的一个新领域。

本实验通过对三维物体进行全息照相并再现其立体图像,使学生了解全息照相的基本原理及特点,学习拍摄方法和操作技术,为进一步学习和开拓应用这一技术奠定基础。

一、实验目的

①了解光学全息照相的基本原理和主要特点;

②学习静态光学全息照相的操作技术;

③观察和分析全息图的成像特性。

二、仪器用具

光学平台,He-Ne激光器及电源,分束镜,全反射镜,扩束透镜,以及全息感光底版等。

三、基本原理

1. 全息照片的拍摄

全息照相是利用光的干涉原理将光波的振幅和相位信息同时记录在感光底版上的过程。相干光波可以是平面波也可以是球面波，现以平面波为例说明全息照片拍摄的原理。如图3-45所示，一列波函数为 $y_1=ae^{i2\pi\nu t}$、振幅为 a、频率为 ν、波长为 λ 的平面单色光波作为参考光垂直入射到感光版上。另一列同频率、波函数为 $y_2=be^{i2\pi(\frac{t}{T}-\frac{r}{\lambda})}=Be^{2\pi\nu t}$ 的相干平面单色光波从物体发出（称为物光），以入射角 θ 同时入射到感光底版上，物光与参考光产生干涉，在感光底版上形成的光强度分布为

$$I=a^2+b^2+2ab\cos ax \tag{1}$$

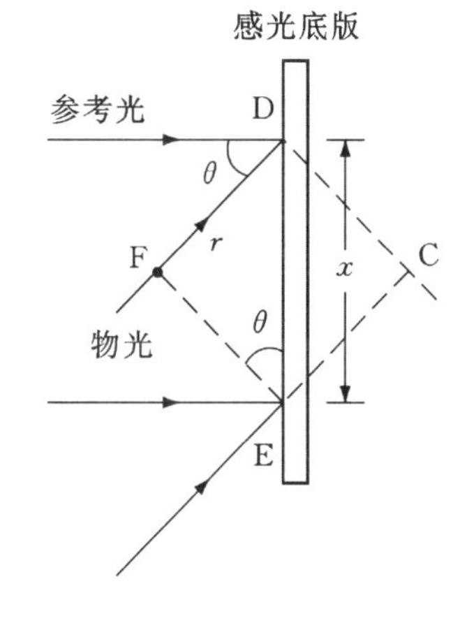

图3-45　全息照相局部放大图

由此可见，在感光底版上形成了明暗相间的干涉条纹。条纹的间距为

$$d=\frac{\lambda}{\sin\theta} \tag{2}$$

可见，在感光底版上的光强度分布和干涉条纹间距都受光波的振幅和相位调制。

在实际情况中，物光是来自于物体上的漫反射光，其波阵面很复杂，因此，感光底版上的干涉条纹并不是等间距的平行条纹，而是呈现出非常复杂的干涉图样，只是在极小的范围内可近似看作等间距的平行条纹。

全息照片的拍摄光路如图3-46所示。激光束经过分束镜后分成两束，一束光经反射镜 M_1 反射后又经 L_1 扩束均匀地照射在被摄物体上，再从物体表面反射到感光底版上，这束光称为物光。同时使另一束相干光通过反射镜 M_2 反射又经 L_2 扩束后直接投射到感光底版上，这束光称为参考光。当物光与参考光满足相干条件时，在感光底版上形成干涉图样。由于物光的振幅和相位与物体表面各点的分布和漫反射光的性质有关，所以干涉图像与被摄物有一一对应的关系。这种把物光波的全部信息都拍摄下来的方法称为全息照相。

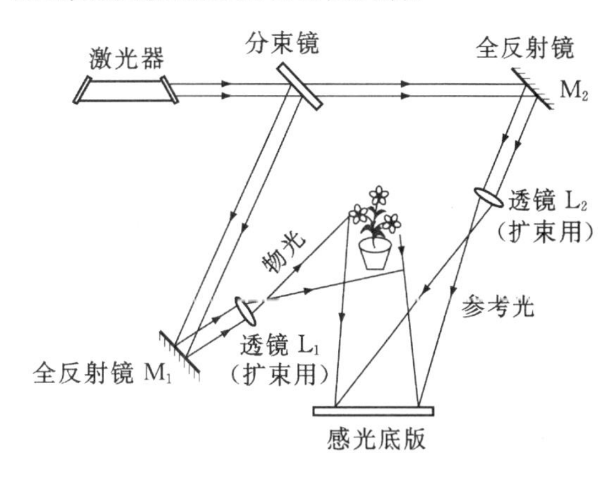

图3-46　拍摄全息照片的原理光路图

2. 物体的再现

由于全息照相在感光底版上形成的是干涉图样，所以，观察全息照片时，必须用与原来的参考光完全相同的光束去照射，这束光称为再现光。物体的再现光路原理如图3-47所示。对于这束再现光，全息照片相当于一个透过率不同的复杂“光栅”，再现过程实际上是干涉图样的衍射过程。再现光经全息照片衍射后的光强度分布为

$$I'=c(a^2+b^2)+cabe^{-iax}+cabe^{iax} \tag{3}$$

式中,c 为常数。可见,再现光经全息照片衍射后沿3个方向衍射。第一项为再现光沿原方向的光波,相当于光栅衍射的零级衍射光波;第二、三项相当于光栅的+1、−1级衍射光波。第一项光强没有变化,不储存信息,所以没有使用价值。第二项光波光强与物光的振幅和相位成正比,传播方向与物光的传播方向相同。这时如将被摄物移开,眼睛迎着物光传播方向观察全息照片,就能够在原被摄物体处观察到被摄物体的虚像。第三项光波光强与第二项光波光强共轭。当物光为发散光时,共轭光为会聚光。如果在被摄物体的对称位置放一接收屏,可再现被摄物体的实像,此实像与被摄物体共轭,称为赝像。

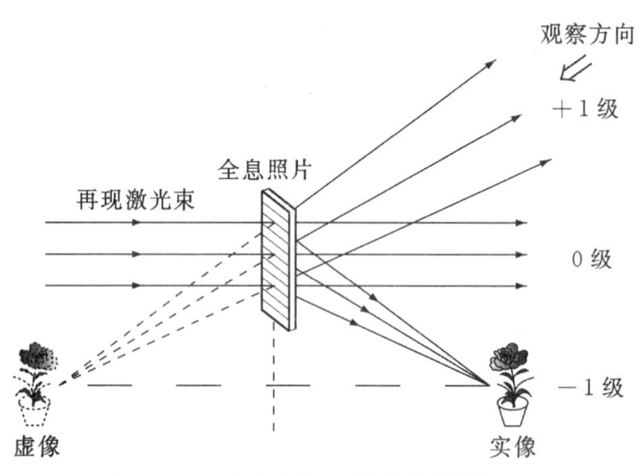

图3-47 全息照片再现的原理光路图

3. 全息照相的特点

全息照相是利用光的干涉和衍射原理,而普通照相则是利用光的透镜成像原理。另外,全息照片上的每一点都记录了整个物体的信息,所以全息照片具有可分割的特点。由于全息照片记录了物光的全部信息,所以再现出的物体的像是一个与被摄物体完全相同的三维立体像。

四、实验装置与实验环境

①相干性好的光源。对于一般较小的漫射物体常用He-Ne激光器作为相干光源,它输出激光束的波长为632.8 nm,功率为1～3 mW。这种激光器工作稳定,相干性好,能获得较好的全息图像。

②合理的光路。选择合适的光路是获得优质全息图的关键之一。氦氖激光器相干长度一般不小于激光器腔长的1/4。对光路的一般要求有:尽可能减少物光与参考光的光程差,一般控制在2 cm以内;参考光与物光的发光强度比一般选在2∶1～10∶1范围,为此需要选取合适的分束镜,或在光路中加入衰减镜来控制。投射在感光底版上的参考光与物光之间的夹角一般选取在15°～45°之间,这样可以使干涉条纹间距大些,从而降低对感光底版分辨率和系统防震的要求,并避免再现像与零级衍射重合而影响对再现像的观察。为了减少光的损失和提高抗干扰能力,在设计光路系统时使用的光学元件应越少越好。

③高分辨率的记录介质。记录全息图像需要采用分辨率、灵敏度等性能良好的感光底版。因为一般全息干涉条纹是非常密集的,干涉条纹密度为 $n=\sin\theta/\lambda$,n 是条纹的空间频率,θ 是物光与参考光的夹角,λ 是记录光波的波长。当 $\theta=45°$ 时,全息图上的干涉条纹可达1200条/毫米,故要采用每毫米大于1200线的感光底版。分辨率的提高使感光度下降,所以曝光时间

比普通照片长，且与激光强度、被摄物大小和反光性能有关，一般需几秒、几十秒，甚至更长。用于氦氖激光的全息底版对红光最敏感，所以全息照相的全部操作可在暗绿灯下进行。曝光后的显影、定影等化学处理过程与普通感光底片相同。

④良好的防震装置。拍摄全息照片必须在防震性能良好的光学平台上进行，以保证光学系统各元件有良好的机械稳定性。拍摄时每一光学元件都不能有任何微小移动或震动。轻微的震动或气流扰动只要使光程差发生波长数量级的变化，条纹即会模糊不清，再现像的亮度和再现视场范围的大小会受到影响。所以被摄物体、各光学元件及全息底版必须严格固定。

五、实验内容

熟悉全息设备，了解各部件的性能、作用和使用方法。

1. 全息照片的拍摄

①按图3-46在全息台上布置并牢固装夹各光学元件，调节各光学元件的中心等高，使激光光束大致与实验平台平行。

②调整光路元件，不放L_1、L_2，使经过分束镜的两束光即物光和参考光都均匀照射到光屏上。调物光路和参考光路大致等光程，并且两束光的夹角在$15°$～$45°$范围内。

③放入L_1、L_2，使激光均匀照亮被摄物，使物光和参考光均匀地照射在光屏的同一区域内，并且避免杂散光的干扰。严格防止扩束后的物光束直接照射感光底版位置。

④调参考光与物光的光强比在合适范围。

⑤安装感光底版时需要用遮光板遮住激光，底版的感光乳胶面面向激光束。

⑥静置数分钟后曝光，曝光时间由实验室给出。

⑦用D-19显影液显影后，用清水冲洗数分钟，放入F-19定影液中定影，定影后晾干即可在激光下观察再现像。

2. 全息照片的观察

①利用原拍摄光路并从与参考光方向相同的方向照亮全息照片，观察其再现虚像的位置、大小和亮度，并与原被摄物体进行比较。

②将开有小孔的遮挡板覆盖在全息照片上，并改变位置，观察其再现虚像，记录观察结果。

③将未扩束的激光选取适当角度直接照射在全息照片的乳胶面的背面上，用接收屏接收再现实像。改变激光束的入射点，观察实像的视差特性，记录观察到的实像大小、清晰程度等。

④将再现光换成钠灯或汞灯，观察并记录再现像的变化。

⑤总结观察到的全息照相的特点，比较全息照相与普通照相的区别。

六、注意事项

①勿用手、手帕、纸片等物擦拭光学元件。

②曝光时切勿触及全息台。

③拍摄时应防止杂散光干扰，以免破坏全息图。

④不能用眼睛直接观看未扩束的激光束。

⑤全息底版是玻璃片基，注意轻放，以免弄碎。

七、思考题

①为什么要求光路中物光和参考光的光程尽量相等？

②为什么光学元件安置不牢时将导致拍摄失败?

③如何判断所观看到的再现物像是虚像还是实像?

实验40 pn结正向压降与温度关系的研究

随着半导体工艺水平的不断提高和发展,半导体pn结正向压降随温度升高而降低的特性使pn结作为测温元件成为可能。过去由于pn结的参数不稳定,它的应用受到了极大限制。进入20世纪70年代,微电子技术的发展日趋成熟和完善,pn结作为测温元件才受到了广泛的关注。

温度传感器有正温度系数传感器和负温度系数传感器之分。正温度系数传感器的阻值随温度的上升而增加,负温度系数传感器的阻值随温度的上升而减少。热电偶、热敏电阻、测温电阻属于正温度系数传感器,而半导体pn结属于负温度系数的传感器。这两类传感器各有其优缺点,热电偶测温范围宽,但灵敏度低,输出线性差,需要设置参考点;而热敏电阻体积小,灵敏度高,热响应速度快,缺点是线性度差;测温电阻如铂电阻虽然精度高,线性度好,但灵敏度低,价格高。相比之下,pn结温度传感器有灵敏度高,线性好,热响应快和体积小的优点,尤其在数字测温、自动控制和微机信号处理方面有其独特之处,因而获得了广泛的应用。

一、实验目的

①了解pn结正向压降随温度变化的基本关系。

②测绘pn结正向压降随温度变化的关系曲线,确定其灵敏度及pn结材料的禁带宽度。

③学会用pn结测量温度的一般方法。

二、实验仪器

SQ-Ⅰ型pn结特性测试仪,三极管(3DG6),测温元件,样品支架等。

三、实验原理

1. pn结 I_F-V_F 特性的测量

由半导体物理学中有关pn结的研究可以得出pn结的正向电流 I_F 与正向电压 V_F 满足以下关系

$$I_F = I_S(\exp\frac{eV_F}{kT}-1) \tag{1}$$

式中,e 为电子电荷量、k 为玻耳兹曼常数;T 为热力学温度;I_S 为反向饱和电流,它是一个与pn结材料禁带宽度及温度等因素有关的系数,是不随电压变化的常数。由于在常温(300 K)下,$kT/e=0.026$,而pn结的正向压降一般为零点几伏,所以 $\exp\frac{eV_F}{kT}\gg 1$,上式括号内的第二项可以忽略不计,于是有

$$I_F = I_S\exp\frac{eV_F}{kT} \tag{2}$$

这就是pn结正向电流与正向电压按指数规律变化的关系。若测得半导体pn结的 I_F-V_F 关

系值，则可利用上式求出 e/kT。在测得温度 T 后，就可得到 e/k 常数，将电子电量代入即可求得玻耳兹曼常数 k。

在实际测量中，二极管的正向 $I_F - V_F$ 关系虽能较好地满足指数关系，但求得的 k 值往往偏小。这是因为二极管正向电流 I_F 中不仅含有扩散电流，还含有其他电流成分，如耗尽层复合电流、表面电流等。在实验中，采用硅三极管来代替硅二极管。复合电流主要在基极出现，三极管接成共基极线路（集电极与基极短接），集电极电流中不包含复合电流。若选取性能良好的硅三极管，使它处于较低的正向偏置状态，则表面电流的影响可忽略。此时集电极电流与发射极-基极电压满足式(2)，可验证该式，求出准确的 e/k 常数。

2. pn 结正向压降随温度变化灵敏度 S 的测量

由物理学知，二极管的反向饱和电流 I_S 与 0 K 时 pn 结材料的导带底和价带顶间的电势差 $V_g(0)$ 有如下关系

$$I_S = CT\exp\left[-\frac{eV_g(0)}{kT}\right] \tag{3}$$

式中，k 是常数；C 是与结面积、掺杂浓度等有关的参数。将式(3)代入式(1)后两边取对数得

$$V_F = V_g(0) - \left(\frac{k}{e}\ln\frac{C}{I_F}\right)T - \frac{kT}{e}\ln T = V_1 + V_{n1} \tag{4}$$

其中

$$V_1 = V_g(0) - \left(\frac{k}{e}\ln\frac{C}{I_F}\right)T$$

$$V_{n1} = -\frac{kT}{e}\ln T$$

式(4)即为 pn 结正向压降、正向电流和温度间的函数关系，它是 pn 结温度传感器工作的基本方程。若保持正向电流恒定即 I_F＝常数，则正向压降只随温度变化，显然，式(4)中除线性项 V_1 外还含有非线性项 V_{n1}，但可以证明当温度变化范围不大时（对硅二极管来说，温度范围为 $-50 \sim 150$ ℃），V_{n1}引起的误差可忽略不计。因此在恒流供电条件下，pn 结的正向压降 V_F 对环境温度 T 的依赖关系主要取决于线性项 V_1，即 pn 结的正向压降随温度升高而线性下降，这就是 pn 结测温的依据。但必须指出，这一结论仅适用于杂质电离因子减少或本征载流子迅速增加，$V_F - T$ 关系的非线性变化将更为严重，说明 $V_F - T$ 特性还与 pn 结的材料有关。实验证明，宽禁带材料（如 GaAs）构成的 pn 结，高温端线性区宽，而窄禁带材料（如 Insb），杂质电离能小，形成的 pn 结低温端的线性区宽。对于给定的 pn 结，即使在杂质导电和非本征激发温度范围内，其线性度随温度的变化也有所不同，这是非线性项 V_{n1}引起的。由式(4)可以看出，减小 I_F 可以改善线性度，但这不能从根本上解决问题，目前行之有效的方法是利用对管的两个 be 结（即三极管基极和集电极短路后与发射极组成一个 pn 结）分别在不同电流 I_{F1}、I_{F2} 下工作，得到两者电流差 $I_{F1} - I_{F2}$与温度间的线性关系

$$I_{F1} - I_{F2} = \frac{kT}{e}\ln\frac{I_{F1}}{I_{F2}}$$

与单个 pn 结相比线性度与精度有所提高。将这种电路与恒流、放大等电路集成一体，使构成集成电路传感器。

四、实验装置

实验装置由样品架和测试仪两部分构成。样品架结构如图 3-48 所示。其中 A 为样品

室，它是一个可拆卸的筒状容器，筒盖内设有橡皮圈，橡皮圈与筒套上的螺丝孔相对应，可用螺钉将其旋紧以保持密封。待测样品pn结管(将三极管3DG6的基极与集电极短接后作为正极，其发射极作为负极构成一只二极管)和测温元件(AD590)均置于铜制样品座B上，管脚与耐高温导线相连，分别穿过两旁空心细管与顶端插座P_1连接。加热器H位于中心管支座底部，其发热部位埋设在样品座B中心柱体内。加热电源进线由中心管上方插孔P_2引入。P_2的引线与容器绝缘。容器与电源负端相通，它通过插件P_1专用线与测试机接地端相连。将待测pn结的温度和电压信号输入测试仪。

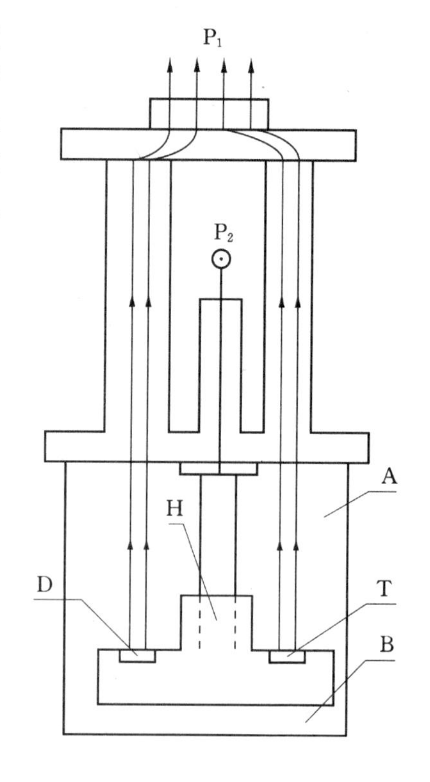

图3-48 样品架结构图

A—样品室；B—样品座；C—待测pn结；T—测温元件；P_1—D、T引线座；H—加热器；P_2—加热电源插孔

测试仪由恒流源、基准电源和显示单元等组成。恒流源有两组：一组提供I，电流输出在0～1000 A范围内连续可调，另一组用于加热，控温电流为0.1～1 A，分为10挡，每挡改变电流0.1 A。基准电源也有两组：一组用于补偿pn结在0 ℃和室温T时的正向压降$V(0)$与$V(T)$。可通过调节面板上的"ΔV调零"电位器实现$\Delta V=0$。若升温时，$\Delta V<0$，降温时$\Delta V>0$，则表明正向压降随温度升高而下降。另一组电源用于温标转换和校准。本实验采用AD590温度传感器测温，AD590的输出电压与绝对温度成正比(1 mV/K)，其工作温度范围为218.2～423.2 K(即−55～150 ℃)，相应输出电压为218.2～423.2 mV。在保持测量精度不变的情况下，为了简化电路，将热力学温标转换成摄氏温标，专门设置了一组273.2 mV的基准电压，对应于−55～150 ℃的工作温区，输出电压为−55～150 mV，因而可采用±220 mV的$3\frac{1}{2}$位的LED显示器显示温度。此外，还设有一组量程为±100 mV的$3\frac{1}{2}$位的LED显示器，通过"测量选择"开关换挡来分别显示I_F、V_F和ΔV。测量电路的框图如图3-49所示，图中，D_S为待测pn结，R_S为I_F的取样电阻，开关K用于测量选择与极性变换，接R、P端测I_F，P、D端测V_F，S、P端测ΔV。

五、实验方法和内容

1. 实验装置检查与连接

①取掉样品室的筒套(左手扶筒盖，右手扶筒套顺时针旋转)，查待测pn结管和测温元件，看其是否分别位于铜座左右两侧圆孔内，应注意其管脚不能与容器接触。放好筒盖内橡皮圆圈后，应装上筒套，以免样品室在冰水中降温时冰水渗入室内。

②将控温电流开关打在"关"的位置，加热指示灯不亮。此时，连好加热电源和信号线，应注意这两个连接均为多芯插头。连线时要对准插头与插座的定位标记，用手按住插头紧线夹部位才可插入。拆线时，应抓住插头的可动外套向外直拉，不可猛力左右转动或部位不对硬

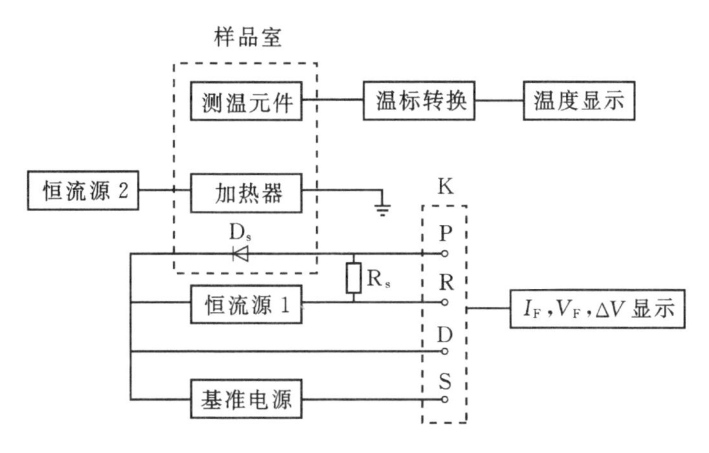

图3-49　测量电路框图

拉，以免拉断引线影响实验。

2. $V_F(0)$或$V_F(T_R)$的测量和调零

将样品室埋入盛有冰水混合物的杜瓦瓶中降温，开启电源(电源开关在机壳后面，电源插座内装有保险丝)，预热2分钟后，将“测量选择”开关K拨到I_F，旋转“I_F调节”，使$I_F=50\ \mu A$，待温度降至0℃时，将K拨到V_F，记下$V_F(0)$值，再将K置于ΔV，旋转“ΔV调零”，使$\Delta V=0$。

本实验的起始温度T_S可直接从室温T_R开始，按上述步骤测量$V_F(T_R)$，并使$\Delta V=0$。

3. 测定关系曲线

不用盛有冰块的杜瓦瓶，打开电源开关，逐步提高加热电流，改变ΔV，测量对应的T。为减小测量误差，可使ΔV每变化10 mV或15 mV记录一个点，测量一组ΔV、T值。整个测量过程中应注意，升温速度要适当，宁可慢一点也不能太快，上限温度不宜过高，应控制在120℃左右。

六、数据记录及处理

①在下表中记录ΔV、T测量数据，实验起始温度$T_S=$__________℃，工作电流$I_F=$__________μA，温度为T_S时的正向压降$V_F=$__________mV。

序号										
ΔV/mV										
T/℃										

②作ΔV、T关系曲线，求给定pn结正向压降随温度变化的灵敏度S(mV/℃)，即该曲线的斜率。

③估算给定pn结硅材料的禁带宽度$E_g(0)=eV_g(0)$电子伏特。根据式(4)，略去非线性部分，可得

$$V_g = V_F(0) + \frac{V_F(0)}{T}\Delta T = V_F(273.2) + S \cdot \Delta T$$

$\Delta T=-273.2$ K,为摄氏温标与热力学温标之差,将测得的 $E_g(0)$ 与公认值 $E_g(0)=1.21$ eV 比较,求其误差。

七、思考题

①是否可直接测量 pn 结二极管的电流-电压关系来验证式(2)?为什么?

②实验中为何要求测 $\Delta V_F - T$ 曲线而不是 $V_F - T$ 曲线?测 $V_F(0)$ 和 $V_F(T_R)$ 的目的何在?

③测 $\Delta V - T$ 曲线为什么按 ΔV 的变化读取 T 值,而不是按自变量 T 取 ΔV?

小 结

在本章中,部分实验是近代物理中比较典型和著名的实验。这些实验不仅为物理学的发展作出过重大贡献,而且实验的设计思想和方法至今对科学工作者仍具有借鉴和指导作用。例如密立根油滴实验采用经典力学的方法揭示了微观粒子的量子本性,简单、直观、巧妙而又准确,堪称物理实验的楷模。特别是近年来,根据这一实验设计思想改进的用磁漂浮的方法测量分数电荷的实验,更引起了人们广泛的注意,再一次显示出这一著名实验的重要意义及其新的生命力。

光电效应实验不仅为光量子论的提出提供了实验依据,还提供了对诸如普朗克常数、金属或半导体材料的逸出功及红限频率等物理基本常数进行测量的途径。利用光电效应制成的各种光电器件已被广泛地应用到了科学技术的各个领域。

金属电子逸出功实验采用理查森直线法测定金属电子的逸出功,具有丰富的物理思想和很好的数据处理技巧。这种避开不易测量或不易测准的物理量,而直接获得所需结果的方法,在实验设计中得到了广泛地应用。该实验不仅可用于测定金属材料的逸出功,而且通过延伸可用于验证真空二极管阳极电流与电压之间所满足的 3/2 次方定律,测定电子的荷质比等。

另外一部分实验都是综合性很强的物理实验,有一定的难度,综合了半导体物理、光学、非线性电路、传感器、磁学等领域的知识。如果学生认真学习实验方法,独立完成实验内容,会大大开拓创新思维,提高科学实验素质。

第 4 章　实验设计基础

科学实验一般过程的框图如下：

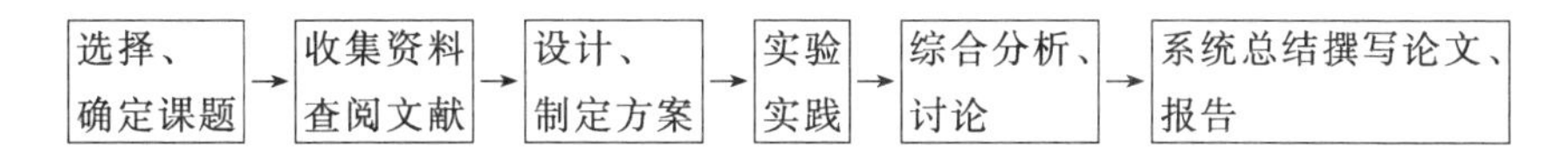

选择课题是科学研究或科学实验的开始，课题来源除国家、省、市、部下达的任务外，自选课题要根据国内外的科技动态与信息，国民经济发展的需要，生产或生活中的实际情况来确定。选题一定要有价值，要注重经济效益。课题选定以后要进行调研，收集、查阅有关文献资料，并进行整理、分析研究。在此基础上，设计、制定方案，做出总体安排。包括依据正确可靠的理论建立物理模型，选择误差最小的实验方法，合理选配实验仪器，拟定实验程序。对于物理实验教学中的设计型实验，实验题目是给定的，根据要求提出自己的设想，完成设计和制定方案的任务。对于实际课题，还要进行方案对比，可行性论证，最后拿出最优化的设计方案。

有了方案就可以付诸实践，进行认真仔细地实验操作，详细记录观察到的现象和每一个数据。实验完成后要严格处理实验数据，综合分析得出结论。在系统总结的基础上，撰写论文、报告。这就是科学实验的全过程。后面这部分内容，通过前几章各实验的操作和书写实验报告，以及归纳总结，应该得到一定的训练和不同程度的提高，这是本课程的主要任务。

科学论文或报告的结构，一般由以下几部分组成。

引言　简明扼要地叙述研究该课题的意义，要解决什么问题，得出什么结论，达到什么水平，以及实用价值和经济效益等。

理论依据及实验方法　要充分阐明设计该实验的理论依据，实施方案的特点，所用实验装置的原理图或实物照片，以及仪器的型号，材料规格，实验条件和操作程序等。如果是在别人的基础上进行的实验研究工作，则对改进提高部分要加以详细论述。

实验结果　主要写实验中观察到的现象，实验得到的数据要列成表格，物理量间的变化关系要画出图线，还要通过严格的数值计算得出实验结果，并估算出误差或不确定度。

结论　用简洁明晰的语言表达出所得到的结论。结论要严谨客观，令人信服。

分析讨论　对结果的意义和可能存在的问题进行讨论。不仅要说明实验结果的准确程度和可靠性，还应作理论解释，与已有的理论作比较，对实验方案的评价以及改进意见，对尚需进一步讨论的问题提出自己的见解及解决的可能途径。

参考文献　在正文之后按顺序列出文中所参考或引证的主要文献资料，这些资料应该是正式出版的期刊、书籍上的文章，并注明作者、文章题目、刊号或出版社等。

实验设计是实验能力、独立工作能力的综合锻炼，是理论与实践全面检验的一个方面。因此要想较好地完成实验设计，必须要有坚实的理论基础，要有一定的实验技能、实践知识和经验，也需要有细致的思维能力和对工作的高度责任感。设计型实验侧重于实验知识、实验方法和实验技能的灵活运用，注意调动学生学习的积极性和主动性，开发学生的智力和动手能力，培养学生分析问题和解决问题的能力,激发他们创新的意识和才能。学生学习设计型实验,可以根据所定题目的要求,所提供的仪器设备,查阅参考资料,提出自己的设想。可以推证有关理论,可以自行确定实验方法,可以自行选配仪器设备,可以自行拟定实验程序和注意事项。教师审查同意后的实验方案要付诸实践,在操作中进一步完善。实验结束,要写出水平较高较完整的设计实验报告,包括列出主要参考资料。下面介绍设计实验的基本方法。

4.1 实验方案与物理模型的确定

在进行一项实验工作之前,首先需要根据任务要求确定实验方案,包括实验方法、测量仪器、测量方法、测量条件、实验程序等的选择和制定。实验方案的确定就是根据一定的物理原理,建立被测量与可测量之间的关系。

对于给定的实验任务,研究对象和基本内容已限定,与之相关的物理过程可能有若干种,即可列出若干种可供选择的实验原理及作为测量依据的理论公式,这就需要从中选出最佳的可行的实验方法。例如,重力加速度研究实验,可以利用自由落体运动来研究,或利用单摆或三线摆的近似谐振过程,也可以利用斜面上的光滑无摩擦的下滑运动。广义地说,凡含有被测物理量 g 的数学表达式都可以作为选择对象。

分析比较各种实验原理及测量公式,了解它们的适用条件、优点及局限性,结合可能提供的器材、设备,以及测量的准确度要求和实施的现实可能性,选择一个最佳的物理模型。以测量重力加速度为例,使物体从某一高度自由下落,运动方程为

$$h = v_0 t + \frac{1}{2} g t^2$$

则

$$g = \frac{2(h - v_0 t)}{t^2}$$

只要测得高度 h、初速度 v_0 和对应的时间 t,就可以求出重力加速度 g 的值。

在三线摆的转动惯量 J 与周期 T 的关系式中,有

$$J = \frac{mgRr}{4\pi^2 H} T^2$$

$$g = \frac{4\pi^2 HJ}{mRrT^2}$$

测出摆盘的质量 m,上、下圆盘悬点离各自中心的距离 r、R,静止时上下圆盘间的垂直距离 H,摆盘的摆动周期 T 和转动惯量 J,就可以求出 g 值。

单摆在摆角很小的条件下,摆长 l 与周期 T 的关系式为

$$T = 2\pi \sqrt{\frac{l}{g}}$$

$$g = \frac{4\pi^2 l}{T^2}$$

测出摆长 l 和摆动的周期 T 就可求出 g 值。

上述三种方案中,三线摆测 g 需要测量的直接测量量最多,而且有些量不易测准,故不宜选用。自由落体测 g,若创造 $v_0 = 0$ 的条件,直接测量量和单摆测 g 一样,都是两个,但实际操作起来,单摆要优越得多。这是因为,自由落体要做到 $v_0 = 0$ 和准确判定 h 值并不容易,以 h

为 2 m 计，下落时间为 0.6 s 多，显然手控停表计时是很困难的，需用光电计时器。对于单摆，l 可用钢直尺测量，时间可测 n 个周期的累计时间 nT，对 $l=1$ m 的单摆，$T\approx 2$ s，$50T$ 的累计时间达 100 s 左右，用一般停表即可。经过综合分析比较，测量 g 的方案应选单摆作为物理模型，因为单摆法所用装置简单，操作方便，测量准确度较高，仪器价格低廉。

几乎所有的物理原理及导出的理论公式都是建立在理想的条件下，是典型化的模型，而实际的装置无法达到"理想"条件，这就要求设计的现实模型系统误差要小到可以忽略不计的程度。对于单摆，要求不伸长的细线质量比小球质量小很多，而小球的直径又要比细线的长度小很多，这种装置才能看作是一个不计质量的细线系住一个质点。单摆的关系式 $T=2\pi\sqrt{\frac{l}{g}}$ 是在摆角很小($\theta<5°$)，圆弧近似看成直线的情况下得到的。满足上述要求的装置才是一个实用的单摆，一个实用的物理模型。

4.2　实验仪器和测量方法的选择

实验装置和仪器、量具是完成实验任务的工具。实验方案、物理模型确定之后，就要设计或选择实验装置，合理选配测量仪器或量具，进行安装和调试。

1. 按照实用物理模型的要求，安排或设计实验装置

例如，用单摆测定重力加速度，需要有支架、悬线、小球，在选定实验装置时必须符合模型的要求，摆线要长，且在运动中长度不能改变，可用 1 m 左右的弦线；小球体积要小，材料密度要大，可用直径约 2 cm 的铜球，支架要能显示摆动的角度等。

假如实验任务是测定粘度较大的静态液体的粘度，最佳方案是落球法，它依据的原理是斯托克斯公式，成立的条件要求液体是无限广延和静止的。实际上无限广延是不能实现的，能够做到的只是小球的直径 d 比容器的内径小很多。如容器内径大于 20 cm，操作将很困难。解决的方法有二，一是考虑管壁对小球运动的影响，在斯托克斯公式中加入修正项；一是用一组不同内径 D 的圆管，让小球分别在各个管中下落相同的距离，记录所用的时间 t，以 $\frac{d}{D}$ 为横坐标，以对应的时间 t 为纵坐标，将测试数据作成图线，将这条直线延长与纵轴相交，其截距就是无限广延条件下小球运动相同距离所需要的时间，因为截距的横坐标 $\frac{d}{D}=0$，就是 $D\to\infty$。如果采用多管落球法测液体的粘度，可以设计一组不同内径(1～6 cm)的 5～7 根圆管，长约 30 cm，每根管子中部相距 15 cm 处分别作出记时标记。各管应垂直底板安装，底板能调节水平，以使各管铅直。记时器选用机械停表，实验结果就可得到三位有效数字。

2. 按照预定的测量准确度选配仪器与量具

对于一个具体的实验任务，常常有多个直接测量量，每个量测量仪器的选择首先应该考虑误差对最后结果的影响，先按误差等作用(均分)原则分配到各直接测量量，为了方便可采用算术合成法传递公式，但严格的计算还是要用标准偏差传递公式。若

$$N=f(x_1,x_2,\cdots,x_m)\qquad(4-1)$$

根据任务要求，测量误差 s_N 或 E_N(或不确定度)已经给定，按照 m 个分项(m 个直接测量量)对 s_N 或 E_N 的影响相同来进行分配，即

$$s_N = \sqrt{\left(\frac{\partial f}{\partial x_1}\right)^2 s_{x_1}^2 + \left(\frac{\partial f}{\partial x_2}\right)^2 s_{x_2}^2 + \cdots + \left(\frac{\partial f}{\partial x_m}\right)^2 s_{x_m}^2} \tag{4-2}$$

$$E_N = \frac{s_N}{N} = \sqrt{\left(\frac{\partial \ln f}{\partial x_1}\right)^2 s_{x_1}^2 + \left(\frac{\partial \ln f}{\partial x_2}\right)^2 s_{x_2}^2 + \cdots + \left(\frac{\partial \ln f}{\partial x_m}\right)^2 s_{x_m}^2} \tag{4-3}$$

$$\left(\frac{\partial f}{\partial x_i}\right)^2 s_{x_1}^2 \leqslant \frac{s_N^2}{m} \qquad (i = 1, 2, \cdots, m)$$

$$\left(\frac{\partial \ln f}{\partial x_i}\right)^2 s_{x_i}^2 \leqslant \frac{E_N^2}{m} \qquad (i = 1, 2, \cdots, m)$$

可得

$$\left|\frac{\partial f}{\partial x_i}\right| s_{x_i} \leqslant \frac{s_N}{\sqrt{m}} \qquad (i = 1, 2, \cdots, m) \tag{4-4}$$

$$\left|\frac{\partial \ln f}{\partial x_i}\right| s_{x_i} \leqslant \frac{E_N}{\sqrt{m}} \qquad (i = 1, 2, \cdots, m) \tag{4-5}$$

按误差均分原则分配到各项后,还要根据实际情况进行适当调整。这是因为受仪器量具、测量的技术水平和经济条件的限制,对测量准确度容易达到的分项误差可多分配些,对于难以达到的就少分配一些。

在具体选择测量器具时,除考虑实用性和价格外,一般主要考虑仪器的量程、准确度和分辨力,也就是仪器能够测量的最小值和仪器的误差。选择的原则是所选用器具的误差小于被测量要求的误差限。

例1 已知圆柱体的直径 $d \approx 20$ mm,高 $h \approx 50$ mm,要求测量体积 V 的相对误差 $E_V \leqslant 1\%$,问应选择什么量具来进行测量?

解

$$V = \frac{1}{4}\pi d^2 h$$

$$\ln V = \ln\frac{\pi}{4} + 2\ln d + \ln h$$

$$E_V = \frac{s_V}{V} = \sqrt{\left(\frac{2}{d}\right)^2 s_d^2 + \left(\frac{1}{h}\right)^2 s_h^2}$$

$$\frac{2s_d}{d} \leqslant \frac{E_V}{\sqrt{2}}$$

$$\frac{s_h}{h} \leqslant \frac{E_V}{\sqrt{2}}$$

代入数据

$$s_d \leqslant \frac{d \cdot E_V}{2\sqrt{2}} = \frac{20 \times 0.01}{2\sqrt{2}} = 0.071 \text{ mm}$$

$$s_h \leqslant \frac{h \cdot E_V}{\sqrt{2}} = \frac{50 \times 0.01}{\sqrt{2}} = 0.35 \text{ mm}$$

由仪器说明书可查得,分度值为 0.05 mm 及 0.1 mm 的游标卡尺的示值误差分别为 0.05 mm 和 0.1 mm。故选分度值为 0.05 mm 的卡尺测 d,分度值为 0.1 mm 的卡尺测 h 即能满足要求。

例2 用单摆测重力加速度 g,要求 $E_g \leqslant 0.5\%$,若选摆长 $l \approx 100$ cm,周期 $T \approx 2$ s,试选配测 l 和 T 的仪器。

解

$$g=\frac{4\pi^2 l}{T^2}$$

由算术合成法误差传递公式

$$E_g=\frac{\Delta l}{l}+2\frac{\Delta T}{T}$$

$$\frac{\Delta l}{l}\leqslant\frac{E_g}{2}$$

$$\Delta l\leqslant\frac{l\cdot E_g}{2}=\frac{100\times 0.005}{2}=0.25\ \text{cm}$$

$$2\frac{\Delta T}{T}\leqslant\frac{E_g}{2}$$

$$\Delta T\leqslant\frac{T\cdot E_g}{2\times 2}=\frac{2\times 0.005}{4}=0.0025\ \text{s}$$

所选用仪器的误差应小于上面计算的结果。因此，测量摆长可选用分度值为1 mm的钢直尺。若测一个摆动周期的时间应选用数字毫秒计才能配套。若选用停表计时，则要采用累计放大法测量，即连续测量 n 个周期的时间 t，$t=nT$，$\Delta t=n\Delta T$，这样可以降低对仪器准确度的要求。取 $n=50$，则 $\Delta T=\frac{\Delta t}{n}=\frac{\Delta t}{50}$，$\Delta t=50\Delta T\leqslant 50\times 0.0025=0.125$ s，这样选用分度值为 0.1 s 的机械停表就可满足要求。如果考虑按表时的动作误差，$\Delta t\approx 0.2$ s，则 n 可取 80～100。

3.测量方法的选择

实验方案确定后，根据研究内容的性质和特点，有时还要选择一个测量对象。细心确定被测对象也很重要，因为在保证测量准确度的前提下，巧妙地选择测量对象可以简化测量工作。例如，测金属材料的杨氏模量，在选定静态拉伸法的方案后，被测对象均选用细金属丝而不选粗金属棒，这是因为在同样的载荷下，长金属丝的变形大，从而降低了测量变形的难度，同时提高了测量的准确度。对于某些实验课题，选择测量仪器和被测对象要一并考虑，巧妙地选择被测对象是不容忽视的问题。

实验仪器和被测对象确定后，还需要考虑和确定具体的测量方法。因为测量某一物理量时，往往有好几种测量方法可以采用，那就要选取测量误差最小的一种。例如，对单摆摆长 l 的测量，如图 4-1 所示，选择的量具是分度值为 1 mm 的钢直尺和分度值为 0.1 mm 的游标卡尺。可以用下面三种方法进行测量：

①$l=l_1+\frac{d}{2}$；

②$l=l_2-\frac{d}{2}$；

③$l=\frac{1}{2}(l_1+l_2)$。

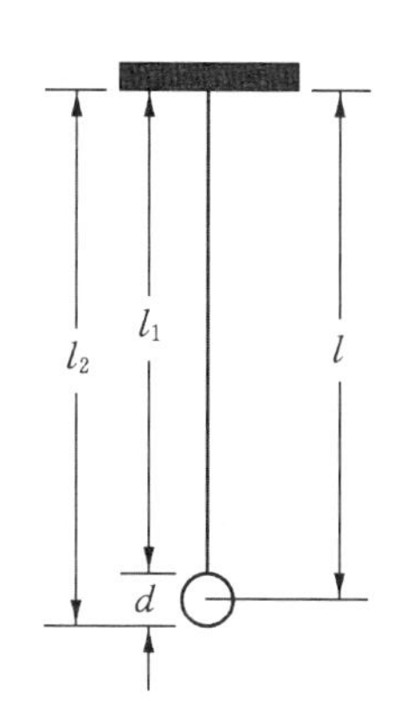

图 4-1　测量方法的选择

用钢直尺测量 l_1、l_2，其结果分别为

$$l_1=100.1\pm 0.2\ \text{cm},l_2=102.5\pm 0.2\ \text{cm}$$

用游标卡尺测量 d，结果为

$$d=2.40\pm 0.01\ \text{cm}$$

三种方法测量 l 的误差分别为

①和②

$$\Delta l=\sqrt{\Delta l_1^2+(\frac{\Delta d}{2})^2}=\sqrt{(0.2)^2+\frac{1}{4}(0.01)^2}=0.2\ \text{cm}$$

③

$$\Delta l=\sqrt{(\frac{\Delta l_1}{2})^2+(\frac{\Delta l_2}{2})^2}=\sqrt{\frac{1}{4}(0.2)^2+\frac{1}{4}(0.2)^2}=0.14\ \text{cm}$$

显而易见,采用第三种方法误差小,准确度较高,而且不使用游标卡尺,省去一种仪器,测量过程也较为简单。

前面讲过,对单摆周期的测量,可以采用数字毫秒计计时,也可以使用机械停表用累计放大法计时,相比之下使用停表计时好处多些。因停表的操作较简单,价格较低,这是"手动"操作的选择。如果要"自动"进行实验,选用的测量方法和测量仪器就有可能不同。

这里有两点要注意,一是测量方法和测量仪器的选择常常是相关联的,宜一并考虑;二是在满足实验准确度要求的前提下,要尽量选用最简单、最便宜的仪器去实现它,千万不要片面地以为仪器越高档越好。

上面的讨论、举例侧重于物性、力学内容,对于热学、电学、光学等实验的设计,还要一些特别问题需要考虑。例如电学实验在选择电表时,所用电表的量程应略大于被测量,也就是要让电表在接近满刻度处工作。如果有一待测电流是8 mA,选用准确度等级为0.5、量程为100 mA的电流表,仪器的误差限为

$$\Delta I=100\times0.5\%=0.5\ \text{mA}$$

相对误差为

$$E=\frac{\Delta I}{I}=\frac{0.5}{8}=6.3\%$$

如果选用准确度为1级、量程为10 mA的电流表,那么测量的相对误差为

$$E=\frac{\Delta I}{I}=\frac{10\times1\%}{8}=1.3\%$$

由此可见,在本例的条件下,用低准确度等级的电表测量误差小,用高准确度的电表测量误差反而大,因而选择仪器时不要以为准确度越高越好(另外,高准确度仪器造价高、难维护)。

总之,实验设计应根据任务要求及误差限来制定合理的方案,选择恰当的仪器,不能盲目要求仪器总是越高级越好,环境条件总是恒温、恒湿、越稳定越好,测量次数总是越多越好。这样的要求是不切合实际的,也是不必要的。应该以最低的代价来取得最佳的结果,做到既保证达到所要求的实验准确度,又合理地节省人力、物力。

4.3 测量条件的选择和实验程序的拟定

1. 测量条件的选择

前面已经讨论过,测量的准确度与许多因素有关,当实验方案、物理模型、测量仪器和测量方法确定后,如何选择测量条件能使结果的准确度最高?这是测量最有利条件的选择问题。换句话说,就是在其它条件一定的情况下,在什么条件下进行测量,最后结果的总体误差最小,测量结果最理想。

一般来说,选择测量条件都要从分析误差入手,从数学上讲,就是对误差函数求极值的问题。这个最有利的测量条件,可以由各直接测量量对误差函数求偏导数而得到。令一阶偏导

数为零，即可解出相应的参数值，若二阶偏导数大于零，则该条件为测量的最有利条件。

例如，在用滑线式电桥测量电阻时，滑键在什么位置，能使待测电阻的相对误差最小？实验电路如图 4－2 所示。图中 R_0 为已知标准电阻，l_1 和 l_2 为滑线的两臂长，$l=l_1+l_2$ 为滑线的总长度。

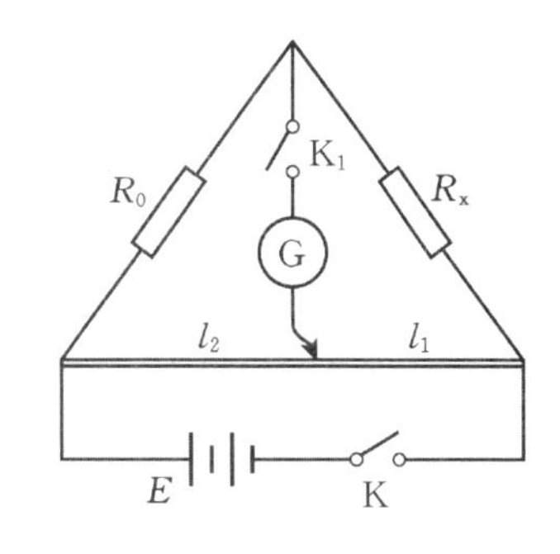

图 4－2　测量条件的选择

已知电桥平衡条件是

$$R_x = R_0\frac{l_1}{l_2} = R_0\frac{l_1}{l-l_1}$$

式中，R_0 是标准电阻，它的准确度一般很高；l 是滑线电阻丝的全长，在这里 R_0、l 都可看作是常量。

由算术合成法误差传递公式有

$$\frac{\Delta R_x}{R_x} = \frac{\Delta R_0}{R_0} + \frac{\Delta l_1}{l_1} + \frac{\Delta l_2}{l_2} = \frac{\Delta R_0}{R_0} + \frac{l\Delta l_1 - l_1\Delta l}{l_1(l-l_1)}$$

最佳测量条件是 $\frac{\partial}{\partial l_1}\left(\frac{\Delta R_x}{R_x}\right)=0$，得

$$\frac{-l(l-2l_1)}{(l-l_1)^2 l_1^2}(\Delta l_1)^2 = 0$$

故

$$l - 2l_1 = 0$$

$$l_1 = \frac{l}{2}$$

又可证明 $\frac{\partial^2}{\partial l_1^2}\left(\frac{\Delta R_x}{R_x}\right)>0$，由此可知滑键在滑线的中点位置时，$R_x$ 的测量准确度最高。

2. 实验程序的拟定

实验是一个有秩序的操作、观察、测量与记录的过程，必须事先拟出合理的实验程序，才能有条不紊地进行。尤其要分析，是否存在不可逆过程，更要作好妥当的安排。

实验开始前，首先要调整实验装置和仪器到正常使用状态，按照实验原理和仪器说明书的要求进行水平、铅直、零位等的调整。检查一下测试的环境条件，如温度、湿度、气压、电磁场等，是否在允许范围内，特别是电源提供的各类电压是否符合要求。

清楚了解不可逆过程十分重要，如加热蒸发、溶解，铁磁材料的磁化过程等。磁滞回线的测量不能违反外磁场逐渐循环变化的规律。对于有损检测，实验要进行到试件被破坏为止，如果试件的欲测参数在未破坏前没来得及测量或没有测准，那么破坏后就无法再测。

实验过程中，对每个物理量可能出现的极大值要有所限定，防止发生意外，导致仪器损坏或出现其它事故。例如，由于加热产生温升对环境的影响；物体受力运动可能出现的最大位移；加载后试样的最大形变及承载能力；各种电表，特别是电流计是否会超过量程，这些在安排实验时都要考虑。

准备就绪后，对于可以反复进行的实验过程，可先粗略地定性观察一下，是否与理论预想一致，如有差异应予以记录，以便实验时再仔细观察分析。观察各物理量的变化规律，对非线性变化，应注意各个量的变化率，以确定正式实验时测量点的分布，一般在线性部分可少作一些点，而在变化大的区域，测量点应尽量密些。

参照上述各步工作，拟定实验步骤，列出数据表格，记录测试条件，特别是有些物理量，如

粘度、密度等,离开了测量时的温度,结果就毫无意义。

以上分析只是针对一般情况,不同实验的程序可有不同的安排。合理的实验程序是获得正确实验结果的保证,甚至关系着实验的成败。实验能顺利正常地进行,实验结果的可信度就可以保证。

由于物理实验的内容十分广泛,可以利用的实验方法和测量手段很多,在实际工作中,还要受到客观条件的制约及各种因素的影响,所以很难总结出一套完整的、普遍适用的实验设计的方法。本章只是作了一些原则性的介绍,并通过实例加以讨论,希望能起到启发实验者的思维,激发实验者的探索精神的作用。实验者在具体的实验中还应根据具体情况,制定出切实可行的实验方案。只有通过大量实践,逐步总结,积累经验,才能真正掌握这方面的内容,才能不断提高科学实验的能力和素养。

4.4 设计举例

例一 任务:测定金属材料的杨氏模量

要求:相对误差 $E_Y \leqslant 5\%$

1. 实验方案的选择

杨氏模量是表征固体材料抵抗形变能力的物理量,它与材料的几何形状无关。

对于柱状样品,材料的杨氏模量 Y 的定义式为

$$Y = \frac{F/S}{\delta l/l} \tag{4-6}$$

式中,F 为试样轴向受力的大小;S 为横截面积;δl 是在力 F 作用下的伸长量;l 为轴向原长。

若根据定义式测定杨氏模量,需测量力、力作用下试样的伸长量及原长、截面积四个量。

根据声学知识,声波在连续媒质内传播,声速 v 与杨氏模量 Y 的关系式为

$$v = \sqrt{\frac{Y}{\rho}} \tag{4-7}$$

式中,ρ 是物质的质量密度。测出声速 v 和密度 ρ 便可得到杨氏模量。

还可找到与材料的杨氏模量有关的其它关系式,如振动法等。因为题目任务是单纯研究杨氏模量值本身,故以定义式最简明清楚。另外在实验设计合理时,式(4-6)虽需测四个量,但所需装置简单,量具普通,操作容易。而式(4-7)中 v 与 ρ 的测量较难,需用的设备也较复杂。因此,选择式(4-6)作为测量 Y 的关系式。

样品的选择。要使金属材料有显著的形变需要的力是很大的,为了在不大的力作用下有较大的伸长量,应该选用横截面积小而轴向长的丝状样品。为此,初选长 $l=1$ m,直径 $d=0.5$ mm的金属丝,如果是钢丝,在 $F=9.8$ N 的力作用下,轴向伸长约为 0.25 mm。

2. 实验装置的设计

方案确定之后,应考虑具体装置的设计。因为金属丝要在力的作用下伸长,所以整个装置的构思应该是上面一个夹头固定试样上端,下夹头夹住金属丝下端再与施力部件结合,构成了杨氏模量仪的总体框架。进一步分析就可发现,施力之后产生的伸长 δl 隐含在总长 l 之内,这个非常关键的量,直接测量非常困难。那就设法将它放大,最常用的就是光杠杆,它可将 δl 放大$\frac{2D}{k}$倍,将关系式 $\delta l=\frac{k}{2D}\cdot\delta n$ 代入 Y 的定义式,可得

$$Y=\frac{l}{S}\cdot\frac{2D}{k}\cdot\frac{\delta F}{\delta n} \tag{4-8}$$

式中，k 为光杠杆前后足垂距；D 为标尺到反射镜的距离；δF 为施力增量；δn 为与 δF 对应的标尺读数增量。

要使光杠杆的后足与钢丝的伸长一起变化，需在下夹头处设置一相对固定的平台，将光杠杆前足置于台上槽内，后足随夹头上下移动，使反射镜的仰角变化，进行 $\delta l-\delta n$ 的变换测量。

施力方式可以是连续的，也可以是阶跃的。若下夹头用弹簧秤施力，就可以得到连续增减的力，同时可测出与之相应的连续变化的 δn，这种方案适用于自动记录装置，但力的准确度不高。如果下夹头用校准的砝码逐个相加，则可以得到 δF 和与之对应的 δn，这种阶跃式的加力方法，更有利于分析数据，故采用这种方法较好。因为利用的是砝码的重力作用，所以装置必须调整到铅直状态。

3. 测量器具的选择

分析各个直接测量量，除 δF 外其余都是长度量。据式(4-8)得杨氏模量 Y 的相对误差传递式为

$$E_Y=E_l+2E_d+E_D+E_F+E_{\delta n}$$

任务要求 $E_Y\leqslant 5\%$，据误差均分原则，每一项分误差应不大于 0.8%，按相对误差与有效数字的关系，可知所有直接测量值均不得少于三位有效数字。由于它们都是常规量，因此首先考虑使用钢卷尺、钢直尺、游标卡尺和千分尺等常规量具。钢丝初选尺寸 l 为 1 m，d 为 0.5 mm，标尺望远镜要求 $D\approx 2$ m。若 $k\approx 75$ mm，施力单位 F 为 9.8 N，望远镜标尺为 300 mm 的钢直尺。根据上述已知或设定数据，初选量具如下：

物理量	大约量值/mm	量具	分度值/mm	示值误差/mm	其它误差/mm	相对误差/%
钢丝长度 l	1000	钢卷尺（或钢直尺）	1	0.8	端点难辨认 1.2	0.2
钢丝直径 d	0.5	千分尺	0.01	0.004		0.8
镜尺距 D	2000	钢卷尺	1	1.2	0.8	0.1
光杠杆长 k	75	游标卡尺	0.05	0.05	0.15	0.3
标尺读数差 δn	150	钢直尺	1	0.1	0.4	0.3
拉力 F	6000 g	砝码		1.5 g		0.03

杨氏模量相对误差估算为

$$E_Y=E_l+2E_d+E_D+E_k+E_F+E_{\delta n}$$
$$=(0.2+2\times 0.8+0.1+0.3+0.03+0.3)\%=2.5\%$$

上述粗略的估算说明，初选量具是合理的。相对误差虽小于任务要求较多，但实际操作时会存在一些系统误差，有时还会较大。分析可知，影响杨氏模量误差的主要因素是 d 和 δn 的测量，留出一些余量是必要的。另外在测量方法和数据处理上也需考虑，进一步采取措施限制和减小估算时未考虑到的误差。

4. 测量方法的选择

D、l、k的测量相对误差较小，可只测量一次。要注意的是端点难辨认，要尽量对准，卷尺

不能弯曲。为使钢丝伸直,可在下挂1 kg砝码时测l,由于上、下二夹头的存在,使得夹持点不易确定,直尺也不能靠拢钢丝,测量时要尽量设法对准。

d应该进行多次测量。金属丝的直径不可能处处均匀,在受力作用的情况下直径会有些变化。所以可在最小载荷(下挂1 kg砝码)和最大载荷(下挂6 kg砝码)作用时在上、中、下不同部位、不同取向进行测量。

δn的测量。为减小系统误差,可增加1 kg砝码读一个读数,逐次增至最大载荷;然后再每次减去1 kg砝码读一个读数,让钢丝逐步伸长和逐步收缩。因为$\delta n-\delta F$是线性关系,可用作图法或逐差法处理数据,求出$\frac{\delta F}{\delta n}$或$\delta n$。

5. 测量条件的限定和实验程序的安排

测量条件主要是:胡克定律成立的条件是弹性形变。所以要保证材料发生的是弹性形变,载荷不能过大,要在弹性限度以内,实验数据应表现出应变与应力成正比的规律。

因实验中无不可逆过程,实验步骤按常规安排即可。但仍应仔细考虑,制定一个既便于测量又节约时间的程序。

①调节立柱铅直,使钢丝处于铅直状态,下夹头能自由上下滑动。

②调节光杠杆反射镜和望远镜使光路符合实验原理要求,增减砝码时用望远镜观察标尺的像应始终清晰,挂一个砝码时,标尺读数一般应在标尺中部,这样,在加最大载荷时,示值不会超出尺长。

③在钢丝下端逐一增加砝码再逐一减少,记录标尺读数,并观察是否随力的增减成线性伸缩。

④在最小和最大载荷作用下,在钢丝的上、中、下部多次测d。当然,在测量前首先要观察记录千分尺的零点读数。

⑤分别测量l、D、k。

例二　任务:测定电流表的内阻R_g

给定电流表为磁电系电表,量程100 μA,等级1.0级。

1. 测试方法的选择

测量电阻的方法很多,如伏安法、电桥法、比较法、替代法、半流法等。任务是测磁电系电流表的内阻,知其为一恒量,与流过的电流值无关。又据该表的结构原理知它的内阻较大,一般在500～1000 Ω之间。因其电流值较小,用伏安法不可避免地受电表接入误差影响大,如进行修正又比较麻烦,故不宜采用。如用桥式电路,测得值虽比较准确,但在实测时不太安全,因为有可能流过待测表的电流超量程,损伤待测表的准确度,也不宜采用。比较法、替代法、半流法在这里比较接近,相对来说替代偏转法最简单,也容易保证测量的准确度。故采用替代偏转法,电路图如图4-3所示。

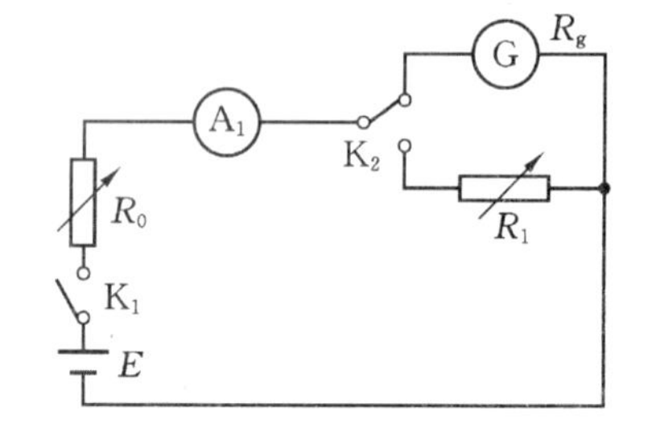

图4-3　替代偏转法测电表内阻

2. 仪器的选择

由于这种方法所能达到的准确度由标准电阻R_1和标准电表A_1确定,A_1为偏转判据,R_1为测量结果的示值,这是两个关键仪器。

因为被测电表为 1.0 级，作为判据的电表 A_1 其准确度应高于 1.0 级，故选用 0.5 级，量程应与被测表一样，也选 100 μA。R_1 是标准电阻，一般准确度就可以达到，为便于调节，可选择 0.1 级、电阻值在 0.1～9999.9 Ω 之间的五位电阻箱。

电阻 R_0 的选择。为了调节方便且使电源在低负载下工作，以保证其稳定性，还要使电路的电流值主要取决于 R_0，所以 R_0 的值应以大于 R_g100 倍为宜，即 $R_0 \approx 100$ kΩ。这个阻值再用单个滑线电阻比较困难，所以可以用一个比较大的固定电阻和一个滑线变阻器串联起来，例如固定电阻为 90 kΩ，滑线电阻为 10 kΩ。由于串联回路电流很小，所以电阻器的功耗核算可以省去。

电源 E 的选择。E 的电动势应为 $\varepsilon \approx IR = 100 \times 10^{-6} \times 100 \times 10^3 = 10$ V，这样的电源电压不能用普通的电池，必须用稳压电源。进一步分析和核算可知，只要标准表示值准确稳定，R_0 调节连续可靠，实验的准确度是可以保证的，电阻 R_0 小一些影响不大，却可以降低电源电压。若电源选用 1.5 V 甲电池一节，为使电流表满偏，则回路的总电阻应不大于

$$R \leqslant \frac{1.5}{100 \times 10^{-6}} = 15 \text{ k}\Omega$$

如按这个阻值核算 $\frac{R}{R_g} \geqslant 15$，也能符合要求，故选择的结果是

A_1	标准电流表	量程 100 μA，0.5 级
R_1	标准电阻箱	阻值 0.1～9999.9 Ω，0.1 级
R_0	调节电阻	15～100 kΩ，连续可调
E	电源	1.5～10 V 高稳定度直流电源
K_2	单刀双掷开关	要求接触良好
K_1	单刀开关	

3. 实验程序的制定

①连接、检查电路。

②检查电表的机械零件是否正确，R_0 置于电阻最大值，要保证

$$I = \frac{E}{R_0} \leqslant 100 \ \mu\text{A}$$

③K_2 合向待测表 G，接通电路，调节(减小)电阻 R_0 使 A_1 和 G 中的电流值逐步增加，直至 A_1 在接近满偏的某一示值时，仔细记录 A_1 的示值 I_1。

④将 R_1 预置 2 kΩ 左右，K_2 换接到 R_1 支路，调节 R_1 阻值，使标准表示值再到 I_1 值。将 K_2 分别合向 G 支路和 R_1 支路，观察 A_1 的示值是否均指在同一电流值，若有差异，可再细调 R_1，直到 A_1 示值无差异为止。此状态说明 R_1 与 R_g 等效，直流电阻值相等，即

$$R_g = R_1$$

⑤适当调节 R_0，在 I_1 为不同值时再用上法测电流表内阻。如果测得 R_g 值有差异，取 $\bar{R}_1$ 作为 R_g 的值，即

$$R_g = \bar{R}_1$$

一个完整的实验设计，还要通过实践的具体检验，当所得到的数据及计算出的实验结果和误差(或不稳定度)完全符合任务要求，各仪器在使用中运转正常时，设计才算完成。否则，还需根据具体实践的反馈情况对设计进行修改、补充，使其完善。

附录一　中华人民共和国法定计量单位

（1993 年 12 月 27 日发布，GB 3100—93）

1. 国际单位制(SI)的基本单位

量的名称	单位名称	单位符号
长度	米	m
质量	千克(公斤)	kg
时间	秒	s
电流	安[培]	A
热力学温度	开[尔文]	K
物质的量	摩[尔]	mol
发光强度	坎[德拉]	cd

注：1. 圆括号中的名称，是它前面的名称的同义词，下同。

2. 无方括号的量的名称与单位名称均为全称。方括号中的字，在不致引起混淆、误解的情况下，可以省略。去掉方括号中的字即为其名称的简称。下同。

2. 包括 SI 辅助单位在内的具有专门名称的 SI 导出单位

量的名称	SI 导出单位		
	名称	符号	用 SI 基本单位和 SI 导出单位表示
[平面]角	弧度	rad	1 rad=1 m/m=1
立体角	球面度	sr	$1\ sr=1\ m^2/m^2=1$
频率	赫[兹]	Hz	$1Hz=1\ s^{-1}$
力	牛[顿]	N	$1\ N=1\ kg\cdot m/s^2$
压力，压强，应力	帕[斯卡]	Pa	$1\ Pa=1\ N/m^2$
能[量]，功，热量	焦[耳]	J	$1\ J=1\ N\cdot m$
功率，辐[射能]通量	瓦[特]	W	1 W=1 J/s
电荷[量]	库[仑]	C	$1\ C=1\ A\cdot s$
电压，电动势，电位(电势)	伏[特]	V	1 V=1 W/A
电容	法[拉]	F	1 F=1 C/V
电阻	欧[姆]	Ω	1 Ω=1 V/A
电导	西[门子]	S	$1\ S=1\ \Omega^{-1}$
磁通[量]	韦[伯]	Wb	$1\ Wb=1\ V\cdot s$
磁通[量]密度，磁感应强度	特[斯拉]	T	$1\ T=1\ Wb/m^2$

（续前表）

量的名称	SI 导出单位		
	名称	符号	用 SI 基本单位和 SI 导出单位表示
电感	亨[利]	H	1 H=1 Wb/A
摄氏温度	摄氏度	℃	1 ℃=1 K
光通量	流[明]	lm	1 lm=1 cd · sr
[光]照度	勒[克斯]	lx	1 lx=1 lm/m^2

3. 由于人类健康安全防护上的需要而确定的具有专门名称的 SI 导出单位

量的名称	SI 导出单位		
	名称	符号	用 SI 基本单位和 SI 导出单位表示
[放射性]活度	贝可[勒尔]	Bq	1 Bq=1 s^{-1}
吸收剂量比授[予]能比释动能	戈[瑞]	Gy	1 Gy=1 J/kg
剂量当量	希[沃特]	Sv	1 Sv=1 J/kg

4. SI 词头

因数	词头名称		符号	因数	词头名称		符号
	英文	中文			英文	中文	
10^{24}	yotta	尧[它]	Y	10^{-1}	deci	分	d
10^{21}	zetta	泽[它]	Z	10^{-2}	centi	厘	c
10^{18}	exa	艾[可萨]	E	10^{-3}	milli	毫	m
10^{15}	peta	拍[它]	P	10^{-6}	micro	微	μ
10^{12}	tera	太[拉]	T	10^{-9}	nano	纳[诺]	n
10^{9}	giga	吉[咖]	G	10^{-12}	pico	皮[可]	p
10^{6}	mega	兆	M	10^{-15}	femto	飞[母托]	f
10^{3}	kilo	千	k	10^{-18}	atto	阿[托]	a
10^{2}	hecto	百	h	10^{-21}	zepto	仄[普托]	z
10^{1}	deca	十	da	10^{-24}	yocto	幺[科托]	y

5. 可与国际单位制单位并用的我国法定计量单位

量的名称	单位名称	单位符号	与SI单位的关系
时间	分 [小]时 日(天)	min h d	1 min=60 s 1 h=60 min=3600 s 1 d=24 h=86400 s
[平面]角	度 [角]分 [角]秒	° ′ ″	$1°=(\pi/180)$ rad $1'=(1/60)°=(\pi/10800)$ rad $1''=(1/60)'=(\pi/648000)$ rad
体积	升	L(l)	$1\ L=1\ dm^3=10^{-3}m^3$
质量	吨 原子质量单位	t u	$1\ t=10^3\ kg$ $1\ u\approx1.660540\times10^{-27}kg$
旋转速度	转每分	r/min	$1\ r/min=(1/60)r\cdot s^{-1}$
长度	海里	n mile	1 n mile=1852 m (只用于航行)
速度	节	kn	1 kn=1 n mile/h =(1852/3600)m/s (只用于航行)
能	电子伏	eV	$1\ eV\approx1.602177\times10^{-19}J$
级差	分贝	dB	
线密度	特[克斯]	tex	$1\ tex=10^{-6}kg/m$
面积	公顷	hm^2	$1\ hm^2=10^4\ m^2$

注:1. 平面角单位度、分、秒的符号,在组合单位中应采用(°)、(′)、(″)的形式。例如,不用°/s而用(°)/s;

2. 升的符号中,小写字母l为备用符号;

3. 公顷的国际通用符号为ha。

附录二　常用物理数据

1. 基本物理常量(2006 年推荐值)

量	符号	数值	单位	相对标准不确定度 (u_r)
真空中光速	c, c_0	299 792 458	$m \cdot s^{-1}$	(精确)
磁常数(真空磁导率)	μ_0	$4\pi \times 10^{-7}$	$N \cdot A^{-2}$	
		$= 12.566\ 370\ 614 \cdots \times 10^{-7}$	$N \cdot A^{-2}$	(精确)
电常数 $1/\mu_0 c^2$(真空电常数)	ε_0	$8.854\ 187\ 817 \cdots \times 10^{-12}$	$F \cdot m^{-1}$	(精确)
牛顿引力常数	G	$6.674\ 28(67) \times 10^{-11}$	$m^3 \cdot kg^{-1} \cdot s^{-2}$	1.0×10^{-4}
普朗克常数	h	$6.626\ 068\ 96(33) \times 10^{-34}$	$J \cdot s$	5.0×10^{-8}
$h/2\pi$	$\hbar$	$1.054\ 571\ 628(53) \times 10^{-34}$	$J \cdot s$	5.0×10^{-8}
基本电荷	e	$1.602\ 176\ 487(40) \times 10^{-19}$	C	2.5×10^{-8}
磁通量子 $h/2e$	ϕ_0	$2.067\ 833\ 667(52) \times 10^{-15}$	Wb	2.5×10^{-8}
电导量子 $2e^2/h$	G_0	$7.748\ 091\ 7004(53) \times 10^{-5}$	S	6.8×10^{-10}
电子质量	m_e	$9.109\ 382\ 15(45) \times 10^{-31}$	kg	5.0×10^{-8}
质子质量	m_p	$1.672\ 621\ 637(83) \times 10^{-27}$	kg	5.0×10^{-8}
质子-电子质量比	m_p/m_e	1836.152 672 47(80)		4.3×10^{-10}
精细结构常数	α	$7.297\ 352\ 5376(50) \times 10^{-3}$		6.8×10^{-10}
精细结构常数倒数	α^{-1}	137.035 999 679(94)		6.8×10^{-10}
里德伯常数 $\alpha^2 m_e c/2h$	R_∞	10 973 931.568 527(73)	m^{-1}	6.6×10^{-12}
阿伏伽德罗常数	N_A, L	$6.022\ 141\ 79(30) \times 10^{23}$	mol^{-1}	5.0×10^{-8}
法拉第常数 $N_A e$	F	96 485.3399(24)	$C \cdot mol^{-1}$	2.5×10^{-8}
摩尔气体常数	R	8.314 472(15)	$J \cdot mol^{-1} \cdot K^{-1}$	1.7×10^{-6}
玻尔兹曼常数 R/N_A	k	$1.380\ 6504(24) \times 10^{-23}$	$J \cdot K^{-1}$	1.7×10^{-6}
斯特藩-玻尔兹曼常数 $(\pi^2/60)k^4/\hbar^3 c^2$	σ	$5.670\ 400(40) \times 10^{-8}$	$W \cdot m^{-2} \cdot K^{-4}$	7.0×10^{-6}
电子伏:$(e/C)J$	eV	$1.602\ 176\ 487(40) \times 10^{-19}$	J	2.5×10^{-8}
(统一的)原子质量单位 $1u = m_u = \frac{1}{12}m(^{12}C) = 10^{-3}kg \cdot mol^{-1}/N_A$	u	$1.660\ 538\ 782(83) \times 10^{-27}$	kg	5.0×10^{-8}

摘自《物理》2008 年第 37 卷第 3 期 184～185 页。

2. 20 ℃时物质的密度

物质	密度 ρ/(kg/m³)	物质	密度 ρ/(kg/m³)
铝	2698.9	汽车用汽油	710～720
锌	7140	乙醚	714
铬	7140	无水乙醇	789.3
锡(白)	7298	丙酮	790.5
铁	7874	甲醇	791.3
镍	8850	煤油	800
铜	8960	变压器油	840～890
银	10492	松节油	855～870
铅	11342	苯	879.0
钨	19300	蓖麻油 15 ℃	969
金	19320	20 ℃	957
铂	21450	钟表油	981
硬铝	2790	纯水 0 ℃	999.84
钢	7600～7900	3.98 ℃	1000.00
不锈钢	7910	4 ℃	999.97
黄铜 Cu70Zn30	8500～8700	海水	1010～1050
青铜 Cu90Snl0	8780	牛乳	1030～1040
康铜 Cu60Ni40	8880	无水甘油	1261.3
软木	220～260	弗里昂-12	
纸	700～1000	(氟氯烷-12)	1329
石蜡	870～940	蜂蜜	1435
橡胶	910～960	硫酸	1840
硬橡胶	1100～1400	水银 0 ℃	13595.5
有机玻璃	1200～1500	20 ℃	13546.2
煤	1200～1700	干燥空气 0 ℃	
食盐	2140	(标准状态)	1.2928
冕牌玻璃	2200～2600	20 ℃	1.205
普通玻璃	2400～2700	氢	0.0899
石英	2500～2800	氦	0.1785
火石玻璃	2800～4500	氮	1.2505
石英玻璃	2900～3000	氧	1.4290
冰 0 ℃	917	氩	1.7837

3. 标准大气压下不同温度时纯水的密度

温度 t /℃	密度 ρ /(kg・m^{-3})	温度 t/℃	密度 ρ /(kg・m^{-3})	温度 t/℃	密度 ρ /(kg・m^{-3})
1	999.841	17	998.774	34	994.371
1	999.900	18	998.595	35	994.031
2	999.941	19	998.405	36	993.68
3	999.965	20	998.203	37	993.33
4	999.973	21	997.992	38	992.96
5	999.965	22	997.770	39	992.59
6	999.941	23	997.638	40	992.21
7	999.902	24	997.296	41	991.83
8	999.849	25	997.044	42	991.44
9	999.781	26	996.783	50	988.04
10	999.700	27	996.512	60	983.21
11	999.605	28	996.232	70	977.78
12	999.498	29	995.944	80	971.80
13	999.377	30	995.646	90	965.31
14	999.244	31	995.340	100	958.35
15	999.099	32	995.025		
16	998.943	33	994.702		

4. 水在不同压强下的沸点

P/(hPa)	t/℃	P/(hPa)	t/℃	P/(hPa)	t/℃	P/(hPa)	t/℃
950	98.205	980	99.069	1010	99.910	1040	100.731
951	34	981	97	1011	37	1041	58
952	63	982	99.125	1012	65	1042	85
953	92	983	53	1013	93	1043	100.812
954	98.322	984	82	1014	100.020	1044	39
955	51	985	99.210	1015	48	1045	66
956	80	986	38	1016	76	1046	93
957	98.409	987	67	1017	100.103	1047	100.919
958	38	988	95	1018	31	1048	46
959	67	989	99.323	1019	58	1049	73
960	95	990	51	1020	86	1050	101.000
961	98.524	991	79	1021	100.213	1051	26
962	53	992	99.408	1022	41	1052	53
963	82	993	36	1023	68	1053	80
964	98.611	994	64	1024	96	1054	101.107
965	40	995	92	1025	100.323	1055	33
966	68	996	99.520	1026	51	1056	60
967	97	997	48	1027	78	1057	87
968	98.726	998	76	1028	100.405	1058	101.214
969	55	999	99.604	1029	32	1059	40
970	83	1000	32	1030	60	1060	67
971	98.812	1001	59	1031	87		
972	40	1002	88	1032	100.514		
973	69	1003	99.715	1033	41		
974	98	1004	43	1034	68		
975	98.926	1005	71	1035	95		
976	55	1006	99	1036	100.623		
977	83	1007	99.827	1037	50		
978	99.012	1008	54	1038	77		
979	40	1009	82	1039	100.704		

5. 流体的动力粘度

流体	温度/℃	η/(μPa·s)	流体	温度/℃	η/(μPa·s)
乙醚	0	296	葵花籽油	20	5.00×10^{4}
	20	243	蓖麻油	0	530×10^{4}
甲醇	0	817		10	241.8×10^{4}
	20	584		15	151.4×10^{4}
水银	−20	1855		20	95.0×10^{4}
	0	1685		25	62.1×10^{4}
	20	1554		30	45.1×10^{4}
	100	1240		35	31.2×10^{4}
水	0	1787.8		40	23.1×10^{4}
	20	1004.2		100	16.9×10^{4}
	100	282.5	甘油	−20	134×10^{6}
汽油	0	1788		0	121×10^{5}
	18	530		20	149.9×10^{4}
乙醇	−20	2780		100	129.45×10^{2}
	0	1843	蜂蜜	20	650×10^{4}
	20	1200		80	100×10^{3}
变压器油	20	1.98×10^{4}	空气	25	18.192
鱼肝油	20	4.56×10^{4}			
	80	0.46×10^{4}			

6. 20℃时常用金属的杨氏模量*

金属	$Y/(10^{4}\,N/mm^{2})$	金属	$Y/(10^{4}\,N/mm^{2})$
银	6.9～8.2	灰铸铁	6～17
铝	7.0～7.1	硬铝合金	7.1
金	7.7～8.1	可锻铸铁	15～18
锌	7.8～8.0	球墨铸铁	15～18
铜	10.3～12.7	康铜	16.0～16.6
铁	18.6～20.6	铸钢	17.2
镍	20.3～21.4	碳钢	19.6～20.6
铬	23.5～24.5	合金钢	20.6～22.0
钨	40.7～41.5		

* Y 的值与材料的结构、化学成分及加工制造方法有关，因此，在某些情况下，Y 的值可能与表中所列的平均值不同。

7. 海平面上不同纬度处的重力加速度*

纬度 φ/(°)	g/(m·s^{-2})	纬度 φ/(°)	g/(m·s^{-2})
0	9.78049	60	9.81924
5	9.78088	65	9.82294
10	9.78204	70	9.82614
15	9.78394	75	9.82873
20	9.78652	80	9.83065
25	9.78969	85	9.83182
30	9.79338	90	9.83221
35	9.79746	西安 34°16′	计算值 9.79684
40	9.80180		测量值 9.7965
45	9.80629	北京 39°56′	9.80122
50	9.81079	上海 31°12′	9.79436
55	9.81515	杭州 30°16′	9.79357

* 地球任意地方重力加速度的计算公式为：$g=9.78049(1+0.005288\sin^2\varphi-0.000006\sin^2 2\varphi)$。

8. 物质中的声速

物质		声速/(m·s^{-1})	物质	声速/(m·s^{-1})
氧气	0℃(标准状态)	317.2	NaCl4.8%水溶液 20℃	1542
氩气	0℃	319	甘油 20℃	1923
干燥空气	0℃	331.45	铅*	1210
	10℃	337.46	金	2030
	20℃	343.37	银	2680
	30℃	349.18	锡	2730
	40℃	354.89	铂	2800
氮气	0℃	337	铜	3750
氢气	0℃	1269.5	锌	3850
二氧化碳	0℃	258.0	钨	4320
一氧化碳	0℃	337.1	镍	4900
四氯化碳	20℃	935	铝	5000
乙醚	20℃	1006	不锈钢	5000
乙醇	20℃	1168	重硅钾铅玻璃	3720
丙酮	20℃	1190	轻氯铜银铅冕玻璃	4540
汞	20℃	1451.0	硼硅酸玻璃	5170
水	20℃	1482.9	熔融石英	5760

* 固体中的声速为沿棒传播的纵波速度。

9. 物质的比热容

物质	温度/℃	比热容 J/(kg·K)
金	25	128
铅	20	128
铂	20	134
银	20	234
铜	20	385
锌	20	389
镍	20	481
铁	20	481
铝	20	896
黄铜	0	370
	20	384
康铜	18′	420
钢	20	447
生铁	0～100	0.54×10^3
云母	20	0.42×10^3
玻璃	20	585～920
石墨	25	707
石英玻璃	20～100	787
石棉	0～100	795
橡胶	15～100	$(1.13\sim2.00)\times10^3$
石蜡	0～20	2.91×10^3
水银	0	139.5
	20	139.0
弗里昂-12	20	0.84×10^3
汽油	10	1.42×10^3
	50	2.09×10^3
变压器油	0～100	1.88×10^3
蓖麻油	20	2.00×10^3
煤油	20	2.18×10^3
乙醚	20	2.34×10^3
甘油	18	2.43×10^3
乙醇	0	2.30×10^3
	20	2.47×10^3
甲醇	0	2.43×10^3
	20	2.47×10^3
冰	0	2090
纯水	0	4219
	20	4182
	100	4204
空气(定压)	20	1008
氢(定压)	20	14.25×10^3

10. 金属和合金的电阻率及其温度系数*

金属或合金	电阻率 ρ /($10^{-6}\Omega\cdot cm$)	温度系数 α /($10^{-5}\cdot ℃^{-1}$)
银	1.47(0℃)　1.16(20℃)	430
铜	1.55(0℃)　1.70(20℃)	433
金	2.01(0℃)　2.20(20℃)	402
铝	2.44(0℃)　2.74(20℃)	460
钨	4.89(0℃)　5.44(20℃)	510
锌	5.65(0℃)　6.17(20℃)	417
铁	8.70(0℃)　9.80(20℃)	651
铂	9.59(0℃)　10.42(20℃)	390
锡	12.0(20℃)	440
铅	19.2(0℃)　21.0(20℃)	428
水银	94.1(0℃)　95.9(20℃)	100
黄铜	8.00(18～20℃)	100
钢(0.10%～0.15%碳)	10～14(20℃)	600
康铜	47～51(18～20℃)	－4.0～＋1.0
武德合金	52(20℃)	370
铜锰镍合金	34～100(20℃)	－3.0～＋2.0
镍铬合金	98～110(20℃)	3～40

* 金属电阻率与温度的关系 $\rho_{t2}=\rho_{t1}[1+\alpha(t_2-t_1)]$；

电阻率与金属和合金中的杂质有关，表中列出的是单值金属的电阻率和合金电阻率的平均值。

11. 常用热电偶的温差电动势

铂铑(87%铂，13%铑)-铂

温差电动势/mV \ 温度/℃ \ 温度/℃	0	10	20	30	40	50	60	70	80	90	100
0	0.000	0.054	0.111	0.170	0.231	0.295	0.361	0.429	0.499	0.571	0.645
100	0.645	0.720	0.797	0.875	0.956	1.037	1.120	1.204	1.290	1.376	1.464
200	1.464	1.553	1.643	1.734	1.825	1.918	2.012	2.106	2.202	2.298	2.395
300	2.395	2.492	2.591	2.690	2.789	2.890	2.990	3.092	3.194	3.296	3.400
400	3.400	3.503	3.608	3.712	3.817	3.923	4.029	4.136	4.243	4.351	4.459

镍铬-镍铝

温差电动势/mV \ 温度/℃ \ 温度/℃	0	10	20	30	40	50	60	70	80	90	100
0	0.00	0.40	0.80	1.20	1.61	2.02	2.43	2.84	3.26	3.68	4.10
100	4.10	4.51	4.92	5.33	5.73	6.13	6.53	6.93	7.33	7.73	8.13
200	8.13	8.53	8.93	9.33	9.74	10.15	10.56	10.97	11.38	11.80	12.21
300	12.21	12.62	13.04	13.45	13.87	14.29	14.71	15.13	15.56	15.98	16.40
400	16.40	16.83	17.25	17.67	18.09	18.51	18.94	19.37	19.79	20.22	20.65

镍铬-康铜

工作端温度/℃	0	1	2	3	4	5	6	7	8	9
	温差电动势/mV									
-50	-3.11									
-40	-2.50	-2.56	-2.62	-2.68	-2.74	-2.81	-2.87	-2.93	-2.99	-3.05
-30	-1.89	-1.95	-2.01	-2.07	-2.13	-2.20	-2.26	-2.32	-2.38	-2.44
-20	-1.27	-1.33	-1.39	-1.46	-1.52	-1.58	-1.64	-1.70	-1.77	-1.83
-10	-0.64	-0.70	-0.77	-0.83	-0.89	-0.96	-1.02	-1.08	-1.14	-1.21
-0	-0.00	-0.06	-0.13	-0.19	-0.26	-0.32	-0.38	-0.45	-0.51	-0.58
+0	0.00	0.07	0.13	0.20	0.26	0.33	0.39	0.46	0.52	0.59
10	0.65	0.72	0.78	0.85	0.91	0.98	1.05	1.11	1.18	1.24
20	1.31	1.38	1.44	1.51	1.57	1.64	1.70	1.77	1.84	1.91
30	1.98	2.05	2.12	2.18	2.25	2.32	2.38	2.45	2.52	2.59
40	2.66	2.73	2.80	2.87	2.94	3.00	3.07	3.14	3.21	3.28
50	3.35	3.42	3.49	3.56	3.63	3.70	3.77	3.84	3.91	3.98
60	4.05	4.12	4.19	4.26	4.33	4.41	4.48	4.55	4.62	4.69
70	4.76	4.83	4.90	4.98	5.05	5.12	5.20	5.27	5.34	5.41
80	5.48	5.56	5.63	5.70	5.78	5.85	5.92	5.99	6.07	6.14
90	6.21	6.29	6.36	6.43	6.51	6.58	6.65	6.73	6.80	6.87
100	6.95	7.03	7.10	7.17	7.25	7.32	7.40	7.47	7.54	7.62
110	7.69	7.77	7.84	7.91	7.99	8.06	8.13	8.21	8.28	8.35
120	8.43	8.50	8.58	8.65	8.73	8.80	8.88	8.95	9.03	9.10
130	9.18	9.25	9.33	9.40	9.48	9.55	9.63	9.70	9.78	9.85
140	9.93	10.00	10.08	10.16	10.23	10.31	10.38	10.46	10.54	10.61
150	10.69	10.77	10.85	10.92	11.00	11.08	11.15	11.23	11.31	11.38
160	11.46	11.54	11.62	11.69	11.77	11.85	11.93	12.00	12.08	12.16
170	12.24	12.32	12.40	12.48	12.55	12.63	12.71	12.79	12.87	12.95
180	13.03	13.11	13.19	13.27	13.36	13.44	13.52	13.60	13.68	13.76
190	13.84	13.92	14.00	14.08	14.16	14.25	14.34	14.42	14.50	14.58
200	14.66	14.74	14.82	14.90	14.98	15.06	15.14	15.22	15.30	15.38
210	15.47	15.56	15.64	15.72	15.80	15.89	15.97	16.05	16.13	16.21
220	16.30	16.38	16.46	16.54	16.62	16.71	16.79	16.87	16.95	17.03
230	17.12	17.20	17.28	17.37	17.45	17.53	17.62	17.70	17.78	17.87
240	17.95	18.03	18.11	18.19	18.28	18.36	18.44	18.52	18.60	18.68
250	18.76	18.84	18.92	19.01	19.09	19.17	19.26	19.34	19.42	19.51
260	19.59	19.67	19.75	19.84	19.92	20.00	20.09	20.17	20.25	20.34
270	20.42	20.50	20.58	20.66	20.74	20.83	20.91	20.99	21.07	21.15
280	21.24	21.32	21.40	21.49	21.57	21.65	21.73	21.82	21.90	21.98
290	22.07	22.15	22.23	22.32	22.40	22.48	22.57	22.65	22.73	22.81

自由端温度为0℃。

铜-康铜

温度 ℃ \ 温差电动势 mV \ 温度 ℃	0	1	2	3	4	5	6	7	8	9	10	℃ \ mV \ ℃
−40	−1.475	−1.510	−1.544	−1.579	−1.614	−1.648	−1.682	−1.717	−1.751	−1.785	−1.819	−40
−30	−1.121	−1.157	−1.192	−1.228	−1.263	−1.299	−1.334	−1.370	−1.405	−1.440	−1.475	−30
−20	−0.757	−0.794	−0.830	−0.866	−0.903	−0.940	−0.976	−1.013	−1.049	−1.085	−1.121	−20
−10	−0.383	−0.421	−0.458	−0.496	−0.534	−0.571	−0.608	−0.646	−0.683	−0.720	−0.757	−10
−0	0.000	−0.039	−0.077	−0.116	−0.154	−0.193	−0.231	−0.269	−0.307	−0.345	−0.383	−0
0	0.000	0.039	0.078	0.117	0.156	0.195	0.234	0.273	0.312	0.351	0.391	0
10	0.391	0.430	0.470	0.510	0.549	0.589	0.629	0.669	0.709	0.749	0.789	10
20	0.789	0.830	0.870	0.911	0.951	0.992	1.032	1.073	1.114	1.155	1.196	20
30	1.196	1.237	1.279	1.320	1.361	1.403	1.444	1.486	1.528	1.569	1.611	30
40	1.611	1.653	1.695	1.738	1.780	1.822	1.865	1.907	1.950	1.992	2.035	40
50	2.035	2.078	2.121	2.164	2.207	2.250	2.294	2.337	2.380	2.424	2.467	50
60	2.467	2.511	2.555	2.599	2.643	2.687	2.731	2.775	2.819	2.864	2.908	60
70	2.908	2.953	2.997	3.042	3.087	3.131	3.176	3.221	3.266	3.312	3.357	70
80	3.357	3.402	3.447	3.493	3.538	3.584	3.630	3.676	3.721	3.767	3.813	80
90	3.813	3.859	3.906	3.952	3.998	4.044	4.091	4.137	4.184	4.231	4.277	90
100	4.277	4.324	4.371	4.418	4.465	4.512	4.559	4.607	4.654	4.701	4.749	100
110	4.749	4.796	4.844	4.891	4.939	4.987	5.035	5.083	5.131	5.179	5.227	110
120	5.227	5.275	5.324	5.372	5.420	5.469	5.517	5.566	5.615	5.663	5.712	120
130	5.712	5.761	5.810	5.859	5.908	5.957	6.007	6.056	6.105	5.155	6.204	130
140	6.204	6.254	6.303	6.353	6.403	6.452	6.502	6.552	6.602	6.652	6.702	140
150	6.702	6.753	6.803	6.853	6.903	6.954	7.004	7.055	7.106	7.156	7.207	150
160	7.207	7.258	7.309	7.360	7.411	7.462	7.513	7.564	7.615	7.666	7.718	160
170	7.718	7.769	7.821	7.872	7.924	7.975	8.027	8.079	8.131	8.183	8.235	170
180	8.235	8.287	8.339	8.391	8.443	8.495	8.548	8.600	8.652	8.705	8.757	180
190	8.757	8.810	8.863	8.915	8.968	9.021	9.074	9.127	9.180	9.233	9.286	190
℃	0	1	2	3	4	5	6	7	8	9	10	℃

参考端温度为0℃

12. 物质的相对电容率

物 质	t/℃	ε_r	物 质	t/℃	ε_r
石蜡	20	2.0～2.5	丙酮	20	21.5
木材	18	2.2～3.7	乙醇	14.7	26.8
硬橡胶	18	2.5～2.8	甲醇	13.4	35.4
电木	18	3～5	甘油	18	39.1
石英玻璃	18	3.5～4.1	水	18	80.4
瓷	18	5.0～6.5	氦	0	1.000064
普通玻璃	18	5～7	氢	0	1.0002723
云母	18	5.7～7.0	氧	0	1.0005320
花岗岩	18	7～9	氩	0	1.0005557
光学玻璃	18	7～10	氮	0	1.0005870
大理石	18	8.3	空气	0	1.000590
金钢石	18	16.5	一氧化碳	0	1.000690
煤油	21	2.1	甲烷	0	1.000953
松节油	20	2.2	二氧化碳	0	1.0009880
变压器油	18	2.2～2.5	硫化氢	0	1.004
苯	18	2.3	氯化氢	0	1.0046
柏油	18	2.7	氨	0	1.00837
乙醚	20	4.34	溴	180	1.0128
蓖麻油	10.9	4.6			

气体电容率是在标准大气压下测得的。

13. 物质的折射率(相对空气)

某些气体的折射率

气体	分子式	折射率 n	气体	分子式	折射率 n
氦	He	1.000035	一氧化碳	CO	1.000335
氖	Ne	1.000069	氨	NH_3	1.000379
氢	H_2	1.000140	甲烷	CH_4	1.000444
水蒸气	H_2O	1.000254	二氧化碳	CO_2	1.000450
氧	O_2	1.000272	硫化氢	H_2S	1.000623
氩	Ar	1.0002837	二氧化硫	SO_2	1.000686
空气	—	1.0002926	乙烯	C_2H_4	1.000719
氮	N_2	1.000297	氯	Cl_2	1.000773

表中给出的数据系在标准状态下,气体对波长约等于 0.5893 μm 的 D 线(钠黄光)的折射率。

某些液体的折射率

液体	t/℃	折射率 n	液体	t/℃	折射率 n
二氧化碳	15	1.195	硫酸(+2%H_2O)	23	1.429
盐酸	10.5	1.254	三氯甲烷	20	1.4467
氨水	16.5	1.325	四氯化碳	20	1.4607
甲醇	20	1.3290	甘油	20	1.4730
水	20	1.3330	甲苯	20	1.4955
乙醚	20	1.3510	苯	20	1.5012
丙酮	20	1.3593	加拿大树胶	20	1.530
乙醇	20	1.3614	二硫化碳	18	1.6255
硝酸(99.94%)	16.4	1.397	溴	20	1.654

表中给出的数据为液体对波长约等于0.5893 μm的D线的折射率。

某些固体的折射率

固体	折射率 n	固体	折射率 n
氯化钾	1.49044	重冕玻璃 ZK_3	1.5891
冕玻璃 K_6	1.5111	ZK_6	1.6126
K_8	1.5159	ZK_8	1.6140
K_9	1.5163	钡火石玻璃 BaF_8	1.6259
钡冕玻璃 BaK_2	1.5399	重火石玻璃 ZF_1	1.6475
氯化钠	1.54427	ZF_5	1.7398
火石玻璃 F_1	1.6031	ZF_6	1.7550

表中数据为固体对 λ_D=0.5893 μm的折射率。

某些晶体的折射率

波长 λ /nm	莹石	石英玻璃	钾盐	岩盐	石英		方解石	
					n_o	n_e	n_o	n_e
656.3(H,红)	1.4325	1.4564	1.4872	1.5407	1.55736	1.56671	1.6544	1.4846
643.8(Cd,红)	1.4327	1.4567	1.4877	1.5412	1.55012	1.55943	1.6550	1.4847
589.3(Na,黄)	1.4339	1.4585	1.4904	1.5443	1.54968	1.55898	1.6584	1.4864
546.1(Hg,绿)	1.4350	1.4601	1.4931	1.5475	1.54823	1.55748	1.6616	1.4879
508.6(Cd,绿)	1.4362	1.4619	1.4961	1.5509	1.54617	1.55535	1.6653	1.4895
486.1(H,蓝绿)	1.4371	1.4632	1.4983	1.5534	1.54425	1.55336	1.6678	1.4907
480.0(Cd,蓝绿)	1.4379	1.4636	1.4990	1.5541	1.54229	1.55133	1.6686	1.4911
404.7(Hg,紫)	1.4415	1.4694	1.5097	1.5665	1.54190	1.55093	1.6813	1.4969

表中数据是在18℃之下测得的。

14. 常用光源的谱线波长(nm)

H(氢)	402.62 紫	Hg(汞)
656.28 红	388.87 紫	623.44 橙
486.13 蓝绿	Ne(氖)	579.07 黄$_2$
434.05 紫	650.65 红	576.96 黄$_1$
410.17 紫	640.23 橙	546.07 绿
397.01 紫	638.30 橙	491.60 蓝绿
He(氦)	626.65 橙	435.83 蓝
706.52 红	621.73 橙	404.66 紫
667.82 红	614.31 橙	He-Ne 激光
587.56(D$_3$)黄	588.19 黄	632.8 橙
501.57 绿	585.25 黄	Cd(镉)
492.19 蓝绿	Na(钠)	643.847 红
471.31 蓝	589.592(D$_1$)黄	508.582 绿
447.15 紫	588.995(D$_2$)黄	

15. 几种纯金属的“红限”波长及逸出功

金　属	λ_0/nm	W/eV	金　属	λ_0/nm	W/eV
钾(K)	550.0	2.24	汞(Hg)	273.5	4.53
钠(Na)	540.0	2.28	金(Au)	265.0	4.82
锂(Li)	500.0	2.28	铁(Fe)	262.0	4.60
铯(Cs)	460.0	1.8	银(Ag)	261.0	4.73